Reine und angewandte Metallkunde in Einzeldarstellungen

Herausgegeben von W. Köster

=== 18 ===

Vanadin Niob · Tantal

Die Metallurgie der reinen Metalle
und ihrer Legierungen

Von

Richard Kieffer und Horst Braun

Professor Dr. phil. nat.
Wien und Reutte/Tirol

Dipl.-Ing. Dr. mont.
Zürich

Mit 206 Abbildungen

Springer-Verlag
Berlin/Göttingen/Heidelberg

1963

ISBN 978-3-642-51099-1   ISBN 978-3-642-51098-4 (eBook)
DOI 10.1007/978-3-642-51098-4

Alle Rechte, insbesondere das der Übersetzung in fremde Sprachen, vorbehalten
Ohne ausdrückliche Genehmigung des Verlages ist es auch nicht gestattet,
dieses Buch oder Teile daraus auf photomechanischem Wege
(Photokopie, Mikrokopie) oder auf andere Art zu vervielfältigen
© by Springer-Verlag OHG., Berlin/Göttingen/Heidelberg 1963
Softcover reprint of the hardcover 1st edition 1963
Library of Congress Catalog Card Number: 63-13614

Die Wiedergabe von Gebrauchsnamen, Handelsnamen, Warenbezeichnungen usw. in
diesem Buche berechtigt auch ohne besondere Kennzeichnung nicht zu der Annahme,
daß solche Namen im Sinne der Warenzeichen- und Markenschutz-Gesetzgebung
als frei zu betrachten wären und daher von jedermann benutzt werden dürften

Den beiden Pionieren

W. von Bolton

und

C. W. Balke

sowie allen Wegbereitern der duktilen Metalle

Vanadin, Niob und Tantal

gewidmet

Vorwort

Den Pionierarbeiten von W. v. BOLTON verdanken wir die Kenntnis, daß die Va-Metalle Vanadin, Niob und insbesondere Tantal hervorragend bildsame Werkstoffe sind. v. BOLTONs Arbeiten führten bei der Siemens & Halske AG., Berlin, kurz nach der Jahrhundertwende zur Schaffung der Tantal-Metallfadenlampe, die der Osmiumlampe AUER VON WELSBACHs nachfolgte und von der Wolframlampe verdrängt wurde. Tantal und Niob behaupteten jedoch ihren Platz in der Elektroindustrie, im Lampen- und Röhrenbau, sowie in der Vakuumtechnik als Konstruktions- und insbesondere Getterwerkstoff, während später Tantal auf Grund seiner hervorragenden Korrosionseigenschaften weiten Eingang in der chemischen Industrie fand. C. W. BALKE spielte in USA eine ähnliche Rolle wie W. v. BOLTON in Deutschland, und es ist der Aufstieg der amerikanischen Tantal- und Niob-Industrie (Fansteel Metallurgical Corporation) eng mit seinem Namen und denen seiner Mitarbeiter F. H. DRIGGS und W. C. LILLIENDAHL verbunden.

J. W. MARDEN und M. RICH bestätigten durch die calziothermische Gewinnung von Vanadin die von W. v. BOLTON gefundene hervorragende Duktilität des Vanadins, aber selbst den intensiven Forschungsbemühungen der Armour Research Foundation sowie europäischer und amerikanischer Großfirmen gelang es noch nicht, dem duktilen Vanadin zum technischen Durchbruch zu verhelfen.

Das Buchschrifttum über die Va-Metalle ist nicht sehr zahlreich. W. ROSTOKER veröffentlichte 1957 das Buch „The Metallurgy of Vanadium", und G. L. MILLER schrieb 1959 eine umfassende Monographie „Tantalum and Niobium", Fachbücher, auf die wir gern bei der Niederschrift unseres Buches zurückgegriffen haben. Die sowjetrussische Literatur umfaßt zwei Bücher, die den Metallen Niob und Tantal gewidmet sind.

Deutschsprachige Monographien der reinen Va-Metalle bestehen bis heute noch nicht, so daß die Verfasser gern der Anregung von Herrn Professor Dr. W. KÖSTER folgten, ihre langjährigen Erfahrungen auf dem Gebiete der Technologie des Tantals und Niobs und jüngere Ergebnisse des Reuttener Forschungskreises auf dem Gebiete der Legierungen des Vanadins, Niobs und Tantals zusammenzufassen, mit dem Stand der

Technik der Va-Metalle aus dem ausländischen Schrifttum zu vereinigen und in Buchform herauszugeben.

Reizvoll erschien bei dieser Aufgabe die oft übereinstimmenden, aber auch sehr oft divergierenden Eigenschaften der drei reinen Va-Metalle und ihrer Legierungen zu beschreiben und zu versuchen, insbesondere das weite, in den letzten Jahren aufgeschlossene Legierungsgebiet versuchsweise einer Systematik zuzuführen.

Erschwerend bei dieser Aufgabe war der Umstand, daß außerordentlich viele amerikanische Literaturstellen nur in Form von regierungsseitig unterstützten, meist nicht leicht zugänglichen Berichten vorlagen. Die Verfasser haben nach Möglichkeit versucht, parallel oder später veröffentlichte amerikanische, englische oder deutschsprachige Arbeiten und Sammelberichte zu zitieren, um das allfällige Quellenstudium zu erleichtern und eventuell entbehrlich zu machen.

Die Verfasser sind sich ferner bewußt, daß die Metallurgie und Legierungstechnik der seltenen Metalle ("Less Common Metals") in derart raschem Fluß ist, daß schon bei der Niederschrift dieses Buches in einigen Punkten mangelnde Vollständigkeit und Überholung von Versuchsergebnissen drohte. Sie hoffen jedoch mit diesem Buche eine fühlbare Lücke im deutschen Schrifttum wenigstens teilweise, vorübergehend geschlossen zu haben.

Die Verfasser möchten an dieser Stelle Herrn Dir. Dr.-Ing. F. BENESOVSKY und Herrn Dr. E. LASSNER (Metallwerk Plansee AG., Reutte/Tirol) sowie Herrn Dipl.-Ing. Dr. mont. B. KIEFFER (Wah Chang Corp., Albany/Oregon) für anregende Diskussionen und die freundliche Beschaffung vieler Originalliteraturstellen und Fotokopien danken, die bei der Niederschrift von ganz entscheidender Hilfe waren.

Den Herren Dir. Dr. F. SCHAUFELBERGER und Dr. W. ROCKENBAUER, CIBA AG., Basel danken wir für ihre Beiträge zu den Abschnitten Trennung der Chloride, Schmelzflußelektrolyse von Nb und Ta und Chemische Analyse der Metalle.

Für die großzügige Überlassung von Bildmaterial danken die Verfasser folgenden Firmen und Herren:

W. C. Heraeus Ges. m. b. H., Hanau (Dir. Dr. K. RUTHARDT),
Fansteel Metallurgical Corp., North Chicago (Präsident F. H. DRIGGS),
Wah Chang Corp., Albany/Oregon (Vizepräsident ST. YIH und Dir.
  Dipl.-Ing. H. FONTANE),
Metallwerk Plansee AG., Reutte/Tirol (Professor Dr.-Ing. P. SCHWARZ-
  KOPF und Dir. Dipl.-Ing. W. M. SCHWARZKOPF),
Supertemp Engineerg. and Manufact. Inc., Santa Fe Springs/California,
The Pfaudler Permutit Co., Rochester/N.Y.,
The Jonac Co., Ltd., Rochester/N.Y.,
Wyman Gordon Co., Worcester/Mass.,

Westinghouse Research Laboratories, Pittsburgh/Pa. (Mr. J. BECHTOLD),
Degussa Industrieofenbau, Wolfgang b. Hanau (Obering. F. KRALL),
Siemens & Halske AG., Erlangen,
Oregon Metallurgical Corp., Albany/Oregon,
H. C. Stark, Goslar (Dir. Dr. H. LANG),
Gesellschaft für Elektrometallurgie, Düsseldorf und Nürnberg (Dr. H. GEHM und Dir. Dipl.-Ing. A. FUCHS).

Herrn Professor Dr. H. NOWOTNY, Universität Wien, sind wir zu besonderem Dank verpflichtet für das Lesen des Manuskriptes und für viele freundliche Ratschläge zum Kapitel Legierungen.

Der Springer-Verlag kam allen unseren Wünschen bezüglich der Drucklegung freundlichst nach und es sei ihm hierfür und für die wie stets vorbildliche Ausstattung unser besonderer Dank ausgesprochen.

Herrn Ing. K. RETTER danken wir für die fachmännische Anfertigung der zahlreichen Zeichnungen, Frl. R. ERHART für die unermüdliche Bereitschaft bei den mehrmaligen Niederschriften des Buches und der Anfertigung der zahlreichen Tabellen und Literaturzusammenstellungen und Frau K. BRAUN für die Anfertigung des Namenverzeichnisses.

Reutte/Zürich, im Frühjahr 1963

R. Kieffer   H. Braun

Inhaltsverzeichnis

Seite

Einleitung 1

I. **Geschichte und Vorkommen der Va-Metalle** 8
    A. Entdeckung und Namensgebung 8
    B. Erste Reindarstellungsversuche 10
    C. Vorkommen und geförderte Mengen 10
        1. Vorkommen der Vanadinerze 10
        2. Vorkommen der Niob- und Tantalerze 14

II. **Verhüttung der Erze** (Die Gewinnung von Verbindungen als Vormaterialien für die Metallherstellung) 18
    A. Herstellung von V_2O_5 18
        a) Otanmaki-Anlage der finnischen Regierung 21
        b) MECSA-Werk in Witbank-Transvaal 21
    B. Herstellung von Nb_2O_5 und Ta_2O_5 sowie von Doppelsalzen . . . 23
        1. Aufarbeitung der Erze 23
            a) Aufschlußverfahren mit Salzschmelzen 23
            b) Der Flußsäureaufschluß 25
            c) Chlorierung von Erzen und anderen Rohstoffen 27
        2. Trennung von Niob und Tantal 28
            a) MARIGNAC-Verfahren 29
            b) Lösungsmittelextraktion mit Ketonen (Liquid-Liquid-Extraction) 32
            c) Die fraktionierte Destillation und Trennung der Pentachloride 38

III. **Gewinnung der Roh- und Reinmetalle** 40
    A. Allgemeines 42
    B. Vanadin 44
        1. Aluminothermische Herstellung von Vanadin 44
        2. Kohlenstoffreduktion von V_2O_5 im Vakuum 46
        3. Calciothermische Herstellung von Vanadinreguli 47
            a) Allgemeines 47
            b) Verfahren nach MCKECHNIE und SEYBOLT 48
            c) Variante nach BEARD und CROOKS 49
            d) Verfahren nach WILHELM und LONG, Variante nach JOLY . 50
        4. Reduktion des Chlorides 52
            a) Reduktion des Chlorides mit Magnesium unter Argon (KROLL-Prozeß nach FOLEY, WARD und HOCK) 52
            b) Chloridreduktion mit Wasserstoff (Wirbelbett) 54
        5. Thermische Zersetzung von Vanadinjodiden (VAN ARKEL-Verfahren) 55
        6. Elektrolytische Salzbadreinigung (Electro-refining) 56
        7. Elektrolyse von wäßrigen Lösungen 57

Inhaltsverzeichnis IX

C. Niob und Tantal 57
  1. Allgemeines 57
  2. Reduktion von Niob- und Tantaloxyden mit Kohlenstoff . . . 58
  3. Reduktion von Halogeniden 63
    a) Siemens & Halske-Verfahren 64
    b) Verfahren von H. C. Starck, Goslar 65
    c) Reduktionsvariante mit flüssigem Natrium 65
  4. Thermische Zersetzung von Halogeniden 66
  5. Schmelzflußelektrolyse 68
    a) Elektrolyse von Ta_2O_5 aus einem Alkalifluoridbad 68
    b) Elektrolyse von $TaCl_5$ aus einem Alkalifluoridbad 71
    c) Elektrolyse von Niob 72
    d) Elektrolytische Salzbadreinigung (Electro-refining) 73
    e) Elektrolyse aus wäßrigen oder organischen Lösungsmitteln 74

IV. **Herstellung der kompakten Reinmetalle** 74
  A. Allgemeines 74
  B. Sinterverfahren 75
    1. Sintern von Vanadin 75
    2. Sintern von Niob und Tantal 80
      a) Sintern im direkten Stromdurchgang (COOLIDGE-Verfahren) 81
      b) Sinterung durch indirekte Erhitzung 87
      c) Zusammenfassung der Erfahrungen mit der Direkt- und Indirekt-Sintertechnik 89
  C. Schmelzverfahren 90
    1. Schmelzen in keramischen Tiegeln 90
    2. Schmelzen mit Abschmelzelektroden 92
    3. Schmelzen im Elektronenstrahlofen 98
    4. Verschiedenartige Schmelzverfahren 105
      a) Allgemeines 105
      b) Schmelzen mit Hilfselektroden 106
      c) Schmelzen im werkstoffeigenen Tiegelmaterial (Skull-Melting) 107
      d) Zonenschmelzen 108
      e) Schwebeschmelzen (Levitation-Melting) 109
      f) Hochfrequenzschmelzen im wassergekühlten geteilten Tiegel 111

V. **Weiterverarbeitung der Va-Metalle** 112
  1. Allgemeines 112
  2. Schmieden, Hämmern, Walzen, Strangpressen, Rohr- und Drahtziehen 113
  3. Glühen 116
  4. Stanzen, Drücken, Nieten, Schleifen, Polieren usw. 118
  5. Schweißen 119
  6. Hart- und Weichlöten 121
  7. Elektrolytische Überzüge und Plattierungen 122
  8. Beizen und Entzundern 122
  9. Spangebende Verformung 124

VI. **Eigenschaften der Va-Metalle** 125
  A. Allgemeines 125
  B. Physikalische Eigenschaften 126

Inhaltsverzeichnis

	Seite
C. Mechanische Eigenschaften	133
1. Festigkeitseigenschaften	133
2. Elastische Eigenschaften (E-Modul, Scher-Modul, Kompressibilität, POISSONsche Zahl)	141
3. Härte	142
D. Korrosionsverhalten	146
1. Gegen chemische Reagenzien aller Art und flüssige Metalle	146
2. Reaktion mit Gasen	152
a) Wasserstoff und die Va-Metalle	152
b) Stickstoff, Sauerstoff, Luft, CO_2 und die Va-Metalle	155
VII. Legierungen der Va-Metalle	**161**
A. Zweistoffsysteme	161
1. Allgemeines	161
2. Wichtige binäre Zustandsdiagramme	166
B. Vanadin-Legierungen	174
1. Binäre Legierungen	174
2. Ternäre Legierungen (Mehrstofflegierungen)	179
3. (IV-V-VI)a- und (IV-V-V)a-Legierungen	185
C. Niob-Legierungen	189
1. Allgemeines	189
2. Zweistofflegierungen des Niobs	192
a) Niob–Titan	192
b) Niob–Zirkonium	196
c) Niob–Hafnium	198
d) Niob–Vanadin	198
e) Niob–Tantal	201
f) Niob–Chrom	203
g) Niob–Molybdän	204
h) Niob–Wolfram	208
i) Niob–Uran	210
k) Niob–Kohlenstoff (Metallseite)	211
l) Niob–Zinn	211
3. Ternäre Niob-Legierungen	211
a) Die (IV-V-IV)a-Legierungen	213
b) Verschiedene Niob-Legierungen	225
4. Verbesserung der Zunderfestigkeit durch Legieren	226
5. Schutzüberzüge und Deckschichten	230
D. Tantal-Legierungen	232
1. Allgemeines	232
2. Zweistofflegierungen des Tantals	235
a) Tantal–Titan	235
b) Tantal–Zirkonium	236
c) Tantal–Hafnium	236
d) Tantal–Vanadin	237
e) Tantal–Niob s. Niob–Tantal	201
f) Tantal–Chrom	237
g) Tantal–Molybdän	238
h) Tantal–Wolfram	242
i) Tantal–Uran	249
3. Tantal-Mehrstofflegierungen	249
Die Legierungen vom (IV-V-VI)a-Typ	249

Inhaltsverzeichnis XI

Seite

    4. Verbesserung der Zunderfestigkeit von Tantal durch Legieren 254
    5. Schutzüberzüge und Deckschichten 255

E. Vanadin, Niob, Tantal und Kohlenstoff, Stickstoff, Bor und Silizium (Hartstoffe der Va-Metalle: Karbide, Nitride, Boride und Silizide) 256

F. Vanadin, Niob und Tantal als Legierungsmetalle 260
    1. Allgemeines 260
    2. Verwendung von Vanadin in Stählen, Sonderlegierungen und Gußeisen 261
    3. Vanadin in Titan-Legierungen 262
    4. Niob(Tantal) in Edelstählen, hochwarmfesten Legierungen usw. 266
    5. Vanadin, Niob und Tantal in Ferrolegierungen und aluminothermischen Speziallegierungen 269

G. Vanadin, Niob und Tantal in Hartmetallen 271
    1. Allgemeines 271
    2. TaC(NbC) und VC in WC-Co-Hartmetallen 272
    3. TaC(NbC) in WC-TiC-Co-Hartmetallen 274
    4. NbC(TaC) in warmfesten Hartlegierungen auf TiC-Basis . . . 278
    5. WC-freie Hartmetalle 279

VIII. **Metallographie der Va-Metalle und ihrer Legierungen** 280

IX. **Chemische Analyse der Va-Metalle**
Bearbeitet von Dr. W. ROCKENBAUER, Basel 284

    A. Die Bestimmung der Elemente Vanadin, Niob und Tantal in Erzen, Zwischenprodukten und Legierungen 284

    B. Die Analyse der Rein- und Reinstmetalle 288
    Bestimmung von C, N, O und H in Va-Metallen 288

X. **Anwendung der Va-Metalle** 292

    A. Allgemeines 292

    B. Tantal 294
    1. Elektronische Industrie 294
    2. Elektroindustrie 295
        a) Ofenbau 295
        b) Elektrolytkondensatoren 297
    3. Tiegelmaterial 306
    4. Geräte- und Apparatebau für die chemische Industrie 307
    5. Kernindustrie 312
    6. Spinndüsen 312
    7. Tantal in der Chirurgie 313
    8. Tantal als Tief- und Hochtemperaturwerkstoff (Raumschiffahrt) 314

    C. Niob 317
    1. Stähle und Legierungen 317
    2. Elektronische Industrie 318
    3. Chemische Industrie (Apparate- und Gerätebau) 319
    4. Spinndüsen 319
    5. Ofenbau 319
    6. Niob in der Chirurgie 320
    7. Kondensatoren 320

　　　　　　　　　　Inhaltsverzeichnis

　　　　　　　　　　　　　　　　　　　　　　　　　　　　Seite
　　　　8. Kernindustrie 320
　　　　9. Luft- und Raumschiffahrt 321
　　　10. Supraleiter und Tieftemperaturmagnete 324
　　D. Vanadin 325
　　　　1. Kernindustrie 325
　　　　2. Legierungszusätze 325
　　　　3. Hochtemperaturlot und Zwischenschicht für Plattierungen . . 326
　　　　4. Verschiedene Anwendungen 326

Ausblick 326

Namenverzeichnis 328

Sachverzeichnis 337

Einleitung

Für den anorganischen Chemiker war es naheliegend und zweckmäßig, die Elemente Vanadin, Niob und Tantal der V. Nebengruppe des Periodensystems auf Grund ihrer Gruppen- und Familieneigenschaften oft gemeinsam in Lehrbüchern zu behandeln und ihre Verbindungen zu vergleichen.[1]

Die Metallkundler haben den Schwestermetallen Niob und Tantal[2] und dem Vanadin[3] Monographien gewidmet; es ist aber bisher nicht unternommen worden, auch die Metallurgie dieser drei Metalle als Gruppe gemeinsam zu behandeln, also:

1. ihre Verhüttung vom Erz bis zur Ferrolegierung bzw. bis zum reinen Metallpulver und weiter zum kompakten Metallblock und dessen Weiterverarbeitung zum Halbzeug bzw. Fertigteil,

2. ihr Legierungsverhalten, vornehmlich gegenüber anderen hochschmelzenden Metallen,

3. ihre physikalischen, chemischen und mechanischen Eigenschaften einschließlich der Legierungen, und

4. ihre Fähigkeit, wie die anderen Übergangsmetalle der IVa- und VIa-Gruppe des Periodensystems, hochschmelzende metallische Hartstoffe mit den kleinatomigen Metalloiden Kohlenstoff, Bor, Stickstoff und mit Silizium zu bilden, welche als Vormaterialien für die Hartmetalltechnik dienen.[4]

Betrachtet man zuerst die Welterzeugung und den heutigen technischen Einsatz der Va-Metalle im Bezugsland USA (Tab. 1 und Abb. 1), so sieht man, daß von etwa 3900 Jahrestonnen Vanadin der westlichen Welterzeugung z. B. im Jahre 1957 mehr als 90% in Form von Ferro-Vanadin in die Edelstahlindustrie gingen, und daß etwa

---

[1] JANDER, G., u. H. SPANDAU: Kurzes Lehrbuch der anorg. u. allg. Chemie, 6. Aufl. Berlin/Göttingen/Heidelberg: Springer 1960. — HOFMANN, U., u. W. RÜDORFF: Anorganische Chemie, 15. Aufl. Braunschweig: Vieweg & Sohn 1955.

[2] MILLER, G. L.: Tantalum and Niobium. London: Butterworths Scient. Publ. 1959.

[3] ROSTOKER, W.: The Metallurgy of Vanadium. New York: Wiley & Sons 1958.

[4] KIEFFER, R., u. P. SCHWARZKOPF: Hartstoffe und Hartmetalle. Wien: Springer 1953. — KIEFFER, R., u. F. BENESOVSKY: I. Teil, Hartstoffe. Wien: Springer 1963; II. Teil, Hartmetalle (im Druck).

Tabelle 1. *USA-Verbrauch* (in t) *und Anwendungsgebiete der Va-Metalle* (in %)

	1953			1957				1961		
	V <1500 t	Nb 270 t	Ta 140 t	V* 1900 t	Nb** 550 t	Ta** 280 t	V++ 3000 t	V+++ 800 t	Ta 360 t
Ferro-V, alumino-therm. Vanadin	90	70 Ferro-Nb, Ferro-Nb-Ta	46 Ferro-Ta, Ferro-Ta-Nb	90	etwa 70	35 bis 40	90	65 bis 72	25 bis 30
Nichteisen-legierungen	5	20 NE.-Legierungen (Fe, Ni, Co-Leg.)	8 NE.-Legierungen (Fe, Ni, Co-Leg.)	5	etwa 20	10	5	10 bis 12	7 bis 9
Hartmetall (VC)	+	5 Hartmetall (NbC)	10 Hartmetall (TaC)	+	etwa 5	10 bis 13	4	3 bis 5	10 bis 13
Rein-V und V$_2$O$_5$ Chem. Industrie, Katalysatoren usw.	5	5 Rein-Nb Schweißstäbe usw.	35 Rein-Ta	5	etwa 5	40 bis 50	5	15 bis 18 Rein-Nb u. Nb-Legierungen (Schweißstäbe, Atomenergie, Tieftemperaturlegierungen und Magnete, Raumschiffahrt, Hochtemperaturwerkstoffe usw.)	48 bis 58 Rein-Ta
			18 Chem. Industrie, Apparatebau	vgl. 1953		vgl. 1961	***		18 bis 28 Chem. Industrie, Apparatebau, Raketendüsen, Spinndüsen
			17 Elektroindustrie, Kondensatoren usw.						30 Kondensatoren, Elektroindustrie, Hochtemperaturwerkstoffe usw.

* Bei einer westlichen Welterzeugung 1957 von etwa 3900 t Vanadin und einer USA-Produktion von etwa 3000 t Vanadin.
** Bei einer westlichen Welterzeugung 1957 von 1300 t Niob und 370 t Tantal.
*** Bei steigendem Vanadinverbrauch liegt noch kein fester Markt für *Rein-Vanadin* vor (s. Vanadin in Titanlegierungen).
+ 100 kg in Hartmetallsonderqualitäten.
++ Bei einer westlichen Welterzeugung 1960/61 von etwa 7000 t Vanadin und einer USA-Produktion von etwa 5000 t Vanadin.
+++ Die westliche Welterzeugung von Niob + Tantal lag 1961 bei etwa 1850 t.

1500 von 1700 erzeugten Tonnen Niob und Tantal 1957[1] den gleichen Weg als Ferrolegierungen nahmen.

Als reines duktiles Metall in Draht- und Blechform spielte nur Tantal in den letzten 50 Jahren eine kleine, aber spezifisch wichtige Rolle. Dieses Bild änderte sich grundsätzlich bei Niob und Tantal erst 1959/61, nämlich im Sinne einer Verschiebung der Anwendungen in Richtung der reinen Metalle (Tab. 1).

Im Zeitalter der Atomenergie, der Düsenflugzeuge und der Raumschiffahrt schieben sich reines Niob und Niobbasislegierungen — in kleinerem Umfang auch Tantal- und Vanadinlegierungen — in jüngster

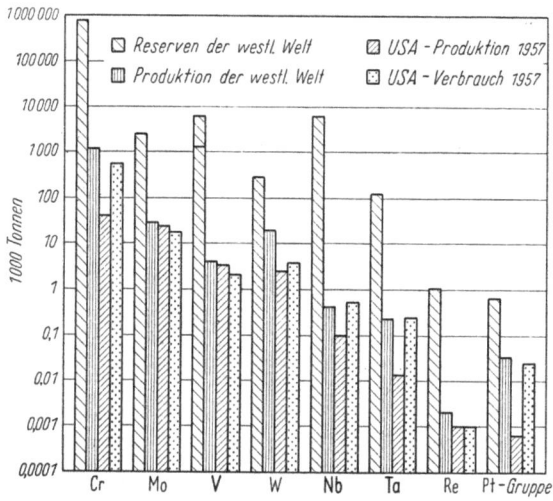

Abb. 1
Welt- und USA-Erzeugung an hochschmelzenden Metallen und Reserven der westlichen Welt

Zeit stark nach vorn. Der Aufschluß gewaltiger Nioberzlager in Brasilien, Kanada[2] und im Kongo[3] läßt das Niob bei der Fortentwicklung von Hochtemperaturwerkstoffen mit in den Vordergrund der hochschmelzenden Metalle treten.

Die chemische Industrie verwendet zunehmend Tantal im Apparatebau. Tantalelektrolytkondensatoren bilden seit etwa 10 Jahren einen stark anwachsenden Markt in der elektrischen Industrie.

---

[1] Die Gesamtwelterzeugung (Westen + Osten) hat in den Jahren 1960 und 1961, insbesondere bei den Va-Metallen und Rhenium, stark zugenommen (vgl. Tab. 1 und 6). Die Zuwachsraten bei Chrom, Molybdän, Wolfram und den Metallen der Platingruppe waren normal. Für die östlichen Länder müßten die Ziffern in Abb. 1 um etwa 5 bis 20% erhöht werden.

[2] Z. Erzbergbau u. Metallhüttenw. (1962) Nr. 7, 383. — Enging. Min. J. 162 (1961) Nr. 10, 99. — GRAHAM, C. R.: Can. Chem. Processg. 45 (1961) 61.

[3] Erzmetall XV (1962) Nr. 3, 159.

Die Hartmetallindustrie ist ein kleiner, aber stetig zunehmender Bedarfsträger für Tantal-, Niob- und Vanadin-Karbidmischkristalle geworden. Vanadin ist außerdem als Legierungskomponente aus den modernen Titanlegierungen nicht mehr wegzudenken. Als Tieftemperaturmagnetwerkstoffe kommen Legierungen auf Nb_3Sn- und Nb–Zr-Basis in Frage und warten auf verstärkten Einsatz.

Zu erwähnen wären noch Raketendüsen aus einer Ta-10 W-Legierung und insbesondere W-Düsen mit aufgespritzten Ta- bzw. TaC-Schichten.

Diese kurze Bilanz der heutigen Hauptanwendungen der Va-Metalle zeigt die außergewöhnliche Bedeutung, die sie in den verschiedenen Industriezweigen haben, soll aber auch andeuten, daß der Durchbruch der „reinen bildsamen Metalle" bisher nur dem Tantal mit seinen platinähnlichen Korrosionseigenschaften gelungen ist. Sie erhellt auch die gewaltigen Anstrengungen der jungen Niobindustrie, mit dem Tantal außerhalb des Ferrolegierungseinsatzes gleichzuziehen und es zu überholen. Sie beweist leider auch, daß für das reine duktile Vanadin, ein noch sehr junges Produkt der Metallkunde, praktisch noch kein fester Platz in der Technik vorhanden ist und es sich vorerst noch mit der Rolle eines veredelnden Legierungspartners für andere Übergangsmetalle (Titan, Molybdän, Niob, Zirkonium usw.) bescheiden muß.

Aus der Verteilung der wichtigsten Metalle in der Erdkruste (Tab. 2), die selbst durch die moderne Technik bergbaumäßig nur oberflächlich „angeschürft" wurde, sieht man — trotz der in der Literatur besonders bei selteneren Elementen stark schwankenden Werte —, daß das Element *Vanadin* ähnlich wie die Elemente Chrom und Zirkonium sehr häufig ist, daß *Niob* etwa die Häufigkeit von Kupfer, Wolfram, Lithium, Cer und Zinn hat, während *Tantal* in derselben Größenordnung wie Germanium, Beryllium, Hafnium, Bor und Uran liegt. Wir haben uns an die Darstellung von MASON[1] gehalten, die auf den Angaben von F. W. CLARK und V. M. GOLDSCHMIDT basiert (vgl. auch die stark abweichende Darstellung bei JANDER und SPANDAU[2]). Für Niob und Tantal wurden neu erschlossene, große brasilianische und kanadische Pyrochlorvorkommen entsprechend den Angaben von SIMS[3] berücksichtigt.

Die relative Häufigkeit der Va-Metalle darf aber nicht darüber hinwegtäuschen, daß in der Natur meist nur niedrighaltige Erze vorkom-

---

[1] MASON, B.: Principles of Geochemistry. New York: Wiley & Sons 1952, 41. — In C. A. HAMPEL (Hrsg.): Rare Metals Handbook, 2. Aufl. New York: Reinhold 1961.

[2] JANDER, G., u. H. SPANDAU: Kurzes Lehrbuch der anorg. u. allg. Chemie, 6. Aufl. Berlin/Göttingen/Heidelberg: Springer 1960.

[3] SIMS, C. T.: J. Metals, April 1961, 316.

men, wenn man vom verhältnismäßig seltenen Patronit (einem Vanadinsulfid), einigen Columbiten und Tantaliten und dem stark verwitterten brasilianischen Pyrochlor (einem komplexen Kalziumniobat) absieht. Die Verhüttung dieser Metalle läuft daher mit verschiedenen Ausnahmen

Tabelle 2. *Der durchschnittliche Gehalt der Elemente in dem uns bekannten Teil (etwa 16 km) der Erdkruste* (Angaben in g/t bzw. ppm) (nach MASON[1])

O	466000	Li	65	Br	1,6
Si	277200	N	46	Ho	1,2
Al	81300	Ce	46	Eu	1,1
Fe	50000	Sn	40	Sb	1?
Ca	36300	Y	28	Tb	0,9
Na	28300	Nd	24	Lu	0,8
K	25900	Co	23	Tl	0,6
Mg	20900	La	18	Hg	0,5
Ti	4400	Pb	16	I	0,3
H	1400	Ga	15	Bi	0,2
P	1180	Mo	15	Tm	0,2
Mn	1000	Th	12	Cd	0,15
S	520	Cs	7	Ag	0,1
C	320	Ge	7	In	0,1
Cl	314	Be	6	Se	0,09
Rb	310	Sm	6,5	A	0,04
F	300	Gd	6,4	Pd	0,01
Sr	300	Pr	5,5	Pt	0,005
Ba	250	Se	5	Au	0,005
Zr	220	As	5	Hǝ	0,003
Cr	200	**Ta**	5	Te	0,002?
V	150	Hf	4,5	Rh	0,001
Zn	132	Dy	4,5	Re	0,001
Ni	80	U	4	Ir	0,001
Cu	70	B	3	Os	0,001?
W	69	Yb	2,7	Ru	0,001?
Nb	65	Er	2,5		

Die Elemente Neon, Krypton, Xenon, Radon, die in Mengen <0,001 g/t vorkommen, und die kurzlebigen radioaktiven Elemente wurden weggelassen.

Die Summe der ersten 8 Elemente beträgt etwa 98,6, die der ersten 12 Elemente etwa 99,4%.

über den naßchemischen Aufschluß, der in allen drei Fällen zu den stabilen Pentoxyden (rotes V_2O_5, weißes Nb_2O_5 und Ta_2O_5) führt. Die Pentoxyde sind das Ausgangsmaterial für die vornehmlich aluminothermische Gewinnung der Ferrolegierungen. Sie sind auch die Basis für die Gewinnung der reinen Metalle, die meist zuerst zu Metallpulvern — bei der calciothermischen Herstellung von Vanadin aller-

---

[1] MASON, B.: Principles of Geochemistry. New York: Wiley & Sons 1952, 41.

dings zu Reguli — führt, die man durch Sintern oder durch Hochvakuumschmelzen (Lichtbogenöfen mit Abschmelzelektroden bzw. Elektronenstrahlöfen) zu schmiede-, walz- und strangpreßbaren Ingots verarbeitet.

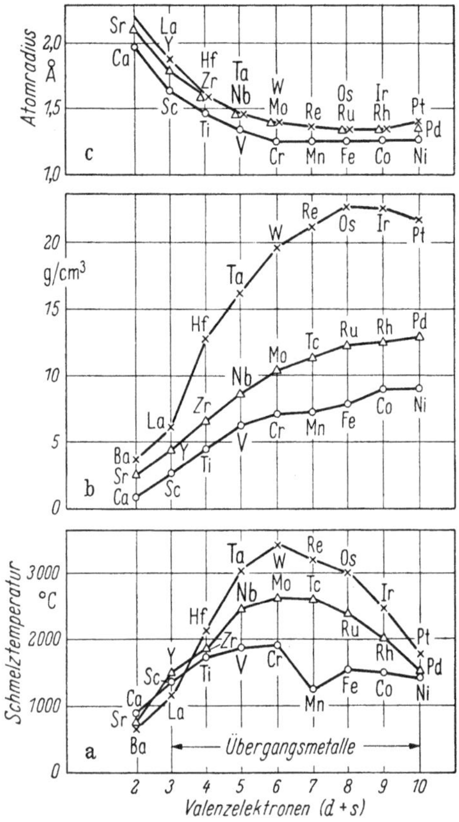

Auch die Herstellung der werkstoffmäßig hochinteressanten Legierungen der Va-Metalle mit anderen hochschmelzenden Metallen, besonders denen der IVa- bis VIIIa-Gruppe des Periodensystems mit Schmelzpunkten über 1700 °C, erfolgt nach den genannten Verfahren der Vakuummetallurgie.

Tab. 3 zeigt unter anderem die Stellung der Metalle Vanadin, Niob und Tantal im Periodensystem und die Elektronenanordnung ihrer freien Atome; sie gibt ferner die elektrische Leitfähigkeit, die Härte und die Kristallstruktur der Elemente an. Die Schmelzpunkte der Übergangsmetalle haben nach NORTON[1] Maxima, wenn die Summe der d- und s-Elektronen 6 ist, und sie nehmen in jeder Gruppe mit steigendem Atomgewicht zu (Abbildung 2a), sie stehen ferner in einer einfachen Beziehung zu den linearen Ausdehnungskoeffizienten[2]. Die spezifischen Gewichte steigen von der III. Nebengruppe zur VIII. an (Abb. 2b).[3]

Abb. 2a—c. Schmelzpunkte, spez. Gewicht und Atomradien der Übergangsmetalle

Unter Einbezug der Atomradien (Abb. 2c) und der Kristallstrukturen lassen sich bereits die Legierungsverhältnisse innerhalb der Gruppe Va und zwischen den Va-, IVa- und VIa-Metallen abschätzen.

---

[1] NORTON, J. T.: in F. BENESOVSKY (Hrsg.): Hochschmelzende Metalle, 3. Plansee Seminar, Juni 1958, Reutte/Tirol. Wien: Springer 1959, 13.

[2] NOWOTNY, H.: in F. BENESOVSKY (Hrsg.): Hochschmelzende Metalle, 3. Plansee Seminar, Juni 1958, Reutte/Tirol. Wien: Springer 1959, 23.

[3] BÜCKLE, H.: La Technique Moderne, Juli 1961, 53.

Tabelle 3. *Lage der Übergangsmetalle im Periodensystem der Elemente und einige ihrer Eigenschaften*

	III a	IV a	V a	VI a	VII a	VIII a	VIII b	VIII c
1	**21** Sc	**22** Ti	**23** V	**24** Cr	**25** Mn	**26** Fe	**27** Co	**28** Ni
2	3d¹ 4s²	3d² 4s²	3d³ 4s²	3d⁵ 4s¹	3d⁵ 4s²	3d⁶ 4s²	3d⁷ 4s²	3d⁸ 4s²
3	44,96	47,90	50,95	52,01	54,94	55,85	58,94	58,71
4	1539	1668	1900	1875	1245	1536	1495	1453
5	61	42	19	12,9		8,17	5,06	6,05
6	85	115	130 bis 150	70 bis 125	185 bis 44*	45	125	70
7	A 3	α: A3, β: A2	A 2	A 2	250 bis 500 α:A12, β:A13, γ:A6, δ:A1	α:A2, γ:A1, δ:A2	α:A3, γ(β):A1	A 1
1	**39** Y	**40** Zr	**41** Nb	**42** Mo	**43** Tc	**44** Ru	**45** Rh	**46** Pd
2	5d¹ 5s²	4d² 5s²	4d⁴ 5s¹	4d⁵ 5s¹	4d⁶ 5s¹	4d⁷ 5s¹	4d⁸ 5s¹	4d¹⁰
3	88,92	91,22	92,91	95,95	98	101,1	102,01	106,7
4	1509	1852	2468	2620	2610	2500	1966	1552
5	57	40	12,5	5,03	—	7,6	4,51	10,8
6	60	80	50 bis 100	140 bis 230		220 bis 330	150 bis 200	70
7	A 3, A 2	α: A3, β: A2	A 2	A 2	A 3	A 3	A 1	A 1
1	**57** La	**72** Hf	**73** Ta	**74** W	**75** Re	**76** Os	**77** Ir	**78** Pt
2	5d¹ 6s²	5d² 6s²	5d³ 6s²	5d⁴ 6s²	5d⁵ 6s²	5d⁶ 6s²	5d⁷ 6s²	5d⁹ 6s¹
3	138,92	178,58	180,95	183,86	186,22	190,2	192,2	195,09
4	920	2222	2996	3380	3180**	3000***	2454	1769
5	57	30	12,45	4,91	19,3	9,5	5,3	10,6
6	40	150	80 bis 120	280 bis 350	300	500 bis 550	250 bis 300	70
7	A 1, A 2	α: A3, β: A2	A 2	A 2	A 3	A 3	A 1	A 1

A 1 = kubisch-flächenzentriert
A 2 = kubisch-raumzentriert
A 3 = hexagonal dichtest gepackt
(A 6, A 12 und A 13 nur bei Mn)

* Stark strukturabhängig. — ** Nach neueren Angaben[1] liegt der Schmelzpunkt niedriger, wahrscheinlich unter dem des Osmiums.
*** Neuere Angaben[1] nennen für Osmium 3135 bis 3242 °C.
+ *Links* raumtemperaturstabile, *rechts* hochtemperaturstabile Modifikation.
[1] SZABÓ, Z. G., u. B. LAKATOS: J. Inst. Metals, Nov. 1962.

1 Ordnungszahl und Symbol
2 Äußere Elektronenschalen
3 Atomgewicht
4 Schmelzpunkt °C
5 spez. elektr. Widerstand in Mikroohm · cm
6 Härte in kg/mm²
7 Kristallstruktur⁺

Vanadin, Niob und Tantal verdanken ihrer Fähigkeit, mit Kohlenstoff und Stickstoff stabile, hochschmelzende Hartstoffe und Hartstoffmischkristalle zu bilden, ihre große Bedeutung in der Edelstahlindustrie, Tantal und Niob ferner — in kleinerem Umfange auch Vanadin — ihren verbreiteten Einsatz in der Hartmetallindustrie. Es sei kurz auf die vanadinhaltigen Schnelldrehstähle, die nichtrostenden und chemischbeständigen, stabilisierten Chrom-Nickelstähle mit 0,6 bis 1,2% Niob + Tantal sowie an die WC-TiC-(Ta, Nb)C-Co-Schneidlegierungen erinnert.

Die Boride und Silizide der Va-Metalle haben im Gegensatz zu den Karbiden und Karbid-Nitrid-Mischkristallen noch keine größere technische Bedeutung erlangt.[1]

I. Geschichte und Vorkommen der Va-Metalle

A. Entdeckung und Namensgebung

Die Tab. 4 zeigt in kurzer Zusammenfassung die „bunte" Geschichte der Entdeckung und der Namensgebung der Va-Metalle. *Vanadin* wurde 1801 von ANDRES MANUEL DEL RIO (Mexico City) in einem Bleierz aus Zimapan gefunden. Da die gewonnenen Salze beim Erhitzen eine ausgeprägte Rotfärbung aufwiesen, nannte er den als neues Element erkannten Grundstoff Erythronium. Er widerrief seine Entdeckung 4 Jahre später und schloß sich seltsamerweise dem französischen Chemiker COLLET DESCOTILS an, der den neuen Stoff fälschlich als ein unreines Bleichromat bezeichnete.

1831 entdeckte der Schwede SEFSTRÖM in Frischschlacken aus Taberger Eisenerzen (Småland Distrikt) ein Oxyd, das er zusammen mit BERZELIUS isolierte und als Oxyd eines neuen Elementes erkannte. Er benannte den neuen Grundstoff Vanadin nach Vanadis, einem Beinamen der nordischen Göttin der Schönheit Freya. WÖHLER — auch auf der Suche nach dem Element 23 — wies kurz darauf in einer Probe des DEL RIOschen Bleivanadats die Identität von Vanadin und Erythronium nach.[2]

Niob und *Tantal* sind in der Natur meist eng vergesellschaftet. Da ihre chemischen Verbindungen zudem ähnliche chemische Eigenschaften

---

[1] KIEFFER, R., u. P. SCHWARZKOPF: Hartstoffe und Hartmetalle. Wien: Springer 1953. — KIEFFER, R., u. F. BENESOVSKY: I. Teil, Hartstoffe. Wien: Springer 1963; II. Teil, Hartmetalle (im Druck).

[2] ULLMANN, F.: Enzyklopädie der techn. Chemie, 2. Aufl., Bd. 10. Berlin: Urban & Schwarzenberg 1932, 265. — ROSTOKER, W.: The Metallurgy of Vanadium. New York: Wiley & Sons 1958, 1. — DUNN, H. E., u. D. L. EDMOND: in C. A. HAMPEL (Hrsg.): Rare Metals Handbook, 2. Aufl. New York: Reinhold 1961, 629.

Tabelle 4. *Entdecker und Namensgebung der Elemente*

Element	Vanadin	Niob	Tantal
Entdecker	1801 ANDRES MANUEL DEL RIO Mexico City als Erythronium in einem Bleivanadat 1831 SEFSTRÖM, V_2O_5 in Frischschlacken von Taberger Eisenerzen WÖHLER bestätigt kurz danach die Identität von Erythronium und Vanadin	1801 HATCHETT als „Columbiumsäure" Columbit aus Connecticut 1844 ROSE, als Niobpentoxyd Trennung von Nb_2O_5 und Ta_2O_5	1802 EKEBERG $Ta_2O_5(Nb_2O_5)$ aus schwedischen und finnischen Tantaliten
Namensgebung	*Vanadin* durch SEFSTRÖM, nach der nordischen Göttin der Schönheit Vanadis, Beiname der Freya	*Columbium* durch HATCHETT, zu Ehren von Amerika = Columbia (Columbium = Cb) ist nur noch in USA üblich *Niob* durch ROSE nach der Tochter Niobe des Tantalus, der mythologischen Göttin der Tränen. Internationale Festlegung des Namens Niob 1949 in Amsterdam	*Tantal* durch EKEBERG, nach dem griechischen König Tantalus („teils um dem Gebrauch zu folgen, der die mythologischen Benennungen billigt, teils um auf die Unfähigkeit des Elementes, mitten in einem Überschuß von Säure etwas davon an sich zu reißen und sich damit zu sättigen, eine Anspielung zu machen")

besitzen, hatten die ersten Entdecker zweifelsohne stets beide Elemente in der Hand. HATCHETT fand 1801 in einem schweren Erz aus Connecticut die „Erdsäure" eines neuen Elementes, das er zu Ehren Amerikas Columbium nannte. Wahrscheinlich hatte er ein undefiniertes Gemenge von Nb_2O_5 und Ta_2O_5 vorliegen. Ähnlich dürfte es EKEBERG ergangen sein, der in finnischen und schwedischen Erzen, die er Tantalit und Yttrotantalit nannte, Ta-(Nb)-Säure fand. Mit dem Namen Tantal für das „Element" wies EKEBERG auf das eigenartige chemische Verhalten des Tantals hin (s. Tab. 4).

1844 entdeckte ROSE das Vorhandensein eines weiteren Elementes in verschiedenen Columbiten und schlug dafür den Namen Niob (s. Tab. 4) vor. Die Kontroversen um die Identität zweier der nun vorliegenden 3 Elemente — WOLLASTON nahm die Gleichheit von Columbium und Tantal an — bzw. um die Frage, ob es sich um 3 Elemente handle, wurde dahingehend entschieden, daß Niob und Columbium dasselbe Element seien. In Europa wurde entsprechend der Festlegung am

15. Internationalen Kongreß für angewandte Chemie in Amsterdam 1949 der Name Niob heimisch, während man in USA noch an der alten Bezeichnung Columbium[1] festhält.

B. Erste Reindarstellungsversuche

Das erste Vanadinmetall wurde 1867/69 von ROSCOE in Pulverform dargestellt, nachdem die ersten Versuche von BERZELIUS zur Reindarstellung 1831 gescheitert waren. Duktiles Reinvanadin wurde erstmalig von MARDEN und RICH[2] 1927 durch Calciumreduktion von V_2O_5 hergestellt.

Ebenfalls auf BERZELIUS (1824) gehen die ersten Versuche zurück, Reintantal herzustellen. W. v. BOLTON dürfte der erste gewesen sein, dem es gelang, durch Lichtbogenschmelzen von karbid-, bzw. kohlenstoffreduzierten niederen Oxyden Tantal und Niob in reiner und duktiler Form zu gewinnen und Feindrähte aus den beiden Metallen herzustellen. Die Tantaldrahtlampe als Nachfolgerin der Osmiumlampe AUER VON WELSBACHS und Vorläuferin der Wolframfadenlampe stellt die erste industrielle Anwendung des Tantals dar (1905/11).

C. Vorkommen und geförderte Mengen

Bei der Besprechung der Herkunft der Erze der Va-Metalle werden die geochemischen Verhältnisse bei *Vanadin* einerseits und bei *Niob* und *Tantal* andererseits getrennt behandelt, da hierbei wenig gemeinsame Gesichtspunkte auftreten.

1. Vorkommen der Vanadinerze

Wie aus Tab. 2 zu entnehmen ist, liegt Vanadin in der Häufigkeit etwa bei Zirkonium, Chrom, Zink und Nickel. Obwohl von Wolfram und Molybdän erheblich geringere Mengen vorhanden sind, wird von diesen Metallen bedeutend mehr gefördert als von Vanadin (s. Abb. 1). Dies liegt daran, daß Vanadin — vom erschöpften Patronit in Peru abgesehen — selten in abbauwürdigen Konzentrationen zu finden ist und stark verstreut über die ganze Lithosphäre in sauren und besonders basischen Gesteinen fein dispergiert vorkommt. Nach SMETANA[3] vermag Vanadin keine gesteinsbildenden Mineralien selbständig aufzubauen,

---

[1] MILLER, G. L.: Tantalum and Niobum. London: Butterworths Scient. Publ. 1959, 1. — SHERWOOD, E. M.: in C. A. HAMPEL (Hrsg.): Rare Metals Handbook, 2. Aufl. New York: Reinhold 1961, Columbium, 149.

[2] MARDEN, J. W., u. M. RICH: Industr. Engng. Chem. 19 (1927) 786.

[3] SMETANA, O.: in R. DURRER u. G. VOLKERT (Hrsg.): Die Metallurgie der Ferrolegierungen. Berlin/Göttingen/Heidelberg: Springer 1953, 336.

sondern kommt getrennt als Beimengung in anderen Verbindungen vor. Dies hängt mit seiner chemischen Eigenart zusammen: Es steht in bestimmten Wertigkeitsstufen den Elementen Eisen, Titan, Aluminium und Phosphor chemisch und größenmäßig nahe und vermag diese vielfach in Mineralien zu vertreten. So ist beispielsweise Fe_2O_3 durch V_2O_3, TiO_2 durch VO_2 oder P_2O_5 durch V_2O_5 ersetzbar. Es gibt aber auch Fälle, in welchen das Vanadin in Eisenerzen als selbständige, jedoch im Haupterz feinstverteilte Verbindung auftritt, so etwa in indischen vanadinreichen Titanomagnetiten als Vanadinspinell $(FeO(FeV)_2O_3)$, dem sogenannten Coulsonit.

In sekundären Erzen ist Vanadin stets an die Schwermetalle Kupfer, Blei, Zink und auch an Nickel, Uran, Eisen und Mangan in Form sehr komplizierter Oxydverbindungen gebunden. So werden von FRANKLIN[1] über 40 verschiedene Vanadinerze näher beschrieben.

Nach SMETANA sind die wichtigsten bergmännisch gewonnenen Vanadinmineralien in Tab. 5 zusammengefaßt. In dieser Tabelle sind auch Analysen, Härte, Dichte und Vanadingehalte der Reinmineralien sowie die Hauptfundorte aufgenommen. Die Rohmineralien enthalten üblicherweise 20 bis 25%, Erzkonzentrate bis zu 50% des Vanadingehaltes der Reinmineralien.

Zu den Vorkommen biogenen Ursprungs (Kohlen, Asphaltite, Lignite, Erdöle) muß auch der Patronit gezählt werden, der über 10 Jahre die Hauptquelle für die Vanadinerzeugung war (s. Tab. 5). Die peruanischen sulfidischen Erzvorkommen gelten seit 1955 als erschöpft, während die Aschen der Asphaltite, Erdöle usw. in Venezuela, Argentinien, USA (Oklahoma), Trinidad und Peru mit 10 bis 25% V_2O_5-Gehalt als stille V-Reserven zu betrachten sind.

Wie Tab. 6 zeigt, sind die amerikanischen Carnotite und Roscoelite sowie die afrikanischen Pb(Cu, Zn)-Vanadate in den Jahren 1920 bis 1950 in den Vordergrund getreten. (V als Haupt- oder Nebenprodukt der Uran-, Radium- und Bleigewinnung.) Seit 1957 sind zwei große Produzenten, Finnland (Otanmaki) und Transvaal (Südafrikanische Union, Witbank), hinzugekommen, die auf die sehr häufigen Titanomagnetite (Finnischer Titanomagnetit: etwa 35% Magnetit, 28% Ilmenit, etwa 0,5 V_2O_5, Rest Gangart, d. h. Titan und Eisen als Beiprodukte) zurückgreifen, während die Vanadinerzeugung der USA seit 1952 durch das Ansteigen der Uranerzeugung für die Kernenergiegewinnung fast ausschließlich auf Carnotit mit 1,5 bis 2% V_2O_5 basiert[2] (s. S. 19). Die deutschen Rohstoffquellen für Vanadin während des

---

[1] Siehe H. E. DUNN u. D. L. EDMOND: in C. A. HAMPEL (Hrsg.): Rare Metals Handbook, 2. Aufl. New York: Reinhold 1961, Vanadium, 645.
[2] CRABTREE, E. H., u. F. L. SMITH: J. Less-Common Metals, Dez. 1961, 433.

Tabelle 5. *Bergmännisch wichtige Vanadinerze* (ergänzt nach SMETANA)

Bezeichnung	Zusammensetzung	Härte MOHS	Dichte g/cm³	% V im Reinmineral	Hauptfundorte
Roscoelit	$(OH)_2K(V, Al)_2Si_3AlO_{10}$	4	2,97	10 bis 12	Südweststaaten der USA und Mexiko, Turkestan
Carnotit	$K_2O \cdot 2UO_3 \cdot V_2O_5 \cdot 3H_2O$	4	4,5	10,1 bis 10,4	Südweststaaten der USA und Mexiko, Turkestan
Vanadinit	$Pb_5(VO_4)_3Cl$	3	6,8 bis 7,1	10,9	Südwestafrika, Spanien, Mexiko, Arizona
Descloizit	$(Pb, Zn)PbOH \cdot VO_4$	—	5,9 bis 6,2	12,7	Südwestafrika, Nordrhodesien
Cuprodescloizit	$(Pb, Cu, Zn)PbOH \cdot VO_4$	3,5	5,5 bis 6,2	10,5	
Mottramit	$2(Cu, Pb)OH \cdot VO_4$	—	5,9	9,5 bis 10	
Hewetit (Meta-Hewetit)	$CaO \cdot 3V_2O_5 \cdot 9H_2O$	weich	2,51 bis 2,55	30 bis 40	Mina Ragra (Peru), Colorado Plateau, Kalifornien
Patronit	V_2S_x		2,25 2,65 bis 2,71	19 bis 24	Peru
Tyuyam(un)it	$CaO \cdot 2UO_3 \cdot V_2O_5 \cdot 4H_2O$	etwa 4	4,2 bis 4,5	11 bis 11,5	West-Colorado, Utah, UdSSR

2. Weltkrieges waren die Vanadinschlacken aus der Verhüttung der Lothringer Minetteerze[1]. Vanadinschlacken scheinen noch heute in den Oststaaten eine beachtliche Rolle zu spielen.[2]

Bei einer unerwarteten Zunahme des Welt-Vanadinverbrauches stehen auch noch große Reserven in vanadinhaltigen Bauxiten und Phosphaten zur allfälligen Ausbeutung zur Verfügung.[3] So enthalten

---

[1] SMETANA, O.: in R. DURRER u. G. VOLKERT (Hrsg.): Die Metallurgie der Ferrolegierungen. Berlin/Göttingen/Heidelberg: Springer 1953, 336.

[2] PECHKOVSKIJ, S. A. AMIROVA u. M. I. POLOTNAYANSLICHIKOVA: Izvestija VUZ-Tsvetnaya Metallurgiya, März 1960, 97. — LEKONTSEV, A. N.: Stal', Aug. 1960, 701. — TROJKA, D.: Hutnicke Listy 15 (1960) 781.

[3] CRABTREE, E. H., u. F. L. SMITH: J. Less-Common Metals, Dez. 1961, 433. — BURWELL, B.: J. Metals, Aug. 1961, 562.

Tabelle 6. *Vanadinerzförderung in Tonnen V-Inhalt*

Jahr	Peru	USA	Nord-rhodesien	Südwest-afrika	Süd-afrika Transvaal	Finn-land	Weltförderung
	Haupterze						
	Patronit	V-Sandstein Carnotit Roscoelit	Pb-(Zn-Cu)-Vanadate		Titano-magnetite		
1907	77	—	—	—	—	—	—
1908	400	—	—	—	—	—	—
1909	308	—	—	—	—	—	—
1910	690	—	—	—	—	—	—
1911	500	—	—	—	—	—	—
1912	670	—	—	—	—	—	—
1913	—	—	—	—	—	—	1000
1915	560	—	—	—	—	—	—
1918	1000	—	—	—	—	—	—
1920	1158	472	4	28	—	—	1662
1921	199	—	—	650	—	—	—
1925	171	196	107	251	—	—	—
1926	857	300	19	576	—	—	1752
1927	661	—	24	311	—	—	—
1929	812	600	565	—	—	—	—
1932	—	245	307	305	—	—	—
1936	161	63	204	547	—	—	975
1937	583	493	235	591	—	—	1947
1938	826	732	374	557	—	—	2590
1939	1016	900	384	514	—	—	2909
1940	1214	981	368	428	—	—	3024
1941	1017	1140	342	269	—	—	2774
1942	1010	2014	388	453	—	—	2014
1943	847	2534	426	577	—	—	4384
1944	514	1600	254	385	—	—	2757
1945	688	1344	219	420	—	—	2674
1946	322	577	68	430	—	—	1403
1947	435	961	56	282	—	—	1741
1948	511	n. b.	173	187	—	—	
1949	456	n. b.	153	165	—	—	geschätzt 2 bis 3000
1950	436	n. b.	n. b.	295	—	—	
1951	449	n. b.	87	529	—	—	
1952	450	n. b.	43	624	—	—	
1957	—	3360	n. b.	277	8	264	3890
1960	—	4520	n. b.	760	574	510	6450
1961	—	4790	100	1040	1280	570	7800

z. B. die jährlich in USA erzeugten 20000 t Ferrophosphor etwa 7 bis 8% V_2O_5, also etwa 1200 t V_2O_5 (s. S. 20).

Die Vanadinerzförderung in Tonnen V-Inhalt ist nach SMETANA in Tab. 6 wiedergegeben und wurde mit Daten aus den Jahren 1951/52[1]

[1] Minerals Yearbook, Vol. 1, Bureau of Mines Publ. 1952.

und Zahlenangaben aus den Jahren 1957, 1960 und 1961[1] für die westliche Weltförderung ergänzt. Genaue Angaben über die Vanadingewinnung in der Sowjetunion und anderen Ostblockländern liegen nicht vor, so daß die Gesamtweltförderung um etwa 10 bis 20% höher geschätzt werden könnte.

2. Vorkommen der Niob- und Tantalerze

Niob und Tantal sind in der Natur immer in Form isomorpher Niobate oder Tantalate vergesellschaftet. Dem Patronit (V_2S_x) entsprechende sulfidische Niob-Tantal-Erze kommen nicht vor. Während die Tantalerze meist von erheblichen Mengen Niob begleitet sind, enthalten die sehr verbreiteten Hauptreserven an Niob, die Pyrochlore, unter 2%, oft nur etwa 0,2% Ta (s. Tab. 7 und 8).

Dieser Umstand erscheint für die zukünftige Weltversorgungslage an Tantal von großer Wichtigkeit. Selbst bei Erschöpfung der an sich selteneren Tantalerze und bei quantitativer Erfassung der Zinn-Schlacken (Malaya, Südafrika) wird man aus den großen Pyrochlorreserven stets auf einen Anfall von einem Teil Tantal auf z. B. 30 bis 90 Teile Niob rechnen können.

Die zur Zeit noch wichtigsten Niob- und Tantalerze sind *Niobite* und *Tantalite*, bei denen es sich um Eisen-Mangan-Niobate bzw. Tantalate ((Fe, Mn)$O(Ta, Nb)_2O_5$) handelt, in denen sich Niob und Tantal sowie Eisen und Mangan isomorph ersetzen können. Die Endglieder

Tabelle 7
Zusammensetzung einiger Tantal- und Niobmineralien (nach JOHNSTONE[2])

Mineral	Chemische Zusammensetzung	Ta_2O_5 %	Nb_2O_5 %
Tantalit	Fe-Mn-Tantalat (Niobat)	42 bis 84	3 bis 40
Columbit	Fe-Mn-Niobat (Tantalat)	1 bis 42	40 bis 75
Mikrolit	Ca-Tantalat (Niobat), enthält F	55 bis 74	5 bis 10
Simpsonit	Al-Tantalat	60 bis 72	0 bis 6
Samarskit	Fe-Y-Ca-Ce-U-Niobat (Tantalat)	14 bis 27	41 bis 56
Fergusonit	Y-Er-Ce-Tantalat (Niobat)	4 bis 43	14 bis 46
Tapiolit	Fe-Tantalat und Niobat	73 bis 74	11 bis 12
Pyrochlor	Ca-seltene Erdmetalle-Niobat (enthält F, ThO_2)	0,2 bis 2	47 bis 70
Euxenit	Y-U-Niobat (Titanat)	1 bis 6	22 bis 30
Ilmeno-Rutil	Rutil (TiO_2), enthält Columbit in fester Lösung oder ausgeschieden	7 bis 15	14 bis 34

---

[1] Vanadium: Jahresstatistik des U.S. Bureau of Mines 1959, 1960, 1961.
[2] JOHNSTONE, S. J.: Minerals for the Chemical and Allied Industries. London: Chapman & Hall 1954, 509.

Tabelle 8. *Gesamtanalysen von Tantal- und Niobmineralien und ihre Fundorte*
(nach DEANS[1])

	1	2	3	4	5	6	7	8	9	10	11	12
Nb_2O_5	1,46	2,50	16,47	32,10	54,8	67,23	72,99	68,72	4,78	29,85	Spur	4,10
Ta_2O_5	83,39	80,61	67,35	47,27	25,5	5,72	3,86	0,20	74,36	8,33	72,83	74,40
TiO_2	0,34	0,71	—	1,10	0,8	2,34	0,95	0,56	nil	38,43	—	0,03
SnO_2	0,03	1,51	0,47	0,16	0,8	2,31	0,84	—	nil	0,33	21,88	0,22
WO_3	—	0,13	—	—	—	—	0,10	—	—	Spur	—	—
FeO	11,13	10,89	1,54	15,49	13,6	18,37	18,43	0,43	0,77	10,88	0,50	0,89
MnO	2,64	3,78	13,27	2,56	4,4	2,18	2,12	—	nil	2,92	—	0,24
MgO	—	0,19	—	—	—	—	0,28	0,49	nil	—	—	0,13
CaO	—	—	0,71	—	—	—	—	14,82	11,68	—	1,28	12,38
Seltene Erdmetalle	—	—	—	—	—	—	—	2,00	—	—	—	—
U_3O_8	—	—	—	—	—	—	—	—	—	—	—	4,37
$(Na,K)_2O$	—	—	—	—	—	—	—	7,31	5,60	—	—	—
F	—	—	—	—	—	—	—	3,87	0,58	—	—	—
H_2O+	—	0,14	—	—	—	—	0,32	0,50	—	—	—	1,27
Spezif. Gewicht	7,78	7,74	7,07	6,57	5,82	—	—	—	6,02	—	—	—

1 Tapiolit: Jemubi Fluß, Ankole, Uganda
2 Tantalit: Greenbushes, West-Australien
3 Manganotantalit: Wodgina, West-Australien
4 Columbotantalit: Elota, Belgisch-Kongo
5 Tantalocolumbit: Mogere, Ruanda-Urundi
6 Columbit (alluvial): Jos, Nord-Nigeria
7 Columbit (Handauslese): Liruei, Nord-Nigeria
8 Pyrochlor: Sukulu, Uganda, Brasilien, Kanada
9 Microlit: Bikita, Süd-Rhodesien
10 Ilmeno-Rutil: Rumong-Rumong Fluß, Britisch-Guayana
11 Thoreaulit: Manono, Belgisch-Kongo
12 Djalmait: Brasilien

der Mischungsreihe sind der reine Niobit $(Fe, Mn)Nb_2O_6$ mit 77 bis 79% Nb und etwa 21% (Eisen + Mangan) (spez. Gewicht = 5,3 bis 5,36 g/cm³) und der reine Tantalit $(Fe, Mn)Ta_2O_6$ mit 84 bis 86,1% Ta und etwa 13,9% (Fe + Mn) (spez. Gewicht = 7,02 bis 7,3 g/cm³). Es sind auch Mischreihen bekannt, in denen das Eisen ganz hinter das Mangan oder das Mangan hinter das Eisen zurücktritt (s. Manganotantalit in Tab. 8).

Der *Pyrochlor*, ein in niedriger Konzentration sehr stark verbreitetes Nioberz, ist ein komplexes, Alkalien und Fluor enthaltendes Calciumniobat, mit wechselnden Mengen an seltenen Metallen, wie z. B. Cer, Thorium oder Uran.

---

[1] DEANS, T.: in G. L. MILLER: Tantalum and Niobium. London: Butterworths Scient. Publ. 1959, 4.

Die Zusammensetzung einiger wichtiger und seltener Niob- und Tantalmineralien geht aus Tab. 7 hervor, während Tab. 8 einige weitere Erze, deren genaue Analyse und ihre Fundorte wiedergibt.[1]

Über die Niob-Tantal-Vorkommen der Welt und die derzeitige Weltversorgungslage mit Nioberzen berichtet neuerdings HIGBIE[2].

Die Tab. 9 und Abb. 3 geben Aufschluß über die Welterzeugung und über den bis 1961 wenig geänderten Anteil der verschiedenen Kontinente

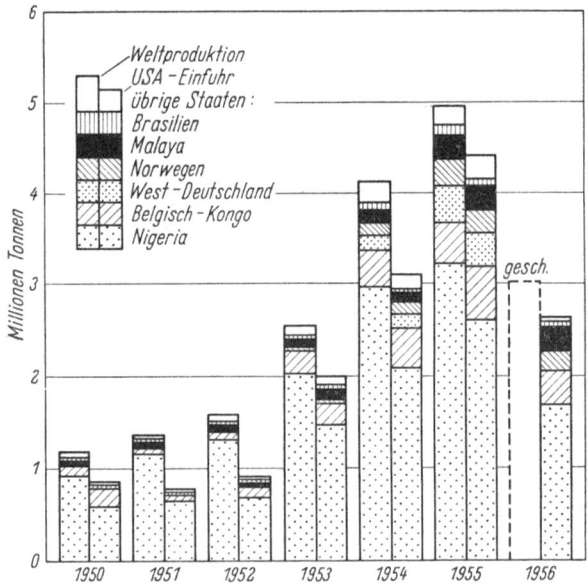

Abb. 3. Welterzeugung und USA-Importe an Niobmineralien von 1950 bis 1956 (nach HIGBIE)

und Länder an den Niob- und Tantalerzimporten nach USA, ferner über den echten USA-Eigenverbrauch und die amerikanische Reinmetallerzeugung.

Da die USA in den Jahren 1948/52 etwa 60 bis 70%, in den Jahren 1953/55, dem Zeitraum der Bildung großer strategischer Erzvorräte (stock-piles), etwa 80 bis 90% der Welterzeugung von Niob und Tantal aufnahm, geben Tab. 9 und Abb. 3 ein gutes Bild über die Gesamt-Erzförderung und die Weltverkäufe, aber ein weniger klares über den effektiven Verbrauch an diesen Metallen. In den Jahren 1953/55 dürfte

---

[1] JOHNSTONE, S. J.: Minerals for the Chemical and Allied Industries. London: Chapman & Hall 1954, 509. — BAKER, J. S.: U.S. Bureau of Mines I. C. 7319, März 1945.

[2] HIGBIE, K. B.: in: Technology of Columbium (Niobium). New York: Wiley & Sons 1958, 10. — Siehe auch: Z. Erzbergbau u. Metallhüttenw. XV (1962) Nr. 4, 221.

mehr als die Hälfte der Welterzeugung gehortet worden sein. Der Metallinhalt der Erzerzeugung bzw. -lieferungen dürfte bei etwa 20 bis 25% der Gewichtsangaben der Abb. 3 liegen, so daß z. B. einer Erz- bzw. Konzentratförderung von 10 t Nb + Ta etwa 2 bis 2,5 t Niob + Tantalmetallinhalt entsprechen. Nach amerikanischen Quellen (Abb. 1) sollen im Jahre 1957 etwa 1300 t Niobmetall und 370 t Tantalmetall, also etwa 1670 t Niob + Tantal in den westlichen Ländern erzeugt worden sein. Im gleichen Jahre soll die USA etwa 550 t Niob und 280 t Tantal — zusammen 830 t Niob + Tantal — verbraucht haben. Die entsprechenden Ziffern für 1960 sind etwa 955 t Tantal + Niob und für 1961 etwa 1160 t Tantal + Niob.

Die westliche Welterzeugung von Niob + Tantal belief sich 1961 auf etwa 1850 t; der entsprechende amerikanische Verbrauch betrug durch den Anstieg der amerikanischen Erzeugung an niobhaltigen Edelstählen, von reinem Niobpulver und warmfesten Niob-Basislegierungen sowie durch die Entwicklung der Tantalkondensatoren getrennt etwa 800 t Niob und 360 t Tantal[1] (s. Tab. 1).

Tabelle 9. *USA-Niob-und-Tantal-Statistik in Tonnen*
(U. S. Bureau of Mines 1961)

	1950/54 (durchschnittlich)	1955	1956	1957	1958	1959	1960	1961*
Lieferungen von USA-Minen Nb-Ta-Konzentrate (a)	5,4	5,4	164	167	193	86	n. b.	n. b.
Importe nach USA Niob-Erz-Konzentrate	1451	4325	2115	1517	1150	1528	2290	1340
Tantal-Erz-Konzentrate	238	859	590	373	466	293	315	365
Erzverbrauch in USA (b) Niobinhalt	196 (c)	351	486	551	354	518	695	800
Tantalinhalt	98 (c)	171	243	281	180	233	260	360
Metallerzeugung in USA Reinniob	d	d	d	d	30	59	n. b.	115
Reintantal	d	d	d	d	86	110	n. b.	220

a) Nb_2O_5-Gehalt von Euxenit plus Gesamtgewicht von Niobiten und Tantaliten.
b) Metallinhalt aller Rohstoffe inklusive Sn-Schlacken, der in verschiedenste industrielle Anwendungen, z. B. Ferrolegierungen, eingeht.
c) Durchschnitt aus 1952/54.
d) Genaue Angaben wurden von den verschiedenen Erzeugern zurückgehalten.

* Für Tantal wurde für 1962 eine Bedarfssteigerung von 10 bis 15% gegenüber 1961 erwartet [O'CONNELL, J. R.: Engng. and Min. J. 163 (1962) Nr. 2, 72].

---

[1] WESSEL, F. W.: Bureau of Mines Minerals Yearbook 1960. — Mineral Industry Surveys, U. S. Bureau of Mines, Mai 1962.

II. Verhüttung der Erze
(Die Gewinnung von Verbindungen als Vormaterialien
für die Metallherstellung)

Die Herstellungsverfahren für technisch bzw. chemisch reines V_2O_5, Nb_2O_5 und Ta_2O_5, den üblichen Ausgangsmaterialien für die Herstellung reiner Metalle, haben wenig gemeinsam, so daß die Erzeugung von V_2O_5 einerseits und die von Nb_2O_5 und Ta_2O_5 andererseits getrennt beschrieben wird.

A. Herstellung von V_2O_5

Wie im vorhergehenden Kapitel gezeigt wurde, liegt der Vanadingehalt der reinen Vanadinerze nur bei 4,5 bis 12%, meist bei 7 bis 8% V — eine Ausnahme bilden hochprozentiger Patronit und das seltene Verwitterungsprodukt Hewetit —, so daß nach dem heutigen Stand der Technik eine naßchemische Verarbeitung stattfinden muß. Dies gilt um so mehr für Titanomagnetite und Phosphatgesteine mit nur 0,2 bis 0,6% V_2O_5. Die heute üblichen Methoden laufen meist auf ein Schmelzen oder oxydierendes Rösten mit geeigneten Alkalisalzen — seltener auf einen Schwefelsäureaufschluß[1] — hinaus, um das Vanadin in wasserlösliches Alkalivanadat überzuführen. Durch diese Aufschlußweise[2] wird Vanadin von den meisten Schwermetallen getrennt und in ein vanadinreiches Konzentrat für die anschließende Fällung in Form von roter Vanadinsäure oder als Calcium-, Natrium-, Eisen-, Zink- oder Ammoniumvanadat vorbereitet. SMETANA[3] beschreibt eingehend die Verarbeitung von Vanadinerzen, zinkreichen Vanadaten, Vanadiniten, Sandsteinen (Carnotit oder Roscoelit enthaltend) sowie von Patronit, ferner von vanadinhaltigen Erdölrückständen, Phosphaten, Bauxiten, Titanerzen, Titanomagnetiten, Kupfererzen und sonstigen vanadinhaltigen Rohstoffen zu technisch reiner Vanadinsäure, vorzugsweise als Vormaterial für die Ferrovanadinherstellung. (Wegen Einzelheiten sei auf die ausgezeichnete und gedrängte Darstellung und die zahlreich aufgeführten Literaturstellen bei SMETANA[3] verwiesen.)

Im Rahmen dieses Buches interessiert die Roherzverarbeitung nur insofern, als die technisch reine Vanadinsäure als Rohmaterial für die

---

[1] CRABTREE, E. H., u. V. E. PADILLA: J. Less-Common Metals, Dez. 1961, 437. — BURWELL, B.: J. Metals, Aug. 1961, 562.

[2] Im englischen Sprachgebrauch „The salt-rost aqueous-leach red cake precipitation-process" genannt.

[3] SMETANA, O.: in R. DURRER u. G. VOLKERT (Hrsg.): Die Metallurgie der Ferrolegierungen. Berlin/Göttingen/Heidelberg: Springer 1953.

Erzeugung von chemisch reinem V_2O_5 für die Vanadinmetallgewinnung anzusehen ist. Es sei daher nur kurz auf die interessantesten Verfahren eingegangen. Wegen der besonderen Wichtigkeit des Carnotits als Vanadin- und Uran-Rohstoffbasis wird der Arbeitsgang einer Carnotitaufbereitung in Abb. 4 rechts gezeigt, während der linke Gang für beliebige, insbesondere niedrighaltige Vanadinerze zutrifft.[1]

Das feingemahlene Roherz wird mit Kochsalz gemengt, bei 800 bis 850 °C 1 bis 2 Stunden in einem Flammherd- oder einem Drehrohrofen oxydierend geröstet und anschließend mit Wasser ausgelaugt (linker

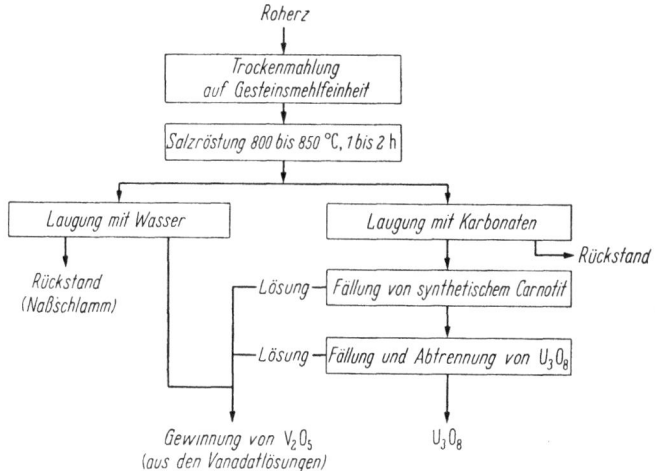

Abb. 4. Aufarbeitung von Vanadinerzen, insbesondere von Carnotiten (nach CRABTREE und PADILLA)

Gang). Bei U-reichen Erzen wird das Röstgut heiß in eine Soda-Bikarbonat-Lösung eingetragen. V und U werden als synthetischer Carnotit (Natrium-Uranylvanadat) aus der alkalischen Lösung gefällt. Dieser wird mit Kochsalz, Sägemehl oder Schweröl erneut geschmolzen, wobei schwarzes UO_2 nach der Vanadatlaugung zurückbleibt.

Auch der schwefelsaure Aufschluß U-reicher Erze hat sich in den letzten Jahren bei Uran erzeugenden Werken eingeführt, wobei V durch Ionenaustauscher oder Lösungsmittelextraktion gewonnen werden kann.[1]

Die Aufarbeitung der Vanadinlösungen geht aus Abb. 5 hervor. Durch Zusatz von $NaClO_3$ wird allfällig reduziertes Vanadin wieder aufoxydiert. Mit H_2SO_4 wird ein pH von 2,5 bis 2,7 eingestellt. Es bildet sich rote Vanadinsäure bzw. Natriumpolyvanadat, das bei 95 °C ausgerührt

---

[1] CRABTREE, E. H., u. V. E. PADILLA: J. Less-Common Metals, Dez. 1961, 437. — BURWELL, B.: J. Metals, Aug. 1961, 562.

wird. Der rote Schlamm (red cake) wird abfiltriert, gewaschen, in flachen Tassen niedergeschmolzen und zu schwarzem alkalihaltigem V_2O_5 granuliert (Abb. 5, rechter Gang). Für eine reine Qualität wird die frisch gefällte Vanadinsäure in Ammoniak gelöst und über Ammoniumpoly- oder Metavanadat gereinigt (linker Gang). Die gefällten Ammoniumsalze werden gewaschen und auf schwarzes V_2O_5 umgeschmolzen.[1] Es ist auch möglich, durch reichliche Zugabe von NH_4Cl bei der ersten Fällung direkt auf weitgehend alkalifreie Vanadinsäure hinzuarbeiten.

Für amerikanische Verhältnisse und auch im allgemeinen ist ferner der vom Bureau of Mines untersuchte Prozeß[2,3], die Phosphate aus

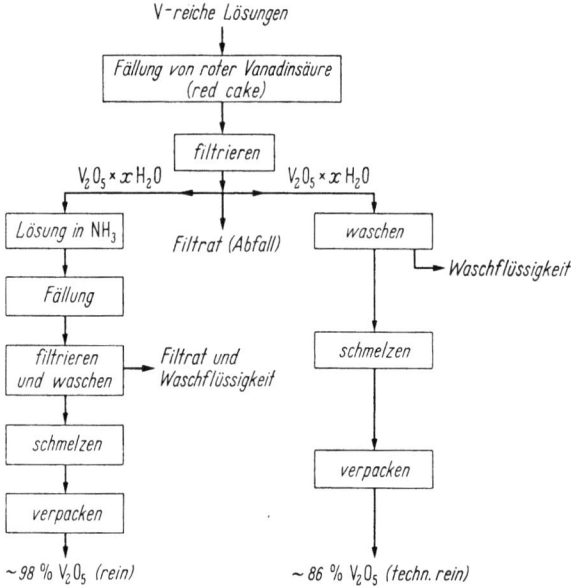

Abb. 5. Aufarbeitung von vanadinreichen Lösungen (nach CRABTREE und PADILLA)

Idaho, Montana, Wyoming und Utah auf künstliche Düngemittel, Ferrophosphor, Vanadin und gegebenenfalls auf Chrom und Molybdän aufzuarbeiten, von besonderem Interesse. Aus den Erzen, die z. B. 24 bis 32% P_2O_5 neben 0,15 bis 0,35% V bei kleinen Gehalten an Chrom, Nickel und Molybdän enthalten, wird ein Ferrophosphor mit etwa 60% Fe, 25% P, 3 bis 5% V, 3 bis 5% Cr, etwa 1% Ni und Spuren

---

[1] Siehe auch Union Carbide Corp: F. P. 1195855 (Ausg. 1959).

[2] CRABTREE, E. H., u. V. E. PADILLA: J. Less-Common Metals, Dez. 1961, 437. — BURWELL, B.: J. Metals, Aug. 1961, 562.

[3] BAMRING, L. H., W. E. ANABLE u. R. T. C. RASMUSSEN: Trans. AIME 197 (1953) 423.

Mo hergestellt. Die pulverisierte Ferrolegierung wird mit Soda aufgeschlossen und über Natriummetavanadat auf technisch reine Vanadinsäure aufgearbeitet. Höher vanadinhaltige Phosphatgesteine können natürlich auch direkt dem Salzröst-Laugeverfahren unterworfen werden.[1,2]

Die Aufarbeitung der stark an Bedeutung gewinnenden *Titanomagnetite* in Finnland und Südafrika geschieht etwa wie folgt:[3]

a) **Otanmaki-Anlage der finnischen Regierung.** Dieses Werk wurde 1955 in Betrieb gesetzt und kürzlich auf eine Kapazität von etwa 1000 Jahrestonnen V_2O_5 gebracht. Durch eine magnetische Aufbereitung wird nach TIKKANEN[3] das Erz, das ungefähr 0,4% V_2O_5 enthält, vom Ilmenit weitgehend getrennt und auf ein Konzentrat mit etwa 68% Fe, 2,2% TiO_2, 1,0% V_2O_5 angereichert. Das feingemahlene Konzentrat wird mit Na_2SO_4 pelletisiert und sehr hoch, nämlich bei 1200 °C, etwa 12 Stunden röstend gesintert. Die Pellets werden anschließend in bekannter Weise auf Vanadatlösungen gelaugt und die getrockneten Pellets an Hochofenbetriebe weitergeleitet.

b) **MECSA-Werk in Witbank-Transvaal.** Dieses südafrikanische Werk verarbeitet ausgewählte Erze mit etwa 50 bis 55% Fe, 10 bis 12% TiO_2, 1,2 bis 1,75% V_2O_5, 1 bis 5% SiO_2 und 1,0 bis 2% CaO. Das feingemahlene Erz wird mit 8 bis 10% Kochsalz bei 800 °C 1 Stunde geröstet und mit NH_3-haltigem Wasser gelaugt, wobei eine alkaliarme Vanadinsäure anfällt. Die Ammonsalze werden in einem Kreislaufprozeß zurückgeführt.

Die von den südafrikanischen Minen (Broken Hill in Nordrhodesien und Abenab-Tsumeb in Südwestafrika) konzentrierten *Descloezite* werden in den Bleiwerken meist mit Soda geröstet und die Alkalivanadatlösungen klassisch auf V_2O_5 verarbeitet.

Die *deutsche Rohstoffreserve* für Vanadin vor und während des zweiten Weltkrieges waren die Vanadinschlacken vanadinhaltiger Eisenerze, insbesondere der Lothringer Minette- und der Watenstedterze (etwa 0,07% bzw. 0,2% V). Im deutschen Schrifttum ist daher der Gewinnung von V_2O_5 aus Vanadinschlacken (sie werden später wie niedrighaltige Vanadinerze behandelt und nach entsprechendem Aufschluß naßchemisch auf V_2O_5 aufgearbeitet) ein weiter Raum gewidmet. Im zweiten Weltkrieg wurden maximal 300 t Ferrovanadin pro Monat erzeugt. Vanadinschlacken scheinen in den Ostländern noch heute eine entscheidende Rolle als Rohstoff zu spielen.

---

[1] CRABTREE, E. H., u. V. E. PADILLA: J. Less-Common Metals, Dez. 1961, 437.

[2] BURWELL, B.: J. Metals, Aug. 1961, 562.

[3] vgl. Fußnote 2.

Wegen Einzelheiten sei wiederum auf SMETANA[1] und neuere russische[2], tschechische[3] und ungarische[4] Arbeiten verwiesen. Das Schema der Aufarbeitung angereicherter Vanadinschlacken zeigt Abb. 6. Die Zusammensetzung von getrockneten oder geschmolzenen Vanadinpentoxyden geht aus Tab. 10 hervor, die auch die unterschiedlichen Gehalte an Na_2O, Si, S und P aus der Fällung bzw. der Schlackenvorgeschichte widerspiegelt.[1]

Für die Herstellung von Vanadinmetall aus den Oxyden ist es notwendig, von chemisch reinem V_2O_5 auszugehen. Aus Natriumvanadat-

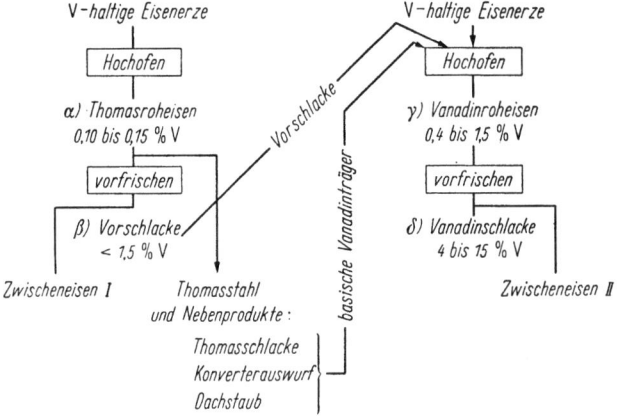

Abb. 6. Schema der Vanadin-Schlackenherstellung aus Eisenerzen (nach SMETANA)

lösungen wird nach einer Vorfällung von Eisen, Silizium und Aluminium mit Ammonchlorid Ammoniummetavanadat (NH_4VO_3) gefällt, das auf reines V_2O_5 verglüht wird (vgl. Abb. 5). Durch wiederholte Umfällung läßt sich die Summe der Verunreinigungen von 0,1 bis 2% $Na_2O + SiO_2 + Al_2O_3 + Fe_2O_3$ auf 0,03 bis 0,05% drücken.[5]

Das Glühen des Ammonmetavanadats soll zweckmäßig unter nassem Sauerstoff bei nicht zu hohen Temperaturen geschehen, um die Bildung von Vanadinnitrid zu unterdrücken.[6]

---

[1] SMETANA, O.: in R. DURRER u. G. VOLKERT (Hrsg.): Die Metallurgie der Ferrolegierungen. Berlin/Göttingen/Heidelberg: Springer 1953.

[2] PECHKOVSKIJ, S. A. AMIROVA u. M. I. POLOTNAYANSLICHIKOVA: Izvestija VUZ-Tsvetnaya Metallurgiya, März 1960, 97. — CHOCHLOW, D. G., A. J. PASTUCHOW, S. A. JELKIN, W. A. SCHAMARIN, I. J. RUTSCHKIN, A. J. BYTSCHIN u. K. B. CHUSNOJAROW: Stal' (1961) H. 4, 321. — LEKONTSEV, A. N.: Stal', Aug. 1960, 701.

[3] TROJKA, D.: Hutnicke Listy 15 (1960) 781.

[4] PALLAGI, S.: Ung. Z. Hüttenw. 94 (1961) 512.

[5] TYZACK, C., u. P. G. ENGLAND: Symposium on Extractive Metallurgy of Some Less-Common Metals, Inst. Min. & Metall. London 1956.

[6] CRABTREE, E. H., u. V. E. PADILLA: J. Less-Common Metals, Dez. 1961. — KELLY, J. C. R.: A. P. 2702729 (22. Febr. 1955); A. P. 2776871 (8. Jan. 1957).

Tabelle 10. *Zusammensetzung des getrockneten oder geschmolzenen Vanadinpentoxydes* (nach SMETANA)

%	Werk III	Werk V	Werk II	H 1*	H 2*	H 3*	H 4*
V_2O_5(V)	85,7 (48)	94 (52, 6)	93,8 (52,5)	88/95	95,8	87,9	96,9
Na_2O	9 bis 10	5	1,5	—	1,75	8,2	—
S	0,1	n. b.	0,03 bis 0,08	0,05 bis 0,10	Spur	0,06	0,04
P	0,04	0,09 bis 0,15	0,12	max. 0,10	Spur	0	Spur
Si	max. 0,5	0,1 bis 0,5	0,56	0,75	0,35	—	0,12
As	—	n. b.	0,015	—	0,11	0	0,12
Cr	n. b.	n. b.	0,10	—	—	—	—
CaO	wenig vorh.	0,1	—	—	Spur	0,08	—
Fe	n. b.	n. b.	2,06	—	0,36	—	—
Mn	n. b.	n. b.	0,17	—	0,03	—	—
Cu	—	—	—	max. 0,10	0,02	Spur	—
Pb	—	—	—	—	0,02	0,08	—
Zn	—	—	—	—	—	0	—
Ni	—	—	—	—	0,01	0,05	—
MgO	—	—	—	—	0,03	—	—
Sb	—	—	—	—	0,23	0,02	—
Sn	—	—	—	—	0,07	—	—

* Handelsübliche Ware.

B. Herstellung von Nb_2O_5 und Ta_2O_5 sowie von Doppelsalzen

1. Aufarbeitung der Erze

Für die Herstellung von reinem Niob und Tantal in Pulverform ist ein wirtschaftlicher Aufschluß der Erze sowie eine ebensolche Trennung der Elemente notwendig.

Die Aufarbeitungsverfahren für Ta(Nb)-Erze werden nach MILLER[1] zweckmäßig unterteilt in *Aufschlußverfahren mit Salzschmelzen*, in *naßchemische Verfahren, insbesondere mit Flußsäure*, sowie in *chlorierende Aufschlußverfahren*. Die verschiedenen Verfahren, die verwendeten Aufschlußmittel sowie die Namen der Autoren und Erfinder, die mit den Verfahren verknüpft sind, gehen aus Tab. 11 hervor.

a) **Aufschlußverfahren mit Salzschmelzen.** Die Fansteel Metallurgical Corp., der größte Erzeuger von duktilem Tantal, bevorzugte bis 1957[2] den alkalischen Aufschluß; Beschreibungen ähnlicher Aufschlußmethoden liegen auch von anderen Stellen vor.[3]

---

[1] MILLER, G. L.: Tantalum and Niobium. London: Butterworths Scient. Publ. 1959.
[2] BALKE, C. W.: Industr. Engng. Chem. (Industr.) 27/10 (1935) 1166. — SOISSON, D. L., J. J. McLAFFERTY u. J. A. PIERRET: Industr. Engng. Chem. 53 (Nov. 1961) 861.
[3] B. I. O. S. (Jap.) P. R. 847 (März 1946). — MYERS, R. H., u. J. N. GREENWOOD: Proc. Aust. Inst. Min. Engrs. 1943, NS No. 129, 41.

Tabelle 11. *Verschiedene Verfahren zum Erzaufschluß*

Aufschlußmittel	Firmen, Autoren, Erfinder	Endprodukt	Lit.
1. *Alkalische u. saure Salzschmelzen*			
a) NaOH (KOH) und/oder Na$_2$CO$_3$(K$_2$CO$_3$), allfällige Zuschläge von Na$_2$O$_2$, NaNO$_3$ usw., Aufschluß in Eisen- oder Stahlgußtiegeln bei 700 bis 1000 °C	BALKE, Fansteel Met. Corp.	K$_2$TaF$_7$, K$_2$NbF$_7$	[1]
	MYERS u. GREENWOOD	K$_2$NbOF$_5$ oder	[2]
	DICKSON u. DUKES		[3]
	OKA u. MIYAMOTO	Hydratsäuren	[4]
	KONSTANTINOV		[4a]
b) KHSO$_4$, K$_2$S$_2$O$_7$, KHF$_2$ Aufschluß in Platin- oder Quarztiegeln, vornehmlich für analytische Zwecke	FINK u. JENNESS	Hydratsäuren	[5]
	SCHOELLER		[6]
	BHATTACHARYA		[7]
	LEE		[8]
2. *Heiße Mineralsäuren*			
a) *Flußsäurebasis* HF, HF + H$_2$SO$_4$ HF + Oxalsäure HF + Methylisobutylketon Aufschluß in Stahl- oder Holzbottichen mit Blei, Hartkohle oder Kunststoffauskleidung	Siemens & Halske AG., Berlin	Hydratsäuren bzw. Doppelfluoride	[9]
	GfE, Nürnberg-Doos		[9]
	CARLSON u. NIELSEN		[10]
	Wah Chang Corp.		[11]
	Fansteel Met. Corp.		[12]
	HORNE		[13]
	CHAKRAVARTI u. PRINCE		
b) *Schwefelsäurebasis* H$_2$SO$_4$ oder H$_2$SO$_4$ + (NH$_4$)$_2$SO$_4$	JØSTEEN	Hydratsäuren bzw. Doppelfluoride	[14]
	FOWLER		[15]
	Titan Co. A/S		[16]
	Gulf Res. Dev. Co.		[16a]
3. *Chlorierende Aufschlußverfahren*			
Chlor + C + Erze (evtl. karburierte Erze, Ta-Nb-haltige Schlacken oder Rohkarbide)	KROLL	NbCl$_5$ + TaCl$_5$	[17]
	BLOCK	NbCl$_5$ + TaCl$_5$	[18]
	LIND u. INGLES	NbOCl$_3$ + NbCl$_5$	[19]
	Soc. Gén. Mét. de Hoboken	NbCl$_5$ + TaCl$_5$	[20]
Chlor + Ferrolegierungen	CIBA AG., Basel	NbCl$_5$ + TaCl$_5$	[21]
Chlor + C + Nb-haltige Ti-Erze	MCINTOSH u. BROADLEY	NbCl$_5$, NbOCl$_3$, TaCl$_5$	[22]
Chlor + (CCl$_4$ oder SO$_2$) + niedrighaltige Nb-Erze (Pyrochlore)	NIEBERLEIN	NbCl$_5$ + TiCl$_4$	[23]
	CHAKRAVARTI u. PRINCE	NbCl$_5$	[24]

[1] BALKE, C. W.: Industr. Engng. Chem. (Industr.) 27/10 (1935) 1166. — [2] MYERS, R. H., u. J. N. GREENWOOD: Proc. Aust. Inst. Min. Engrs. 1943, NS No. 129, 41. — [3] DICKSON, G. K., u. J. A. DUKES: Extraction and Refining of the Rarer Metals Symposium. Inst. Min. & Metall. London 1957. — [4] OKA, Y., u. M. MIYAMOTO: J. electrochem. Soc., Japan 17 (1949) 63. — [4a] Zvetnye Metally 34 (1961) 35. — [5] FINK, C. G., u. L. G. JENNESS: Amer. Inst. Min. & Met. 1931, Tech. Publ. No. 379. — [6] SCHOELLER, W. R.: The Analytical Chemistry of Tantalum and Niobium, the Analysis of their Minerals and the Application of Tannin in Gravimetric Analysis. London: Chapman & Hall 1937. — [7] BHATTACHARYA, H.: J. Indian chem. Soc. 29/11 (1952) 871. — [8] LEE, J. A.: Chem. Engng. 55 (1948) 110. — [9] BERRY, B. E., G. L. MILLER u. S. V. WILLIAMS: B. I. O. S. Final

Rep. No. 803 (1946). — [*10*] CARLSON, C. W., u. R. H. NIELSEN: J. Metals, Juni 1960, 472. — [*11*] SOISSON, D. L., J. J. MCLAFFERTY u. J. A. PIERRET: Industr. Engng. Chem. 53 (Nov. 1961) 861. — [*12*] HORNE, W. P.: Bull. Inst. Min. & Metall. London 1943, No. 458. — [*13*] CHAKRAVARTI, B. N., u. A. T. PRINCE: Rep. No. M. D. 220 of the Mineral Dressing and Process Metallurgy Div., Dept. of Mines and Technical Surveys, Mines Branch, Ottawa 1957. — [*14*] JØSTEEN, G. G.: Norweg. Pat. No. 83984 (1954). — [*15*] FOWLER, R. M.: A. P. 2481584 (1949). — [*16*] Titan Co. A/S: E. P. 649342 (1951). — [*16a*] Gulf Res. Dev. Co.: A. P. 3003867 (1961). — [*17*] KROLL, W. J.: Metallurg. Rev. 1 (1956) 295. — [*18*] BLOCK, F. E.: Tantalum and Niobium—extractive metallurgy research by the U. S. Bur. Min. Achema, Frankfurt, Juni 1953. — [*19*] LIND, R., u. T. A. INGLES: Research & Development Branch, Culcheth, U. K. Atomic En. Auth. 1954. — [*20*] Société Générale Métallurgique de Hoboken: F. P. 827721 (1938). — [*21*] CIBA AG.: D. B. P. 1017601 (1958); D. B. P 1056105 (1959). — [*22*] MCINTOSH, A. B., u. J. S. BROADLEY: Extraction and Refining of the Rarer Metals Symposium. Inst. Min. & Metall. London 1957. — [*23*] NIEBERLEIN, V. A.: Rep. Invest. U. S. Bur. Min., Juli 1957, No. 5349. — [*24*] Vgl. [*13*].

Das alte Fansteelverfahren als typisches *alkalisches Aufschlußverfahren* sei daher kurz beschrieben:

Das feingepulverte Erz wird mit geschmolzenem Ätznatron in einem Eisentiegel bei etwa 800 bis 1000 °C umgesetzt, wobei eine heftige Reaktion stattfindet. Nach dem Aufschluß wird die Schmelze auf Eisenbleche ausgegossen, abgekühlt, gebrochen und mit Wasser gelaugt, wobei vorzugsweise SiO_2 und auch WO_3 neben SnO_2 als wasserlösliche Alkalisalze entfernt werden. Der Rückstand aus rohem Natriumniobat bzw. -tantalat wird nun mit Salzsäure behandelt. Hierbei gehen die Niobate und Tantalate in unlösliche Hydratsäuren über, während Eisen, Mangan, Zinn und andere säurelösliche Verunreinigungen entfernt werden.

Die Hydratsäuren werden anschließend in Flußsäure gelöst, und durch Zugabe von Kaliumfluorid zur heißen Lösung wird K_2TaF_7 gefällt. K_2NbOF_5 bleibt in Lösung (s. MARIGNAC-Prozeß, S. 29).

b) Der **Flußsäureaufschluß** von Niob-Tantal-Erzen wird industriell z. B. bei den Firmen Siemens & Halske AG.[1], Gesellschaft für Elektrometallurgie, Nürnberg[1], Wah Chang Corp.[2] und Fansteel[3] ausgeübt.

Eine genaue Beschreibung des GfE-Verfahrens findet man bei RÖSNER[4]. Der Niobit wird nach Zerkleinerung in mit Kohlenstoffsteinen ausgekleideten Stahlbottichen in konz. HF (72%ig) + H_2SO_4 (60° Bé) behandelt; man leitet 1 Stunde Dampf ein, verdünnt mit Wasser

---

[1] BERRY, B. E., G. L. MILLER u. S. V. WILLIAMS: B. I. O. S. Final Rep. No. 803 (1946).

[2] CARLSON, C. W., u. R. H. NIELSEN: J. Metals, Juni 1960, 472.

[3] SOISSON, D. L., J. J. MCLAFFERTY u. J. A. PIERRET: Industr. Engng. Chem. 53 (Nov. 1961) 861.

[4] RÖSNER, O.: in R. DURRER u. G. VOLKERT (Hrsg.): Die Metallurgie der Ferrolegierungen. Berlin/Göttingen/Heidelberg: Springer 1953, 316.

und läßt erneut 4 Stunden kochen und über Nacht absetzen. Die überstehende, klare Flüssigkeit wird nun abgelassen und der Rückstand erneut mit konz. HF behandelt, gekocht, verdünnt und nach Absetzen filtriert. Die beiden Lösungen, die nun das Ta und Nb enthalten, werden vereinigt, so verdünnt, daß ihr Gehalt an $Ta_2O_5 + Nb_2O_5$ etwa 90 g/Liter beträgt und das Ta als $K_2Ta_2F_7$ in der Kälte durch Zugabe von KOH (1:1) gefällt (s. MARIGNAC-Verfahren S. 29).

Die zur Fällung nötige KOH-Menge beträgt etwa 0,4 bis 0,55 kg/1 kg $Ta_2O_5 + Nb_2O_5$. Der Niederschlag wird mehrmals mit einer 1%igen HF-Lösung gewaschen und bei 110° getrocknet. Er enthält noch bis 1% Nb_2O_5, bis 1% TiO_2 und bis 3% SiO_2. Die Mutterlauge, die nach der Fällung des Ta die Hauptmenge des Nb enthält, wird mit NH_3 behandelt, wobei das Nb als Nb_2O_5 ausfällt. Der Gang des Prozesses wird durch Abb. 7 erläutert.

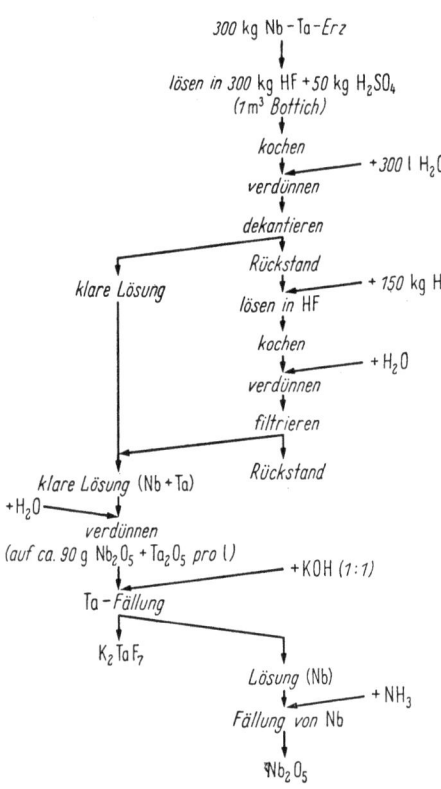

Abb. 7. Aufschluß von Tantal-Niob-Erzen mit Flußsäure und MARIGNAC-Trennung (nach RÖSNER)

Heute haben sich allgemein als Werkstoffe in Kontakt mit konzentrierter warmer Flußsäure hochbeständige Kunststoffe durchgesetzt.

Dem flußsauren Aufschluß kommt heute im Hinblick auf die Trennung von Niob und Tantal nach dem Lösungsmittel-Extraktionsverfahren (s. S. 32) besondere Bedeutung zu.[1,2]

Abb. 8 zeigt den vollständigen Fabrikationsablauf des neuen Muskogee-Werkes der Fansteel Met. Corp. vom flußsauren Erzaufschluß weg über die Tantal-Niob-Trennung, die Metallpulverherstellung bis zum gesinterten bzw. geschmolzenen Ingot.[2] Der betriebsnahen, instruktiven

---

[1] CARLSON, C. W., u. R. H. NIELSEN: J. Metals, Juni 1960, 472.
[2] SOISSON, D. L., J. J. MCLAFFERTY u. J. A. PIERRET: Industr. Engng. Chem. 53 (Nov. 1961) 861.

Darstellung wegen werden wir noch mehrfach in späteren Kapiteln auf diese Abbildung rückverweisen.

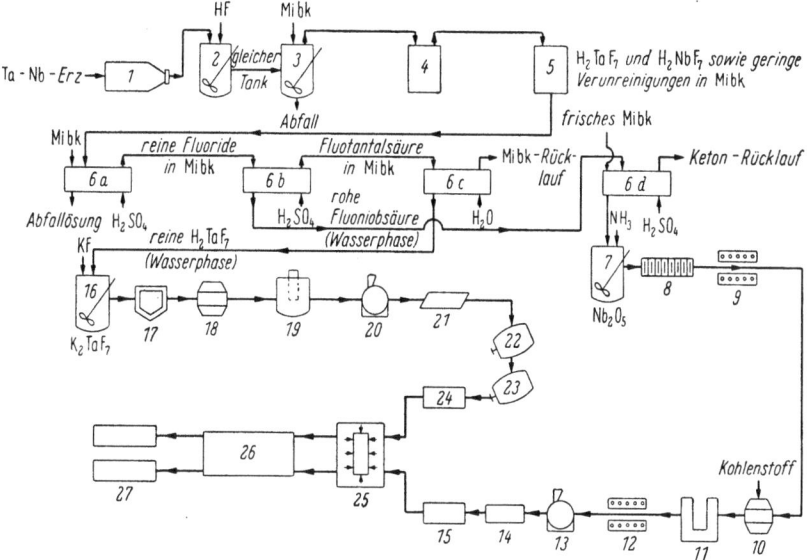

Abb. 8
Aufarbeitung von Tantal-Niob-Erzen bis zum Metallhalbzeug (Fansteel Metallurgical Corp.)
1 Kugelmühle; 2 Lösungstank; 3 Extraktion der Fluoride mit Ketonen; 4 Klärtank; 5 Vorratstank; 6a—d Extraktions- und Reextraktionsgefäße; 7 Fällungstank für Niobsäure; 8 Filterpresse; 9 Kalzinierofen; 10 Mischer für Kohlenstoffzusatz; 11 Vakuumofen für die Karbid-Oxyd-Reduktion; 12 Hydrieranlage; 13 Schlagmühle; 14 Entgasungs- bzw. Dehydrierofen; 15 Behälter für Niobpulver; 16 Fällungstank für Doppelsalze; 17 Zentrifuge; 18 Drehtrockner; 19 Elektrolysebäder; 20 Schlagmühle; 21 Sortier- und Trenntisch; 22 Wäscher; 23 Trockner; 24 Behälter für Tantalpulver; 25 Pressen; 26 Sintern bzw. Lichtbogen- und Elektronenstrahlschmelzen; 27 Tantal- und Niob-Stäbe bzw. -Blöcke

c) **Chlorierung von Erzen und anderen Rohstoffen.** Die Chlorierung von Nb-Ta-haltigen Erzen und Rohstoffen, z. B. Tantaliten und Niobiten[1,2,3], Pyrochlor[4], Euxenit[5], Rohkarbiden[1,6], Ferrolegierungen[7], Zinnschlacken[1,5,6], erlaubt die Abtrennung von Eisen, Mangan, Aluminium, Zinn, Silizium, Titan, Molybdän und Wolfram und birgt die

---

[1] KROLL, W. J.: Metallurg. Rev. 1 (1956) 295.
[2] LIND, R., u. T. A. INGLES: Research & Development Branch, Culcheth, U. K. Atomic En. Auth. 1954.
[3] CIBA AG.: D. B. P. 1056105 (1959).
[4] CHAKRAVARTI, B. N., u. A. T. PRINCE: Rep. No. M. D. 220 of the Mineral Dressing and Process Metallurgy Division, Dept. of Mines and Technical Surveys, Mines Branch, Ottawa 1957.
[5] BLOCK, F. E.: Tantalum and Niobium—extractive metallurgy research by the U. S. Bureau of Mines. Achema, Frankfurt, Juni 1958.
[6] Société Générale Métallurgique de Hoboken: F. P. 827721 (1938).
[7] MCINTOSH, A. B., u. J. S. BROADLEY: Extraction and Refining of the Rarer Metals Symposium. Inst. Min. & Metall. London 1957.

Möglichkeit einer erfolgreichen Trennung der Pentachloride durch fraktionierte Destillation oder Kondensation[1] in sich.[2,3]

Der Zuschlag von Kohle, der die Bildung von Oxichloriden verhindert, erlaubt außerdem, die Chlorierungstemperatur bei Tantaliten und Niobiten um einige 100° zu senken. Zinnschlacken werden nach KROLL[4] und nach BLOCK[5] zweckmäßig im Lichtbogenofen zuerst auf eine hochgekohlte Ferrotantal-Niob-Legierung umgearbeitet, die direkt chloriert werden kann, oder aus der man die leicht chlorierbaren Tantal-Niob-Rohkarbide mit Mineralsäuren isoliert.

McINTOSH und BROADLEY[6] beschäftigen sich mit der Chlorierung von Ferro-Niob-Tantal und NIEBERLEIN[3] mit der Chlorierung von Ti-Nb(Ta)-Konzentraten aus titanhaltigen Mineralien.

2. Trennung von Niob und Tantal

Die technischen Trennungsverfahren für Niob und Tantal haben in den letzten Jahren große Fortschritte gemacht. Noch vor 5 bis 6 Jahren wurde die Trennung der beiden Metalle fast ausschließlich nach dem klassischen *Marignac-Verfahren*[7] durchgeführt. (Man vergleiche z. B. die Veröffentlichungen bezüglich der Firmen Fansteel[8] und Siemens[9], der beiden größten Vorkriegshersteller von duktilem Tantal.) Das MARIGNAC-Verfahren beruht — auch in seinen industriellen Abwandlungen — auf der stark unterschiedlichen Löslichkeit von K_2TaF_7 und K_2NbOF_5 in verdünnter Flußsäure. Da nämlich das Tantaldoppelsalz praktisch unlöslich in HF ist, ist es durch mehrfache Umkristallisation verhältnismäßig einfach, zu einem reinen, praktisch zinn-, titan-, wolfram- und niobfreien Tantalsalz zu kommen; allerdings erweist es sich als äußerst schwer, aus der Mutterlauge ein titan- und zinnfreies, reines Niobsalz zu gewinnen.[10] Solange das technische Interesse sich auf reines, duktiles Tantal konzentrierte und die tantal-, titan-, zinnhaltige

---

[1] CIBA AG.: D. B. P. 1056105 (1959).

[2] STEELE, B. R., u. D. GELDART: Extraction and Refining of the Rarer Metals Symposium. Inst. Min. & Metall. London 1957.

[3] NIEBERLEIN, V. A.: Rep. Invest. U. S. Bur. Min., Juli 1957, No. 5349.

[4] Siehe Fußnote 1, S. 27.

[5] Siehe Fußnote 5, S. 27.

[6] Siehe Fußnote 7, S. 27.

[7] DE MARIGNAC, J. C.: Ann. Chim. (Phys.) 8 (1866) 5; 9 (1866) 249 — Arch. Sci. phys. nat. 29 (1867) 265.

[8] BALKE, C. W.: Industr. Engng. Chem. (Industr.) 27/10 (1935) 1166 — Trans. electrochem. Soc. 85 (1945) 89 — Chem. & Ind. (Rev.) 6 (1948) 83. — SOISSON, D. L., J. J. McLAFFERTY u. J. A. PIERRET: Industr. Engng. Chem. 53 (Nov. 1961) 861.

[9] BERRY, B. E., G. L. MILLER u. S. V. WILLIAMS: B. I. O. S. Final Rep. No. 803 (1946) Abschn. 21 u. 22.

[10] RÖSNER, O.: in R. DURRER u. G. VOLKERT (Hrsg.): Die Metallurgie der Ferrolegierungen. Berlin/Göttingen/Heidelberg: Springer 1953, 316.

Niobsäure, die aus der Mutterlauge gewonnen wurde, in die Erzeugung von Ferroniob einging, war das MARIGNAC-Verfahren voll zufriedenstellend. Über 1500 t Tantal dürften nach einer rohen Schätzung für die Herstellung von duktilem Tantal und von reinem Tantalkarbid nach diesem bewährten Verfahren abgetrennt worden sein.

Als nun in den letzten Jahren die Gewinnung von reinem Niobmetall in großtechnischem Maßstab an Bedeutung gewann, wurde es besonders wichtig, nicht nur das Tantal vom Niob abzutrennen, sondern auch die anfallende Niobsäure chemisch rein, insbesondere titan- und zinnfrei, zu erhalten.

Selbstverständlich war es auch in den Anfangszeiten der Niobmetallurgie möglich, durch Fällungs- und Kristallisationsverfahren die technisch reine Niobsäure weitgehender zu reinigen. Es sei insbesondere auf die zahlreichen Arbeiten von SCHÄFER[1] sowie auf die eingehenden Ausführungen bei MILLER[2] verwiesen, die zeigen, wieviel Energie und Zeit die Metallchemiker und Analytiker auf das Problem der Niob-Tantal-Trennung verwendet haben (s. Tab. 12). Die junge Niob- und Zirkoniummetallurgie war es aber, die letzten Endes dem *Lösungsmittel Extraktionsverfahren*, im englischen Sprachgebrauch „liquid-liquid-extraction" genannt, zum endgültigen Durchbruch verholfen hat.

Auf Grund der historischen Wichtigkeit des MARIGNAC-Verfahrens und der praktischen Ergebnisse der modernen Lösungsmittelextraktion mit Ketonen sowie der fraktionierten Destillation der Chloride werden nachfolgend vor allem diese Trennungsverfahren besprochen. Weitere Verfahren, die noch besonderes Interesse verdienen, sind auch aus Tab. 12 ersichtlich.

Einen Vergleich verschiedener Trennungsverfahren und eine Beschreibung der Aufarbeitung von Ferroniob-Tantal auf reine Niobsäure geben DICKSON und DUKES[3].

a) Marignac-Verfahren. Nach MARIGNAC[4] ist die Löslichkeit von K_2TaF_7 in Flußsäure stark temperaturabhängig: bei 85 °C löst sich ein Teil Doppelsalz in 4 Teilen verdünnter Flußsäure, bei 15 °C jedoch nur 1 Teil in 200 Teilen verdünnter Flußsäure (etwa 30 g Flußsäure/Liter). Während also K_2TaF_7 bei Raumtemperatur praktisch unlöslich ist, löst sich 1 Teil K_2NbOF_5 in 12 bis 13 Teilen kalter verdünnter Flußsäure. Auf die auch vorhandene Löslichkeitsabhängigkeit von der Flußsäurekonzentration[5] sei hier nur kurz verwiesen.

---

[1] SCHÄFER, H.: Z. anorg. Chem. 1951—1958.

[2] MILLER, G. L.: Tantalum and Niobium. London: Butterworths Scient. Publ. 1959.

[3] DICKSON, G. K., u. J. A. DUKES: Extraction and Refining of the Rarer Metals Symposium. Inst. Min. & Metall. London 1957.

[4] DE MARIGNAC, J. C.: Ann. Chim. (Phys.) 8 (1866) 5; 9 (1866) 249 — Arch. Sci. phys. nat. 29 (1867) 265.

[5] SAVCHENKO, S., u. I. V. TANANAEV: Zh. prikl. Khim. SSSR 19/10, 11 (1947) 1093; 20/5 (1947) 385.

Tabelle 12. *Trennungsverfahren für Niob und Tantal*

Trennungsverfahren für Niob und Tantal	Autoren	Literatur (s. S. 31)
I Trennung durch Fällung und Kristallisation (MARIGNAC) und Varianten	DE MARIGNAC (1866/67) u. a. RÖSNER BERRY, MILLER u. WILLIAMS BALKE PLACEK u. TAYLOR MILLER SAMSONOV u. KONSTANTINOV MYERS u. GREENWOOD DICKSON u. DUKES	[1, 2] [3 bis 6] [7] [8] [9 bis 11] [12] [12a] [13] [14] [15]
Organ. Verbindung (z. B. Oxichinolatverfahren)	CIBA AG.	[15a]
II *Trennung durch Lösungsmittelextraktion*	MILNER u. WOOD LEDDICOTTE u. MOORE STEVENSON u. HICKS HICKS u. GILBERT WERNING u. HIGBIE u. a. GONSER u. SHERWOOD FAYE u. INMAN CARLSON u. NIELSEN SOISSON, MCLAFFERTY u. PIERRET GOROSCENKO, BABKIN u. a.	[16] [17, 18] [19] [20] [21, 22, 22a] [23] [24] [25, 25a] [26] [26a]
III Trennung in Verbindung mit verschiedenartigen *Chlorierungsverfahren*, fraktionierte Destillation der Pentachloride, in Gegenwart von Wasserstoff	SCHÄFER u. PIETRUCK NIEBERLEIN CIBA AG., Basel MCINTOSH u. BROADLEY	[27] [27a] [28] [29]
IV *Sonstige Trennungsverfahren* a) Trennung durch Ionenaustausch b) Trennung durch chromatographische Adsorption	KRAUS u. MOORE WOOD	[30] [31]
c) Analytische Verfahren (Trennung von Ti, Sn usw.) d) Selektive Reduktion von Oxydgemischen	SCHÄFER u. Mitarbeiter MILLER Heraeus GmbH.	[32] [12a] [33]
e) Selektive Extraktion von Chloridgemischen mit SO$_2$ usw.	CIBA AG., Basel	[28, 28a]
f) Trennung durch Metallothermie mit Cu-Zusatz	Wah Chang Corp.	[34]

Literatur zu Tab. 12

[1] DE MARIGNAC, J. C.: Ann. Chim. (Phys.) 8 (1866) 5; 9 (1866) 249. — [2] DE MARIGNAC, J. C.: Arch. Sci. phys. nat. 29 (1867) 265. — [3] SCHOELLER, W. R.: The Analytical Chemistry of Tantalum and Niobium. London: Chapman & Hall 1937. — [4] SAVCHENKO, S., u. I. V. TANANAEV: Zh. prikl. Khim. SSSR 19/10, 11 (1947) 1093. — [5] SAVCHENKO, S., u. I. V. TANANAEV: Zh. prikl. Khim. SSSR 20/5 (1947) 385. — [6] RUFF, O., u. E. SCHILLER: Z. anorg. Chem. 32 (1911) 239. — [7] RÖSNER, O.: in R. DURRER u. G. VOLKERT (Hrsg.): Die Metallurgie der Ferrolegierungen. Berlin/Göttingen/Heidelberg: Springer 1953, 316. — [8] BERRY, B. E., G. L. MILLER u. S. V. WILLIAMS: B. I. O. S. Final Rep. No. 803 (1946). — [9] BALKE, C. W.: Industr. Engng. Chem. (Industr.) 27/10 (1935) 1166. — [10] BALKE, C. W.: Trans. electrochem. Soc. 85 (1945) 89. — [11] BALKE, C. W.: Chem. & Ind. (Rev.) 6 (1948) 83. — [12] PLACEK, C., u. D. F. TAYLOR: Industr. Engng. Chem. (Industr.) 48/4 (1956) 687. — [12a] MILLER, G. L.: Tantalum and Niobium. London: Butterworths Scient. Publ. 1959. — [13] SAMSONOV, G. W., u. W. J. KONSTANTINOV: Tantal und Niob. Moskau 1959. — [14] MYERS, R. H., u. J. N. GREENWOOD: Proc. Aust. Inst. Min. Engrs. 1943, NS No. 129, 41. — [15] DICKSON, G. K., u. J. A. DUKES: Extraction and Refining of the Rarer Metals Symposium. Inst. Min. & Metall. London 1957. — [15a] CIBA AG.: D.B.P. 1050323 (1959). — [16] MILNER, C. W., u. A. J. WOOD: The analysis of uranium-tantalum and uranium-niobium alloys. A. E. R. E. C/R 895 (1952). — [17] LEDDICOTTE, G. W., u. F. L. MOORE: J. Amer. chem. Soc. 74/6 (1952) 1618. — [18] ELLENBURG, J. T. E., G. W. LEDDICOTTE u. F. L. MOORE: Analyt. Chem. 26/6 (1954) 1045. — [19] STEVENSON, P. C., u. H. G. HICKS: Analyt. Chem. 25/10 (1953) 1517. — [20] HICKS, H. G., u. R. S. GILBERT: Analyt. Chem. 26/7 (1954) 1205. — [21] WERNING, J. R., u. K. B. HIGBIE: Industr. Engng. Chem. (Industr.) 46 (1954) 2491. — [22a] HIGBIE, K. B., u. J. R. WERNING: Rep. Invest. U. S. Bur. Min. 1956, No. 5239. — [22] WERNING, J. R., K. B. HIGBIE, J. T. GRACE, B. F. SPEECE u. H. L. GILBERT: Industr. Engng. Chem. (Industr.) 46 (1954) 644. — [23] GONSER, B. W., u. E. M. SHERWOOD: Technology of Columbium (Niob). New York: Wiley & Sons 1958, 26. — [24] FAYE, G. H., u. W. R. INMAN: Canadian Dept. of Mines and Technical Surveys, Ottawa, Aug. 1957, Res. Rep. No. MD 210. — [25] CARLSON, C. W., u. R. H. NIELSEN: J. Metals, Juni 1960, 472. — [25a] Vgl. R. KIEFFER u. B. F. KIEFFER: Metall 5 (1961) 394. — [26] SOISSON, D. L., J. J. MCLAFFERTY u. J. A. PIERRET: Industr. Engng. Chem. 53 (Nov. 1961) 861. — [26a] GOROSCENKO, J. G., BABKIN, MAJOROV u. a.: Zur. prik. Chim. 34 (1961) 1, 43. — [27] SCHÄFER, H., u. C. PIETRUCK: Z. anorg. Chem. 266 (1951) 152. — [27a] NIEBERLEIN, V. A.: Rep. Invest. U. S. Bur. Min., Juli 1957, No. 5349. — [28] CIBA AG.: D. B. P. 1056105 (1959), 1066194 (1961), 1073463 (1960) — [28a] CIBA AG.: D. B. P. 1017601 (1958). — [29] MCINTOSH, A. B., u. J. S. BROADLEY: Extraction and Refining of the Rarer Metals Symposium. Inst. Min. & Metall. London 1957. — [30] KRAUS, K. A., u. G. E. MOORE: J. Amer. chem. Soc. 73 (1951) 2900. Siehe auch: UdSSR P. 140210 (1961). — [31] WOOD, G. A.: D. S. I. R. Teddington, Juli 1950, Rep. No. ORL/AE 62. — [32] SCHÄFER, H., L. BAYER u. C. PIETRUCK: Z. anorg. Chem. 266 (1951) 140. — [33] W. C. Heraeus GmbH.: E. P. 740868 (1955). — [34] Wah Chang Corp.: A. P. 2992095 (1961).

Durch mehrmaliges Umkristallisieren aus verdünnter Flußsäure läßt sich ein sehr reines Tantaldoppelsalz erhalten, das ein einwandfreies Ausgangsmaterial für die Herstellung von duktilem Tantal ist. Das Niob wird mit Ammoniak als technisch reine Niobsäure oder durch

Zugabe von NaOH als schwerlösliches Natriumdoppelsalz gefällt. [Auf die sehr umständliche Reinigung von Niob (Trennung von Zinn, Titan und Wolfram) soll hier nicht näher eingegangen werden.[1]]

Die Herstellung von K_2TaF_7 und von K_2NbOF_5 bzw. $K_2NbOF_5 \cdot H_2O$ wird von BERRY, MILLER und WILLIAMS[2] in einem B.I.O.S.-Bericht eingehend beschrieben. Über die Arbeitsweise der Fansteel Metallurgical Corp. finden sich Einzelheiten bei BALKE[3] und SOISSON[4].

b) Lösungsmittelextraktion mit Ketonen (Liquid-Liquid-Extraction). Die Trennung von Niob und Tantal voneinander und von anderen Metallen durch Extraktion von sauren, wäßrigen Lösungen mit organischen Lösungsmitteln geht auf Arbeiten von den in Tab. 12 genannten Autoren zurück.[5]

Über die beim U. S. Bureau of Mines durchgeführten systematischen Untersuchungen an über 200 Kombinationen von verschiedenen Lösungsmitteln und Säuren berichten WERNING, HIGBIE und Mitarbeiter[6-9] und CARLSON und NIELSEN[10].

---

[1] SCHÄFER, H., u. C. PIETRUCK: Z. anorg. Chem. 264 (1951) 105. — SCHÄFER, H., L. BAYER u. C. PIETRUCK: Z. anorg. Chem. 266 (1951) 140. — SCHÄFER, H., C. PIETRUCK u. U. GRÖZINGER: Z. anal. Chem. 141 (1954) 24. — HOLDT, G., u. H. SCHÄFER: Z. anal. Chem. 146 (1955) 5. — DICKSON, G. K., u. J. A. DUKES: Extraction and Refining of the Rarer Metals Symposium. Inst. Min. & Metall. London 1957.

[2] BERRY, B. E., G. L. MILLER u. S. V. WILLIAMS: B.I.O.S. Final Rep. No. 803 (1946). — Vgl. auch O. RÖSNER in R. DURRER u. G. VOLKERT (Hrsg.): Die Metallurgie der Ferrolegierungen. Berlin/Göttingen/Heidelberg: Springer 1953, 316.

[3] BALKE, C. W.: Industr. Engng. Chem. (Industr.) 27/10 (1935) 1166 — Trans. electrochem. Soc. 85 (1945) 89 — Chem. & Ind. (Rev.) 6 (1948) 83.

[4] SOISSON, D. L., J. J. McLAFFERTY u. J. A. PIERRET: Industr. Engng. Chem. 53 (Nov. 1961) 861.

[5] MILNER, C. W., u. A. J. WOOD: The analysis of uranium-tantalum and uranium-niobium alloys. A. E. R. E. C./R. 895 (1952). — LEDDICOTTE, G. W., u. F. L. MOORE: J. Amer. chem. Soc. 74/6 (1952) 1618. — ELLENBURG, J. T. E., G. W. LEDDICOTTE u. F. L. MOORE: Analyt. Chem. 26/6 (1954) 1045. — STEVENSON, P. C., u. H. G. HICKS: Analyt. Chem. 25/10 (1953) 1517. — HICKS, H. G., u. R. S. GILBERT: Analyt. Chem. 26/7 (1954) 1205. — SCADDEN, E. M., u. N. E. BALLOU: Analyt. Chem. 25/11 (1953) 1602. — MOORE, F. L.: Analyt. Chem. 27/1 (1955) 70.

[6] HIGBIE, K. B., u. J. R. WERNING: Rep. Invest. U. S. Bur. Min. 1956, No. 5239.

[7] WERNING, J. R., u. K. B. HIGBIE: Industr. Engng. Chem. (Industr.) 46 (1954) 2491.

[8] WERNING, J. R., K. B. HIGBIE, J. T. GRACE, B. F. SPEECE u. H. L. GILBERT: Industr. Engng. Chem. (Industr.) 46 (1954) 644.

[9] HUNTER, W. L., u. K. B. HIGBIE: Rep. Invest. U. S. Bur. Min. 1961, No. 5918.

[10] CARLSON, C. W., u. R. H. NIELSEN: J. Metals, Juni 1960, 472.

FAYE und INMAN[1] veröffentlichten kanadische Untersuchungen auf diesem Gebiet.

Über die Verteilungskoeffizienten von Sn, Ti, Nb und Ta in Hexonsäuregemischen liegen neuere japanische Arbeiten vor.[2]

Nach CARLSON und NIELSEN[3] entschloß sich die Wah Chang Corp. in Albany/Oregon, 1956 eine Probeanlage und 1958 eine Großanlage zur Aufarbeitung von Niobiten auf der Kombination Hexon-HF + H_2SO_4 aufzubauen, die im folgenden als typisches Verfahren (vgl. auch Fußnote 4) näher beschrieben wird:

Der Erzaufschluß erfolgt mit Flußsäure (1), wie Abb. 9 zeigt. Die Flußsäurelösung wird verdünnt (2), filtriert (3, 4), mit Schwefelsäure versetzt und mit Methylisobutylketon bzw. Cyclohexanon extrahiert (Säule 5).

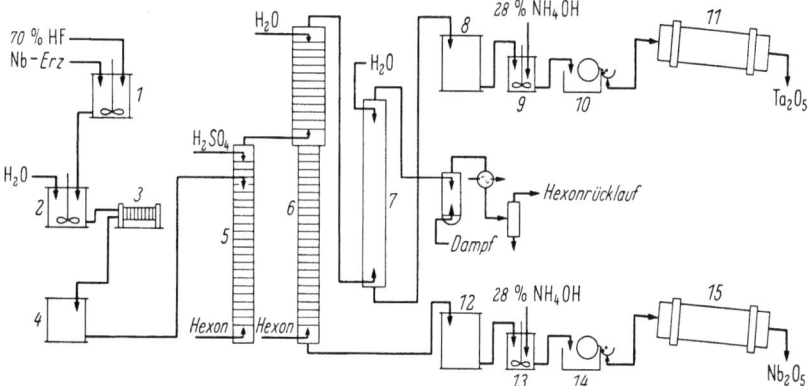

Abb. 9. Schemazeichnung einer Niob-Tantal-Trennungsanlage durch Lösungsmittelextraktion (nach CARLSON und NIELSEN)

Die das gesamte Niob und Tantal enthaltende flußsaure Hexonlösung, die praktisch frei von Verunreinigungen ist, wird nun mit Wasser ausgeschüttelt bzw. ausgewaschen (Säule 6: in der Praxis vier hintereinander angeordnete Säulen), wobei das Niob quantitativ mit kleinen Mengen Tantal in die wäßrige Phase geht und niobfreies Tantal im Hexon verbleibt. Die Tantalreste aus der Nioblösung können mit frischem Hexon nochmals extrahiert werden. Aus der wäßrigen Nioblösung wird mit Ammoniak Nioboxydhydrat gefällt, das zu Nb_2O_5 verglüht wird (8—11). Das Tantal wird aus der organischen Phase wiederum in die wäßrige Phase (Säule 7: in der Praxis 2 Säulen) übergeführt, das Hexon dem Kreislauf wieder zugeleitet und das Tantal auf Ta_2O_5 verarbeitet (12—15).

---

[1] FAYE, G. H., u. W. R. INMAN: Canadian Dept. of Mines and Technical Surveys, Ottawa, Aug. 1957, Res. Rep. No. MD 210.

[2] NISHIMURA, J., MORIYAMA u. I. KUSHIMA: J. Japan Inst. Metals 24 (1960) 798; 25 (1961) 27.

[3] CARLSON, C. W., u. R. H. NIELSEN: J. Metals, Juni 1960, 472.

[4] Vgl. R. KIEFFER u. B. F. KIEFFER: Metall 5 (1961) 394.

Über die komplizierten Werkstoffprobleme, die in einem Flußsäure-Schwefelsäure-Kreislauf in Verbindung mit einem organischen Lösungsmittel auftreten, berichten CARLSON und NIELSEN[1] weiterhin eingehend. Die Extraktionstürme bestehen aus massivem Polyäthylen, die Lösungstanks aus Monel, die Lager- und Zwischenbehälter aus Holz mit Einlagen aus Polyäthylenfolien. Die Filter bestehen aus rostfreiem Stahl

Tabelle 13. *Typische Analyse von Nb_2O_5 und Ta_2O_5*
(nach CARLSON und NIELSEN[1])

Metalle	ppm in Nioboxyd	ppm in Tantaloxyd
Al	20	20
B	< 1	< 1
Cd	< 5	< 5
Co	< 20	< 20
Cr	< 20	< 20
Cu	< 40	< 40
Fe	<300	<100
Mg	< 20	< 20
Mn	< 20	< 20
Mo	< 20	< 20
Ni	50	50
Pb	< 20	< 20
Si	100	100
Sn	< 20	< 20
Ta	<300	—
Cb	—	<300
Ti	<150	<150
V	< 20	< 20
W	<100	<100
Zn	< 20	< 20
Zr	<500	<500
Hf	n. b.	n. b.
F	600	600
Glühverlust	0,06%	0,06%

und sind z. T. gummiert. Ferner kommen verschiedene weitere Kunststoffe (Polypropylen, Hypalon, Penton usw.) zum Einsatz.

Ähnliche, aber mit anderen Extraktionsflüssigkeiten arbeitende Anlagen wurden zuerst zur Trennung von Zr und Hf, d. h. für die Erzeugung von Hf-freiem Zirkonium für die Atomenergie aufgestellt, wie z. B. bei der Carborundum Corp. und dem U. S. Bureau of Mines[2]. Aus den dort gewonnenen Erfahrungen hat man technische Anregungen für die Ta-Nb-Trennung übernehmen können.

---

[1] CARLSON, C. W., u. R. H. NIELSEN: J. Metals, Juni 1960, 472.
[2] Vgl. G. L. MILLER: Zirconium. London: Butterworths Scient. Publ. 1959. — LUSTMANN, B.: The Metallurgy of Zirconium. New York: McGraw Hill 1955.

Die Nb-Ta-Trennungsanlage der Wah-Chang Corp., Albany/Oregon, hat eine Kapazität von etwa 40 bis 50 t Niob-Tantal-Oxyd pro Monat.

Eine typische spektroskopische Analyse von Niob- und Tantaloxyden aus der oben beschriebenen Trennungsanlage gibt Tab. 13 wieder. (Die Reinheit der Oxyde ist stark von der Reinheit des in großen Mengen verwendeten Industriewassers abhängig.)

Eine ähnliche Anlage der Gesellschaft für Elektrometallurgie, Nürnberg-Doos, kann etwa 5 bis 10 Monatstonnen kombinierter Oxyde

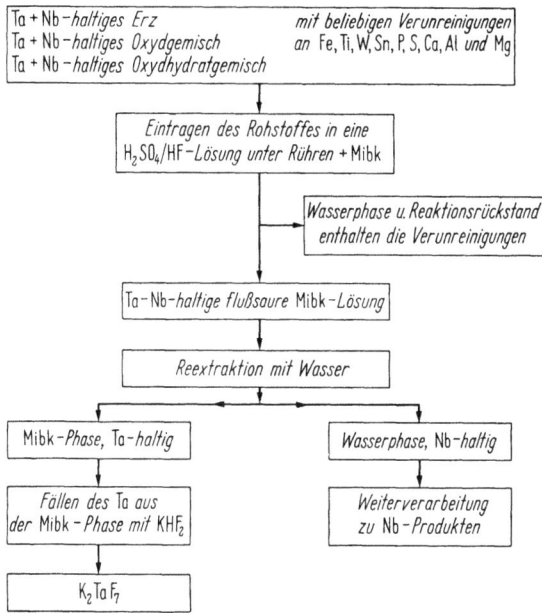

Abb. 10. Schematischer Arbeitsgang einer Tantal-Niob-Trennung mit Methylisobutylketon (Mibk) nach D. B. P. 1018036/7 (GfE)

trennen.[1] Abb. 10 zeigt schematisch die Arbeitsweise dieser Anlage, und Abb. 11a und b gibt eine Teilansicht der Aufarbeitung der flußsauren Ketonlösung und Reextraktion mit Wasser wieder.

Über eine leistungsfähige Großanlage der Fansteel Met. Corp. in ihrem Zweigwerk in Muskogee (Aufarbeitung von Tantaliten) berichten SOISSON und Mitarbeiter[2]. Die Trennung der Tantal-Niob-Fluoride wird ebenfalls unter Schwefelsäurezusatz mit Methylisobutylketon (Mibk) in *horizontalen* Misch- und Trennkästen (s. Abb. 12) im Gegen-

---

[1] FUCHS, A.: Persönl. Mitteilung 1961. — D. B. P. 1018036/7 (Gesellschaft für Elektrometallurgie und H. C. Starck).
[2] SOISSON, D. L., J. J. MCLAFFERTY u. J. A. PIERRET: Industr. Engng. Chem. 53 (Nov. 1961) 861.

stromprinzip vorgenommen. Diese Trennmethode sei angeblich wirksamer als die mit *vertikalen* Extraktionssäulen arbeitenden Anlagen, wie sie vom U.S. Bureau of Mines[1] und von der U.S. Atomic Energy Comm.[2] ursprünglich entwickelt worden sind (vgl. Abb. 9).

Abb. 11a. Erzaufschluß und Niobextraktion der Fluoride in flußsäurebeständigen Kunststoffbehältern (GfE)

Abb. 11b. Teilansicht der Reextraktion der Ketonlösung mit Wasser (GfE)

Abb. 13 zeigt große, säurefeste Kristallisationsgefäße, in denen K_2TaF_7 durch Zusatz von KF nach Rückführung der Fluortantalsäure (H_2TaF_7) aus der organischen in die wäßrige Phase gefällt und auskristallisiert wird.

---

[1] WERNING, J. R., K. B. HIGBIE u. a.: Industr. Engng. Chem. 46 (1954) 644. — HIGBIE, K. B., u. J. R. WERNING: Rep. Invest. U. S. Bur. Min. 1956, No. 5239.

[2] A. P. 2767047 (1956).

Abb. 12. Anlage zum Lösungsmittelextrahieren und Trennen von Ta-Nb-Fluoriden (Fansteel)

Abb. 13. Fällungs- und Kristallisationsgefäße für K_2TaF_7 (Fansteel)

c) Die fraktionierte Destillation und Trennung der Pentachloride.

Über die chlorierende Aufarbeitung von Tantal-Niob-haltigen Erzen, Rohkarbiden und Ferrolegierungen wurde bereits berichtet (S. 27). Die stark fortschreitende Chlorchemie und Metallurgie der IVa-Metalle Titan und Zirkonium, die über die großtechnische Herstellung von $TiCl_4$ und $ZrCl_4$ führt, hat hier befruchtend gewirkt.

Betrachtet man nach McIntosh und Broadley[1] die Schmelzpunkte und Siedepunkte verschiedener Metallchloride (Tab. 14), so sieht man,

Tabelle 14. *Schmelz- und Siedepunkte verschiedener Metallchloride* (nach McIntosh und Broadley)

	Chloride	Schmelzpunkt °C	Siedepunkt °C
Silizium	$SiCl_4$	−68	57
Aluminium	$AlCl_3$	(sublimiert 182,7)	—
Zinn	$SnCl_4$	−33	113,9
Titan	$TiCl_4$	−30	136
	$TiCl_3$	zerfällt	—
Mangan	$MnCl_3$	zerfällt	—
	$MnCl_2$	650	1190
Eisen	$FeCl_3$	282	315
	$FeCl_2$	670	sublimiert
Tantal	$TaCl_5$	220	239
Niob	$NbCl_5$	210	249
	$NbCl_4$	sublimiert ungefähr bei 350 bis 400 °C*	—
	$NbCl_3$	disproportioniert zwischen 900 bis 1000 °C	
Molybdän	$MoCl_5$	194	268
Wolfram	WCl_6	275	347
	WCl_5	248	276
	$WOCl_4$	n. b.	227,5

* Möglicher Zerfall oder Disproportionierung.

daß eine Abtrennung der niedrigschmelzenden Chloride von Aluminium, Titan, Silizium, Zinn, von höhersiedenden Chloriden des Mangans, Eisens, Molybdäns, Wolframs ebenso möglich sein muß wie eine Trennung der eng beieinander siedenden Niob- und Tantal-Pentachloride (Siedepunkt $NbCl_5$ 249 °C, Siedepunkt $TaCl_5$ 239 °C).

---

[1] McIntosh, A. B., u. J. S. Broadley: Extraction and Refining of the Rarer Metals Symposium. Inst. Min. & Metall. London 1957.

Tabelle 15. *Zusammensetzung einzelner Fraktionen*
(nach STEELE und GELDART)

Destillat Gesamtgewicht	Analyse des Destillates					
	Fe %	Ta %	$TaCl_5$ %	W %	$WOCl_4$* %	$NbCl_5$ %
0	<0,005	29	58	1,7	3	durch Differenz
110	<0,005	21	42	1,3	2,4	durch Differenz
300	<0,005	8	16	0,2	0,3	durch Differenz
380	<0,005	4	8	<0,05	—	durch Differenz
580	<0,005	0,4	0,8	<0,05	—	durch Differenz
900	<0,005	0,05	0,1	<0,05	—	durch Differenz
1300	<0,005	0,05	0,1	<0,05	—	durch Differenz

Gesamtgewicht der Charge = 1800 g.

* Bei Abwesenheit von Sauerstoff tritt nur WCl_6 auf.

STEELE und GELDART[1] haben systematische Versuche gemacht, Nb-reiche Gemenge von z. B. 65% $NbCl_5$, 7% $TaCl_5$ und 27% $FeCl_3$ durch fraktionierte Destillation zu trennen. Wie Tab. 15 zeigt, ist eine quantitative Abtrennung des Eisens möglich, und es wurde etwa die Hälfte des $NbCl_5$ mit nur 0,8% $TaCl_5$ verunreinigt aufgefangen. Der Niobgehalt des zuerst abdestillierten $TaCl_5$ wurde nicht angegeben, doch erscheint die Gewinnung eines niobarmen $TaCl_5$ möglich.

Wie aus Hinweisen in der Fachliteratur entnommen werden kann, wird die großtechnische Trennung der kombinierten Pentachloride in

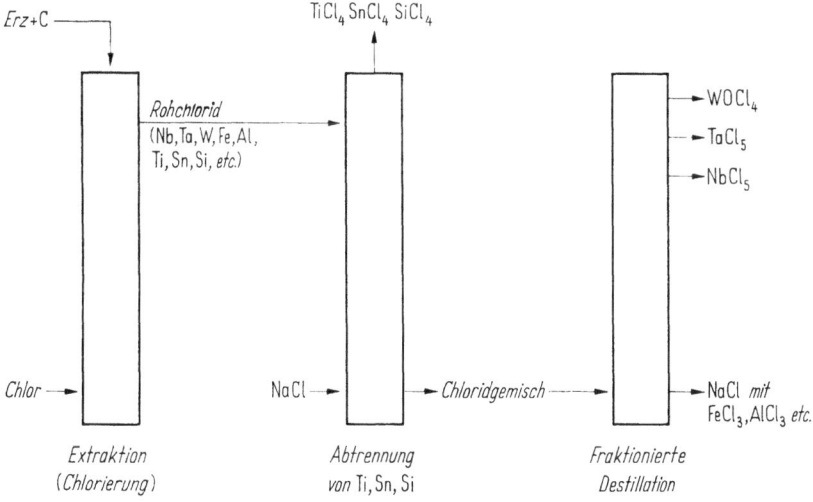

Abb. 14. Reaktionsschema für die Herstellung von $TaCl_5$ und $NbCl_5$ (CIBA)

---

[1] STEELE, B. R., u. D. GELDART: Extraction and Refining of the Rarer Metals Symposium. Inst. Min. & Metall. London 1957, 127.

USA durch Du Pont und Stauffer und in der Schweiz durch die CIBA AG., Basel, erfolgreich durchgeführt.

Abb. 14 zeigt ein Reaktionsschema der CIBA Aktiengesellschaft in Basel[1].

Aus dem durch Chlorierung von Erz-Kohlenstoffmischungen erhaltenen Rohchlorid, das nebst Niob und Tantal üblicherweise noch W, Ti, Sn, Si, Fe, Al usw. enthält, werden in erster Stufe beim Einschmelzen in NaCl die leichtflüchtigen Chloride von Ti, Sn, Si entfernt und $FeCl_3$ und $AlCl_3$ usw. durch Komplexbildung mit NaCl gebunden. Durch fraktionierte Destillation werden sodann $WOCl_4$, $TaCl_5$ und $NbCl_5$ aufgetrennt, wobei — wie Tab. 16 zeigt — außerordentlich hohe Reinheiten erzielt werden.

Tabelle 16. *Typische Analyse von $TaCl_5$ und $NbCl_5$*
(CIBA AG., Basel)

ppm	$TaCl_5$	$NbCl_5$
Ta		30 bis 50
Nb	< 20	
Al	< 1	< 1
B	< 0,1	< 0,1
Ca	< 1	< 1
Cd	< 1	< 1
Co	< 1	< 1
Cr	< 1	< 1
Cu	< 1	< 1
Fe	< 1	< 1 bis 2 ppm
Mg	< 1	< 1
Mn	< 1	< 1
Mo	< 1	< 2
Ni	< 1	< 1
Seltene Erden (total)	< 2	< 2
Si	< 3	< 3
Ti	< 3	< 3
W	< 5	< 5
Zr	< 10	< 10

III. Gewinnung der Roh- und Reinmetalle

Versuche, die reinen duktilen Metalle der Va-Gruppe aus ihren „Erdsäuren" herzustellen, setzten schon — wenn auch erfolglos — bei der Entdeckung der Elemente ein. Erst um die Jahrhundertwende

---
[1] D. P. 1 017 601 (1958), D. P. 1 056 105 (1959),
D. P. 1 073 463 (1960), D. P. 1 066 194 (1961).

gelang v. BOLTON[1,2] der Nachweis, daß *Niob und Tantal* — vermutlich auch *Vanadin* — entgegen der üblichen Meinung, daß die Va-Metalle spröde, harte und unverformbare Metalle seien, in Wirklichkeit bildsame, sehr weiche Metalle sind. MARDEN und RICH[3] dürften die ersten gewesen sein, die duktiles Vanadin in Form von walzbaren Granalien und Reguli in der Hand gehabt haben.

Die ersten Reduktionsversuche erstreckten sich auf die Reduktion der Oxyde und Halogenide mit Aluminium, Mischmetall(Cer-Lanthan), Kohlenstoff, Silizium, Wasserstoff, Calcium und Magnesium. Ein historischer Abriß über die mehr oder minder erfolglosen, von verschiedenen Autoren unternommenen Reduktionsversuche wird aus Raumgründen nicht gegeben. In der Tab. 17 sind nur die technisch

Tabelle 17. *Wichtige Herstellungsverfahren für die reinen Metalle*

1. *Reduktion der Oxyde*

   a) Pentoxyde (V_2O_5, Nb_2O_5, Ta_2O_5) mit Aluminium, z. B. $V_2O_5 + Al$, mit oder ohne Vakuumnachbehandlung

   b) Verschiedene Oxydstufen mit Kohlenstoff oder Karbiden im Vakuum: z. B. $Nb_2O_5 + NbC$; $V_2O_5(V_2O_3) + C$; $Ta_2O_{5-x} + C(TaC)$

   c) Verschiedene Oxydstufen mit Calcium + Flußmittel:

      α) $V_2O_5 + Ca + CaCl_2$

      β) $V_2O_5(V_2O_3) + Ca + J(CaJ_2)$

      γ) $V_2O_5(V_2O_3) + Ca + S$; $Nb_2O_5 + Ca + S$

2. *Reduktion bzw. Zersetzung von Halogeniden*
   Chloride (Halogenide) mit Wasserstoff oder Metallen, z. B.:

   a) $VCl_3(VCl_4) + H_2$, $NbCl_3 + H_2$ (Wirbelbett)
      An Glühdrähten:
      $VCl_3(VCl_4) + H_2$; $NbCl_5 + H_2$; $TaCl_5 + H_2$

   b) $VCl_3(VCl_4) + Mg + H_2$; $(Nb, Ta)Cl_5 + Mg, Ca(CaH_2) + Edelgas$

   c) $VCl_3 + Na$; $(Nb, Ta)Cl_5 + Na$, Na-Hg

   d) Fluoride + Natrium, z. B. $K_2Ta(Nb)F_7 + Na$; $K_2NbOF_5 + Na$

   e) *Thermische Zersetzung* von Halogeniden, z. B. VJ_3 an Wolframdraht

3. *Elektrolyse*

   a) Abscheidung aus dem Salzbad, z. B. $K_2(Ta, Nb)F_7 + Ta(Nb)_2O_5$

   b) Elektrolytische Salzbadreinigung (Raffination durch Elektrolyse)
      Rohmetall → Reinmetall, V, Nb(N, C, O) → V, Nb

   c) Elektrolyse wäßriger Lösungen

---

[1] v. BOLTON, W.: Z. Elektrochem. 11/3 (1905) 45; 13/15 (1907) 145.
[2] Siemens & Halske AG.: DRP 216706 (1907).
[3] MARDEN, J. W., u. M. RICH: Industr. Engng. Chem. 19 (1927) 786.

wichtigsten Verfahren nach den Verfahrensgruppen
1. Reduktion der Oxyde,
2. Reduktion bzw. Zersetzung von Halogeniden,
3. Schmelzflußelektrolyse

zusammengestellt.

Bezüglich weiterer Einzelheiten sei für *Vanadin* auf die Fachbücher von ROSTOKER[1], HAMPEL[2], VAN ARKEL[3], ULLMANN[4] und für *Niob und Tantal* auf die Bücher von MILLER[5], GONSER[6], HAMPEL[2], SAMSONOV[7], ZACHAROVA u. a.[8], VAN ARKEL[3], verwiesen.

A. Allgemeines

Die *Aluminothermie* führt für den Fall des Vanadins zu einem 95%igen, regulinischen Material, das sich durch eine Vakuumbehandlung, ähnlich wie ebenso hergestellter Niob- und Tantalschwamm, auf ein etwa 98- bis 99%iges Metall reinigen läßt und eventuell für Vanadin-Basis-Legierungen, trotz der mangelnden Reinheit, eingesetzt werden kann.[1,9]

Die *Calciothermie* hat sich in vielen Varianten erfolgreich bei Vanadin, aber nicht bei Niob und Tantal durchgesetzt. Bei Vanadin (Schmelzpunkt etwa 1900°) kann die Reaktionstemperatur so hoch getrieben werden, daß sich ein regulinisches, gut entschlacktes, duktiles Metall ergibt, das sich durch Vakuumschmelzen noch weiter raffinieren läßt. Im Falle Niob (Schmelzpunkt etwa 2400°) und Tantal (Schmelzpunkt etwa 3000°) fällt stets unreiner und schwer nachzureinigender Schwamm an. Aus werkstofftechnischen Gründen kann man zwar noch auf den Schmelzpunkt des Niobs, aber nicht mehr auf den Schmelzpunkt von Tantal, d. h. auf kompakte, geschmolzene Endprodukte, kommen. Auch ein von JOLY[10] calciothermisch (Calcium + Schwefel) gewonnener, unregelmäßiger, noch sauerstoffhaltiger Niobregulus von etwa 800 g

---

[1] ROSTOKER, W.: The Metallurgy of Vanadium. New York: Wiley & Sons 1958, 28.

[2] HAMPEL, C. A.: Rare Metals Handbook, 2. Aufl. New York: Reinhold 1961.

[3] VAN ARKEL, A. E.: Reine Metalle. Berlin: Springer 1939, 170, 180, 193.

[4] ULLMANN, F.: Enzyklopädie der techn. Chemie, 2. Aufl., Bd. 10. Berlin: Urban & Schwarzenberg 1932, 265.

[5] MILLER, G. L.: Tantalum and Niobium. London: Butterworths Scient. Publ. 1959.

[6] GONSER, B. W., u. E. M. SHERWOOD: Technology of Columbium (Niobium). New York: Wiley & Sons 1958.

[7] SAMSONOV, G. W., u. W. J. KONSTANTINOV: Tantal und Niob. Moskau 1959.

[8] ZACHAROVA, G. V., J. A. POPOW, L. P. ZOROVA u. B. V. FEDIN: Niob und seine Legierungen. Moskau 1961.

[9] MERRILL, T. W.: J. Metals, Sept. 1958, 618.

[10] JOLY, M. F.: Second United Nations International Conference on the Peaceful Uses of Atomic Energy, Genf, Mai 1958, Paper No. A/CONF. 15/P/1274.

ist nur in dem vorgenannten Sinne beweiskräftig, und es steht auch JOLY selbst einer industriellen Verwendbarkeit dieses Verfahrens für Niob — geschweige für Tantal — sehr skeptisch gegenüber.[1]

Die *Kohlenstoff- bzw. Karbidreduktion von Oxyden im Vakuum* ist für alle drei Va-Metalle durchführbar. Sie hat sich bis jetzt großtechnisch nur bei Niob[2] durchgesetzt, obwohl diese Technik zuerst von W. v. BOLTON erfolgreich für die Tantaldrähte seiner Metallfadenlampe (industrielle Fertigung von etwa 11 Millionen Ta-Lampen durch Siemens & Halske) angewendet worden ist.

Nach positiven Reduktionsversuchen von KARASSAEV und Mitarbeitern[3] konnte JOLY[4] im Laboratoriumsmaßstab (etwa 1000 g V_2O_5) zeigen, daß sich V_2O_5 mit Azethylenruß in einer mehrstufigen Vakuumbehandlung bei etwa 1500 bis 1700 °C in ein reines Metall (>99,5% V) überführen läßt. Entsprechende Versuche mit V_2O_3 + Ruß wurden auch von MAKUNIN[5] durchgeführt.

Die *Reduktion der Halogenide der Va-Metalle*, sei es durch Wasserstoff, Magnesium, Calcium, Natrium usw., geht einwandfrei und führt zu etwa 99% reinen Metallpulvern.[6] JANTSCH und ZEMEK[7] haben z. B. in einer Kleinanlage VCl_3 mit Wasserstoff reduziert; $NbCl_3$ wird anscheinend in USA im Wirbelbett mit Wasserstoff reduziert. Dieser Prozeß ist dann von Interesse, wenn die Verhüttung der Nioberze durch Chlorierungsverfahren erfolgt und man nicht an eine Weiterverarbeitung der Pentachloride durch Schmelzflußelektrolyse denkt. Die Reduktion der Pentafluoride des Niobs und Tantals in Form ihrer Doppelsalze durch festes oder flüssiges *Natrium* ist ein technisch bewährtes Verfahren, das heute noch in großem Umfange zur Herstellung von Tantalpulver in Konkurrenz zur Schmelzflußelektrolyse verwendet wird.

Die *thermische Zersetzung der Jodide oder Chloride* — zweckmäßig in Gegenwart von Wasserstoff — an glühenden Drähten oder Metall-

---

[1] Während der Drucklegung wurde uns bekannt, daß die Calciothermie des Niobs mit einer entsprechenden Vakuumnachreinigung des zerkleinerten Schwammes an einer Stelle erfolgreich geübt wird.

[2] Siemens & Halske AG., DRP 216706 (1907). — BALKE, C. W.: Trans. electro chem. Soc. 85 (1944) 89. — KROLL, W. J., u. A. W. SCHLECHTEN: J. electrochem. Soc. 95/6 (1948) 247. — HAMPEL, C. A.: Rare Metals Handbook, 2. Aufl. New York: Reinhold 1961. — LI, K. C.: J. Metals 12 (1960) 485.

[3] KARASSAEV, R. A., V. I. KACHIN, M. S. MAKUNIN u. A. M. SAWARIN: Izv. Akad. Nauk SSSR (ser. Tech.) 4 (1956) 94.

[4] JOLY, M. F.: Second United Nations International Conference on the Peaceful Uses of Atomic Energy, Genf, Mai 1958, Paper No. A/CONF. 15/P/1274.

[5] MAKUNIN, M. S. und Mitarbeiter: Izv. Akad. Nauk. SSSR, Moskau 1959, 2, 35.

[6] Von besonderer Attraktion ist natürlich die Reduktion mit Wasserstoff wegen dem Wegfall des Waschens.

[7] JANTSCH, G., u. F. ZEMEK: Mh. Chem. 84 (1953) 1119.

oberflächen hat sich insbesondere für extrem reine Präparate und für Deckschichten aus den Va-Metallen eingeführt (s. S. 55).

Die *Schmelzflußelektrolyse* — basierend auf Arbeiten von DRIGGS[1,2], BALKE[3] und WEINTRAUB[4] — ist das Hauptdarstellungsverfahren für Tantalpulver. In letzter Zeit gewinnt die sogenannte „Elektrolytische Salzbadreinigung" (ein Umelektrolysieren und Raffinieren von Rohmetall aus einem Salzbad) bei den Va-Metallen an Bedeutung. Die Reinheit kann durch dieses Verfahren bei Vanadin und Niob von beispielsweise 99 bis 99,5 auf 99,7 bis 99,9 gesteigert werden (s. S. 56 und 57).

B. Vanadin

1. Aluminothermische Herstellung von Vanadin

Aluminothermisch läßt sich ein technisch reines Vanadinmetall nach der Gleichung

$$10\,Al + 3\,V_2O_5 \rightarrow 6\,V + 5\,Al_2O_3$$

herstellen, das üblicherweise 5 bis 20% Al, vorzugsweise 15% Al in Form eines Vanadin-Aluminium-Mischkristalls enthält (s. System V–Al, Abb. 15).

Dieses aluminothermische Vanadinmetall wird heute überall dort eingesetzt, wo der Aluminiumgehalt nicht schadet oder legierungstechnisch, wie bei den Ti-Al-V-Legierungen, sogar erwünscht ist.[5,6]

Die großtechnische Aluminothermie erfolgt in 3-Phasen-Lichtbogenöfen[6] oder in großen keramischen Stampftiegeln (MgO oder Spinellauskleidung).

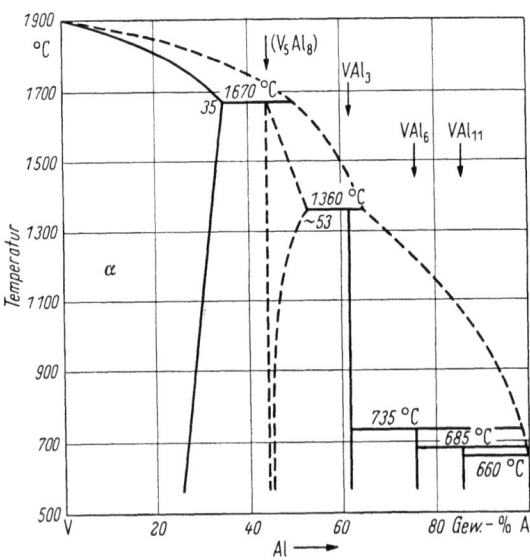

Abb. 15. Zustandsdiagramm Vanadin-Aluminium

[1] DRIGGS, F. H.: A. P. 1815054 (1931).
[2] DRIGGS, F. H., u. W. C. LILLIENDAHL: Industr. Engng. Chem. (Industr.) 23/6 (1931) 634.
[3] BALKE, C. W.: A. P. 1799403 (1931) — Industr. Engng. Chem. (Industr.) 27/10 (1935) 1166; 21/11 (1929) 1002.
[4] WEINTRAUB, E.: A. P. 947983 (1910).
[5] GfE - Informationsdienst, Nürnberg, I. Speziallegierungen (1961).
[6] ROSTOKER, W.: The Metallurgy of Vanadium. New York: Wiley & Sons 1958.

Tabelle 18. *Chemische Analyse verschiedener aluminothermisch erzeugter V-Metalle*
(Vanadium Corp. of America 1956)

V	Al	Si	Fe	O_2	N_2	H_2	Gesamt
95,37	0,61	0,96	0,78	1,54	0,066	0,002	99,33
93,68	3,62	1,38	0,73	1,00	0,065	0,0047	100,48
86,87	11,56	1,07	0,64	0,25	0,028	0,0011	100,42
83,30	15,06	0,48	0,66	0,10	0,064	0,002	99,67
82,97	14,25	0,73	1,35	0,19	0,13	0,0011	99,62
79,56	18,47	0,54	1,10	0,083	0,082	0,0011	99,84

Die Herstellung von aluminothermischem Vanadin erfolgt lagenweise nach Initialzündung. Die Charge besteht gewöhnlich aus technisch reinem, meist noch alkalihaltigem V_2O_5, Aluminiumgrieß und einem Flußmittel, z. B. CaF_2. Der Reaktionsablauf und die Temperatur können durch die Korngröße der Ausgangsmaterialien und die Chargiergeschwindigkeit gesteuert werden. Die Vanadinkorundschlacke trennt sich gewöhnlich sehr sauber vom Regulus und wird üblicherweise an die keramische Industrie verkauft. Die Reguli enthalten anteilig die Verunreinigungen der Ausgangsmaterialien (s. Tab. 18), insbesondere je 0,4 bis 1,4% Fe und Si neben Aluminiumgehalten von 0,6 bis 18,5% und Sauerstoffgehalten zwischen 0,1 und 1,5%. Die interessante Beziehung zwischen Al- und Sauerstoffgehalt geht nach Angaben der Vanadium Corp. of America aus Abb. 16 hervor.

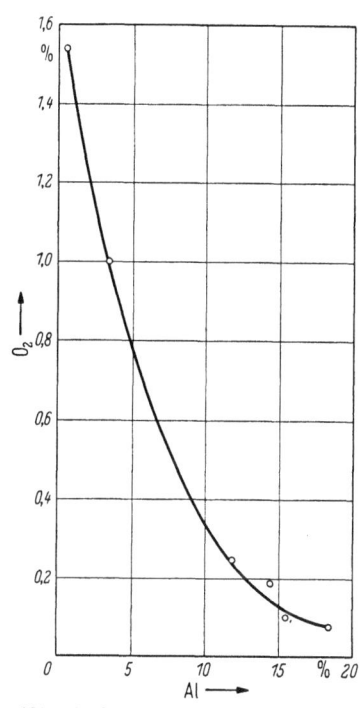

Abb. 16. Sauerstoffgehalt von metallothermisch gewonnenem Vanadinmetall in Abhängigkeit vom Aluminiumgehalt (Vanadium Corp. of America)

Für eine 85/15 V-Al-Legierung eines deutschen Produzenten finden sich folgende Analysenwerte in der Literatur[1]: etwa 85% V, etwa 15% Al, etwa 0,5% Fe, etwa 0,4% Si.

Durch eine Vakuumnachbehandlung läßt sich nach RUFF und MARTIN[2] das Aluminium fast quantitativ aus dem metallothermisch

---

[1] Gesellschaft für Elektrometallurgie, Nürnberg, Informationsdienst, I. Speziallegierungen (1961).
[2] RUFF, O., u. W. MARTIN: in F. ULLMANN: Vanadin, Enzyklopädie der techn. Chemie, 2. Aufl., Bd. 10. Berlin: Urban & Schwarzenberg 1932, 265.

gewonnenen Metall entfernen und sich ein Metall mit etwa 98 bis 99% Vanadin herstellen, das jedoch noch nicht kaltduktil ist. Es scheint verfahrenstechnisch interessant, diesen alten Weg unter Verwendung der Möglichkeiten der modernen Vakuummetallurgie nochmals zu untersuchen, um wirtschaftlich warm- oder allfällig kaltduktiles Vanadinmetall bzw. Vanadinlegierungen zu erzeugen.

2. Kohlenstoffreduktion von V_2O_5 im Vakuum

Nach den richtunggebenden Versuchen von W. v. BOLTON[1], KROLL und SCHLECHTEN[2], MORETTE[3], die zwar nur zu unduktilem, unreinem Vanadinmetall führten, gelang es KARRASAEV und Mitarbeitern[4], durch Reduktion von V_2O_3 mit Graphit oder Ruß, und ferner JOLY[5] durch stufenweise Reduktion von V_2O_5 mit aschefreiem Acetylenruß im Vakuum duktiles Vanadin herzustellen.

Der Metallgewinnung liegen die folgenden schematischen Reaktionen zugrunde:

$$V_2O_5 + 2\,H_2 \xrightarrow[H_2]{500-1000\,°C} V_2O_3 + 2\,H_2O$$

$$V_2O_5 + C \xrightarrow[CO,\,CO_2,\,Vak.]{500-1000\,°C} V_2O_3 + CO_2$$

$$V_2O_3 + 3\,C \xrightarrow[Hoch\text{-}Vak.]{1000-1700\,°C} 2\,V + 3\,CO$$

$$V_2O_3 + 3\,VC \xrightarrow[Hoch.\text{-}Vak.]{1000-1700\,°C} 5\,V + 3\,CO$$

$$2\,V_2O_5 + C \xrightarrow[CO,\,CO_2,\,Vak.]{500-550\,°C} 2\,V_2O_4 + CO_2$$

$$V_2O_5 + 4\,C \xrightarrow[Hoch.\text{-}Vak.]{500-1700\,°C} 2\,V + 3\,CO + CO_2 \quad (JOLY)$$

$$V_2O_5 + 4\,VC \xrightarrow[Hoch.\text{-}Vak.]{500-1700\,°C} 6\,V + 3\,CO + CO_2$$

$$V(O,\,C) \xrightarrow[Hoch.\text{-}Vak.]{1300-1700\,°C} V + CO$$

Im folgenden werden wir uns auf die Beschreibung der JOLYschen Arbeitsweise beschränken, die zu einem sehr reinen Metall führte. JOLY ging von einem unterstöchiometrischen Gemenge $V_2O_5 + 4\,C$ aus, da sich bei 500 °C vornehmlich CO_2 statt CO, unter Reduktion des V_2O_5 zu V_2O_4, bildet. Nach einer etwa 3stündigen stufenweisen Erhitzung des Gemenges von 750 auf 1350° im Vakuum bildet sich ein Rohkarbid (Oxokarbid) der ungefähren Zusammensetzung 86 bis 87% V, 5 bis 6% C und 7 bis 8% O_2.

---

[1] v. BOLTON, W.: Z. Elektrochem. 13/15 (1907) 145. — Siemens & Halske AG., DRP 216706 (1907).
[2] KROLL, W. J., u. A. W. SCHLECHTEN: J. electrochem. Soc. 95/6 (1948) 247.
[3] MORETTE, A.: C. R. Acad. Sci., Paris, 200 (1935) 1110.
[4] KARASSAEV, R. A., V. I. KACHIN, M. S. MAKUNIN, A. PLOAKOV u. A. M. SAWARIN: Izv. Akad. Nauk SSSR (ser. Tech.) 4 (1956) 94.
[5] JOLY, M. F.: Second United Nations International Conference on the Peaceful Uses of Atomic Energy, Genf, Mai 1958, Paper No. A/CONF. 15/P/1274.

Das pulverisierte *Rohkarbid* wird nun durch Zugabe von V_2O_3 oder Ruß korrigiert, zu Pastillen verpreßt und weitere 8 bis 10 Stunden auf 1500 °C im Vakuum erhitzt. Es resultiert ein *Rohmetall* der ungefähren Zusammensetzung 96 bis 97% V, 1 bis 1,5 %V und 2 bis 3% O_2. Dieses schon relativ zähe Rohmetall wird nun — nach allfälliger Hydrierung — zerkleinert, wiederum sein Kohlenstoff- und Sauerstoffgehalt korrigiert und neuerlich zu Pastillen verpreßt. Diese werden nun 12 Stunden bei 1500 bis 1700° ansteigend im Hochvakuum geglüht, worauf sich ein *Reinmetall* der Analyse 99,6% V, 0,12% C und 0,06% O_2 ergibt.

Bei den verschiedenen Glühoperationen muß auf alle Fälle ein vorzeitiges Auftreten flüssiger, ternärer Phasen, die die Kohlenoxydentwicklung und -abgabe stören würden, verhindert werden. (Im Dreistoffsystem V–O–C tritt nach JOLY[1] bei 96,6% V, 2,8% C und 0,6% O_2 eine niedrigschmelzende Phase mit einem Schmelzpunkt von 1500 °C auf. In dieser Hinsicht ist die Vanadinrohmetallgewinnung ungünstiger gelagert als z. B. die des Niobs.)

Es ist anzunehmen, daß die noch nicht großtechnisch untersuchte Reduktion von V_2O_3 und V_2O_4 mit VC (Schmelzpunkt etwa 2800 °C) etwas günstiger verläuft, wahrscheinlich auch die gleichzeitige Reduktion von Oxydgemengen zur Gewinnung von binären oder ternären Vanadinlegierungen.

Im nachfolgenden seien einige technisch wertvolle, zuverlässig arbeitende Herstellungsverfahren für Metallreguli bzw. -pulver näher beschrieben.

3. Calciothermische Herstellung von Vanadinreguli

(99,5 bis 99,7% V)

a) Allgemeines. MARDEN und RICH[2] erhielten durch Calciumreduktion von V_2O_5 ($CaCl_2$ als Flußmittel) in Stahlbomben erstmalig größere Mengen duktiles Vanadin in Tropfenform, gelegentlich bei höheren Reduktionstemperaturen in Form eines warmbildsamen Regulus. GREGORY[3] und Mitarbeiter modifizierten dieses Verfahren durch Verwendung von V_2O_3 an Stelle von V_2O_5, vornehmlich, um reines Vanadin in Pulverform zu erhalten. Für Sinterzwecke scheint es jedoch nach dem heutigen Stand der Technik zweckmäßiger zu sein, reine Vanadinreguli oder reinen Vanadinschrott zu hydrieren, zu pulverisieren und allfällig zu dehydrieren. Solche Pulver sind gewöhnlich reiner und

---

[1] JOLY, M. F.: Second United Nations International Conference on the Peaceful Uses of Atomic Energy, Genf, Mai 1958, Paper No. A/CONF. 15/P/1274.

[2] MARDEN, J. W., u. M. RICH: Industr. Engng. Chem. 19 (1927) 786.

[3] GREGORY, E. D., W. C. LILLIENDAHL u. D. M. WROUGHTON: J. electrochem. Soc. 98 (1951) 395.

unempfindlicher als direkt pulverförmig gewonnenes Material. Für Legierungszwecke sind Pulver, Schrott und Reguli fast gleich gut geeignet. McKechnie und Seybolt[1] variierten den Prozeß nach Marden und Rich durch Zugabe von Jod zum Reaktionsgut, was u. a. einem teilweisen Ersatz des $CaCl_2$ durch CaJ_2 und einer Temperaturerhöhung gleichkommt. Die exotherme Bildung von CaJ_2 setzt oberhalb 450 °C ein. Das CaJ_2 ergibt eine gut fließende CaO-CaJ_2-Schlacke, die das Zusammenfließen der Vanadintropfen zu einem sauberen Regulus fördert. Durch die Verfahrensvariante von McKechnie und Seybolt war der Ausgangspunkt für eine großtechnische Erzeugung von reinem Vanadin gegeben. Beard und Crooks[2] erzeugten kg-Chargen nach diesem Verfahren; die Vanadium Corp. of America[3] sowie die Union Carbide Metals Co.[4] erzeugten bereits 40 bis 50 kg schwere Reguli nach entsprechend modifizierten Varianten des McKechnie-Seybolt-Verfahrens.

Wilhelm und Long[5] ersetzten später Jod erfolgreich durch Schwefel, und Joly[6] überarbeitete alle Varianten des Marden-Rich-Verfahrens unter Einsatz hochreiner Ausgangsstoffe, wodurch besonders weiche Reguli anfielen.

b) Verfahren nach McKechnie und Seybolt.[1] McKechnie und Seybolt verwendeten eine Stahlbombe mit einer Wandstärke von etwa 9 mm und etwa 1,5 Liter Inhalt (Innendurchmesser der Bombe etwa 100 mm, Höhe etwa 275 mm). Die Charge wurde in einen in die Bombe passenden MgO-Tiegel gefüllt.

Ein typischer Einsatz bestand aus

300 g V_2O_5, chemisch rein,
552 g Calciummetall (60% über der theoretischen Menge),
150 g Jod (0,2 Mol J je Mol V).

Die Bombe wurde unter Argonfüllung zugeflanscht (Kupferdichtung) und induktiv auf etwa 700 °C erhitzt, worauf die calciothermische Reaktion ohne zusätzliche Erwärmung ablief.

Der Vanadinregulus (etwa 74% Ausbeute) war gut durchgeschmolzen, d. h., die Temperatur im MgO-Tiegel hatte 1900 °C überstiegen.

---

[1] McKechnie, R. K., u. A. U. Seybolt: J. electrochem. Soc. 97 (1950) 311.
[2] Beard, A. P., u. D. D. Crooks: J. electrochem. Soc. 101 (1954) 597.
[3] Vanadium Corp. of America: in C. A. Hampel (Hrsg.): Rare Metals Handbook, 2. Aufl. New York: Reinhold 1961, 633.
[4] Kinzel, A. B.: Metal Progress 58 (1950) 315. — Union Carbide Metals Co.: in C. A. Hampel (Hrsg.): Rare Metals Handbook, 2. Aufl. New York: Reinhold 1961, 633.
[5] Wilhelm, H. A., u. J. R. Long: A. P. 2700606 (1955).
[6] Joly, M. F.: Second United Nations International Conference on the Peaceful Uses of Atomic Energy, Genf, Mai 1958, Paper No. A/CONF. 15/P/1274.

Es empfiehlt sich, stickstoffarmes V_2O_5 (erhalten durch Glühung von V_2O_5 bzw. Ammoniummetavanadat in nassem Sauerstoff) einzusetzen, da sonst Stickstoff in das Metall eingeschleppt wird. Tab. 19 zeigt, wie nach einer derartigen Vorbehandlung des V_2O_5 in feuchtem Sauerstoff die Stickstoffgehalte auf Endwerte zwischen etwa 0,006 und 0,016% absinken und wie überdies mit steigendem Überschuß an Calciummetall tiefere Härten im Endprodukt und damit eine größere Duktilität erzielt werden. (Derartig hergestelltes Vanadinmetall konnte auf Folien von 0,08 mm Stärke kaltgewalzt werden.)

Tabelle 19. *Gasgehalt und Härte von aus V_2O_5 reduziertem Vanadinmetall* (nach McKechnie und Seybolt)

V_2O_5-Behandlung	Ca-Überschuß %	O_2 %	N_2 %	H_2 %	HV kg/mm²	Bemerkungen[1]
keine ⎫	100	0,070	0,028	0,004	153	duktil
keine ⎪ N_2-armes	100	0,052	0,017	0,002	145	duktil
keine ⎨ V_2O_5	100	0,046	0,022	0,007	n. b.	duktil
keine ⎭	100	0,042	0,002	0,003	n. b.	duktil
0,15% N_2	10	0,510	0,030	0,010	336	spröd
0,15% N_2	25	0,350	0,018	0,005	281	spröd
0,15% N_2	100	0,091	0,065	0,004	141	spröd
feuchter Sauerstoff (0,012% N_2)	25	0,240	0,011	0,010	245	spröd
feuchter Sauerstoff (0,012% N_2)	40	0,120	0,006	0,007	183	spröd
feuchter Sauerstoff (0,012% N_2)	50	0,017	0,013	0,002	110	duktil
feuchter Sauerstoff (0,012% N_2)	60	0,290	0,006	0,003	114	duktil
feuchter Sauerstoff (0,012% N_2)	100	0,031	0,016	0,005	116	duktil

[1] Die Reguli enthalten ferner im Durchschnitt 0,20% C, 0,01% Fe, 0,01% Si und 0,015% Ca.

c) Variante nach Beard und Crooks[1]. Beard und Crooks verwendeten eine ähnliche, aber größere Bombe, die ebenfalls einen aufgeschraubten Deckel mit Kupferdichtung aufwies. Die lichte Weite der Bombe betrug etwa 165 mm bei einer Höhe von 500 mm und einer Wandstärke von 11 mm (s. Abb. 17). Ein konischer Magnesiumoxydtiegel mit den Abmessungen 125 mm oben, 113 mm unten, 400 mm Höhe und etwa 6 mm Wandstärke wurde in die Bombe eingeführt und mit körnigem MgO von der Bombenwand isoliert.

---

[1] Beard, A. P., u. D. D. Crooks: J. electrochem. Soc. 101 (1954) 597.

Eine als günstig bezeichnete, brikettierte Charge hatte nach BEARD und CROOKS folgende Zusammensetzung:

2180 g V_2O_5 (Analyse in %: C 0,003; H_2 0,05; N_2 0,01; Si 0,3),
3840 g Calcium,
1090 g Jod;

eine ungepreßte Charge optimaler Zusammensetzung bestand aus:

1638 g V_2O_5,
2880 g Calcium,
818 g Jod.

Es wurden Reguli von 750 bis etwa 1000 g bei einer Ausbeute von 80 bis maximal 84% erhalten.

Die Analyse von Reguli nach BEARD und CROOKS geht aus Tab. 20 hervor, in die auch Ergebnisse anderer Autoren aufgenommen wurden. Diese Reguli sind ohne Zwischenglühungen bei Ausgangshärten von HV = 130 bis 135 kalt walzbar, oberhalb 0,05% Sauerstoff geht die Kaltwalzbarkeit verloren, während Siliziumgehalte bis 0,2% ohne merklichen Einfluß sind.

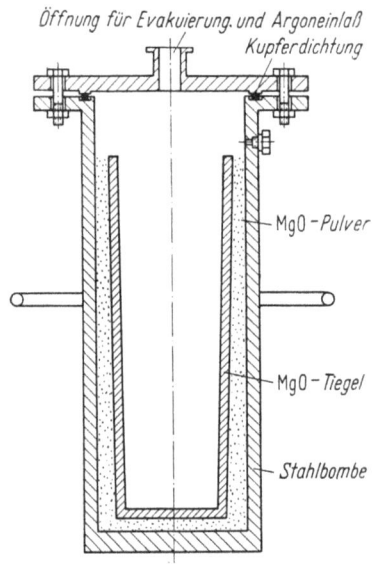

Abb. 17. Stahlbombe für die calciothermische Gewinnung von Vanadinmetall (nach BEARD und CROOKS)

d) Verfahren nach Wilhelm und Long, Variante nach Joly. Von WILHELM und LONG[1,2] wurde an Stelle von Calcium und Jod eine billigere Kombination von Calcium und Schwefel, die eine gutfließende Ca-O-S-Schlacke ergibt, vorgeschlagen. Die Autoren geben folgende Chargenzusammensetzungen an:

I	II
180 g V_2O_5, technisch rein,	150 g V_2O_5, technisch rein,
307 g Calcium,	297 g Calcium,
20 g Schwefel,	55 g Schwefel.

Trotz der Verwendung von nur technisch reinem Vanadinpentoxyd wurden kaltduktile Reguli mit einer Härte von HV = 150 kg/mm² erhalten.

JOLY[3] arbeitete u. a. das Verfahren von WILHELM und LONG in einer halbtechnischen Versuchsanlage nach. Er verwendete eine Bombe

---

[1] WILHELM, H. A., u. J. R. LONG: A. P. 2700606 (1955).

[2] LONG, J. R., u. H. A. WILHELM: USAEC, ISC-244 (Aug. 1951) Ames Laboratory.

[3] JOLY, M. F.: Second United Nations International Conference on the Peaceful Uses of Atomic Energy, Genf, Mai 1958, Paper No. A/CONF. 15/P/1274.

Tabelle 20. *Analysen von Vanadin-Reguli*

Literatur	O_2 %	N_2 %	H_2 %	C %	Fe %	Si %	Ca %
[1]	0,031	0,016	0,005	0,21	<0,01	0,04	0,023
	0,017	0,013	0,002	0,20	<0,01	0,001	0,014
[2]	0,05 bis 0,012	0,02 bis 0,04	0,001 bis 0,004	0,03 bis 0,07	—	—	—
[3]	0,1 bis 0,25	0,01 bis 0,015	—	0,05	0,01	—	0,05
[4]	0,028	0,005	0,001	0,126	—	0,065	<0,1
	0,033	0,013	0,002	0,102	—	0,04	<0,1
[5]	0,08	0,03	0,005	0,04	0,03	—	—

[1] McKechnie, R. M., u. A. U. Seybolt: J. electrochem. Soc. 97 (1950) 311. — [2] Kinzel, A. B.: Metal Progress 58 (1950) 315. — [3] Gregory, E. D., W. C. Lilliendahl u. D. M. Wroughton: J. electrochem. Soc. 98 (1951) 395. — [4] Beard, A. P., u. D. D. Crooks: J. electrochem. Soc. 101 (1954) 597. — [5] Merrill, T. W.: J. Less-Common Metals 3 (1961) 451.

mit etwa 100 Liter Nutzinhalt, die erlaubte, Reguli von 8 bis 12 kg Gewicht zu erzeugen. Es wurde besonderer Wert auf reinste Ausgangsmaterialien gelegt: stickstoffarmes, chemisch reines V_2O_5, doppeltdestilliertes Calcium, destillierte Schwefelblumen und Tiegel aus reiner geschmolzener Magnesia.

Die Zusammenhänge zwischen überschüssigem Calcium, Ausbeute und Härte der Reguli gehen aus Tab. 21, die Wirkung des Stickstoffgehaltes auf die Härte aus Tab. 22 hervor.

Tabelle 21. *Zusammenhang zwischen Ca-Überschuß, Ausbeute und Härte von Vanadin-Reguli* (nach Joly)

Ca-Überschuß %	Ausbeute %	Härte HV 40 kg/mm²
50	70 bis 75	115 bis 130
60	80 bis 85	95 bis 100
70	85 bis 90	80 bis 90

Tabelle 22. *Abhängigkeit der Härte des Vanadins von seinem Stickstoffgehalt* (nach Joly)

N_2-Gehalt (ppm)	Härte HV 40 kg/mm²
350 bis 360	150 bis 170
150 bis 200	120 bis 130
50 bis 80	105 bis 115
10 bis 30	80 bis 90

Die Durchschnittsanalyse der Reguli mit einer Härte (HV 40) <90 ist in Tab. 23 wiedergegeben.

Tabelle 23. *Durchschnittsanalyse von Vanadin-Reguli* (nach JOLY)

V	>99,7%	C	500 bis 1000 ppm
Fe	100 bis 300 ppm	S	<100 ppm
Al	100 bis 300 ppm	O	100 bis 250 ppm
Si	400 bis 800 ppm	N	50 bis 150 ppm
Ca	0 bis 100 ppm	H	50 ppm

Die Reguli konnten kalt 80 bis 90% rißfrei verformt werden. Da die Entschlackung der Reguli nicht immer vollkommen abläuft, wird zur weiteren Reinigung das Niederschmelzen aneinandergeschweißter Reguli im Hochvakuum mit Abschmelzelektrode empfohlen[1] (s. S. 95).

Die französische Firma Etablmts. Kuhlmann zeigte bereits 1958 in Genf auf der internationalen Konferenz für friedliche Atomenergie endlose, etwa 200 mm breite Vanadinfolien (Gewicht etwa 10 bis 30 kg), die nach dem von JOLY[1] näher beschriebenen Verfahren hergestellt worden waren.

4. Reduktion des Chlorides

a) **Reduktion des Chlorides mit Magnesium unter Argon** (KROLL-Prozeß nach FOLEY, WARD und HOCK). In Anlehnung an den klassischen KROLL-Prozeß für die Herstellung von Titan- und Zirkoniumschwamm aus flüssigem Titantetrachlorid bzw. aus festem Zirkoniumtetrachlorid mit Magnesium unter Argon haben FOLEY, WARD und HOCK[2] in Weiterführung der Vorarbeiten von MORETTE[3] erfolgreich im halbtechnischen Maßstab Vanadinschwamm aus Vanadintrichlorid, einer roten festen Verbindung, gewonnen.

Der KROLL-Prozeß scheint sehr gut geeignet zu sein, verhältnismäßig reines Schwammpulver (Härte eines Kontrollschmelzknopfes[2] HV 150 bis 180) halbkontinuierlich in Tonnenmengen zu erzeugen. Da auch allfällig vorhandene Titan- und Zirkoniumproduktionsanlagen verwendet werden können, soll das Verfahren nach FOLEY und Mitarbeitern[2] eingehend besprochen werden. Es sei auch auf die kritischen Ausführungen von ROSTOKER[4] verwiesen.

---

[1] JOLY, M. F.: Second United Nations International Conference on the Peaceful Uses of Atomic Energy, Genf, Mai 1958, Paper No. A/CONF. 15/P/1274. — MERRILL, T. W.: J. Less-Common Metals (Dez. 1961) No. 6, 451. — FARRELL, J. W.: Trans. Amer. Soc. Met. 54 (Juni 1961) 143.

[2] FOLEY, E., M. WARD u. A. L. HOCK: Symposium on Extractive Metallurgy of Some Less-Common Metals, Inst. Min. & Metall. London 1956.

[3] MORETTE, A.: C. R. Acad. Sci., Paris 200 (1935) 1110.

[4] ROSTOKER, W.: The Metallurgy of Vanadium. New York: Wiley & Sons 1958.

Das Verfahren gliedert sich in folgende Schritte:

1. Herstellung von rohem VCl_4 aus Ferro-Vanadin,
2. Entfernung des Eisenchlorids durch Destillation,
3. Überführung des VCl_4 in VCl_3,
4. Abtrennung des $VOCl_3$ von VCl_3,
5. Reduktion von VCl_3 mit Magnesium unter Argon,
6. Entfernung des überschüssigen Magnesiums und von $MgCl_2$ durch Vakuumdestillation,
7. Zerkleinern, Nachwaschen und Trocknen des Schwammpulvers,
8. Lichtbogen- und/oder Elektronenstrahlschmelzen von Schwamm- bzw. Preßlingen auf Ingots im Hochvakuum.

Abb. 18a zeigt die Reduktionsanlage (Schritt 5) und Abb. 18b die auch bei Titan und Zirkonium übliche Trennung des Salzes vom Schwamm durch Destillation (Schritt 6).

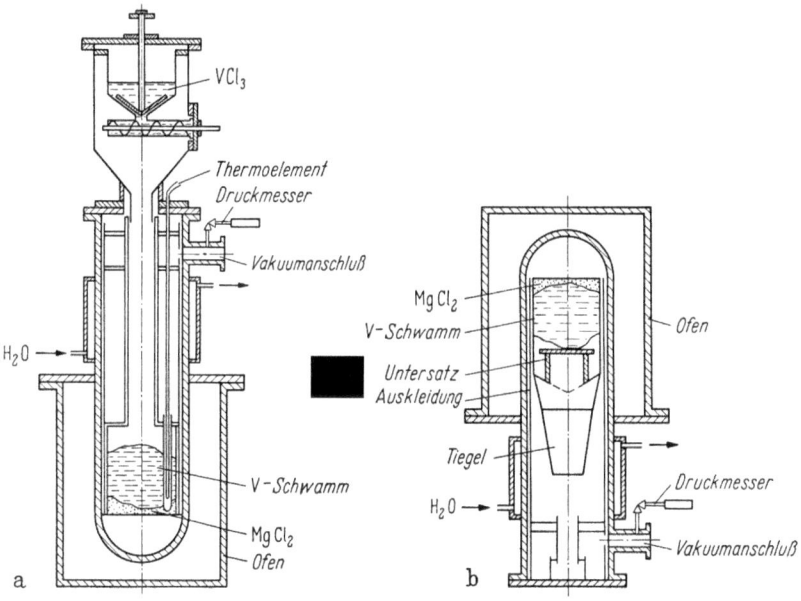

Abb. 18a u. b. Herstellung von Vanadin nach dem KROLL-Verfahren (VCl_3 + Mg + Argon)

Die Erzeugung von etwa 20 kg Vanadinschwamm geht wie folgt vor sich:

Die Reduktionsanlage wird mit etwa 20 kg Magnesium und etwa 63 kg Vanadintrichlorid beschickt, evakuiert und anschließend unter leichten Argonüberdruck gesetzt. Die Temperatur des Ofens wird über den Magnesiumschmelzpunkt (651 °C) bis auf 700 bis 800 °C, später auf 750 bis 850 °C gesteigert. Die Umsetzung dauert etwa 7 Stunden, wobei eventuell Magnesium in Form von 1 kg-Blöcken beim Nachlassen der Reaktion nachchargiert werden muß. Der abgekühlte Tiegel wird nun umgestülpt in einen Ofen gleicher Bauart übergeführt (s. Abb. 18b) und etwa 8 Stunden auf 920 bis 950° erhitzt. Überschüssiges Magnesium und $MgCl_2$ tropfen in den Auffangtiegel bzw. destillieren gegen Schluß ab. Der Schwammkuchen läßt sich meist im ganzen herausnehmen und oberflächlich von eisenreicheren Schichten befreien. Der gebrochene Schwamm wird meist noch naßchemisch nachgereinigt und zweckmäßig unter Argon gelagert. Die Vanadinausbeute beträgt etwa 96 bis 98%. In Tab. 24 sind typische Analysen von derart hergestelltem Vanadinschwamm wiedergegeben.

Tabelle 24. *Analysen von Vanadinschwamm* (nach FOLEY, WARD u. HOCK)

V	Fe	Mg	Cl	O	N	H
99,5	0,03	0,07	—	—	—	—
99,5	0,1	0,16	Spuren	0,14	0,01	0,02
99,6	0,04	0,15	Spuren	0,19	0,01	0,01
99,6	0,08	0,17	0,02	0,27	—	—
99,5	0,07	0,21	0,02	—	—	—

BLOCK und FERRANTE[1] erzeugten in ähnlicher Weise Vanadin-Metall durch Reduktion von VCl_3 mit einem Mg-Na-Gemisch unter Inertgas. Sie gewannen das VCl_3 durch Chlorierung von V_2O_5. Das vakuumlichtbogengeschmolzene Endprodukt besaß noch etwa 0,2% Gesamtverunreinigungen (V <99,8%).

b) Chloridreduktion mit Wasserstoff (Wirbelbett). Mit der Reduktion von Vanadinchloriden (VCl_4, VCl_3, VCl_2) mit Wasserstoff befassen sich u. a. die Arbeiten von DÖRING[2], JANTSCH und ZEMEK[3], VAN ARKEL[4], TYZAK und ENGLAND[5], von denen letztere hervorzuheben ist, da sie bereits über den Labormaßstab hinaus gediehen ist.

TYZAK und ENGLAND empfehlen für die großtechnische Fertigung chemisch reinen Wasserstoff im Kreislauf und die Anwendung eines Wirbelbettes, eine Technik, die sich anscheinend bei der Reduktion von Niobtrichlorid, von Fe-Co-Formiaten und von Walzzunder mit Wasserstoff schon bewährt hat.

---

[1] BLOCK, F. E., u. M. J. FERRANTE: J. electrochem. Soc. 108 (1961) No. 5, 464.
[2] DÖRING, TH.: in A. E. VAN ARKEL (Hrsg.): Reine Metalle. Berlin: Springer 1939.
[3] JANTSCH, G., u. F. ZEMEK: Mh. Chem. 84 (1953) 1119.
[4] VAN ARKEL, A. E.: Reine Metalle. Berlin: Springer 1939 — Metallwirtschaft 13 (1934) 405.
[5] TYZAK, C., u. P. G. ENGLAND: Symposium on Extractive Metallurgy of Some Less-Common Metals, Inst. Min. & Metall. London 1956.

5. Thermische Zersetzung von Vanadinjodiden

(VAN ARKEL-Verfahren)

Das VAN ARKEL-Verfahren[1] ist das bestgeeignetste, um Vanadin höchster Reinheit für die Bestimmung der physikalischen Eigenschaften des Metalls und für Systemuntersuchungen zu erhalten. Es sei daher kurz auf dieses interessante, wenn auch leider kostspielige Verfahren eingegangen. Die auch schon bei den Metallen Zirkonium[2], Hafnium[3] und Titan[3] versuchte technische Großherstellung hat sich aus wirtschaftlichen Gründen nicht durchsetzen können. Das VAN ARKEL-Verfahren wird deshalb höchstwahrscheinlich für die Vanadingewinnung nur den Charakter eines idealen Laborverfahrens behalten.[4]

Abb. 19 gibt nach CARLSON und OWEN[4] den Aufbau einer größeren VAN ARKEL-Apparatur wieder. In dem Umsetzungs- und Abscheidungsgefäß aus Inconel oder Quarz[5] befindet sich Rohvanadin (etwa 96 bis 99% V), das durch ein perforiertes Molybdänblech[6] in entsprechendem Abstand zu einer Haarnadel aus feinstem Vanadin- oder Wolframdraht gehalten wird. Das verdampfte Jod setzt sich mit dem rotglühenden Rohvanadin (Temperatur 900 bis 1000 °C) zu VJ_3 um, das an der weißglühenden Haarnadel (Temperatur 1400 bis 1800 °C) zu Vanadin

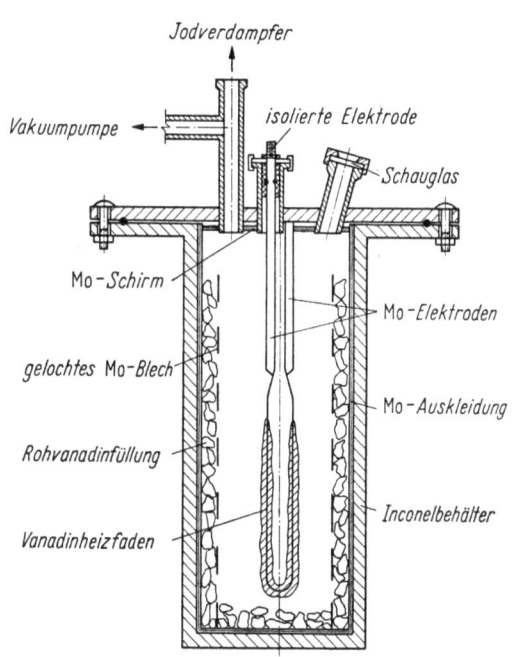

Abb. 19. Große VAN ARKEL-Apparatur zur Abscheidung von Reinstvanadin aus der Gasphase (nach CARLSON und OWEN)

---

[1] VAN ARKEL, A. E.: Metallwirtsch. 13 (1934) 405 — Reine Metalle. Berlin: Springer 1937.
[2] MILLER, G. L.: Zirconium. London: Butterworths Scient. Publ. 1954.
[3] MARTIN, D. R., u. P. J. PIZZOLATO: in C. A. HAMPEL (Hrsg.): Rare Metals Handbook, 2. Aufl. New York: Reinhold 1961.
[4] CARLSON, O. N., u. C. V. OWEN: J. electrochem. Soc. 108 (1961) 88.
[5] MERILL, T. W.: J. Less-Common Metals 3 (Dez. 1961) No. 6, 451.
[6] MERILL, T. W.: J. Metals, Sept. 1958, 618.

und Jod zerfällt und durch Aufwachsung die allmähliche Bildung eines starken Vanadinstabes (maximal 2 kg) bewirkt. Die Reinheit des abgeschiedenen Vanadins ist meist höher als 99,9% V, da Verunreinigungen, wie Sauerstoff, Stickstoff und Kohlenstoff, sich nicht mit Jod umsetzen und als Oxyde, Nitride, Karbide oder Mischkristalle dieser Hartstoffe im Rohvanadin verbleiben.

Man kann nach van Arkel[1] auch ein Gemisch von VCl_4 und Wasserstoff an einem glühenden Wolframdraht bei 800 bis 1000 °C umsetzen, wobei jedoch geringste Spuren von Stickstoff im Wasserstoff sowie die Reduktion von VCl_4 zu VCl_3 störend wirken. Das aus der Gasphase abgeschiedene, wasserstoffhaltige, spröde Vanadin muß im Hochvakuum entgast werden.

6. Elektrolytische Salzbadreinigung
(Electro-refining)

Mit der elektrolytischen Salzbadreinigung von seltenen, sehr reaktionsfähigen Metallen, wie Titan, Beryllium, Hafnium, Zirkonium, Niob, Tantal, haben sich in den letzten Jahren verschiedene Stellen befaßt.[2-6] Das Verfahren wurde von Baker[5] und Ramsdell[7] auch für die Nachreinigung von Rohvanadin angewendet.

Baker und Ramsdell[7] arbeiteten mit einer Zelle (10000 A bei 0,4 bis 0,7 V), die zur Nachreinigung von Titan entwickelt worden war (s. Abb. 20), und beschreiben das Verfahren wie folgt:

Die elektrolytische Zelle (Durchmesser etwa 300 mm) wird mit Graphit ausgekleidet, um eine Verunreinigung durch Eisen zu vermeiden. Handelsübliches Vanadin mit etwa 99,5% V (Korngröße etwa 12 mm) wird auf dem Boden der Zelle als Anode angeordnet. Als Kathode dient ein Eisenstab (Durchmesser 18 mm) oder noch vorteilhafter Stäbe aus Vanadin, Tantal oder Molybdän. Spuren von HCl vermitteln die Überführung des Vanadins als Chlorid in die NaCl-Schmelze. Sie enthält bei der Elektrolysentemperatur von etwa 800 °C 3% V als VCl_2 in Lösung. Der Graphittiegel hält über 100 Fahrten aus, wobei nach den ersten 4 Fahrten ein Metall mit etwa 95 HRb und in den späteren Fahrten ein solches von durchschnittlich 52 HRb anfällt.

---

[1] van Arkel, A. E.: Reine Metalle. Berlin: Springer 1937.
[2] Horizons Titanium Corp.: F. P. 1105530 (1955).
[3] Norton Grinding Wheel Co. Ltd.: E. P. 753031 (1956), E. P. 792716 (1958).
[4] Sibert, M. E., A. J. Kolk jr. u. M. A. Steinberg: in B. W. Gonser u. E. M. Sherwood (Hrsg.): Technology of Columbium (Niobium). New York: Wiley & Sons 1958.
[5] Cattoir, F. R., u. D. H. Baker: U. S. Bureau of Mines, Report of Invest. 5630 (1960).
[6] Titan Co. Inc.: E. P. 777829 (1957).
[7] Baker, D. H., u. J. D. Ramsdell: J. electrochem. Soc. 107 (1960) 985.

Eine typische Analyse des elektrolytisch gereinigten Vanadins lautet etwa: 0,01% C, 0,04 bis 0,10% O_2, 0,002% N_2, 0,003 bis 0,05% Fe. Die Reinheit des Vanadins wird also von etwa 99,5 auf etwa 99,8 bis

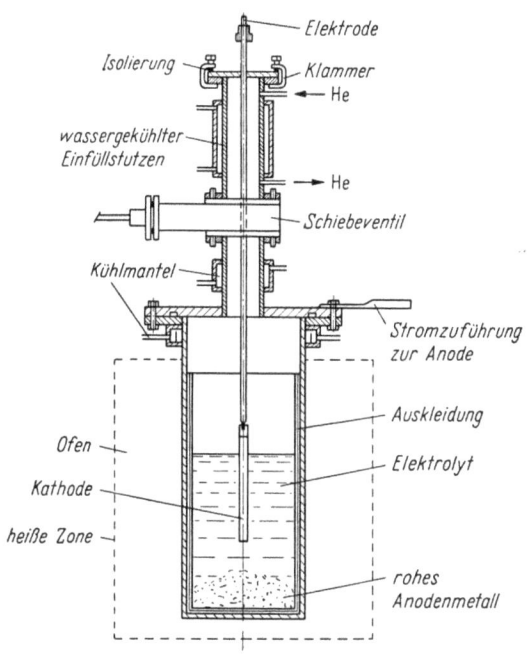

Abb. 20
Zelle für die elektrolytische Salzbadreinigung von Vanadin (nach BAKER und RAMSDELL)

99,9% Vanadin gesteigert. Die aus diesem Material im Lichtbogenofen geschmolzenen Kontrollknöpfe (10 g) lassen sich ohne weiteres auf 0,125 mm starke Bleche kalt auswalzen.

7. Elektrolyse von wäßrigen Lösungen

Mit der Elektrolyse alkalischer Lösungen von 5wertigem Vanadin beschäftigen sich GONCHARENKO und SUVAROVA.[1]

C. Niob und Tantal
1. Allgemeines

Bei der großtechnischen Herstellung von Niob- und Tantalpulver stehen die Alkalireduktion und die Schmelzflußelektrolyse der Halogenide sowie die Reduktion der Oxyde mit Kohlenstoff oder Karbiden

---
[1] GONCHARENKO, A. S., u. O. A. SUVAROVA: J. Appl. Chem. UdSSR 33 (1960) 847.

im Hochvakuum in Konkurrenz. Bei Tantal wird zur Zeit den ersten beiden Verfahren, bei Niob dem letzteren der Vorzug gegeben; die Wirtschaftlichkeit der einzelnen Verfahren ist stark von der Gewinnungsgeschichte der Erze, Oxyde bzw. Halogenide abhängig.[1]

2. Reduktion von Niob- und Tantaloxyden mit Kohlenstoff

MOISSAN[2] gelangte 1901 bei der Kohlenstoffreduktion von Niob- und Tantalpentoxyden zu karbidhaltigen, spröden Metallen, und zwar zu einem Niob mit etwa 2,3 bis 3,4% C und einem Tantal mit etwa 0,5% C. v. BOLTON[3] gelang bei Siemens & Halske als erstem die Erzeugung von duktilen Tantaldrähten durch Glühen von stranggepreßten 0,5 mm starken Schlaufen aus Ta_2O_5 bzw. Ta_2O_4 (Wachs als Plastifizierungsmittel) in einer Kohlepackung und anschließendes Erhitzen der Schlaufen im direkten Stromdurchgang im Vakuum. Er gab seinen Versuchen zuerst die Deutung, daß es sich in der letzten Stufe um eine echte Zersetzung niederer Oxyde handele. Man weiß heute[4] jedoch, daß es sich vornehmlich um eine Reaktion $Ta(O, C) \rightarrow Ta + CO$ handelt, die vom Abdampfen niederer Oxyde begleitet sein kann. Die Kenntnis dieser Reaktion spiegelt sich auch schon in dem auf v. BOLTON zurückgehenden Patent der Fa. Siemens & Halske[5] aus dem Jahre 1907 wider, und es wurde dort für die Niobgewinnung bis heute noch die Kohlenstoffreduktion beibehalten.

Eine genaue Beschreibung des Kohlenstoff- bzw. Karbidreduktionsverfahrens für Niob gibt zuerst BALKE[6]. Nb_2O_5 wird in einer inerten Atmosphäre mit reinem Lampenruß in bekannter Weise zu NbC verarbeitet.[6-8] Das Rohkarbid wird auf Kohlenstoff analysiert und mit einer stöchiometrischen Menge von Nb_2O_5 vermischt, zu Stäben verpreßt und diese Stäbe in einem Graphitrohr-Vakuumofen auf Temperaturen über 1600 °C erhitzt. Die Umsetzung verläuft nach der Gleichung

$$Nb_2O_5 + 5\,NbC \rightarrow 7\,Nb + 5\,CO.$$

---

[1] SIBERT, M. E., A. J. KOLK JR. u. M. A. STEINBERG: in B. W. GONSER u. E. M. SHERWOOD (Hrsg.): Technology of Columbium (Niobium). New York: Wiley & Sons 1958, 20.

[2] MOISSAN, H: C. R. Acad. Sci., Paris 133 (1901) 20.

[3] v. BOLTON, W.: Z. Elektrochem. 11/3 (1905) 45.

[4] Vgl. G. L. MILLER: Tantalum and Niobium. London: Butterworths Scient. Publ. 1959, 179.

[5] Siemens & Halske AG.: DRP 216706 (1907).

[6] BALKE, C. W.: Trans. electrochem. Soc. 85 (1944) 89.

[7] Vgl. R. KIEFFER u. P. SCHWARZKOPF: Hartstoffe und Hartmetalle. Wien: Springer 1953, 38 u. 98.

[8] Vgl. R. KIEFFER u. F. BENESOVSKY: Hartstoffe. Wien: Springer 1963, 50 u. 127.

Es empfiehlt sich, bei der Gewinnung des Rohmetalls einen kleinen Oxydüberschuß zu belassen, der sich später nach quantitativem Abbau der Kohlenstoffreste im Hochvakuum als niederes Nb-Oxyd, vermutlich Nb_2O_{3-x}[1], abpumpen läßt. Die spröden, noch kohlenstoff- und sauerstoffhaltigen Rohmetallstäbe (<1 bis $3\% O_2 + C$) werden gepulvert, neu verpreßt und im Hochvakuum auf duktiles Material gesintert. Wenn nötig, erfolgt eine Doppelsinterung der bereits bildsamen Niobstäbe nach einer zwischengeschalteten geringen Kaltverformung.

KROLL und SCHLECHTEN[2] sowie KLOPP, SIMS und JAFFEE[1] untersuchten auch eingehend die Kohlenstoff- bzw. Karbidreduktion von Nb_2O_5 und wahlweise von Ta_2O_5. Die Ergebnisse von KLOPP und Mitarbeitern mit Nb_2O_5 sind in Tab. 25 zusammengefaßt. Sie gibt die Analysen, Sinterdaten sowie die Eigenschaften nach dem „Reaktionssintern" für jede der fünf untersuchten Oxyd-Karbid-Mischungen wieder. Der Vergleich der chemischen Analyse vor und nach dem Sintern zeigt, daß der Sauerstoffgehalt unter CO-Bildung von ungefähr 10 Gew.-% beim Sintern bei 1500° auf 4 bis 6 Gew.-% gesenkt wurde; die anschließende Sinterung auf 1800 °C bewirkt eine weitere Senkung sowohl von Sauerstoff als auch von Kohlenstoff. Nach einer Endsinterung bei 2150 °C waren die Sauerstoffgehalte auf 0,026 bis 0,14% abgefallen, während die Kohlenstoffgehalte noch zwischen 0,16 und 1,5% lagen. Entsprechend den Analysen waren nur die Proben CO-1 und CO-2 duktil.

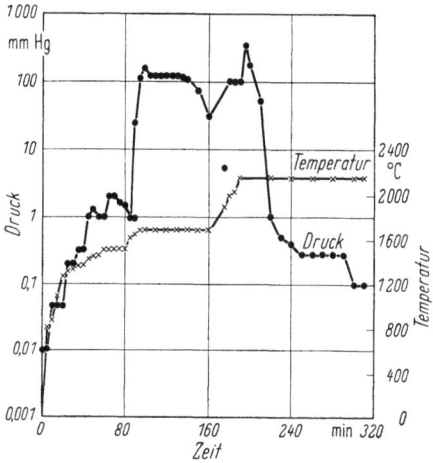

Abb. 21. Sinterdiagramm beim Reaktionssintern von $NbC-Nb_2O_5$-Gemengen (nach KLOPP u. a.)

Zur weiteren Reinigung müßten alle Proben hydriert, zerkleinert und mit einem Überschuß von Nb_2O_5 nachgesintert werden, wodurch sich die Summe von O_2, C und N_2 unter 0,05% drücken ließe.

Instruktiv ist ferner das Sinterdiagramm (Abb. 21), das die Abhängigkeit des CO-Druckes von Temperatur und Zeit wiedergibt. Die Gasentwicklung (vornehmlich CO) setzt oberhalb 1400 °C ein und wird zwischen 1700 und 2150 °C immer stärker. Nach einer etwa 4- bis 5stündigen Sinterung läßt die Gasentwicklung stark nach, ohne daß die

---

[1] KLOPP, W. D., C. T. SIMS u. R. I. JAFFEE: in: Technology of Columbium (Niobium). New York: Wiley & Sons 1958, 106.
[2] KROLL, W. J., u. A. W. SCHLECHTEN: J. electrochem. Soc. 95/6 (1948) 247.

Tabelle 25. *Analyse und Eigenschaften von Niob, hergestellt durch Reaktionssinterung von* $NbC^{**}\text{-}Nb_2O_5^*$-*Gemischen*

Charge Nr.	Atom- verhältnis O/C^a	Sinter- temp. °C[b]	Chem. Analyse in Gew.-%				Gewichtsverlust		Dichte g/cm³	Härte HV kg/mm²	Verarbeitbarkeit	
			O		C	N	gemessen %	berechnet %			Ver- formungs- grad %	Ergebnisse
CO-3	1,33	—	11,4		6,44	0,081	—	—	—	—	—	—
		1500	3,59		2	0,46	—	—	4,68	451	—	—
		1800	0,59		1,5	0,43	—	—	6,45	216	9,6	spröd
		2150	0,14		1,5	0,20	16,8	—	6,87			
CO-2	1,14	—	10,4		6,81	0,086	—	—	—	—	—	—
		1500	6,32		2	0,39	—	—	3,76	324	—	—
		1800	2,81		1,39	0,41	11,9	15,2	6,78	106	15,7	gut
		2150	0,13		0,16	0,023	26,2	25,2	6,89			
CO-1	0,99	—	9,46		7,17	0,090	—	—	—	—	—	—
		1500	6,02		2	0,39	—	—	4,68	270	—	—
		1800	2,26		0,9	0,41	24,0	14,7	6,65	73,3	16,1	gut
		2150	0,028		0,34	0,024	22,1	18,3	6,92			
CO-4	0,90	—	8,88		7,40	0,093	—	15,8	6,16	52,5	18,2	spröd
		2150	0,026		0,57	0,023						
CO-5	0,83	—	8,37		7,59	0,095	—	14,7	5,72	54,8	14,7	spröd
		2150	0,032		1,29	0,035	14,1					

[a] Molenbruch, berechnet aus den Analysen.
[b] 2 Stunden bei der angegebenen Temperatur im Tantalschlaufenofen gesintert.
* Analyse etwa 28,0% O_2.
** 10,8% C, 0,08% O_2, 0,13% N_2.

Sinterstäbe vornehmlich wegen des O_2-Unterschusses voll ausreagiert wären (s. oben).

Nach Li[1] hat die Wah Chang Corp. die Karbidreduktion von Nb_2O_5 in den letzten 3 Jahren auf einen großtechnischen Stand gebracht. Über das Wah Chang-Verfahren sind in der Literatur nur kurze Hinweise zu finden[1,2], doch scheint es sich um ein 3stufiges Verfahren

Abb. 22. Schlauchpressen von NbC-Nb_2O_5-Gemengen (Wah Chang Corp.)

in Anlehnung an die von BALKE (s. S. 58) beschriebene Reaktion zu handeln, nämlich:

1. Herstellung von NbC aus reinster Niobsäure und Schlauchpressen von Nb_2O_5-NbC-Zylindern (s. Abb. 22).

2. Vakuumreduktion von Nb_2O_5 durch NbC (s. Abb. 23).

3. Zerkleinerung des Rohmetalls, Verpressen, Hochsintern und Nachreinigung des Niobs im Hochvakuum (s. Abb. 24).

Abb. 22 zeigt das Beschicken einer großen horizontalen, hydraulischen Presse (Schlauchpresse), in der Nb_2O_5-NbC-Gemische für die

---

[1] Li, K. C.: J. Metals 12 (1960) 485.
[2] Vgl. R. KIEFFER u. B. F. KIEFFER: Metall 5 (1961) 394.

Abb. 23. Hochfrequenzvakuumöfen für die Karbid-Oxyd-Reduktion von Niob (Wah Chang Corp.)

Abb. 24. Ausbau von im Hochvakuum nachgesinterten Niobstäben (Wah Chang Corp.)

Vakuumreduktion in Kunststoff- oder Gummisäcken zu zylindrischen Blöcken verdichtet werden. Die Vakuumreduktion selbst läuft in induktiv beheizten Öfen (s. Abb. 23) ab, die mit leistungsfähigen Pumpaggregaten ausgestattet sind.

Das Rohmetall wird zerkleinert und zu Flachstäben verpreßt, die in Hochvakuumvierstabglocken (s. Abb. 24) ausreagiert und fertig gesintert werden.

Durch Hydrieren, Zerkleinern und Dehydrieren der an sich schon duktilen Sinterstäbe aus Stufe 3 wird ein hochreines Niobpulver für Sinter-, Schmelz- und Legierungszwecke erzeugt.

Nach dem gleichen Prinzip sind jüngere russische Verfahren zur Niobgewinnung aufgebaut.[1,2]

HAMPEL[3] beschreibt auch eingehend die Gewinnung von Tantal nach dem Oxyd-Karbid-Reduktionsprinzip[4], doch scheint sich in der Praxis bei Tantal immer noch die Elektrolyse und die Natriumreduktion des Doppelfluorids zu behaupten.

3. Reduktion von Halogeniden[5]

Die Reduktion der Fluoride des Tantals und Niobs in Form ihrer Doppelsalze durch Natriummetall ist die über 100 Jahre alte Technik, nach der BERZELIUS 1825[6] und ROSE 1856[7] versuchten, reine Metalle zu gewinnen. Während BERZELIUS anscheinend ein schwarzes, noch nicht stark metallisches Pulver mit einem Gehalt von weniger als 95% Ta, ROSE ein solches von wahrscheinlich weniger als 98% Ta erhalten haben, erzeugte v. BOLTON 1905[8] auf dieselbe Art Tantalpulver mit einem Tantalgehalt von etwa 99%, das er im Hochvakuumlichtbogenofen zu duktilen Schmelzknöpfen umschmelzen konnte. Die Reduktion verläuft nach der Formel

$$K_2Ta(Nb)F_7 + 5\,Na = 2\,KF + Ta(Nb) + 5\,NaF.$$

Die Reaktion beginnt bei Rotglut, wobei das Kaliumfluorid des Doppelsalzes und ein Kochsalzzuschlag die stark exotherme Reaktion

---

[1] SHVEIKIN, H. P., u. P. V. GEL'D: Tsevtnye Metally 1961, 39.
[2] KUSENKO, F. G., u. P. V. GEL'D: Izv. VUZ-Tsvetn. Metal. 1961, 43.
[3] HAMPEL, C. A.: Rare Metals Handbook, 2. Aufl. New York: Reinhold 1961.
[4] HAMILTON, C. B., u. H. A. WILHELM: Proc. Iowa Acad. Sci. 68 (1961) 189.
[5] Die Besprechung erfolgt nach der Wichtigkeit und nicht nach der Reihenfolge der Tab. 17.
[6] BERZELIUS, J. J.: Ann. Phys., Lpz. 4 (1825) 10.
[7] ROSE, H.: Ann. Phys., Lpz. 99 (1856) 69.
[8] v. BOLTON, W.: Z. Elektrochem. 11/3 (1905) 45.

auf etwa 900 °C dämpfen. Im Falle des Niobs[1] kann auch an Stelle von K_2NbF_7 das leichter zu gewinnende Oxyfluorid K_2NbOF_5 eingesetzt werden, was allerdings zu einem sauerstoffhaltigeren Metallpulver (2 bis 3% O_2) führt.

Die Methode, nach der die Siemens & Halske AG. über Jahrzehnte mehrere 100 kg Tantalpulver/Monat erzeugte, wurde durch BERRY, MILLER und WILLIAMS[2] eingehend beschrieben. Im folgenden wird das Siemens & Halske-Verfahren und davon abgewandelte Verfahren kurz besprochen, da sich die Alkalireduktion der Fluoride in Europa noch immer gegenüber der jüngeren, in USA vorherrschenden Schmelzflußelektrolyse behauptet.

a) Siemens & Halske-Verfahren. In einem dünnwandigen, langen Stahl- oder Nickelrohr mit gut schließendem Deckel (Durchmesser etwa 100 mm, Länge 350 bis 450 mm) werden 2000 g scharf getrocknetes K_2TaF_7 mit 656 g Natrium (in Form von 8 mm-Würfeln) und etwa 500 bis 800 g NaCl in mehreren Lagen übereinandergeschichtet und mit Gasringbrennern von unten her erhitzt. Man kann so die Reaktion zonenweise von unten nach oben zum Ablauf bringen, d. h. sie passend steuern und für eine fast quantitative Umsetzung des Doppelfluorids in der flüssigen Mischsalzschmelze sorgen.

Nach dem Abkühlen wird mit Alkohol abgelöscht, der mit dem überschüssigen Natrium reagiert. Nichtumgesetztes Doppelsalz wird mit heißem Wasser ausgewaschen und wie alle Abfälle und Waschflüssigkeiten wieder auf K_2TaF_7 aufgearbeitet. Die Reaktionsmasse wird mit Königswasser und später mit Flußsäure zur Entfernung feinster und kolloider Metallanteile gewaschen. Die Ausbeute wird mit etwa 80% Tantal, bezogen auf den Tantalinhalt des Doppelsalzes, angegeben. Die Reinheit des Tantalpulvers beträgt 99,6 bis 99,8% Ta, wobei die gröberen Pulveranteile meist eine höhere Reinheit haben.

Die von TITTERINGTON und SIMPSON[3] beschriebene Arbeitsweise der Murex Ltd., England, deckt sich praktisch mit dem Siemens & Halske-Prozeß.

Ein japanisches Verfahren[4] weicht in einigen Punkten ab. Es wird mit einem niedriger schmelzenden KCl-Bad im Vakuum gearbeitet. (Ein typisches Chargenverhältnis lautet: 1 Teil Doppelsalz, 0,5 Teile Na, 0,3 Teile KCl.)

---

[1] SMITHELLS, C. J.: Metal Ind., Lond. 38/13 (1931) 336. — DICKSON, G. K., u. J. A. DUKES: Extraction and Refining of the Rarer Metals Symposium. Inst. Min. & Metall. London 1957.

[2] BERRY, B. E., G. L. MILLER u. S. V. WILLIAMS: B. I. O. S. Final Rep. No. 803 (1946).

[3] TITTERINGTON, R., u. A. G. SIMPSON: Symposium on Powder Metallurgy 1954. Iron & Steel Inst. London 1956 (Spec. Rep. No. 58).

[4] DRAKE, E. J.: B. I. O. S. (Jap.) P. R. 847 (März 1946).

b) Verfahren von H. C. Starck, Goslar. Der Arbeitsweise nach LANG bei H. C. Starck, Goslar[1], liegt ein interessanter Gedanke zugrunde. Doppelsalz und Natrium befinden sich in unabhängigen Schiffchen in einem evakuierten Rohr (Abb. 25). Dieses wird in einen Ofen mit verschiedenen Temperaturzonen seitlich eingeschoben. Das verdampfende Natrium setzt sich mit dem Doppelsalz bei etwa 800 °C um, wobei das Endprodukt praktisch kein freies Na und auch sehr wenig feinste Metallanteile enthalten soll.

Das Reaktionsprodukt wird mit Schwefelsäure und Flußsäure gewaschen. Die Metallausbeute soll bei etwa 90% liegen, die Reinheit

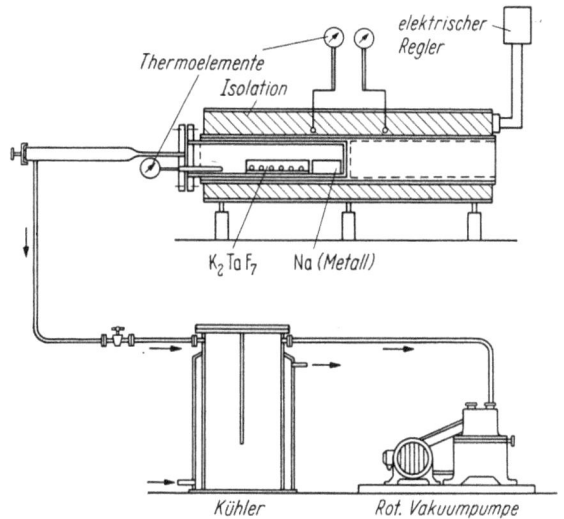

Abb. 25. Natriumreduktion von K_2TaF_7 nach LANG (H. C. Starck)

des Tantals wird mit 99,5%, die des Niobs hingegen als >99% Nb angegeben.

c) Reduktionsvariante mit flüssigem Natrium. Durch die Entwicklung natrium- oder natrium-kaliumgekühlter Reaktoren für die Kernenergiegewinnung wurde es in USA üblich, flüssiges, filtriertes, oxydfreies Natrium in großen Transportbehältern zu befördern und in den Handel zu bringen. Es lag nahe, solches Na auch bei der Halogenidreduktion von Va-Metallen einzusetzen. Unbestätigten Meldungen zufolge soll flüssiges Natrium in USA in technischem Umfang, in Europa versuchsmäßig eingesetzt werden. Einzelheiten des Verfahrens sind bis jetzt noch nicht veröffentlicht worden.

---

[1] LANG, H.: D. B. P. 815107 (1951).

4. Thermische Zersetzung von Halogeniden

Die Reduktion der reinen Chloride des Nb und Ta mit Na[1,2], Na+Hg[3], Ca bzw. CaH_2[4] oder Mg[5-8] hat sich bis jetzt weder für Nb noch für Ta großtechnisch durchsetzen können. Trotz bemerkenswerter Anfangserfolge wirkte längere Zeit die Schwierigkeit der Gewinnung sauerstofffreier Halogenide und der meist notwendige Chargenbetrieb hemmend auf die Einführung.[9] Das Verfahren birgt aber alle Möglichkeiten eines großtechnischen Verfahrens in sich, um so mehr, als die Herstellung O_2-freier Chloride heute möglich ist.[10]

Als sehr aussichtsreich — zumindest für die Herstellung von Reinniob — wird von einigen Stellen (s. Tab. 17) die Wasserstoffreduktion der Chloride, vorzugsweise des $NbCl_3$, angesehen. McIntosh und Broadley[11] beschreiben die Reduktion von $NbCl_3$ bei Temperaturen unterhalb 650°. Oberhalb 650° disproportioniert $NbCl_3$ in Niobmetall und flüchtiges $NbCl_5$, unterhalb 650° verläuft die Reaktion jedoch sehr langsam. Anscheinend bietet die Wirbelbettreduktion, die schon bei der Reduktion von Vanadintrichlorid mit Wasserstoff vorgeschlagen wurde[12], eine ökonomische Lösung.

Wegen der kombinierten Reduktion und thermischen Zersetzung von Halogeniden an heißen Metalldrähten bei Anwesenheit von Wasserstoff sei auf van Arkels Buch „Reine Metalle"[13] und weitere Arbeiten[14-17] verwiesen.

---

[1] Rose, H.: Ann. Phys., Lpz. 99 (1856) 69.
[2] Marden, J. W.: A. P. 1 646 736 (1922).
[3] Glasser, J., u. C. A. Hampel: A. P. 2 703 752 (1951).
[4] Placek, C., u. D. F. Taylor: Industr. Engng. Chem. (Industr.) 48/4 (1956) 686.
[5] Isaza, J. P., A. J. Shaler u. J. Wulff: Amer. Inst. Min. Met. Engrs. Tech. Publ. No. 2277 (1948).
[6] Johansen, H. A., u. S. L. May: Industr. Engng. Chem. (Industr.) 46/12 (1954) 2499.
[7] Weintraub, E.: A. P. 947 983 (1910).
[8] Balke, C. W.: Industr. Engng. Chem. (Industr.) 27/10 (1935).
[9] Sibert, M. E., A. J. Kolk jr. u. M. A. Steinberg: in B. W. Gonser u. E. M. Sherwood (Hrsg.): Technology of Columbium (Niobium). New York: Wiley & Sons 1958, 20.
[10] Schaufelberger, F.: Pers. Mitteilung 1962.
[11] McIntosh, A. B., u. J. S. Broadley: Extraction and Refining of the Rarer Metals Symposium. Inst. Min. & Metall. London 1957.
[12] Tyzak, C., u. P. G. England: Symposium on Extractive Metallurgy of Some Less-Common Metals, Inst. Min. & Metall. London 1956.
[13] van Arkel, A. E.: Reine Metalle, Berlin: Springer 1939.
[14] Moers, K.: Metallwirtsch. 13/37 (1934) 640.
[15] v. Pirani, M.: Z. Elektrochem. 11/34 (1905) 555.
[16] Burgers, W. G., u. J. C. M. Basart: Z. anorg. Chem. 216 (1934) 223.
[17] van Arkel, A. E.: Metallwirtschaft 13/23 (1934) 405.

v. Pirani[1] sowie Burgers und Basart[2] zeigten, daß sich duktiles Tantal durch Disproportionierung der Pentachloride in einem evakuierten Gefäß an heißen Wolfram- bzw. Tantaldrähten abscheiden läßt (vgl. Abb. 19).

Moers[3] wies nach, daß die Zersetzung in Gegenwart von Wasserstoff erheblich schneller erfolgt und duktile 2 mm-Tantaldrähte in 15 Minuten gebildet werden können. Die auf dieselbe Weise erzeugten Niobdrähte waren — wahrscheinlich wegen eingeschleppter Verunreinigungen (O, N usw.) — selbst nach dem Abpumpen von H_2 weniger duktil.

Man kann Miller[4] zustimmen, daß die Zersetzungstechnik mehr präparativen Charakter zur Erzeugung von reinstem Metall hat, aber kaum eine großtechnische Produktionsmethode werden wird. (Siehe analoge Entwicklungen auf dem Titan- und Zirkoniumgebiet.)

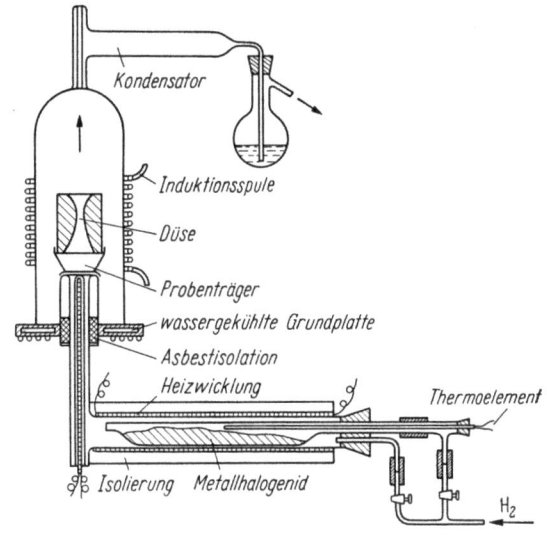

Abb. 26. Apparatur zur Erzeugung von Tantalschichten auf Graphit- oder Wolframdüsen (nach Campbell u. a.)

Spezielles Interesse verdient jedoch die Kombination von Zersetzungs- und Reduktionstechnik, um Überzüge von Niob und Tantal auf beliebigen Werkstoffen (z. B. Kupfer, Eisen, Nickel, Molybdän, Wolfram, Glas, Porzellan, Sintertonerde, rostfreiem Stahl, Graphit usw.) herzustellen. Es sei auf die Arbeiten von Moers[5] und von Powell, Campbell und Mitarbeitern[6-8] verwiesen, ferner auf die Möglichkeit,

---

[1] v. Pirani, M.: Z. Elektrochem. 11/34 (1905) 555.
[2] Burgers, W. G., u. J. C. M. Basart: Z. anorg. Chem. 216 (1944) 223.
[3] Moers, K.: Metallwirtsch. 13/37 (1934) 640.
[4] Miller, G. L.: Tantalum and Niobium. London: Butterworths Scient. Publ. 1959.
[5] Moers, K.: A. P. 1987576 (1935); A. P. 1987577 (1935).
[6] Powell, C. F., I. E. Campbell u. B. W. Gonser: J. electrochem. Soc. 93/6 (1948) 258.
[7] Campbell, I. E., C. F. Powell, D. H. Nowicki u. B. W. Gonser: J. electrochem. Soc. 96 (1949) 318.
[8] Powell, C. F., R. B. Rosenbaum, R. B. Palmer u. I. E. Campbell: Battelle Memorial Institute 1957, Rep. No. BMI-1228.

solche Metallüberzüge in Karbide, Boride, Nitride und Silizide überzuführen.[1] Abb. 26 zeigt eine Apparatur, die beispielsweise zum Aufdampfen von Tantal auf Wolfram- oder Graphitdüsen und allfällige Überführung des Tantals in TaC verwendet werden kann (s. S. 314).

5. Schmelzflußelektrolyse

Die Schmelzflußelektrolyse von Ta_2O_5-haltigen Alkalidoppelfluoriden in einem Alkalihalogenidbad hat sich in USA fast ausschließlich für die Tantalpulvergewinnung durchgesetzt, während man in Europa noch stärker der Natriumreduktion anhängt. Wahrscheinlich ist die Elektrolyse bei der Massenfertigung größerer Tonnagen wirtschaftlicher.

Die Pionierarbeiten auf diesem Gebiete leisteten DRIGGS[2] und BALKE[3]. Jüngere Arbeiten stammen von MYERS[4], CH. CH. MA[5], FRIEDRICH[6], DROSSBACH und PETRICK[7], KOLK, SIBERT und STEINBERG[8], HUBER[9] u. a.

Die Entwicklung geeigneter Salzbäder durch DRIGGS und LILLIENDAHL[10] und MYERS[4] spiegelt sich in Tab. 26 wider.

Grundsätzlich können wir zwei Arten von Bädern unterscheiden:
1. oxydhaltige Fluoridschmelzen aus KCl, KF, K_2TaF_7 und Ta_2O_5,
2. oxydfreie Halogenidschmelzen mit oder ohne Fluoridgehalt.

a) Elektrolyse von Ta_2O_5 aus einem Alkalifluoridbad. Ein heute üblicher Elektrolyt der ersten Art besteht vornehmlich aus etwa 50 bis 70% KCl, 20 bis 35% KF, 5 bis 10% K_2TaF_7 und 4 bis 5% Ta_2O_5. Ähnlich wie bei der Aluminiumelektrolyse wird Tantaloxyd in einer Fluoridschmelze gelöst und der Elektrolyse unterworfen. Die Alkalihalogenidzusätze führen zu besserer Stromausbeute und erhöhen zusammen mit dem Doppelsalz die Löslichkeit des Bades für Ta_2O_5; das Oxyd verhindert den Anodeneffekt.

---

[1] CAMPBELL, I. E., C. F. POWELL, D. H. NOWICKI u. B. W. GONSER: J. electrochem. Soc. 96 (1949) 318. — Vgl. R. KIEFFER u. P. SCHWARZKOPF: Hartstoffe und Hartmetalle. Wien: Springer 1953, und R. KIEFFER u. F. BENESOVSKY: Hartstoffe. Wien: Springer 1963.

[2] DRIGGS, F. H.: A. P. 1815054 (1931). — DRIGGS, F. H., u. W. C. LILLIENDAHL: Industr. Engng. Chem. (Industr.) 23/6 (1931) 634.

[3] BALKE, C. W.: A. P. 1799403 (1931) — Trans. electrochem. Soc. 85 (1944) 89.

[4] MYERS, R. H.: Proc. Aust. Inst. Min. Engrs. 144 (1946) 297.

[5] MA CHUK-CHING: Industr. Engng. Chem. (Industr.) 44 (1952).

[6] FRIEDRICH, H. J.: Dissertation TH Hannover 1955.

[7] DROSSBACH, P., u. P. PETRICK: Z. Elektrochem. 61/3 (1957) 410.

[8] KOLK JR., A. J., M. E. SIBERT u. M. A. STEINBERG: in B. W. GONSER u. E. W. SHERWOOD (Hrsg.): Technology of Columbium (Niobium). New York: Wiley & Sons 1958.

[9] HUBER, K.: Dissertation Chaperon, Bern 1956.

[10] DRIGGS, F. H., u. W. C. LILLIENDAHL: Industr. Engng. Chem. (Industr.) 23/6 (1931) 634.

Tabelle 26. *Ergebnisse einiger Elektrolyseversuche* (nach MYERS)

Versuch Nr.	Badzusammensetzung g		Äußerer Behälter	Anode	Kathode	Temperatur °C	Stromdichte A/dm²	Stromausbeute	Bemerkungen
1	K_2TaF_7	80	Eisen	Kohlestab	Eisentiegel	700	~10	—	1
2	K_2TaF_7	80	Eisen	Kohlestab	Eisentiegel	700	~10	—	2
	Ta_2O_5	2							
3	KCl	150							
	K_2TaF_7	15	Eisen	Kohlestab	Eisentiegel	800 bis 850	~10	—	3
	Ta_2O_5	6							
4	KCl	300	Graphit	Graphittiegel	Nickelband	850	45	—	4
	K_2TaF_7	50							
	Ta_2O_5	12							
5	KCl	244	Graphit	Graphittiegel	Nickelband	700	20	10	5
	KF	156				750	35	35	6
	K_2TaF_7	40				800	35	55	
	Ta_2O_5	14							
6	KCl	244	Graphit	Graphittiegel	Nickelstab	730	25	35	7
	KF	156					50	61	8
	K_2TaF_7	40					90	72	
	Ta_2O_5	16							
7	KCl	1680	Graphit	Graphittiegel	Nickelstab	730	70	76	9
	KF	1120							
	K_2TaF_7	280							
	Ta_2O_5	120							
8	KCl	442	Nickel	Graphitstab	Nickeltiegel	750		81	10
	KF	283							
	K_2TaF	80							
	Ta_2O_5	40							

[1] Wenig feines Metall, Anodeneffekt, Rauchentwicklung.
[2] Wie Fußnote 1, ohne Anodeneffekt.
[3] Wenig Metall, gröber als oben, mit Fe verunreinigt, Rauchentwicklung.
[4] Metall mit Oxydkristallen verunreinigt.   [5] Sehr feine Metallteilchen.
[6] Grobe Metallteilchen.   [7] Überwiegend sehr feine Teilchen.
[8] Gröbere Metallteilchen.   [9] Glatte feste Metallabscheidung.
[10] Zufriedenstellende Metallabscheidung.

Einzelheiten über die Zusammenhänge zwischen Badzusammensetzung, Temperatur, Stromausbeute und der Korngröße von elektrolytisch gewonnenem Tantal- und auch Niobpulver finden sich in verschiedenen Arbeiten.[1-6] Mit der Frage des bei der Elektrolyse ent-

---

[1] DRIGGS, F. H., u. W. C. LILLIENDAHL: Industr. Engng. Chem. (Industr.) 23/6 (1931) 634.
[2] MYERS, R. H.: Proc. Aust. Inst. Min. Engrs. 144 (1946) 297.
[3] FRIEDRICH, H. J.: Dissertation TH Hannover 1955.
[4] MA CHUK-CHING: Industr. Engng. Chem. (Industr.) 44 (1952) 342.
[5] KOLK JR., M. E., M. E. SIBERT u. M. A. STEINBERG: in B. W. GONSER u. E. W. SHERWOOD (Hrsg.): Technology of Columbium (Niobium). New York: Wiley & Sons 1958.
[6] IUCHI, T., u. K. ONO: Battelle Techn. Rev. 11 (1962) Nr. 5, 199a (Ref. 3308).

weichenden Gases beschäftigen sich insbesondere MYERS[1] und FRIEDRICH[2]. Die Autoren finden übereinstimmend, daß sich an einer metallischen Anode Sauerstoff abscheidet, der sich aber bei Verwendung der üblichen Kohle- oder Graphitanoden zu Kohlenoxyd, vorzugsweise

Abb. 27. Schmelzflußelektrolyse von Kaliumtantalfluorid (Fansteel)

aber zu CO_2, umsetzt. FRIEDRICH beschäftigt sich ferner besonders eingehend mit dem Anodeneffekt.

PLACEK und TAYLOR[3] beschreiben 1956 die Arbeitsweise einer Großanlage der Fansteel Corp. wie folgt:

---

[1] MYERS, R. H.: Proc. Aust. Inst. Min. Engrs. 144 (1946) 297.
[2] FRIEDRICH, H. J.: Dissertation TH Hannover 1955.
[3] PLACEK, C., u. D. F. TAYLOR: Industr. Engng. Chem. (Industr.) 48/4 (1956) 686.

Sechs auswechselbare Gußeisentöpfe sind in Serie geschaltet und erlauben, in 2 Schichten etwa 50 kg Tantalpulver abzuscheiden. Die Töpfe dienen als Kathode, Graphitstäbe als Anode. Während der Elektrolyse wird Doppelsalz und Ta_2O_5 nachchargiert, bis das Salzbad nach mehrstündiger Elektrolyse bei etwa 900 °C von Tantalkristallen durchwachsen ist. Nach dem Abkühlen wird der Salzkuchen herausgenommen, grob zerkleinert und auf einem Sortier- bzw. Rüttelbrett mit Wasser gewaschen, wobei die feinen von den gröberen, aber reineren Metallanteilen getrennt werden[1] (vgl. den Arbeitsfluß in Abb. 8).

Abb. 27 zeigt ein geöffnetes Elektrolyseaggregat aus einer größeren Serie von nebeneinander angeordneten Salzbädern. Eine einzelne, größere Elektrolysezelle der Union Carbide Metals Corp. wird bei HAMPEL[2] beschrieben.

Das Metallpulver wird mit Königswasser, gegebenenfalls mit Flußsäure, gewaschen, gewässert und getrocknet. Es hat einen Tantalgehalt von >99,8%. Verschiedene Siebfraktionen werden mit Abfallpulvern ergänzt und zu korngrößenmäßig verschiedenartigen Ansätzen für die Blech-, Draht- und Kondensatorenfertigung zusammengestellt (vgl. Abb. 8).

b) Elektrolyse von $TaCl_5$ aus einem Alkalifluoridbad. Bisher wurden Elektrolysenverfahren beschrieben, bei denen Ta_2O_5 und K_2TaF_7 direkt eingesetzt werden können. Das bei der Chloriddestillation anfallende $TaCl_5$ könnte leicht in Oxyd und Fluorid übergeführt werden. Jedoch wäre eine direkte Elektrolyse der Chloride vom wirtschaftlichen Standpunkt aus vorzuziehen. SVANSTROM und OPIE[3] beschreiben die Elektrolyse von Metallen durch Einleiten der dampfförmigen Metallchloride in ein aus Alkalihalogeniden bestehendes Bad. Nach einem Vorschlag von KRATKY und BRÜCKNER[4] hat SARLA[5] während der Elektrolyse dampfförmige Metallchloride in Alkalifluorid enthaltende Schmelzen eingeleitet. Dabei bilden sich die stabilen Tantalfluoridkomplexe in situ im Elektrolysebad. HUBER und CHAPERON[6] haben zwecks Verhinderung des Anodeneffektes die Einhaltung einer bestimmten Stromdichte vorgeschlagen. KERN[7] befaßt sich mit der Anpassung der Eindampfgeschwindigkeit an die Metallabscheidung. HUBER und NEUEN-

---

[1] SOISSON, D. L., J. J. MCLAFFERTY u. J. A. PIERRET: Industr. Engng. Chem. 53 (Nov. 1961) 861.
[2] HAMPEL, C. A.: Rare Metals Handbook, 2. Aufl. New York: Reinhold 1961.
[3] Natl. Lead Co., S. P. 315377.
[4] DPR 263301 (1913).
[5] Union Carbide Corp., Oe. P. 203225 (1959).
[6] CIBA, D. P. 1105186 (1961).
[7] CIBA, D. P. 1131898 (1962).

SCHWANDER[1] bestimmten die ,in Clorid-Fluorid-Schmelzen gebildeten Mischkomplexe von Ta mit Clor und Fluor.

Die Technik des Eindampfens von $TaCl_5$ während der Elektrolyse, kombiniert mit periodischem Abstreifen der Dentriten, ergibt die Möglichkeit, die Elektrolyse kontinuierlich zu betreiben und Tantalpulver hoher Reinheit (99,95% Ta) mit geringen Gasgehalten abzuschneiden $(O + N + H < 0,015\%)$ (CIBA).

c) **Elektrolyse von Niob.** Während große Mengen von Tantal auf elektrolytischem Wege hergestellt werden, ist uns keine elektrolytische Niobproduktion in großem Maßstab bekannt. Die Elektrolyse von Niob aus einer Halogenidschmelze ist schwierig, da die anodische Aufoxydation der im Elektrolyt stabilen Zwischenwertigkeit Nb(IV) schlechte Stromausbeuten verursacht.

Eingehende Untersuchungen über die Schmelzflußelektrolyse von K_2NbF_7 aus einem NaCl- bzw. NaCl-KCl-Bad stammen von KOLK und Mitarbeitern[2]. Sie arbeiteten unter Argon in einer geschlossenen Zelle (s. Abb. 28), ähnlich wie sie auch schon bei der elektrolytischen Nachreinigung von Vanadin (s. Abb. 20)

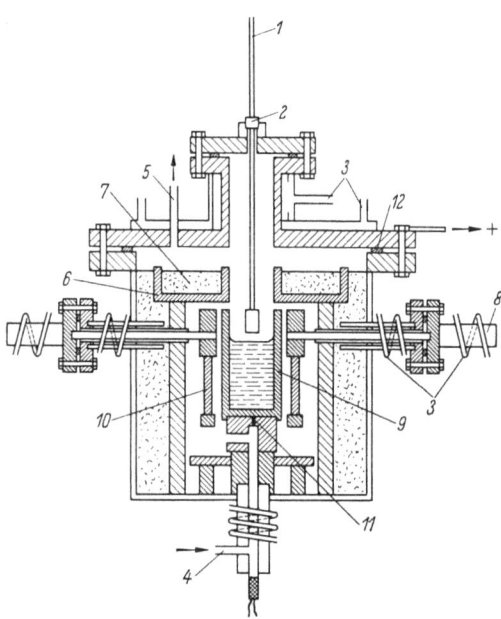

Abb. 28. Aufbau einer Zelle für Schmelzflußelektrolysen unter Argon (nach KOLK und Mitarbeitern)
1 Kathode; *2* Gummistopfen; *3* Luft- bzw. Wasserkühlung; *4* Argoneinlaß; *5* Argonauslaß; *6* Strahlungsschirm; *7* Rußisolation; *8* Stromzuführung; *9* Graphittiegel; *10* Graphitheizleiter; *11* Thermoelement; *12* Dichtung

benutzt wurde. Das Ergebnis einiger Elektrolysefahrten ist in Tab. 27 wiedergegeben. Die im Lichtbogen unter Argon umgeschmolzenen Niobdendriten hatten eine Reinheit von $>99,8\%$ Nb und enthielten nur noch etwa 0,03% O_2, 0,002% N_2 und 0,013% C. (Kontroll-

---

[1] HUBER, K., u. E. NEUENSCHWANDER: 18th Congress of Pure and Applied Chemistry, Montreal, August 1961. — NEUENSCHWANDER, E.: Dissertation Bern 1960.

[2] Siehe Fußnote 5, S. 69.

schmelzknöpfe von 8 mm Stärke hatten eine Härte von Rb 43; nach einer 50%igen Reduktion stieg die Härte auf Rb 84, nach einer 75%igen Verformung auf Rb 90.)

Tabelle 27. *Elektrolysedaten für einige K_2NbF_7-Alkalihalogenidmischungen* (nach KOLK, SIBERT u. STEINBERG)

Gew.-% K_2NbF_7	Arbeits- temperatur °C	Ausgangs- stromdichte Amp/dm²	Ausbeute g	Strom- ausbeute %	Härte HB (500 kg)	Kristallform
KCl-NaCl-Bad						
20	675	354	**	—	*	—
22	740	424	6,6	67	95	grob
22	700	424	3,6	35	110	lange Nadeln
NaCl-Bad						
10	800	709	0,85	5**	*	fein
10	790	355	1,64	30	*	grob
15	785	425	2,36	28**	*	grob
20	785	567	6,7	34	86	grob
20	812	567	6,7	50	66	lange Dendriten
20	840	567	5,6	40	109	grob
30	800	567	2,9	21	110	grob
30	800	709	4,3	27	99	fein
30	800	848	5,24	29	92	grob
30	780	709	5,2	27	112	fein
30	825	709	4,78	28	126	Nadeln
30	750	567	3,45	25	102	einige Nadeln
40	800	709	2,25	13	*	einige große Kristalle

* Muster zu klein zum Schmelzen.
** Der Niederschlag saß lose.

d) **Elektrolytische Salzbadreinigung** (Electro-refining). Die Schmelzflußelektrolyse[1-6] hat eine besondere Bedeutung erlangt, da sich die verschiedenen beschriebenen Zellen — in leicht abgewandelter Form (s. Abb. 20 und 28) — sehr gut zum Raffinieren von technisch reinem Ta- oder Nb-Metall bzw. von Rohkarbiden eignen (s. Vanadin S. 56).

---

[1] Horizons Titanium Corp.: F. P. 1105530 (1955).
[2] Norton Grinding Wheel Co. Ltd.: E. P. 753031 (1956); E. P. 792716 (1958).
[3] KOLK JR., M. E., M. E. SIBERT u. M. A. STEINBERG: in B. W. GONSER u. E. W. SHERWOOD (Hrsg.): Technology of Columbium (Niobium). New York: Wiley & Sons 1958.
[4] CATTOIR, F. R., u. D. H. BAKER: Rep. Invest. U. S. Bur. Min. 1960, No. 5630.
[5] BAKER, D. H., u. J. D. RAMSDELL: J. electrochem. Soc. 107 (1960) 985.
[6] Titan Co. Inc.: E. P. 777829 (1957).

Die Kohlenstoff- und Stickstoffgehalte lassen sich von einigen zehntel Prozent auf einige hundertstel Prozent drücken, während der Sauerstoffgehalt bei Nb[1] gewöhnlich in der Höhe des Ausgangsmaterials (etwa 0,1 bis 0,5%) bleibt und später während des Sinterns oder Schmelzens mit oder ohne Zuschlag von Kohlenstoff entfernt werden muß.

Dieses Verfahren, als „Veredelungstechnik" und als „Raffinationsverfahren" sollte man für die Va-Metalle, insbesondere für Nb und V, im Auge behalten.

e) **Elektrolyse aus wäßrigen oder organischen Lösungsmitteln.** Es hat nicht an umfangreichen Versuchen gefehlt, Nb und Ta aus wäßrigen oder organischen Lösungsmitteln[2] (s. auch Vanadin S. 57) abzuscheiden, doch ist diesen Verfahren bis heute noch der technische Erfolg versagt geblieben.

IV. Herstellung der kompakten Reinmetalle

A. Allgemeines

Die Verarbeitung der Va-Metalle aus Schwamm- und Pulverform in kompakte, kalt- oder warmverformbare Körper kann entweder durch pulvermetallurgische Verfahren (Sintern) oder durch Schmelzverfahren unter Edelgas oder im Vakuum erfolgen. Tab. 28 gibt eine Zusammenstellung der verschiedenen Verfahrensmöglichkeiten, ihrer technischen Anwendbarkeit und der wichtigsten Literaturstellen.

Historisch gesehen waren ein *Sinter-* und ein *Schmelz*-Verfahren bei der Duktilisierung der Va-Metalle erfolgreich. W. v. BOLTON[3] stellte mehr oder minder duktile Drahtschlaufen der Va-Metalle durch *Hochvakuumsintern* eines mit Wachszusätzen plastisch stranggepreßten Oxyd-Karbid-Gemenges her. Dieses „Reaktionssintern" war technisch — im Sinne der steigenden Schmelzpunkte — zunehmend erfolgreich von Vanadin über Niob zu Tantal. W. v. BOLTON gewann auch duktile Tantal- und Niobknöpfe durch *Hochvakuumlichtbogenschmelzen* von Abschmelzelektroden.[4]

Vanadin tritt heute automatisch in kaltduktiler Form (Granalien oder Reguli) bei der modernen calciothermischen Gewinnung auf.

---

[1] KOLK JR., M. E., M. E. SIBERT u. M. A. STEINBERG: in B. W. GONSER u. E. W. SHERWOOD (Hrsg.): Technology of ·Columbium (Niobium). New York: Wiley & Sons 1958.

[2] ARMSTRONG, H. H.: E. P. 477 519 (1937). — GRENAGLE, J. B.: A. P. 1 922 847 (1930).

[3] v. BOLTON, W.: Z. Elektrochem. 11/3 (1905) 45; 13/15 (1907) 145.

[4] ESPE, W.: Werkstoffkunde der Hochvakuumtechnik Bd. I. Berlin: VEB Deutscher Verlag der Wissenschaften 1959.

Vom Standpunkt der derzeitigen Massenfertigung stellt sich folgendes Bild dar: Für reines feinkörniges Ta dominiert noch immer das Sinterverfahren in verschiedenen Varianten. Für Ta-Legierungen und großformatige Ta-Blöcke macht sich die Konkurrenz des Schmelzens mit Elektronenstrahlen immer stärker bemerkbar, während für Nb und Nb-Legierungen dieses Hochvakuumschmelzverfahren in Kombination mit dem Lichtbogenschmelzen schon vorwiegend durchgeführt wird. Das ein- oder mehrmalige Schmelzen mit Abschmelzelektroden unter Vakuum oder unter Argonunterdruck (Hauptverfahrenstechnik für Ti, Zr, Mo und deren Legierungen) ist auch noch für Nb-Legierungen im Gebrauch; es scheint zugleich die geeignetste Technik für die noch in den Anfängen steckende Vanadinmetallurgie zu sein. Eine Raffination des Ausgangsmaterials bzw. der Erstschmelze in Elektronenstrahlöfen erscheint jedoch auch hier zweckmäßig. Die anderen in Tab. 28 aufgeführten Sinter- und Schmelz-Sonderverfahren spielen heute in der Produktion der Va-Metalle noch eine untergeordnete Rolle.

Ausgangsmaterialien für das Sintern und Schmelzen sind Pulver, Schwamm, Granalien, Reguli, zerkleinerte Abfälle und Hydridpulver in lockerer, stückiger oder verdichteter Form. Aus den Einsatzstoffen werden je nach Verfahrenstechnik Sinterstäbe, zylindrische Preßlinge oder Elektroden aller Art hergestellt.

Über die Gewinnung der Rohmetalle, vornehmlich in Schwamm- und Pulverform, sei auf das Kap. III verwiesen. In Tab. 29 sind die wichtigsten Verfahren nochmals übersichtlich, ihrer derzeitigen technischen Bedeutung nach, zusammengestellt. Die Abfälle als Rohstoffquelle sollten allerdings hinter den zuerst aufgeführten Verfahren eingeordnet werden. Sie stellen einen ,,Edelschrott'' dar, der stets — aus der Vakuummetallurgie der Va-Metalle heraus — eine höhere Reinheit aufweist als die Ausgangsmaterialien. In Zukunft wird bei der zunehmenden Verarbeitung der Va-Metalle einer gesteuerten ,,Edelschrotterzeugung bzw. -verwertung'' eine stärkere Bedeutung zukommen.

B. Sinterverfahren

1. Sintern von Vanadin

Durch Sinterung im direkten Stromdurchgang von Vanadin (aus der Karbid-Oxyd-Reaktion stammend) hatte v. BOLTON[1] bekanntlich Haarnadeln hergestellt, die bereits eine gewisse Warmduktilität aufwiesen. Der Schmelzpunkt der v. BOLTONschen Vanadinhaarnadeln lag bei 1680°, was dafür spricht, daß dieses Sintervanadin noch O_2-,

---

[1] v. BOLTON, W.: Z. Elektrochem. 11/3 (1905) 45.

Tabelle 28. *Herstellung der kompakten Reinmetalle durch Sintern oder Schmelzen*

Verfahrensarten	V	Literatur	Nb	Literatur	Ta	Literatur
1. *Sintern im direkten Stromdurchgang oder durch indirekte Erhitzung*						
I. *Sintern*						
a) Von Preßlingen aus Metalloxyd-Karbid-Gemengen (Mehrfachsinterung nach zwischengeschalteter Zerkleinerung) Reaktionssintern	v. Bolton Joly Karassaev und Mitarbeiter	[1] [2] [3]	v. Bolton Balke Li Joly	[6] [7] [8] [9]	v. Bolton Hampel	[1] [10]
b) Von Matrizen- oder Schlauchpreßlingen aus Metallpulvern, Schwamm, Granalien, Hydriden usw.	Kroll	[4]	v. Bolton Balke Li	[6] [7] [8]	v. Bolton Siemens & Halske Balke	[1] [11] [7]
II. Doppelsintern nach Zwischenverformung gemäß Ia bis Ib	(möglich)		s. Ia u. Ib		s. Ia u. Ib	
III. Drucksintern bzw. Heißstrangpressen von Pulvern, Spänen, Schwamm, Preß- oder Sinterkörpern usw.	Lacy u. Beck	[5]	(möglich) (s. Nb-Leg.)		(möglich) (s. Ta-Leg.)	
2. *Schmelzverfahren*						
I. in hochschmelzenden keramischen Tiegeln	Rausch u. McPherson Reactor Handbook Joly	[12] [13] [14]	nicht geeignet		nicht geeignet	
II. mit Abschmelzelektroden	Rostoker Merrill Farrell	[15] [16] [17]	v. Bolton Siemens & Halske	[1, 6] [18]	v. Bolton Siemens & Halske	[1] [18]
III. im Elektronenstrahlofen	Sperner	[17a]	Smith, Hunt u. Hanks	[19]		[19]

IV. sonstige Schmelzverfahren					
a) mit Hilfselektroden	KROLL ROSTOKER KUHN HAM ROBERTSON	[22] [15] [20] [23a] [23b]	KROLL KUHN MILLER HAM ROBERTSON	[22] [20] [21] [23a] [23b]	KUHN MILLER KROLL HAM ROBERTSON	[20] [21] [22] [23a] [23b]
b) im werkstoffeigenen Tiegel (Skull-Melting)	HAM ROBERTSON	[23a] [23b]	HAM ROBERTSON	[23a] [23b]	HAM ROBERTSON	[23a] [23b]
c) Zonenschmelzen	PFANN	[24]	PFANN	[24]	PFANN	[24]
d) Schwebeschmelzen (Levitation-melting)	HILLMANN BEGLEY u. a.	[25] [26, 27, 28]	HILLMANN BEGLEY u. a.	[25] [26, 27, 28]	HILLMANN nicht geeignet	[25]
e) Hochfrequenzschmelzen im gekühlten Tiegel	SCHIPPEREIT, LEATHERMAN u. EVERS Siemens & Halske	[29] [30]	wahrscheinlich nicht geeignet		nicht geeignet	

[1] v. BOLTON, W.: Z. Elektrochem. 11/3 (1905) 45. — [2] JOLY, M. F.: Second United Nations International Conference on the Peaceful Uses of Atomic Energy, Genf, Mai 1958, Paper No. A/CONF. 15/P/1274. — [3] KARASSAEV, R. A., V. I. KACHIN, M. S. MAKUNIN u. A. M. SAWARIN: Izv. Akad. Nauk. SSSR (ser. Tech.) 4 (1956) 94. — [4] KROLL, W. J.: Z. Metallkde. 18 (1936) 30. — [5] LACY, C. E., u. C. J. BECK: Trans. Amer. Soc. Met. 48 (1956) 579. — [6] v. BOLTON, W.: Z. Elektrochem. 13/5 (1907) 145. — [7a] BALKE, C. W.: Industr. Engng. Chem. (Industr.) 27/10 (1935) 1166. — [7b] BALKE, C. W.: Trans. electrochem. Soc. 85 (1944) 89. — [8] LU, K. C.: J. Metals 12 (1960) 485. — [9] JOLY, M. F.: siehe [2]. — [10] Vgl. C. A. HAMPEL: Rare Metals Handbook, 2. Aufl. New York: Reinhold 1961. — [11] Siemens & Halske AG.: DRP 397641 (1922). — [12] RAUSCH, J. J., u. D. J. McPHERSON: in W. ROSTOKER (Hrsg.): The Metallurgy of Vanadium. New York: Wiley & Sons 1958, 109. — [13] Reactor Handbook, Vol. 3, AECD-3647, U. S. Atomic Energy Comm. (1955) 444. — [14] JOLY, M. F.: siehe [2]. — [15] ROSTOKER, W.: The Metallurgy of Vanadium. New York: Wiley & Sons 1958, 28. — [16a] MERRILL, T. W.: J. Metals, Sept. 1958, 618. — [16b] MERRILL, T. W.: J. Less-Common Metals 3 (1961) 988. — [17] FARRELL, J. W.: Trans. Amer. Soc. Met. 54 (Juni 1961) 143. — [17a] SPERNER, F.: Metall, Okt. 1961, 988. — [18] Siemens & Halske AG.: DRP 152848 (1903); DRP 152870 (1903); DRP 153826 (1903); DRP 155548 (1903). — [19a] SMITH, H. R., C. D'A. HUNT u. C. W. HANKS: AIME Third Reactive Metals Conf., Buffalo, 1958. — [19b] SMITH, H. R., C. D'A. HUNT u. C. W. HANKS: in F. BENESOVSKY (Hrsg.): Hochschmelzende Metalle, 3. Plansee Seminar, Juni 1958, Reutte/Tirol. Wien: Springer 1959, 336. — [19c] SMITH JR, H. R.: Vacuum Metallurgy. New York: Reinhold 1958, 221. — [19d] SMITH, H. R., C. D'A. HUNT u. C. W. HANKS: Vacuum Symposium Trans. 1958, American Vacuum Soc. New York: Pergamon Press 1959, 164. — [20] KUHN, W. E.: Arcs in Inert Atmospheres and Vacuum. New York: Wiley & Sons, London: Chapman & Hall 1956. — [21] MILLER, G. L.: Tantalum and Niobium. London: Butterworths Scient. Publ. 1959. — [22] KROLL, W. J.: Trans. electrochem. Soc. 78 (1940) 35. — [23a] HAM, J. L.: Vacuum Metallurgy Course. New York University, Juni 1957. — [23b] ROBERTSON, A. H.: J. Inst. Met. 86 (1957) 1. — [24] PFANN, W. G.: Zone Melting. New York: Wiley & Sons 1958. — [25] HILLMANN, H.: Metall 15 (1961) H. 2. — [26] COMENETZ u. J. W. SALATKA: J. elektrochem. Soc. 105 (Nov. 1958), 673. — [27] POLONIS, D. H., u. J. G. PARR: Research 7 (1954) H. 10, 272. — [28] BEGLEY, R. T., u. L. L. FRANCE: in: Symposium on Newer Metals, ASTM, 1960, 36. — [29] SCHIPPEREIT, G. H., A. F. LEATHERMAN u. D. EVERS: J. Metals, Febr. 1961, 140. — [30] Siemens & Halske AG.: DRP 518499 (1926).

Tabelle 29. *Gebräuchliche Herstellungsverfahren für Pulver, Schwamm und Reguli der Va-Metalle*

	V	Nb	Ta
1	Calciothermische Reguli oder Granalien Pulver durch mechanische Grobzerkleinerung oder Hydrieren mit anschließender Feinzerkleinerung	Kohlenstoff- bzw. Karbidreduktion von Nb_2O_5	Salzbadelektrolyse des Doppelfluorids (K_2TaF_7) oder Chlorids ($TaCl_5$) (Zusatz von Ta_2O_5)
2	Kohlenstoff- bzw. Karbidreduktion von V_2O_5 oder V_2O_3	Natriumreduktion der Doppelfluoride	Natriumreduktion des Doppelfluorids
3	Schwammpulver durch Magnesium- oder Wasserstoffreduktion von Vanadinchloriden	Salzbadelektrolyse von K_2NbOF_5 und K_2NbF_7 (Zusatz von Nb_2O_5)	Elektrolytische Salzbadreinigung
4	Elektrolytische Salzbadreinigung von Pulvern, welche nach 1, 2 oder 3 hergestellt wurden	Magnesium- bzw. Wasserstoffreduktion von $NbCl_3$	Kohlenstoff- bzw. Karbidreduktion von Ta_2O_5
5	Regenerierte Abfälle (Hydridpulver), legiert und unlegiert	Elektrolytische Salzbadreinigung, z. B. von Pulvern, welche nach 1 hergestellt werden	Regenerierte Abfälle (Hydridpulver), legiert und unlegiert
6		Regenerierte Abfälle (Hydridpulver), legiert und unlegiert	

C- und N_2-haltig war, und daß ferner die Selbstreinigungstemperatur beim Vanadin nach diesem Prinzip nicht erreicht wurde.

Erst JOLY[1] und KARASSAEV und Mitarbeiter[2] konnten später nachweisen, daß durch mehrfaches Reaktionssintern von Oxyd-Karbid-Gemengen mit zwischengeschalteter Zerkleinerung und Abstimmung des C-O-Verhältnisses im Hochvakuum duktiles Sintervanadin herstellbar ist. Für die Produktion von Vanadinhalbzeug wird jedoch von JOLY ein Umschmelzen des Metalls im Lichtbogenofen empfohlen.

KROLL[3] versuchte, die Calciothermie des Vanadins so zu lenken, daß er ein feinkörniges Pulver mit verhältnismäßig guten Preß- und Sintereigenschaften erhielt. Durch $^1/_2$ stündiges Sintern im Vakuum bei 1400°

---

[1] JOLY, M. F.: Second United Nations International Conference on the Peaceful Uses of Atomic Energy, Genf, Mai 1958, Paper No. A/CONF. 15/P/1274.
[2] KARASSAEV, R. A., V. I. KACHIN, M. S. MAKUNIN u. A. M. SAWARIN: Izv. Akad. Nauk. SSSR (ser. Tech.) 4 (1956) 94.
[3] KROLL, W.: Z. Metallkde. 18 (1936) 30.

(eine verhältnismäßig kurze Sinterzeit für die relativ niedrige Sintertemperatur) erhielt er ein warmwalzbares Material. Der Sinterkörper wurde vor dem Walzen unter geschmolzenem Borax als Schutzdecke auf 1200° erhitzt. Die erzielte Blechhärte von 360 kg/mm² spricht jedoch noch für erhebliche Sauerstoff-, Stickstoff- und Kohlenstoffgehalte (vgl. Abb. 80). Die Vergleichshärte eines Bleches aus Vanadin, hergestellt nach dem VAN ARKEL-Verfahren, wurde allerdings von KROLL mit 260 kg/mm² sehr hoch angegeben. Es ist anzunehmen, daß auch beim VAN ARKEL-Vanadin eine gewisse Versprödung beim Warmwalzen durch Aufnahme von Verunreinigungen eingetreten ist.

Bei einer Diskussion der KROLLschen Pionierarbeiten bemerken 1943 KIEFFER und HOTOP[1] „Zweifellos könnte man auch auf dem Sinterwege durch Verwendung reinsten Vanadinpulvers, das gegebenenfalls ähnlich wie Niob- und Tantalpulver auf elektrolytischem Wege herzustellen wäre, zu einem Material kommen, das bezüglich seiner Duktilität dem nach dem Aufwachsverfahren gewonnenen Produkt nahekommt".

Erst 1955 wird von LACY und BECK[2] über einen erfolgreichen Sinter- und Strangpreßversuch mit Vanadinblechschnitzeln und Pulver berichtet. Die Autoren walzten sorgfältig geputzte, kaltduktile Vanadinreguli (hergestellt nach dem MCKECHNIE- und SEYBOLT-Verfahren)

Abb. 29. Blechbüchse zum Strangpressen von Vanadinblechschnitzeln (nach LACY und BECK)

(s. S. 48) und zerschnitten die 0,75 mm starken Vanadinbleche zu rechteckigen Plättchen. Diese wurden gebeizt und in einem Stahlhohlzylinder (Durchmesser etwa 60 mm, 1,5 mm Wandstärke) (s. Abb. 29) eingefüllt, worauf die Stahlbüchse evakuiert und zugeschweißt wurde. Nach einer 1stündigen Erhitzung auf 1100 bis 1250° unter Argon ließen sich die vanadingefüllten Büchsen auf einer 500 t-Strangpresse zu Stäben verpressen, deren aufgezogene Eisenhaut mechanisch oder

---

[1] KIEFFER, R., u. W. HOTOP: Pulvermetallurgie und Sinterwerkstoffe, 2. Aufl. Berlin/Göttingen/Heidelberg: Springer 1948, 354.
[2] LACY, C. E., u. C. J. BECK: Trans. Amer. Soc. Met. 48 (1956) 579.

durch Beizen entfernt werden mußte (sogenanntes Blechmantel- oder Blechhemdverfahren).[1]

Für einige Versuche wurde statt Blechschnitzeln feines Vanadinhydridpulver (gewonnen durch Hydrieren von calciothermisch erzeugten Reguli, Zerkleinern und Dehydrieren) verwendet, das sich sehr ähnlich verhielt. Das Maß der Verunreinigungen, insbesondere von Kohlenstoff, Stickstoff, Sauerstoff, Wasserstoff und ferner Eisen, Silizium, Calcium und Aluminium konnte vom Regulus bis zum Strangpreßling konstant gehalten werden.

LACY und BECK stellten auf die gleiche Weise auch tiefziehfähige Vanadinrohre durch Strangpressen her. An Stelle von zylindrischen Büchsen wurden zwei ineinandergestellte, beidseitig verschweißte Stahlrohre verwendet; der Zwischenraum wurde mit Vanadinpulver gefüllt.

2. Sintern von Niob und Tantal

Das Verfahren der „direkten Metallhalbzeuggewinnung aus Oxyden" nach v. BOLTON spielt heute für kompakte Metalle keine Rolle mehr; es konnte seinerzeit auch nur bei Tantalfeinstdrähten mit der idealen Möglichkeit der Selbstreinigung im direkten Stromdurchgang zum Erfolg führen. Seine erneute Anwendung hat dieses Verfahren jedoch großtechnisch bei der Niob- und labormäßig bei der Vanadinrohmetallerzeugung nach dem Oxyd-Karbid-Reduktionsprinzip erlebt (s. S. 46 und 58).

Die sintertechnische Verarbeitung von Nb und Ta ist in der Literatur mehrfach beschrieben worden. So bestehen mehr oder minder eingehende Darstellungen der industriellen Arbeitsweise bei den Firmen Siemens & Halske AG.[2], Fansteel Met. Corp.[3], Murex Ltd.[4], Englische Atom-

---

[1] Eine ähnliche Technik war von KIEFFER (s. Fußn. 1, S. 79) 1938 angewendet worden, um aus pulverisiertem Alnicomagnetschrott Heißpreßlinge herzustellen, die sich sogar in einem gewissen Umfang warmwalzen ließen. (Siehe auch R. KIEFFER u. W. HOTOP: Sintereisen und Sinterstahl. Wien: Springer 1948, 480.)

[2] Siemens & Halske AG.: DRP 397641 (1922). — OWEN, E. R.: B. I. O. S. Final Rep. No. 232.

[3] BALKE, C. W.: Industr. Engng. Chem. (Industr.) 27/10 (1935) 1166 — Trans. electrochem. Soc. 85 (1944) 89 — Chem. & Ind. (Rev.) 6 (1948) 83. — PLACEK, C., u. D. F. TAYLOR: Industr. Engng. Chem. (Industr.) 48/4 (1956) 686. — SOISSON, D. L., J. J. McLAFFERTY u. J. A. PIERRET: Industr. Engng. Chem. 53 (Nov. 1961) 861.

[4] TITTERINGTON, R., u. A. G. SIMPSON: Symposium on Powder Metallurgy 1954, Iron and Steel Inst. London 1956 (Special Report No. 58). — MILLER, G. L.: in F. BENESOVSKY (Hrsg.): Hochschmelzende Metalle, 3. Plansee Seminar, Juni 1958, Reutte/Tirol. Wien: Springer 1959, 306. — O'DRISCOLL, W. G., u. G. L. MILLER: Symposium on the Metallurgy of Niobium 1957. J. Inst. Met. 85 (1956/57) 367, 379.

kommission (UKAEAE)[1], Metallwerk Plansee AG.[2] sowie genauere Beschreibungen für Laborsintereinrichtungen, z. B. durch MYERS[3], VACEK[4] u. a. Es sei auch ferner auf das Buch von MILLER[5] verwiesen, das den verschiedenen Sinterverfahren einen weiten Raum widmet. Außerdem liegt für Niob und Tantal eine zusammenfassende Darstellung von ALLEN[6] über den Einfluß des Ausgangsmaterials auf die Verarbeitung nach sintertechnischen und schmelzmetallurgischen Verfahren vor.

Wir werden uns im folgenden auf die Beschreibung der grundsätzlichen Arbeitsweisen a) beim Sintern im direkten Stromdurchgang (COOLIDGE-Verfahren), b) beim indirekten Sintern (Wolframheizleiter oder induktive Erhitzung) beschränken.

a) Sintern im direkten Stromdurchgang (Coolidge-Verfahren). In den ersten Anfängen der Ta-Nb-Metallurgie wurden ähnliche Einstabglocken mit Quecksilberkontakten zum Sintern von Kleinstäben (0,3 bis 1 kg Stabgewicht) verwendet, wie sie in der Wolfram- und Molybdänindustrie zu Beginn benutzt worden waren. Die Glocken wurden unter Vakuum statt mit Wasserstoff als Schutzgas betrieben. Moderne Sinterglocken verlangen meist einen paarweisen Einsatz der Sinterstäbe mit Kontaktbrücken, die eine ungehemmte Schrumpfung der Sinterstäbe erlauben. In den heutigen Großanlagen lassen sich z. B. quadratische Stäbe mit $60 \times 60 \times 1200$ mm oder besser entgasbare Flachstäbe $30 \times 100 \times 1200$ mm sintern. Die Glocken werden mit 10000 bis 50000 A bei 0 bis 60 V gespeist und sind mit sehr leistungsfähigen Hochvakuumaggregaten versehen (meist eine Kombination von Rotations-, Roots- und Öldiffusionspumpen).

Abb. 30 zeigt zwei moderne Sinterglocken in Vorderansicht, Abb. 31 eine Seitenansicht derselben. Der schematische Aufbau der Sinteranlage geht aus Abb. 32 hervor. Diese Sinterglocken sind sowohl für Niob als auch für Tantal und Legierungen dieser Metalle mit anderen hochschmelzenden Metallen, z. B. Mo und W, geeignet.

WILLIAMS[1] beschreibt Aufbau und Arbeitsweise eines großen Einstab Heraeus-Sinterofens (25000 A bei 25 V) mit einer maximalen

---

[1] WILLIAMS, L. R.: Symposium on the Metallurgy of Niobium 1957. J. Inst. Met. 85 (1956/57) 385.

[2] KIEFFER, R., u. F. BENESOVSKY: Metall 13 (1959) 379 u. 652. — KIEFFER, R., u. K. SEDLATSCHEK: Öst. Chem.-Ztg. 61 (1960) 217.

[3] MYERS, R. H.: Proc. Aust. Inst. Min. Engrs. 1946, No. 144, 297 — Metallurgia 38 (Okt. 1948) 307.

[4] VACEK, J.: Neue Hütte 2/11 (1957) 692; Powd. Met. 7 (1961) 156.

[5] MILLER, G. L.: Tantalum and Niobium. London: Butterworths Scient. Publ. 1959.

[6] ALLEN, B. C.: DMIC Memorandum 90 (März 1961).

Abb. 30. Zwei große Tantalsinterglocken, Vorderansicht (Metallwerk Plansee AG.)

Abb. 31
Tantalsinterglocke und Hochvakuumaggregate, Seitenansicht (Metallwerk Plansee AG.)

Stromaufnahme von 400 kW. Die Hochvakuumseite dieses Ofens ist wie folgt ausgelegt: Öldiffusionspumpe 23 600 Liter/sec, Roots-Pumpe 1500 m³/h, Rotationspumpe 180 m³/h.

Bezüglich Laborsinterglocken sei auf die Arbeiten von MYERS[1] und VACEK[2] sowie auf eine bei BRAUN[3] beschriebene Einstabsinterglocke verwiesen.

---

[1] MYERS, R. H.: Proc. Aust. Inst. Min. Engrs. 1946, No. 144, 327.

[2] VACEK, J.: Neue Hütte 2/11 (1957) 692.

[3] BRAUN, H.: Dissertation Mont. Hochschule Leoben 1959.

Die in den Sinterglocken einzusetzenden Stäbe werden entweder in Stahlmatrizen mit Hilfe leistungsfähiger hydraulischer Pressen (1000 bis 3000 t Preßkraft, s. Abbildung 33) verdichtet oder in den schon 1930 von SKAUPY[1] beschriebenen, heute stark vergrößerten Schlauchpressen[2] hergestellt. Das hydrostatische Pressen mit horizontaler (s. Abb. 22) und vertikaler[2] Anordnung des Druckbehälters hat sich besonders zur Erzeugung von rohrförmigen (s. Abb. 34) Körpern und großen Zylindern durchgesetzt.

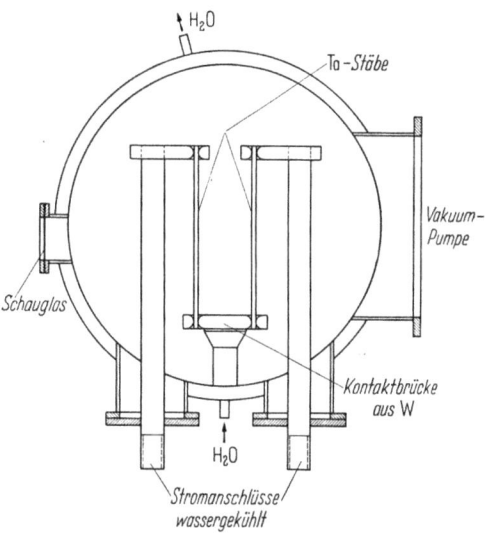

Abb. 32. Schematischer Aufbau einer 2 Stab-Hochvakuum-Sinterglocke

Es hat sich als empfehlenswert erwiesen, große Stäbe, Platten oder Rohre vor dem Einklemmen derselben in die Kontakte und Stromzuführungen der Sinterglocken zur Verfestigung bei 1000 bis 1700° im Vakuum vorzusintern. Eine Erhöhung des Preßdruckes (vgl. Abb. 35)

---

[1] SKAUPY, F.: Metallkeramik, 1. Aufl. Berlin: Verlag Chemie 1930; 4. Aufl. Weinheim/Bergstr.: Verlag Chemie 1950.
[2] Fansteel Met. Corp., Corrosionomics 6 (1961) Nr. 1. — SOISSON, D. L., J. J. MCLAFFERTY u. J. A. PIERRET: Industr. Engng. Chem. 53 (Nov. 1961) 861 — Industr. Engng. Chem. 53 (1961) 46.

Abb. 33
Hydraulische 3000 t-Presse und ausgefahrenes Preßwerkzeug (Metallwerk Plansee AG.)

ergibt zwar eine höhere Gründichte und -festigkeit, kann aber unter Umständen das Ausgasen der großen Sinterstäbe stark behindern.

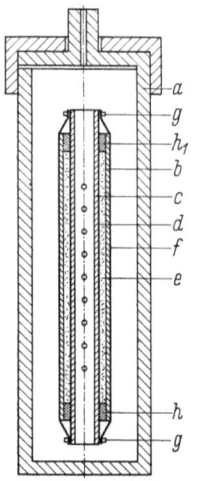

Abb. 34. Hydraulische Anlage zum Schlauchpressen von Rohren aus Metallpulvern (Schema) *a* Preßgefäß; *b* Stahlrohr; *c* gelochtes Stahlrohr; *d, f* Gummischläuche; *e* Metallpulver; *g* Schellen; *h, h₁* Stahlpfropfen (nach SKAUPY)

Ein typisches Diagramm für das Sintern eines Paares von Tantalflachstäben ($32 \times 15 \times 350$ mm, Einzelstabgewicht etwa 1600 g) ist nach TITTERINGTON und SIMPSON[1] in Abb. 36 wiedergegeben. Seitlich wurden die von uns geschätzten Sintertemperaturen für Tantal eingetragen. Das mehrstufige Hochheizen bei Ta- und Nb-Sinterstäben hat den Zweck, die Ausdampfung von Verunreinigungen derart zu vollziehen, daß einerseits durch zu starke Gasausbrüche kein Auftreiben der Sinterstäbe erfolgt, und daß andererseits sich noch keine Dichtsinterung vollzieht, bevor nicht alle Verunreinigungen ausgedampft sind.

In den unteren Temperaturstufen (etwa 400 bis 800 °C) entweicht der Wasserstoff sowie Spuren von Alkalimetallen (etwa bei natriumreduziertem Pulver), bei höheren Temperaturen von etwa 800 bis 1200 °C entweichen Spuren von Alkalisalzen und Doppelfluoriden, und bei 1400 bis 1600° setzt besonders bei Niob die Oxyd-Karbid-Reaktion (s. S. 58ff.) ein, die bei 2000 bis 2200° heftiger

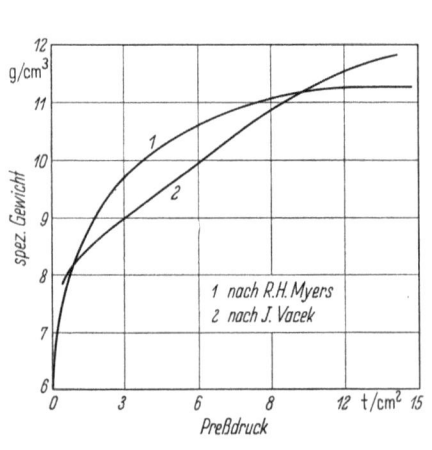 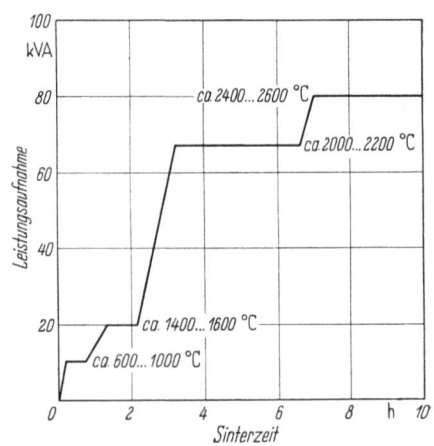

Abb. 35. Gründichte von Tantalstäben in Abhängigkeit vom Preßdruck

Abb. 36. Sinterdiagramm von Tantalflachstäben (nach TITTERINGTON und SIMPSON)

---

[1] TITTERINGTON, R., u. A. G. SIMPSON: Symposium on Powder Metallurgy 1954, Iron & Steel Inst. London 1956 (Spec. Rep. No. 58).

abläuft. Oberhalb 2200° destillieren niedere Oxyde ((Ta, Nb)$_2$O$_{3-x}$) ab[1], darüber zersetzen sich die Nitride unter Abspaltung von elementarem Stickstoff. Bei der Endsintertemperatur von 2500 bis 2700 °C für Tantal und 2100 bis 2250° für Niob verdampfen die Metalle bereits erheblich. Der starke Gewichtsverlust bei der Hochsinterstufe (1 bis 3%) setzt sich daher vornehmlich aus Metalloxyd und Metalldampf, in kleinerem Umfange aus Stickstoff, CO, Si (eventuell in Form von SiO) und aus Spuren Eisenmetallen zusammen.

Die von MYERS[2] mit Tantalkleinstäben gewonnenen Ergebnisse beim stufenweisen, halbstündigen Sintern von 500 auf 2800° sowie die

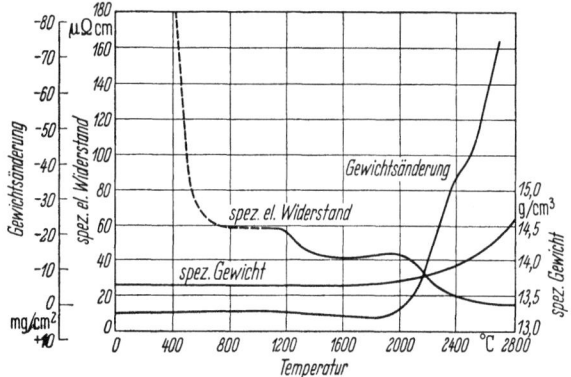

Abb. 37. Sinterdiagramm in Abhängigkeit von der Temperatur (nach MYERS)

Ergebnisse einer $^1/_2$- bis 16stündigen Sinterung bei 2600 °C gehen aus Abb. 37 und Abb. 38 hervor. Sie können auch als typisch für Tantalgroßstäbe bzw. bei einer Senkung der angegebenen Temperaturen um 200 bis 400 °C auch als typisch für Niobgroßstäbe angesehen werden. Sie decken sich auch weitgehend mit Ergebnissen von VACEK[3], der Ta-Kleinstäbe — mit Preßdrücken von 6 und 12 t/cm^2 verdichtet — untersuchte.

Die Selbstreinigung der Ta-Stäbe vollzieht sich zufolge der beim Tantal möglichen hohen Sintertemperaturen und den dabei entsprechenden höheren Dampf- und Zersetzungsdrücken der Verunreinigungen viel leichter als bei Nb-Stäben, so daß beim Nb-Sintern oft 2- bis 4fach längere Sinterzeiten angewendet werden müssen.

---

[1] GRALA, E. M., u. R. J. VAN THYNE in: Columbium Metallurgy. New York: Intersc. Publ. 1961, 139.

[2] MYERS, R. H.: Proc. Aust. Inst. Min. Engrs. 1946, No. 144, 297 — Metallurgia 38 (Okt. 1948) 307.

[3] VACEK, J.: Neue Hütte 2/11 (1957) 692.

Verfolgt man nach MILLER[1] und WILLIAMS[2] den Effekt der Selbstreinigung an Hand der Analysen von Tantal- und Niobgroßstäben vor

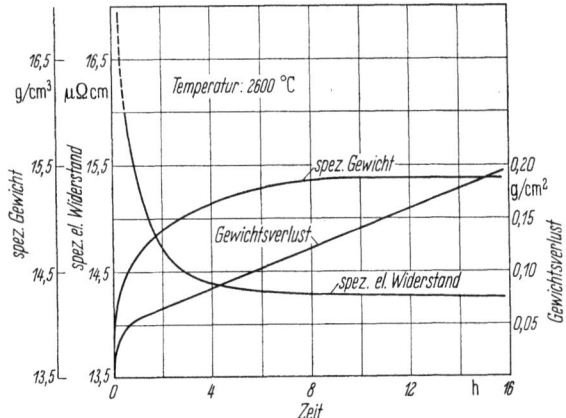

Abb. 38. Sinterdiagramm in Abhängigkeit von der Zeit (nach MYERS)

und nach der Sinterung — ohne Berücksichtigung des Niobgehaltes im Tantal und des Tantalgehaltes im Niob —, so sieht man anschaulich (Tab. 30), daß aus einem Tantalpulver von etwa 99,5 bis 99,6% Ta

Tabelle 30
Verunreinigungen in Tantal- und Niobstäben vor und nach der Sinterung
(nach MILLER)

Verunreini-gungen	Tantal		Niob	
	vor der Sinterung %	nach der Sinterung %	vor der Sinterung %	nach der Sinterung %
O_2	0,1 bis 0,2	0,005	0,50	<0,01
Fe	0,02	0,01	0,04	0,02
Si	0,05	<0,01	0,08	<0,01
Ti	<0,01	<0,01	0,05	0,05
Na	0,01	<0,002	<0,01	<0,002
K	0,01	<0,002	<0,01	<0,002
N_2	0,05	0,003	0,1	0,01
H_2	0,10	<0,001	0,20	<0,001
C	0,05	<0,01	0,25	<0,01
Nb	<0,10	<0,10	—	—
Ta	—	—	<0,3	<0,3

[1] MILLER, G. L.: Tantalum and Niobium. London: Butterworths Scient. Publ. 1959, 279.
[2] WILLIAMS, L. R.: Symposium on the Metallurgy of Niobium 1957. J. Inst. Met. 85 (1956/57) 385.

ein Sinterstab von etwa 99,95% Ta und aus einem Nb-Pulver von etwa 98,75% Nb ein Sinterstab mit einem Gehalt von etwa 99,9% Nb entstanden ist. Mit Ausnahme von Eisen und insbesondere Titan lassen sich fast alle Verunreinigungen des Ausgangsmaterials auf $1/5$ bis $1/10$ der ursprünglichen Werte abbauen.

Wird nach dem Hochsintern der Ta- und Nb-Stäbe nicht die gewünschte Dichte von mehr als 92%, vorzugsweise mehr als 95% der theoretischen Dichte und eine Härte von <100 HV erzielt, so empfiehlt es sich, die Sinterstäbe einer Zwischenverformung von 10 bis 20% durch Pressen oder Walzen zu unterziehen und sie nochmals etwa 2 bis 6 Stunden auf Höchsttemperatur nachzusintern. Diese „Doppelsintertechnik" hat sich auch eingeführt, wenn man ein Material extremer Weichheit und Bildsamkeit erhalten will.[1] Bei der Nachsinterung werden Stickstoff und Sauerstoff noch weiter abgebaut, Kohlenstoff nur bei noch genügender Anwesenheit von Sauerstoff. Das Kornwachstum durch Sammelrekristallisation ist je nach dem Grad der Zwischenverformung oft sehr erheblich, und es bleibt das Grobkorn gerne im Fertigprodukt erhalten.

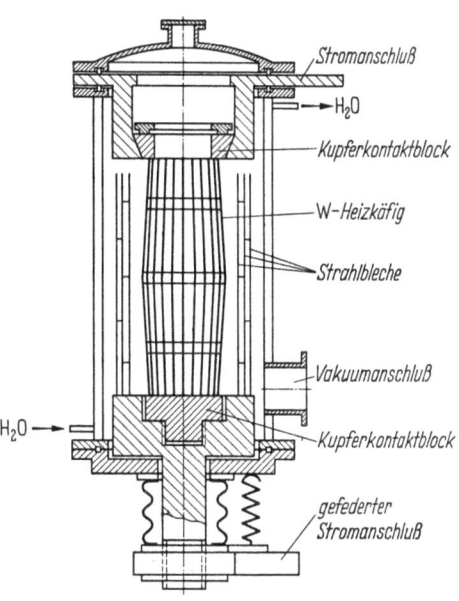

Abb. 39. Wolframkäfigofen der Siemens & Halske AG.

b) **Sinterung durch indirekte Erhitzung.** Insbesondere für die Herstellung von Rohren und Großblechen aus Tantal wurde von Siemens & Halske[2] die Indirektsintertechnik mit Hilfe eines Wolframkäfigofens entwickelt. Da die Indirektsintertechnik, außer für Niob und Tantal, auch von allgemeinem, wachsendem Interesse bei der Metallurgie der hochschmelzenden Metalle[3] ist, und da der Siemens & Halske-Ofen (s. Abb. 39) ein seiner Zeit vorauseilender Industrieofen (Nutzinhalt 3 bis 5 Liter) für Dauertemperaturen

---

[1] Cox, F. G.: Metal Ind. (1960) 186; 207; 231.
[2] Vgl. E. R. OWEN: B. I. O. S. Final Rep. No. 232, und B. E. BERRY, G. L. MILLER u. S. V. WILLIAMS: B. I. O. S. Final Rep. No. 803 (1946).
[3] KIEFFER, R., u. F. BENESOVSKY: Metall 13 (1959) 379 u. 652. — KIEFFER, R., u. K. SEDLATSCHEK: Öst. Chem.-Ztg. 61 (1960) 217.

von etwa 2400 °C war, wird seine Konstruktion und seine Arbeitsweise nachfolgend näher beschrieben.

Etwa 130 Wolfram-Grobdrähte (∅ 1,5 mm) wurden um einen zylindrischen Graphit- oder Kohlekern herum angeordnet und mit Wolframdraht verflochten. An jedes Ende des so gebildeten Wolframkäfigs wurde nacheinander ein Kupferkontaktblock in einem Spezialofen angegossen. Der Wolframkäfig-Heizkörper wies eine Länge von etwa 850 mm und einen Durchmesser von 80 bis 90 mm auf, wobei an das obere Ende eine feste und an das untere Ende eine mit Federn angepreßte, flexible Stromzuführung angeschlossen wurde. Um den Wolframkäfig waren zentrisch 1 bis 2 Wolfram- und nach außen anschließend 2 bis 3 Molybdänstrahlbleche angeordnet. Die ganze Heizkörperanordnung befand sich in einem entsprechenden Vakuumkessel. Matrizen- oder schlauchgepreßte Stäbe bzw. Rohre wurden mit Distanzstücken in dem Käfig aufgehängt oder auf Wolframtragplatten aufgestellt. Das Tantalvormaterial wurde nun 10 bis 16 Stunden mit oder ohne Zwischenverformung bei 2200 bis 2400 °C gesintert. In Sonderfällen, insbesondere um besonders weiches und bildsames Material zu erhalten, wurden die Stäbe und Rohre im direkten Stromdurchgang etwa 100 °C höher, also bei 2500 °C mehrere Stunden nachgesintert. Solche Rohre konnten kalt über einen Dorn gehämmert bzw. tiefgezogen (Endprodukt: Rohrschlangen aller Art für die chemische Industrie) oder — der Länge nach aufgeschlitzt — zu Blechen verwalzt werden. Dieser Hochtemperaturofen ist natürlich auch sehr vorteilhaft zum Indirektsintern von Niob geeignet. Als nachteilig werden die relativ hohen Kosten der Heizkäfiganfertigung, die verhältnismäßig kurzen Standzeiten von 300 bis 500 Stunden und die Beschränkungen im Durchmesser empfunden.

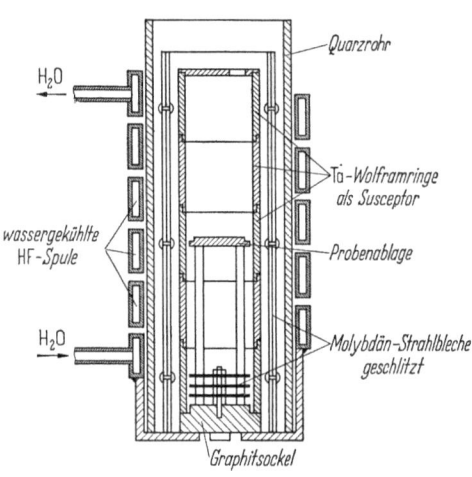

Abb. 40. Sinterofen für Niob mit Suszeptoren aus Tantal oder Wolfram (nach O'DRISCOLL und MILLER)

Für die Großmetallurgie der Va-Metalle, d. h. für Blockgrößen über z. B. 50 bis 100 kg, wird man sich daher besser der Hochvakuumschmelzverfahren (s. S. 90ff.) oder der weiter unten beschriebenen neuen Indirektsinteröfen bedienen.

Von O'Driscoll und Miller[1,2] wurde ein Sinterofen für Niob beschrieben, in dem aufeinandergestellte, gesinterte Wolframringe als Suszeptoren für induktive Beheizung dienen (Abb. 40). Die Anlage erlaubt das Sintern von plattenförmigen Stäben in den Abmessungen etwa 70 × 16 × 180 mm. Nach O'Driscoll und Miller schrumpfen solche Niobstäbe etwa 15% auf eine Dichte von 8,0 g/cm³, das sind 93% der theoretischen Dichte, wobei sie eine Härte von HV 75 aufweisen. Wurde die Stabstärke von 16 auf 25 mm erhöht, so wurden diese schwerer entgasbaren Stäbe nach einer 30%igen Verformung 4 Stunden auf 2300 °C nachgesintert (Endhärte HV 85 bei 98% der theoretischen Dichte).

Von anderen Stellen sind noch neuartige Indirektgroßsinteröfen für hochschmelzende Metalle entwickelt worden, die aber ausnahmslos

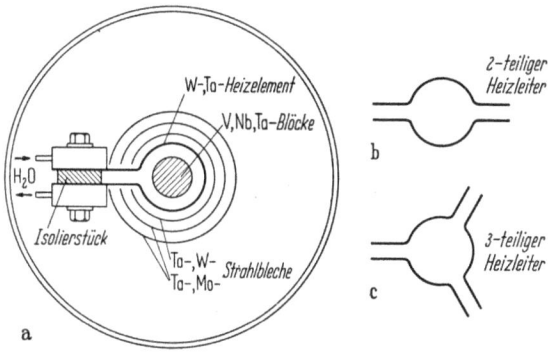

Abb. 41a—c
Sinteranlage mit ein- oder mehrteiligen Blechschlaufen aus Wolfram oder Tantal (Schema)

auf Wolframheizleiter in Form von Rundstäben, Vierkantsinterstäben, Mäandern, gestoßenen Rohren und insbesondere Blechschlaufen (siehe Abb. 41) usw. zurückgreifen. Sie erlauben bei lichten Nutzweiten von 200 bis 400 mm und Höhen von 500 bis 800 mm, Nb- und Ta-Rundblöcke von 50 bis 200 kg Gewicht im Dauerbetrieb auf 2200 bis 2500 °C zu halten. Die Strahlblechanordnung ist ähnlich wie bei dem alten, bewährten Siemens & Halske-Ofen. Die Herstellungskosten von Wolfram-Blech-Heizleitern liegen — bei 2- bis 3mal längeren Standzeiten — erheblich niedriger als diejenigen von Draht- und Stabheizleitern.

c) Zusammenfassung der Erfahrungen mit der Direkt- und Indirekt-Sintertechnik. Obwohl für großformatige Sinterkörper und -rohre ein gewisser Trend nach der abfallosen Indirektsintertechnik zu bemerken ist, wird die größte Menge der gesinterten Metalle Nb und Ta trotz der

---

[1] O'Driscoll, W. G., u. G. L. Miller: Symposium on the Metallurgy of Niobium 1957. J. Inst. Met. 85 (1956/57) 367 u. 379.

[2] Miller, G. L.: in F. Benesovsky (Hrsg.): Hochschmelzende Metalle, 3. Plansee Seminar, Juni 1958, Reutte/Tirol. Wien: Springer 1959, 306.

hierbei unvermeidbaren Stabkopfverluste noch nach dem Coolidge-Verfahren, d. h. durch Sintern im direkten Stromdurchgang, hergestellt.

Die Coolidge-Technik, die mit Joulescher Wärme arbeitet, hat die günstige Folge, daß die Sinterstäbe innen stets die höchste Temperatur haben (Temperaturgradient von außen nach innen etwa 100 bis 200 °C, je nach Stabdicke und Form sowie nach der Ofenatmosphäre: Vakuum oder Schutzgas). Mit der zusätzlichen Möglichkeit leicht bis sehr nahe an den Schmelzpunkt des Sinterstabes herangehen zu können, ist der „Selbstreinigungseffekt" beim Direktsintern besonders wirkungsvoll.

Bei der *Indirektsintertechnik* ist stets das Heizelement etwa 50 bis 150 °C heißer als das Sintergut, das aber dafür wiederum eine meist gleichmäßigere Temperaturverteilung von oben nach unten und von außen nach innen besitzt. Aus ofenbautechnischen Gründen liegen die Sintertemperaturen hierbei meist 100 bis 300 °C niedriger.

Steigende Ingotgrößen (Blockgrößen 100 bis 1000 kg) führen in letzter Konsequenz zu *Hochvakuumschmelzverfahren*, welche in der Praxis heute meist aus einer Kombination von Elektronenstrahlöfen mit Lichtbogenöfen bestehen.

C. Schmelzverfahren

1. Schmelzen in keramischen Tiegeln

Das Schmelzen der Va-Metalle in keramischen Tiegeln läßt sich erstens wegen ihrer hohen Reaktionsfähigkeit mit Oxyden aller Art und zweitens wegen der hohen, von Vanadin über Niob zu Tantal steigenden, Schmelzpunkte nicht großtechnisch mit Erfolg durchführen, wenn man von gewissen Teilerfolgen bei Vanadin absieht. Bei der calciothermischen Gewinnung von Vanadinreguli in MgO-Tiegeln in Gegenwart von calciumchlorid-, -jodid- oder -sulfidhaltigen Schlacken zeigt sich, daß ein kurzer Kontakt von flüssigem Vanadin mit hochschmelzender Keramik möglich ist, ohne daß der Gehalt an Verunreinigungen überschritten wird, der eine Kaltbildsamkeit verhindert.

Systematische Untersuchungen über das Verhalten von verschiedenen Tiegelmaterialien beim Hochfrequenzschmelzen[1] von *Vanadin* unter Helium (Tab. 31) zeigten, daß Berylliumoxyd- und Thoriumoxydtiegel sich korrosionsmäßig am besten — wenn auch nicht voll zufriedenstellend — mit dem flüssigen Metall vertragen.[2] Der Härtezuwachs des Vanadins ist hierbei ein ausgezeichneter Gradmesser für die Reaktionen mit dem Tiegelmaterial. Es zeigte sich ferner, daß beim Vakuumschmelzen anscheinend auch Berylliumoxyd stärker angegriffen

---

[1] WINKLR, O.: Theorie und Praxis des Vakuumschmelzens. Balzers AG., 1960.
[2] RAUSCHE J., J., u. D. J. MCPHERSON: in W. ROSTOKER (Hrsg.): The Metallurgy of Vanadium. New York: Wiley & Sons 1958, 108.

Tabelle 31. *Verhalten verschiedener keramischer Tiegelmaterialien
beim induktiven Schmelzen von Vanadin unter Helium*
(nach RAUSCH und MCPHERSON)

Tiegelmaterial	Haltezeit der Schmelze Min.	Metall- gewicht g	Härte* HV kg/mm²	Tiegelangriff	Bemerkungen
ZrO_2 (stabilisiert)	1	39	438	stark	—
Magnorit (MgO-Basis)	0,5	26,6	564	sehr stark	—
Alundum (Al_2O_3-Basis)	0,5	26,6	—	sehr stark	kein Metall ausgebracht
MgO	—	40,2	—	sehr stark	kein Metall ausgebracht
rekristallisierte Tonerde	0,75	20	410	gering	—
kohlegebundenes SiC	—	30	—	sehr stark	kein Metall ausgebracht
BeO	0,5	20,3	221	sehr gering	—
BeO	2	35	251	gering	—
ThO_2	1	27	247	gering	—
TiO_2	—	—	—	sehr stark	—
CaO	5	30	423	sehr stark	—
Graphit	4	50	325	gering	2,98% C
Graphit	0,75	50	315	gering	3,91% C
Graphit	8	200	280	gering	3,29% C
Graphit	8	500	298	gering	2,08% C

* Vergleichshärte von lichtbogengeschmolzenem, technisch reinem Vanadin: 210—220 HV; von vakuumgeschmolzenem Vanadin in CeS-Tiegeln: 182 HV; von hochreinem Vanadin: etwa 70—85 HV.

wird, und daß sich Cersulfidtiegel unter diesen Bedingungen am besten verhalten.[1]

Nach ROSTOKER[2] sollen sich BeO- und ThO_2-ausgekleidete Graphittiegel auch nicht bewährt haben.

JOLY[3] stellte ebenfalls Versuche an, Vanadin in keramischen Tiegeln zu schmelzen, und fand, daß Tiegel aus elektrogeschmolzenem Calciumoxyd verhältnismäßig gut standhielten. Er konnte beispielsweise eine Charge von 15 kg Vanadin (Ausgangshärte 135 HV) 3 Stunden im Vakuum oder unter Argon in Calciumoxydtiegeln flüssig halten, wobei

---

[1] Reactor Handbook, Vol. 3, AECD-3647. U. S. Atomic Energy Comm. (1955) 444.

[2] ROSTOKER, W.: The Metallurgy of Vanadium. New York: Wiley & Sons 1958, 111.

[3] JOLY, M. F.: Second United Nations International Conference on the Peaceful Uses of Atomic Energy, Genf, Mai 1958, Paper No. A/CONF. 15/P/1274.

die Härte nur auf 220 HV anstieg. Das Material war nicht mehr kalt-, aber immerhin noch warmwalzbar.

Die vorbesprochenen Versuche zeigen, daß zumindest ein kurzfristiges Umschmelzen in Calciumoxydtiegeln mit Erfolg möglich ist. Die Erfahrungen der Titan-, Zirkonium- und Molybdänmetallurgie legen jedoch nahe, daß die Vakuumschmelzverfahren (s. 2.II und 2.III in Tab. 28) mit ,,kalter Kokille" die betriebssichersten Verfahren für die Zukunft sein werden.

2. Schmelzen mit Abschmelzelektroden

Das schon von HARE[1] 1839 für Platin vorgeschlagene Lichtbogenschmelzen wurde durch v. BOLTON[2] und die Siemens & Halske AG.[3] 1903/05 mit Erfolg zum Vakuumschmelzen von etwa 100 g schweren Tantalknöpfen verwendet (Abb. 42). Diese Technik blieb lange bei Siemens & Halske im Gebrauch, bis man parallel um 1920 auf das Hochvakuumsintern[4] überging.

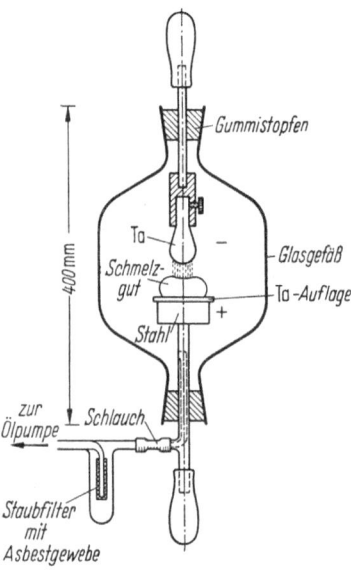

Abb. 42. Klassischer Tantallichtbogenofen der Siemens & Halske AG.

Gemäß Abb. 42 wurde ein vorgepreßter Ta-Stab auf einer Ta-Unterlage im Gleichstromlichtbogen unter Bewegen der oberen, gleichfalls aus gepreßtem, grobem Ta-Pulver bestehenden Elektrode einseitig niedergeschmolzen. Der Knopf wurde nach Umdrehen auch von der anderen Seite aufgeschmolzen, wobei sich auch abgetropftes Material der oberen Elektrode mit dem Knopf vereinigte.

Durch KROLL[5] wurde dieser Ofen unter Anwendung einer Wolfram-Hilfselektrode (Permanentelektrode) und einer wassergekühlten Kupferkokille zu einem idealen Laborofen weiterentwickelt. Dieser sogenannte *Kroll-Ofen* diente wiederum als Vorbild

---

[1] HARE, R.: in W. E. KUHN: Arcs in Inert Atmospheres and Vacuum. New York: Wiley & Sons 1956.
[2] v. BOLTON, W.: Z. Elektrochem. 11/3 (1905) 45.
[3] Siemens & Halske AG.: DRP 152848 (1903); DRP 152870 (1903); DRP 153826 (1903); DRP 155548 (1903).
[4] Siemens & Halske AG.: DRP 397641 (1922).
[5] KROLL, W. J.: Trans. electrochem. Soc. 78 (1940) 35.

für verschiedene großtechnische Ofenneukonstruktionen mit Abschmelzelektroden.

Die Titan-[1], Zirkonium-[2] und Molybdänindustrie[3] nahm sich des Prinzips des Schmelzens mit Abschmelzelektroden[4,5] in wassergekühlten Kokillen an und entwickelte Großöfen für Vakuum- oder Edelgasbetrieb, in denen bis zu 5 t schwere Ingots erzeugt werden können. Abb. 43 zeigt schematisch den Aufbau und die Wirkungsweise eines

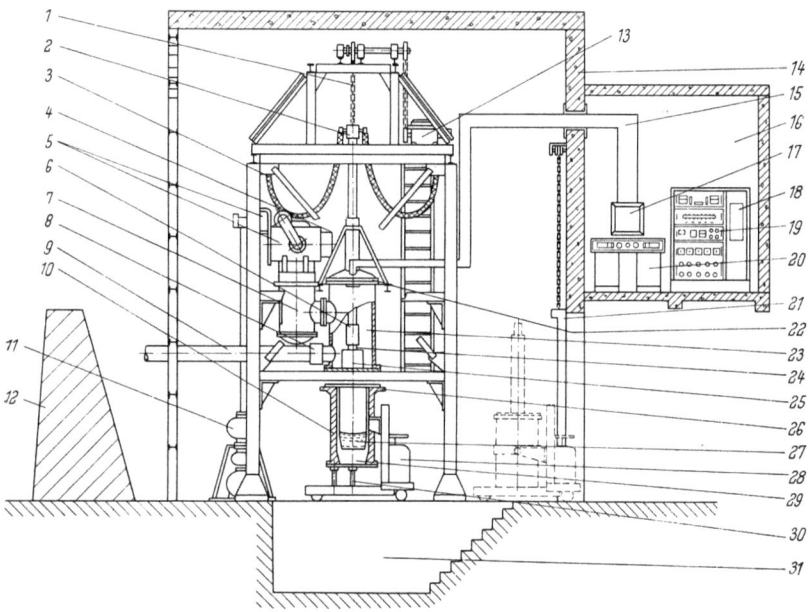

Abb. 43. Großer Lichtbogenofen mit Abschmelzelektrode (nach GRUBER)

1 Kette; 2 Elektrodenstange; 3 Strom- und Wasseranschlüsse; 4 Druckstufe; 5 Rootspumpen; 6 Elektrodenspannkopf; 7 Abscheider; 8 Schutzventil gegen Überdruck; 9 Überdruckauslaß; 10 Tiegel; 11 Vorpumpeneinheit; 12 Ablenkwall; 13 Getriebe; 14 Betonschutzmauer; 15 Fernoptik; 16 Bedienungsstand; 17 Bildschirm; 18 Registriereinrichtung; 19 Schaltschrank; 20 Schaltpult; 21 Stahlsicherheitstür; 22 Isolierring; 23 Ofenkammer; 24 Elektrodenkopf; 25 Abschmelzelektrode; 26 Tiegelhochstromanschluß; 27 Ingot; 28 Tiegelhubwagen; 29 Kühltopf; 30 Wasseranschluß für Tiegelkühlung; 31 Chargiergrube

---

[1] MCQUILLAN, A. D., u. M. K. MCQUILLAN: Titanium, Metallurgy of the Rarer Metals No. 4. London: Butterworths Scient. Publ. 1956. — ABKOWITZ, ST., J. J. BURKE u. R. H. HILTZ: Titanium in Industry. New York: Van Nostrand 1955.

[2] MILLER, G. L.: Zirconium. London: Butterworths Scient. Publ. 1957.

[3] PARKE, R. M., u. J. L. HAM: Metals Technology, Techn. Publ. Nr. 2052, 13 (1946) Nr. 6 — Climax Molybdenum Co., Molybdenum Metal (1960).

[4] GRUBER, H.: Metall 12 (1958) 901.

[5] KIEFFER, R., u. W. WIRTH: in M. AUWÄRTER (Hrsg.): Ergebnisse der Hochvakuumtechnik und der Physik dünner Schichten. Stuttgart: Wissenschaftl. Verlagsgesellschaft 1957, 178.

solchen Ofens, und Abb. 44 erläutert gleichzeitig auch das Prinzip des Doppelschmelzens.[1-4] Für die Erzeugung hochreiner Ingots und besonders homogener Legierungen werden die geschmolzenen Rundblöcke der Erstschmelze, gegebenenfalls auch elektronenstrahlgeschmolzene Ingots, als Elektrode für die Zweitschmelze verwendet. Abb. 45 zeigt die Teilansicht eines Industrieofens, der mit Erfolg zum Schmelzen von Vanadin, Niob, Tantal, Zirkonium, Hafnium und Molybdän eingesetzt worden ist, beim Umschmelzen eines 300 mm-Niob-Rundblockes auf einen 400 mm-Niobfertigblock (s. auch Abb. 73).[5]

MILLER[6] beschreibt eine mittelgroße Lichtbogenanlage der Murex Ltd. zum Schmelzen von Niob- und Tantalstäben, bei welcher der am Boden der Kokille auf Niob- und Tantalblöcken gezogene Lichtbogen mit dem Auffüllen der Kokille nach oben wandert (Abb. 46). Die Lichtbogenlänge soll bei dieser Anlage 12,5 mm nicht überschreiten, um Glimmentladungen zu vermeiden. Zum Abschmelzen wurden z. B. vier vakuumgesinterte und gehämmerte 15 mm-Niobstäbe aneinandergeschweißt und mit 1750 A und 35 V in die Kupferkokille

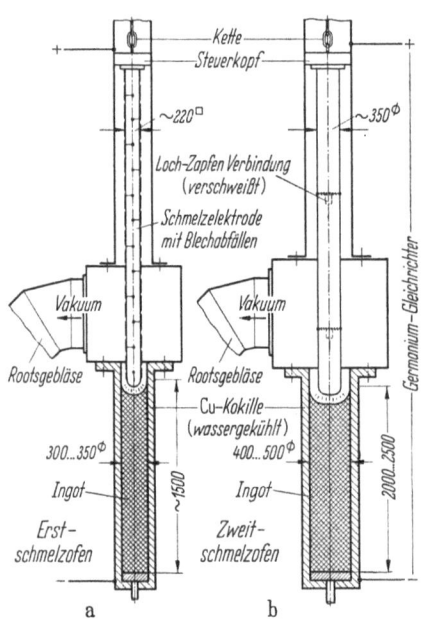

Abb. 44a u. b. Doppelschmelztechnik im Lichtbogen (nach KIEFFER und BENESOVSKY)

(Durchmesser 70 mm) abgeschmolzen. Bei einer Lichtbogenlänge von 6 mm und bei einem Druck von $2 \cdot 10^{-2}$ Torr betrug die Abschmelzgeschwindigkeit 0,63 kg/Minute. Typische Arbeitsbedingungen beim Schmelzen von Tantal sind nach MILLER in Tab. 32 wiedergegeben.

---

[1] GRUBER, H.: Metall 12 (1958) 901.
[2] KIEFFER, R., u. W. WIRTH: in M. AUWÄRTER (Hrsg.): Ergebnisse der Hochvakuumtechnik und der Physik dünner Schichten. Stuttgart: Wissenschaftl. Verlagsgesellschaft 1957, 178.
[3] KIEFFER, R., u. F. BENESOVSKY: Z. Metallkde. 47 (1956) 160.
[4] KIEFFER, R., u. F. BENESOVSKY: Berg- u. hüttenm. Mh. 101 (1956) 292.
[5] Siehe auch J. T. SHARPLES: Metal Ind. 99 (1961) 16, 314; 17, 334; 18, 361; 19, 383.
[6] MILLER, G. L.: Tantalum and Niobium. London: Butterworths Scient. Publ. 1959, 314.

Sie decken sich mit ähnlichen Angaben von HAM und SIBLEY[1], MOSS und RICHARDS[2], TORTI und HORNELL[3] u. a.[4-7]

Als Elektrodenmaterial dienen beim *Niob- und Tantal*-Schmelzen meist Preßstäbe oder Sinterstäbe aus Pulvern und Abfällen, beim *Vanadin* zweckmäßiger aneinandergeschweißte, allfällig vorher spanlos verformte Reguli[4, 5] oder verpreßte Späne[6].

Abb. 45. Bühne eines Lichtbogenofens vor dem Einschmelzen eines 1,5 t-Niob-1 Zirkonium-Blockes (Wa Chang Corp.)

---

[1] HAM, J. C., u. C. M. SIBLEY: J. Metals 9/7 (1957) 976.
[2] MOSS, A. R., u. D. T. RICHARDS: J. Less-Common Met. 2 (1960) 405.
[3] Vgl. M. L. TORTI u. C. A. HORNELL: AIME Fall Meeting 1961.
[4] MERRILL, T. W.: J. Less-Common Metals 3 (1961) No. 6, 451.
[5] SPERNER, F.: Metall, Okt. 1961, 988.
[6] FARRELL, J. W.: Trans. Amer. Soc. Metals, Juni 1961, 143.
[7] GRUBER, H.: Metall 12 (1958) 901.

Abb. 47 zeigt eine Argonarc- bzw. Heliarc-Schweißkammer zur Herstellung langer Abschmelzelektroden aus Preß- und Sinterstäben bzw. runden, schon einmal geschmolzenen Ingots (Erstschmelzen). Im Wolframlichtbogenofen unter Inertgas können auch reine Abfälle aller Art, wie z. B. Blechstreifen, Stäbe usw., an die Abschmelzelektrode, wie dies bereits in der Titan- und Zirkoniumindustrie üblich ist, angepunktet werden. In Elektronenstrahlschweißkammern mit Fernkathoden (s. Abb. 48) lassen sich in ähnlicher Weise zylindrische Blöcke (Erstschmelzen) zusammenschweißen und auch Legierungszusätze anheften. Die Rollengänge links vor den Kammern dienen zur Lagerung und zur Drehung der runden Elektroden beim Schweißvorgang.

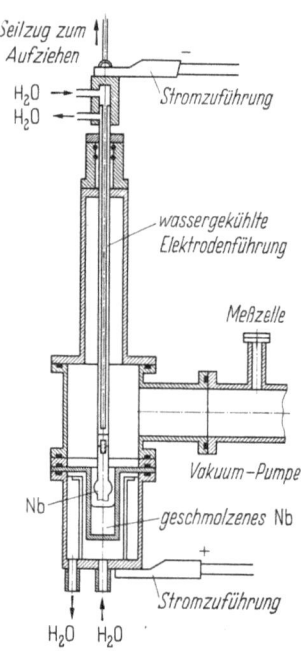

Abb. 46. Lichtbogenofen zum Schmelzen von gesinterten Niob- und Tantalstäben (nach MILLER)

GRUBER[1] und OGIERMANN und SCHEIBE[2] beschäftigten sich eingehend mit den metallurgischen Fragen beim Schmelzen von Niob und Tantal, wahlweise im Vakuumlichtbogen- und im Elektronenstrahlofen. Die Ergebnisse, die reinheits- und härtemäßig zugunsten einer Erst- und Zweitschmelze im Elektronenstrahlofen sprechen, werden im nächsten Abschnitt besprochen.[3] Bei besonders großen Ingots (Durchmesser z. B. 300 bis 700 mm) wird

Tabelle 32. *Typische Schmelzbedingungen für Tantal unter Argon bzw. im Vakuum* (nach MILLER)

Bedingungen	Atmosphäre	
	Argon	Vakuum
Druck, mm	40	0,010
Elektrode, g/cm	40	20
Blockdurchmesser, cm	7	7
Bogenstrom, A	2000	2000
Bogenspannung, V	23	28
Schmelzgeschwindigkeit, g/min	112	425

---

[1] GRUBER, H.: Metall 12 (1958) 901.
[2] OGIERMANN, G., u. W. SCHEIBE: Metall 15 (1961) 3.
[3] RAUB, E., u. E. RÖSCHEL: Z. Metallkde. 53 (1962) Nr. 2, 93.

man vorteilhaft wieder eine Lichtbogenschmelze als Zweit- oder Drittschmelze der Elektronenstrahlschmelze nachschalten.

Abb. 47. Edelgas-Schweißkammer zur Herstellung langer Abschmelzelektroden (Wah Chang Corp.)

Abb. 48. Elektronenstrahl-Schweißkammer zur Herstellung von Elektroden im Hochvakuum (Wah Chang Corp.)

Ausführliche Untersuchungen über das Schmelzen hochschmelzender Metalle im Vakuumlichtbogenofen, welche unter anderem auch zum ersten erfolgreichen Erschmelzen von Wolfram führten, stammen von NOESEN[1].

Neue Angaben über die Reinigung von Tantal beim Schmelzen mit Abschmelzelektroden bringt TORTI[2]. Bei 30 bis 40 kg schweren Blöcken findet er einen Kohlenstoffzusatz von 50% der stöchiometrisch notwendigen Menge als besonders günstig für die Desoxydation des Tantals. TORTI verwendete für seine Versuche einen Lichtbogenofen mit Abzugskokille[3] (Stranggußprinzip).

3. Schmelzen im Elektronenstrahlofen

Das Schmelzen von hochschmelzenden und reaktionsfreudigen Metallen (wie z. B. Nb, Ta, Mo, Zr, Hf und deren Legierungen) im Elektronenstrahlofen wurde von der Temescal Metallurg. Corp. zu seiner industriellen Reife gebracht.[4] Die Anwendung von Elektronenstrahlen zum Schmelzen von Metallen wird auf grundlegende Arbeiten von TIEDE[5] zurückgeführt. Diese Schmelztechnik hat sich zuerst für das Zonenschmelzen und zum Raffinieren von Metallen im Labor eingeführt.[6]

In Lizenzen hergestellte Öfen und eigene Ofenentwicklungen mit ringförmigen Nahkathoden und Mehrfachfernkathoden werden von SCHEIBE[7], OGIERMANN[8] sowie von GRUBER[9] beschrieben. Letzterer gibt

---

[1] NOESEN, S. J., u. R. M. PARKE: in R. F. BUNSHAH (Hrsg.): Vacuum Metallurgy, New York 1957, 162. — NOESEN, S. J.: J. Metals 12 (1960) 842 — Electr. Furnace Proc. 17 (1959) AIME, New York 1960, 27 — Columbium Metallurgy. New York: Intersc. Publ. 1961, 147.

[2] TORTI, M. L.: J. electrochem. Soc. 107 (1960) 33.

[3] TORTI, M. L., u. C. A. HORNELL: AIME Fall Meeting 1961.

[4] SMITH, H. R., CH. D'A. HUNT u. C. W. HANKS: in F. BENESOVSKY (Hrsg.): Hochschmelzende Metalle, 3. Plansee Seminar, Juni 1958, Reutte/Tirol. Wien: Springer 1959, 336 — AIME Third Reactive Metals Conf., Buffalo, 1958 — Vacuum Metallurgy. New York: Reinhold Publ. 1958, 221. — LEVINSON, D. W.: Vacuum Symposium Trans. 1958, American Vacuum Soc. New York: Pergamon Press 1959, 164. — SMITH, JR. H. R.: in W. R. CLOUGH (Hrsg.): Reactive Metals. New York: Intersc. Publ. 1959, 123.

[5] TIEDE, E.: Ber. dtsch. chem. Ges. 46 (1913) 2229. — TIEDE, E., u. E. BIRNBRAUER: Z. anorg. Chem. 87 (1914) 129.

[6] CALVERLEY, A., M. DAVIS u. R. F. LEVER: J. sci. Instrum. 34 (1957) 142. — ENGLAND, P. G., u. H. N. JONES: J. sci. Instrum. 35 (1958) 66.

[7] SCHEIBE, W.: Elektrowärme 19 (1961) 236.

[8] OGIERMANN, G.: Vakuum 10 (1960) 445. — OGIERMANN, G., u. W. SCHEIBE: Metall 15 (1961) 3.

[9] GRUBER, H.: Z. Metallkde. 5 (1961).

eine detaillierte Darstellung der geschichtlichen Entwicklung des Schmelzens von Metallen mit Elektronenstrahlen an Hand von über 80 Literaturzitaten. Mit englischen Entwicklungen beschäftigt sich EATON[1].

HUNT und SMITH, OGIERMANN und SCHEIBE, GRUBER sowie EATON wägen die Vor- und Nachteile des Lichtbogenofens beim Arbeiten unter Vakuum oder in intertem Gas gegenüber dem Elektronenstrahlofen ab und kommen übereinstimmend zum Schluß, daß letzterer folgende technische Vorteile aufweist[2]:

1. Man kann, wie beim Vakuuminduktionsofen, die Schmelzen beliebig lange bei niedrigsten Drücken flüssig halten. Das zwangsläufig angewendete Stranggußprinzip wirkt sich vorteilhaft bei der Entgasung aus.

2. Das Schmelzbad kann im Elektronenbombardement stark überhitzt und hierdurch besser raffiniert werden. Darüber hinaus dürfte die Ionisation auf den Entgasungsablauf einen bedeutenden, günstigen Einfluß ausüben.[3]

3. Die Rückdiffusion von abgedampften Verunreinigungen in die Schmelze wird durch entsprechende elektrische Felder und durch die angewendete Stranggußtechnik verhindert.

4. Die Abschmelzmengen pro Zeiteinheit lassen sich besser variieren und kontrollieren.

5. Die Abfallaufbereitung, d. h. das Einschmelzen des „Edelschrottes", läßt sich wirtschaftlicher durchführen und erfordert keine vorherige Erzeugung von Preß- oder Sinterelektroden.

Als nachteilig werden die höheren Investitionskosten, das gelegentliche Zusammenbrechen des Vakuums durch starke Gasausbrüche und das dann zwangsläufige Ausfallen des Elektronenstrahles oder allfälliges Ausfallen einzelner Kathoden empfunden. Diesen Nachteilen versucht man bei neueren Ofenentwicklungen durch *Fernkathoden*[4], die auch in einem getrennten Vakuumraum liegen können, zu begegnen.

Über die Bewahrung von Mehrfachfernkathoden, insbesondere bei Großblöcken und bei der Abfallverwertung von Va-Metallen, läßt sich im augenblicklichen Zeitpunkt noch kein abschließendes Urteil fällen.

---

[1] EATON, N. V.: J. Less-Common Metals 2 (1960) 104.
[2] Siehe auch T. E. BUTLER u. R. P. MORGAN: J. Metals 14 (1962) 200.
[3] MÜLLER, P.: Z. Metallkde. 52 (1961) 488.
[4] GRUBER, H.: Z. Metallkde. 5 (1961). — EATON, N. V.: J. Less-Common Metals 2 (1960) 104.

Faßt man das Für und Wider beim Schmelzen der Va-Metalle im Vakuumlichtbogenofen bzw. im Elektronenstrahlofen zusammen[1-6], so scheint bei den außerordentlich reaktionsfreudigen Va-Metallen mit ihren starken Gettereigenschaften vieles für das Elektronenstrahlschmelzen zu sprechen. Für Erstschmelzen aller Art, für Großstäbe und das Vanadinschmelzen im besonderen wird sich auch das Vakuumlichtbogenschmelzen weiterhin behaupten, wie überhaupt beide Techniken geeignet erscheinen, sich in der Schmelzpraxis sinnvoll zu ergänzen.

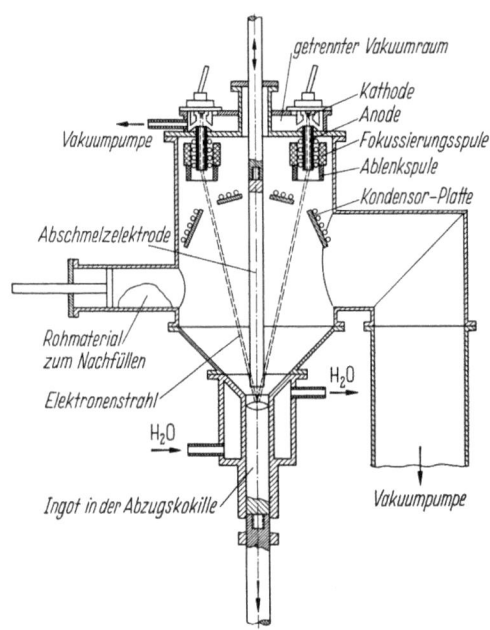

Abb. 49. Elektronenstrahlofen mit Fernkathoden zum Einschmelzen von Stäben oder pulverförmigem Einsatz (nach EATON)

Abb. 49 zeigt nach EATON[4] einen in England entwickelten, mittelgroßen Elektronenstrahlofen mit Fernkathoden, der das Abschmelzen von Elektroden und gleichzeitig das Einschmelzen von Abfällen und Legierungszusätzen erlaubt.

GRUBER[3] vergleicht etwa 20 Konstruktionen von Elektronenstrahlöfen mit Ringkathoden (Nahkathoden) und Elektronenkanonen (Fernkathoden) und gibt letzteren, bei denen der Elektronenraum getrennt abgepumpt wird, insbesondere aus Gründen der Betriebssicherheit, den Vorzug. Interessant sind die aufgezeigten Möglichkeiten der Abfallverwertung und des Gießens nach dem Prinzip des „Schmelzens im werkstoffeigenen Tiegel" (s. Abb. 50).

Abb. 51 zeigt einen großen Industrieofen und Abb. 52 die Anordnung der Nahringkathode zur Abschmelzelektrode und zum Schmelzbad.

---

[1] LEVINSON, D. W.: in W. R. CLOUGH (Hrsg.): Reactive Metals. New York: Intersc. Publ. 1959, 123.
[2] OGIERMANN, G., u. W. SCHEIBE: Metall 15 (1961) 3.
[3] GRUBER, H.: Z. Metallkde. 5 (1961).
[4] EATON, N. V.: J. Less-Common Metals 2 (1960) 104.
[5] RAUB, E., u. E. RÖSCHEL: Z. Metallkde. 53 (1962) Nr. 2, 93.
[6] TOUGARINOFF, B.: Le Vide, Nov./Dez. 1961, No. 96, 327.

Abb. 53 gibt nach SCHEIBE[1] den wichtigen Zusammenhang zwischen Temperatur (Schmelzpunkt der Metalle), Leistung und Kokillendurchmesser wieder.

OGIERMANN und SCHEIBE[2] berichten über das Schmelzen und Reinigen von handelsüblichem *Niob* (0,25% O_2 und 0,05% C) unter verschiedenen Bedingungen. Sie erzielten beim Einschmelzen des Niobs

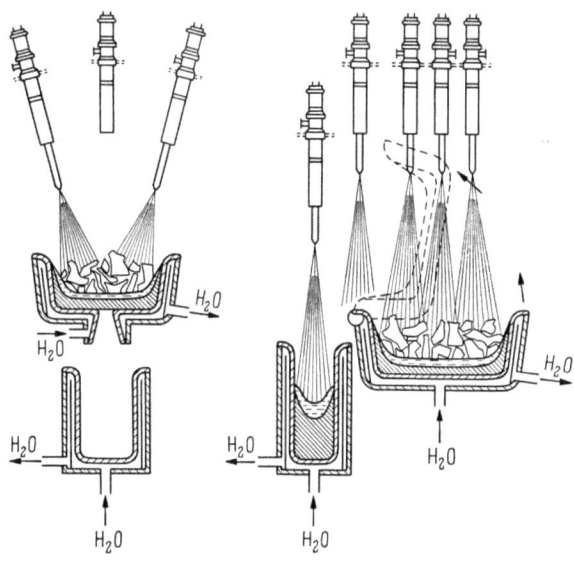

Abb. 50. Vorschlag zum Gießen (Skull-melting) von hochschmelzenden Metallen (nach GRUBER)

im Lichtbogenofen unter Argon eine Härte von HB 180, im Vakuumlichtbogenofen eine Härte von HB 138, während sie bei einer Erstschmelze im Elektronenstrahlofen eine Härte von HB 90 bis 100 erreichten, die bei mehrmaligem Umschmelzen auf HB 40 bis 60 fiel. Bei *Tantal* ergaben sich ähnliche Verhältnisse (s. Abb. 54a bis d). Der starke Härteabfall bei Niob und Tantal (s. Abb. 55) läßt auf eine Senkung des gemeinsamen Gehaltes an Sauerstoff, Stickstoff und Kohlenstoff von 0,1 bis 0,5% auf 0,01 bis 0,05% schließen.[2, 3]

Den Reinigungseffekt bei 1- bis 4maligem Elektronenstrahlschmelzen von Niob und Tantal zeigen die analytischen Befunde von TOUGARINOFF[4] in Tab. 33, die die vorgenannten Härteuntersuchungen unterstreichen.

---

[1] SCHEIBE, W.: Metall, Mai 1960, 401.
[2] OGIERMANN, G., u. W. SCHEIBE: Metall 15 (1961) 3.
[3] RAUB, E., u. E. RÖSCHEL: Z. Metallkde. 53 (1962) Nr. 2, 93.
[4] TOUGARINOFF, B.: Le Vide, Nov./Dez. 1961, No. 96, 327.

Abb. 51a u. b. Großer 500 kW-Elektronenstrahlofen mit Nahring- und Fernkathode (Bauart Degussa). a) Auf der Bühne des Ofens; b) Ansicht mit Vakuumaggregaten

Bei den stark an Bedeutung gewinnenden Vanadin-, Tantal- und insbesondere Nioblegierungen (s. S. 161 ff.) ist mit Erfolg eine Kombination des Vakuumlichtbogenschmelzens (Erstschmelze) mit dem Elek-

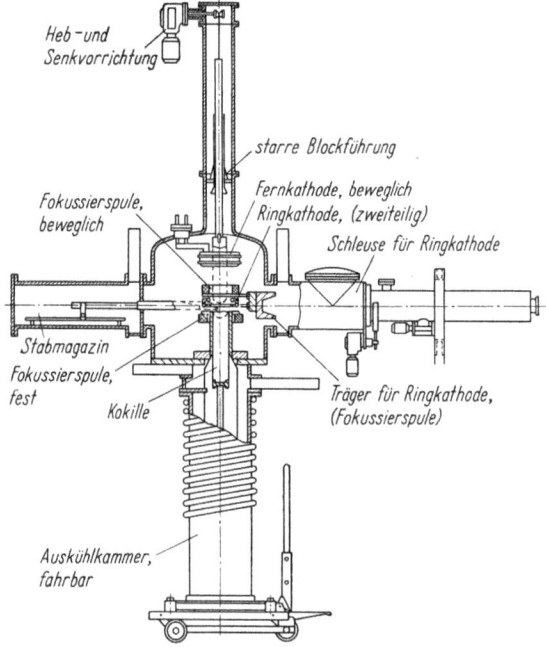

Abb. 52. Schematischer Aufbau des Ofens nach Abb. 51 und Anordnung der Kathoden zum Schmelzgut (Degussa)

tronenstrahlschmelzens (Zweitschmelze) angewendet worden. Zum Beispiel aus Gründen der Dimension (Blockgröße) wird auch manchmal

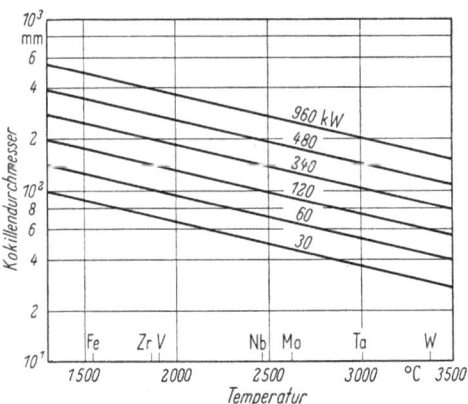

Abb. 53. Zusammenhang zwischen Temperatur, Leistung und Kokillendurchmesser in Elektronenstrahlöfen (nach SCHEIBE)

die umgekehrte Reihenfolge oder eine Drittschmelze im Lichtbogenofen angewendet.

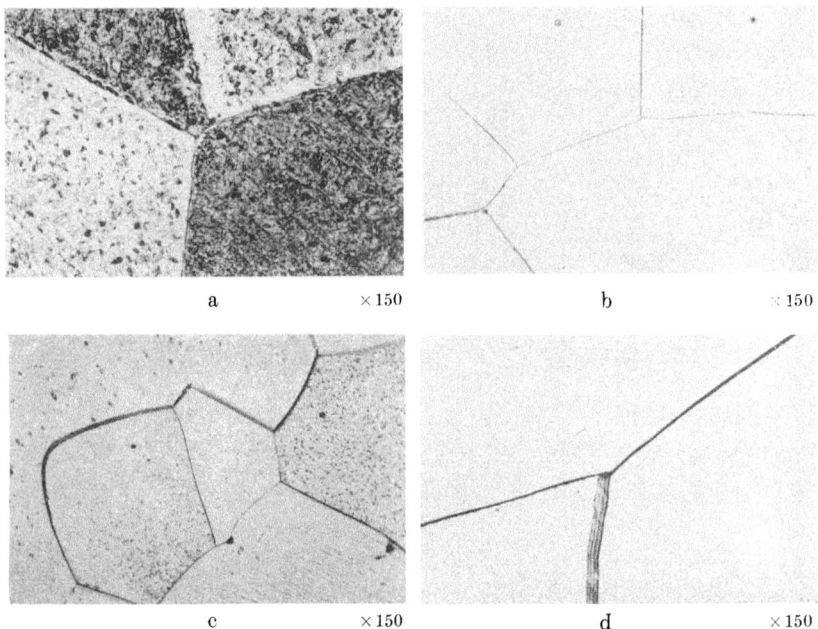

Abb. 54a—d. Gefüge von Niob und Tantal nach verschiedenen Schmelzbehandlungen (nach OGIERMANN und SCHEIBE)

a) Niob, 1× lichtbogengeschmolzen (Argon), HB 180; b) Niob, 2× elektronenstrahlgeschmolzen, HB 38; c) Tantal, lichtbogengeschmolzen, HB 270; d) Tantal, elektronenstrahlgeschmolzen, HB 45—55 (alle Proben chemisch poliert)

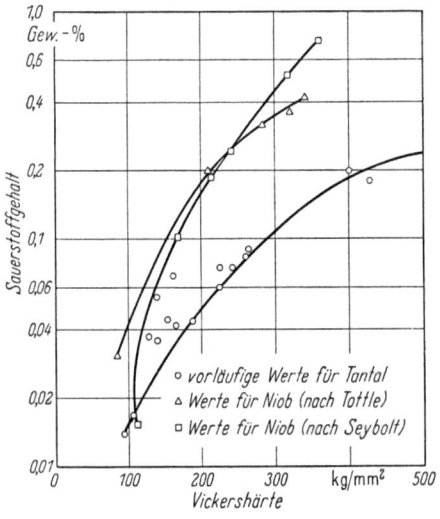

Neuerdings ist es in großen Ofeneinheiten der Megawatt-Klasse gelungen, aus Erzkonzentraten oder halbgereinigtem Nioboxyd hochreines Nb-Metall in Reaktorqualität direkt zu gewinnen. Dadurch konnte ein Preis von $ 15 je lb. bei 2,5 t Partien erbracht werden.[1]

---

[1] Iron Age 189 (1962) No. 24, 15.

Abb. 55. Härte von Niob und Tantal in Abhängigkeit vom Sauerstoffgehalt (nach OGIERMANN und SCHEIBE)

Tabelle 33. *Analysen von Tantal und Niob im Verlauf der Reinigung durch Elektronenstrahlschmelzen* (nach TOUGARINOFF)

		Tantal			
Element in ppm	vorgesinterter Stab	1. Schmelze	2. Schmelze	3. Schmelze	4. Schmelze
O_2	1120	130	90	80	<60
C	150	30	<20	<20	<20
H_2	75	17	15	10	5
N_2	100	40	<15	<15	<15
Si	40	<10	<10	<10	<10
Fe	50	10	<10	<10	<10

		Niob			
Element in ppm	vorgesinterter Stab	1. Schmelze	2. Schmelze	3. Schmelze	
O_2	1500	100	75	50	
C	300	50	<20	<20	
H_2	28	3	1	1	
N_2	75	50	30	25	
Si	550	200	50	<10	
Fe	350	<35	<35	<35	

4. Verschiedenartige Schmelzverfahren

a) Allgemeines. Nachfolgend werden einige Schmelzverfahren besprochen, die zum gegenwärtigen Zeitpunkt schwerpunktsmäßig nur Laborinteresse haben. Das *Schmelzen* mit Hilfselektroden (Permanentelektroden) ist die günstigste Technik für die schnelle Herstellung von Schmelzproben unter Argon oder im Vakuum, besonders für die Erzeugung kleiner Schmelzreguli bei metallkundlichen Untersuchungen. Die „Skull-Melting"-Technik, die einem „*Schmelzen im werkstoffeigenen Tiegelmaterial*" gleichkommt, ist dann von Vorteil, wenn man mehr oder minder komplizierte Gußkörper (z. B. große Ringe, s. Abb. 58) erzeugen will. Die *Zonenschmelztechnik* wird man überall dort bei den Va-Metallen anwenden, wo es sich um die Gewinnung von extrem reinen Stabproben oder größeren Einkristallen, vornehmlich zur Bestimmung physikalischer Größen handelt. Das *Schwebeschmelzen* war lange eine schmelztechnische Kuriosität für niedrigschmelzende Metalle oder Legierungen, hat aber auch schon für hochschmelzende Metalle, wie Niob und Nioblegierungen, Anwendung gefunden, während das *Hochfrequenzschmelzen im geteilten, wassergekühlten Kupfertiegel* für Vanadinlegierungen in der Kiloordnung in Frage kommt.

b) Schmelzen mit Hilfselektroden. Es wurde schon früher ausgeführt (s. S. 92), daß KROLL[1], dem Pionier des duktilen Titans und Zirkoniums, der praktische und einfache Lichtbogenofen mit *Wolframhilfselektrode*[2] und wassergekühltem Tiegel zu verdanken ist. Dieser Ofen ist in der Technik und insbesondere im Laboratorium unter dem Namen „KROLL-Ofen" oder „Knopf-Schmelzofen" sehr verbreitet.

Abb. 56 zeigt schematisch den Aufbau eines KROLL-Ofens mit einer Kupferplatte, die das Schmelzen mehrerer Proben nacheinander gestattet. Wird unter Argonunterdruck gearbeitet, so empfiehlt es sich, 1 oder 2 Titan- bzw. Zirkoniumschwammstücke zu Beginn niederzuschmelzen, um den Stickstoff des Edelgases (auch O_2) zu gettern. Ein Vakuum von 10^{-4} mm Hg enthält bekanntlich noch 0,1 ppm der ursprünglichen Atmosphäre, während Argon selbst mit einer Reinheit von 99,99% noch etwa 100 ppm Verunreinigungen, vorzugsweise Sauerstoff und Stickstoff, enthält.[3]

Für die Erzeugung besonders homogener Vanadin-, Niob- und Tantallegierungen empfiehlt es sich, die „Knöpfe" mehrfach — nach jeweiligem Umdrehen oder einer Zwischenzerkleinerung — umzuschmelzen.

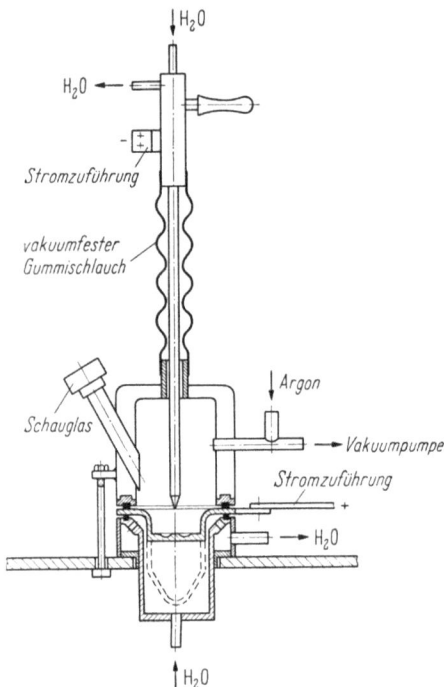

Abb. 56. Aufbau eines KROLL-Knopfofens mit Wolframhilfselektrode (nach BRAUN)

Durch Verwendung länglicher oder kreisförmiger Vertiefungen in der Kupferkokille lassen sich auch entsprechende Stäbe oder Ringe erschmelzen, die sich besser als die knopfförmigen Reguli zum Walzen und Hämmern mit anschließendem Ziehen eignen (s. auch im KROLL-Ofen elektronenstrahlgeschmolzene Tantalringe bei GRUBER[4] und

---

[1] KROLL, W. J.: Trans. electrochem. Soc. 78 (1940) 35.
[2] Es wurde hierfür auch der Ausdruck „Permanentelektrode" vorgeschlagen (im englischen Sprachgebrauch „permanent electrode").
[3] EATON, N. V.: J. Less-Common Metals 2 (1960) 104.
[4] GRUBER, H.: Z. Metallkde. 5 (1961).

lichtbogengeschmolzene Tantal-Wolfram- bzw. Tantal-Niob-Stäbe bei BRAUN[1]).

Nach GEACH und SUMMERS-SMITH[2] sowie KNAPTON[3] eignet sich ein abgewandelter KROLL-Ofen sehr gut zur Bestimmung der Schmelzpunkte hochschmelzender Metalle und von Legierungen der Va-Metalle.

c) **Schmelzen im werkstoffeigenen Tiegelmaterial** (Skull-Melting). Das „Skull-Melting-Verfahren", die *Technik des Schmelzens im werkstoffeigenen Tiegel*, basiert auf einer Weiterentwicklung des KROLL-Ofens mit Hilfs- oder Abschmelzelektroden, gegebenenfalls mit Elektronenkanonen (s. S. 101), um größere Mengen hochschmelzender Metalle zu vergießen.

Brauchbare Öfen zum Gießen von Kilochargen, von Titan und Zirkonium, wurden von HAM[4] und ROBERTSON[5] beschrieben. Abb. 57 zeigt nach CLITES und CALVERT[6,7] einen Laborofen, der auch mit Erfolg zum Schmelzen und Gießen von Niob, Tantal, Molybdän und Wolfram eingesetzt wurde. Wenn genügend Material von der Abschmelzelektrode abgetropft ist und sich ein größerer Schmelzsumpf gebildet hat, wird die Elektrode schnell zurückgezogen, der Tiegel gekippt und die Schmelze in den

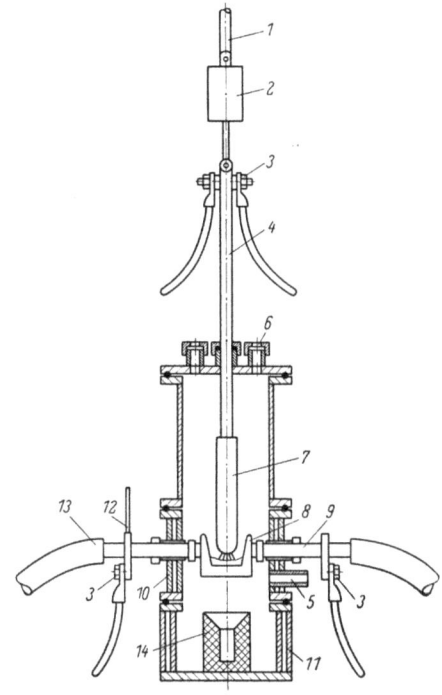

Abb. 57. Lichtbogenofen zum Schmelzen im werkstoffeigenen Tiegel (Skull-melting) (nach U. S. Bureau of Mines)
1 Elektrodenantrieb; *2* pneumatischer Zylinder; *3* Stromanschlüsse; *4* wassergekühlter Elektrodenhalter; *5* Vakuumpumpe; *6* Schauglas; *7* Abschmelzelektrode; *8* wassergekühlter Schmelztiegel; *9* wassergekühlter Kippmechanismus; *10, 11* wassergekühlte Wände; *12* Kipphebel; *13* Wasseranschluß; *14* Graphitkokille

---

[1] BRAUN, H.: Dissertation Mont. Hochschule Leoben 1959.
[2] GEACH, G. A., u. D. SUMMERS-SMITH: J. Inst. Met. 80 (1951) 143.
[3] KNAPTON, A. G.: in F. BENESOVSKY (Hrsg.): Hochschmelzende Metalle, 3. Plansee Seminar, Juni 1958, Reutte/Tirol. Wien: Springer 1959, 413.
[4] HAM, J. L.: Vacuum Metallurgy Course, New York University, Juni 1957.
[5] ROBERTSON, A. H.: J. Inst. Met. 86 (1957) 1.
[6] CLITES, P. G., u. E. D. CALVERT: U. S. Bureau of Mines, Rep. USBM-U-678, Jan. 1960 — J. Metals 13 (1961) 136.
[7] JOHNSON, W. H.: DMIC Report 139 (Nov. 1960).

Graphittiegel abgegossen. Spiralige Fließproben aus Niob und Rundstäbe für Zerreißproben oder Spezialformen ließen sich so auf schnellem Wege herstellen, wobei natürlich die Gießschwierigkeiten mit dem steigenden Schmelzpunkt des Metalls und mit der Größe des Bades anwachsen.[1]

Die Oregon Metallurgical Corp., Albany/Oregon, beschäftigt sich

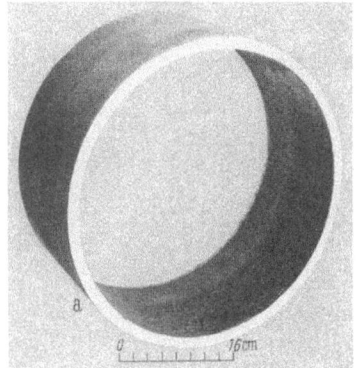

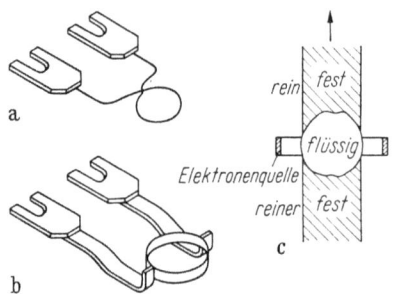

Abb. 59a—c. Ringkathoden für das Zonenschmelzen von Rundstäben und Prinzip der Reinigung (nach CALVERLEY)

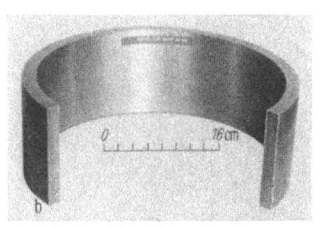

Abb. 58a u. b. 30 kg schwerer Vanadinring, Lichtbogenschmelze im werkstoffeigenen Tiegel und anschließender Schleuderguß (Oregon Metallurgical Corp.) a) roher Ring; b) überdrehter, geschlitzter Ring als Vormaterial zum Walzen

eingehend mit der „Skull-Melting-Technik" und erzeugte u. a. im Schleudergußverfahren einen etwa 30 kg schweren Vanadinring (Außendurchmesser 35 cm) (s. Abb. 58).

d) **Zonenschmelzen.** Um Vanadin-, Niob- und Tantalstäbe höchster Reinheit zu erzeugen, und um größere Einkristalle aus den Va-Metallen herzustellen, benutzt man mit Vorteil das PFANNsche Zonenschmelzverfahren[2, 3]. Um Rundstäbe zonenweise von oben nach unten durchzuschmelzen, verwendet man bei niedriger schmelzenden Metallen gewöhnlich passende Hochfrequenzspulen[2-4], bei hochschmelzenden Metallen Elektronenquellen in Form von Ringkathoden[4, 5] oder Fernkathoden[6]. Die von CALVERLEY u. a. verwendeten Ringkathoden sind in Abb. 59 wiedergegeben, die auch rechts das Prinzip der Schmelzreinigung zeigt.

---

[1] JOHNSON, W. H.: DMIC Report 139 (Nov. 1960).
[2] PFANN, W. G.: Zone Melting. New York: Wiley & Sons 1958.
[3] PARR, N. L.: Zone Refining and Allied Techniques. London: G. Newnes 1960.
[4] HILLMANN, H.: Metall 15 (Febr. 1961) 106.
[5] CALVERLEY, A., M. DAVIS u. R. F. LEVER: J. sci. Instrum. 34 (1957) 142.
[6] EATON, N. V.: J. Less-Common Metals 2 (1960) 104.

Die von EATON verwendete Anlage zum Zonenschmelzen geht aus Abb. 60 hervor. Die Arbeitsweise mit 4 Fernkathoden soll nach EATON[1] erhebliche Vorzüge gegenüber der Ringkathode aufweisen.

Mit den theoretischen und praktischen Grundlagen des Zonenschmelzens setzt sich HILLMANN[2] auseinander, und es sei auf die reich-

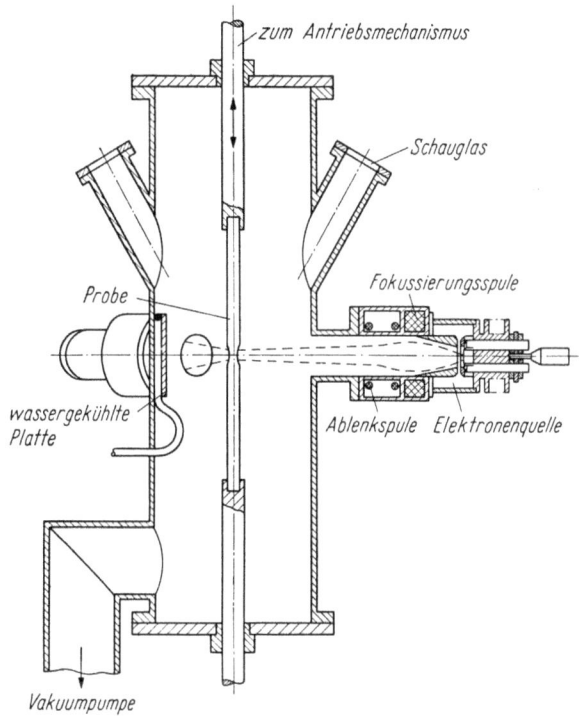

Abb. 60. Anlage zum Zonenschmelzen von hochschmelzenden Metallen mit Fernkathoden (nach EATON)

bebilderte Originalarbeit zum Quellenstudium verwiesen sowie auf die schon zitierten Bücher von PFANN[3] und PARR[4].

e) **Schwebeschmelzen** (Levitation-Melting). Das *Schwebeschmelzen*, von den Westinghouse Versuchslaboratorien als sogenanntes „Levitation-Melting" entwickelt, schien ursprünglich nur für das induktive Schmelzen niedrigschmelzender Metalle geeignet zu sein. BEGLEY,

---

[1] EATON, N. V.: J. Less-Common Metals 2 (1960) 104.
[2] HILLMANN, H.: Metall 15 (Febr. 1961) 106.
[3] PFANN, W. G.: Zone Melting. New York: Wiley & Sons 1958.
[4] PARR, N. L.: Zone Refining and Allied Techniques. London: G. Newnes 1960.

FRANCE und PLATTE[1,2] zeigten jedoch, daß dieses Verfahren auch sehr gut für Reihenuntersuchungen an Va-Metallen, zumindest an Niob und Nioblegierungen, geeignet ist.

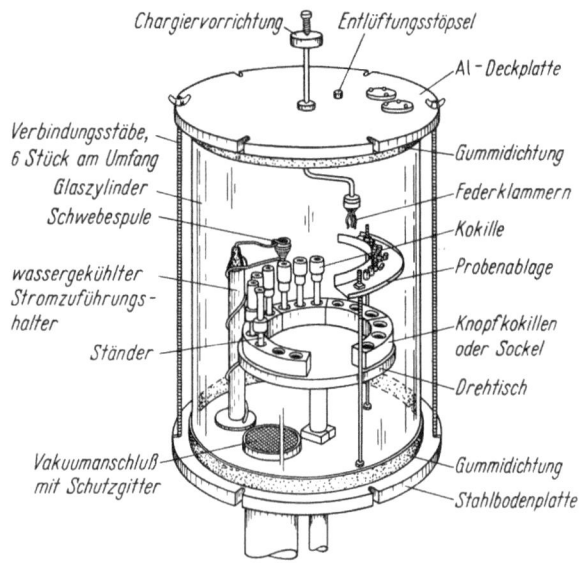

Abb. 61. Laboranlage zum Schwebeschmelzen einer Reihe von Legierungsproben (nach BEGLEY und Mitarbeitern)

Die Abb. 61 zeigt die von BEGLEY und FRANCE[1] verwendete Anlage, die erlaubt, mehrere Knöpfe von 10 bis 20 g hintereinander in einer speziellen, konischen Hochfrequenzspule (Abb. 62) so im Hochvakuum zu schmelzen, daß der flüssige, tropfenförmige Regulus im elektromagnetischen Kraftfeld schwebt. Mit Greiffingern können die zu schmelzenden Metallproben an die gewünschte Stelle gebracht und auch Legierungselemente der Schmelze zugeführt werden. Wie Tab. 34 beweist, ist der Reinigungseffekt bei

Abb. 62. Konische Hochfrequenzspule mit freischwebend geschmolzener Legierung (nach BEGLEY und Mitarbeitern)

---

[1] BEGLEY, R. T., u. L. L. FRANCE: Symposium on Newer Metals. ASTM Spec. Techn. Publ. No. 272 (1959) 56.
[2] BEGLEY, R. T., u. W. N. PLATTE: WADC Technical Report 57–344 (Mai 1960) Teil IV.

Verwendung von etwa 99,9% reinem Niob sehr gut, und man erhält nach dem Umschmelzen ein zumindest 99,99% reines Niob.

Das Schwebeschmelzen ergänzt die schon beschriebenen Anlagen zum Zonenreinigen und Knopfschmelzen mit Wolfram-Hilfselektrode, dürfte aber über das Metallabor hinaus kaum Eingang in die großtechnische Erzeugung von Va-Metallen finden.

Tabelle 34. *Reinigung von Niob beim Schwebeschmelzen im Hochvakuum*
(nach BEGLEY und FRANCE)

Schmelzzeit sec	Analyse in Gew.-%		
	O_2	N_2	C
Ausgangsmaterial	0,038	0,013	0,012
15	0,0092	0,0120	—
30	0,0035	0,0080	0,0110
60	0,0065	0,0120	0,0050
120	0,0030	0,0080	—
120	0,0022	—	—

f) Hochfrequenzschmelzen im wassergekühlten geteilten Tiegel. Das induktive Schmelzen der Va-Metalle in keramischen Tiegeln zeigte nur bei Vanadin einen gewissen Erfolg. Nachdem es SCHIPPEREIT und Mit-

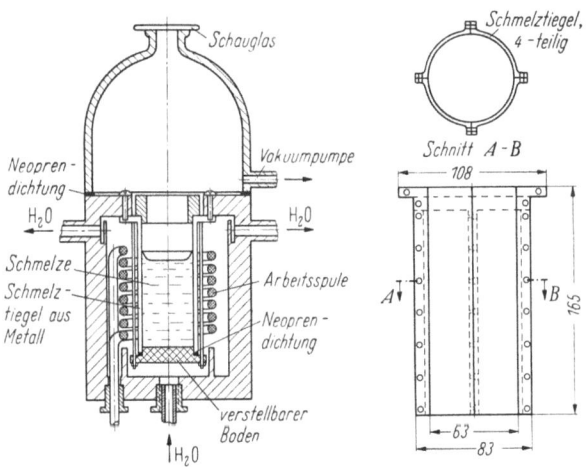

Abb. 63. Anlage zum Hochfrequenzschmelzen von Vanadin und Titan usw. im wassergekühlten geteilten Metalltiegel (nach SCHIPPEREIT und Mitarbeitern)

arbeitern[1] nach einem alten Vorschlag[2] gelang, mehrfachgeteilte, wassergekühlte Kupfertiegel zu entwickeln, die nicht als Suszeptoren wirken

---

[1] SCHIPPEREIT, G. H., A. F. LEATHERMAN u. D. EVERS: J. Metals, Febr. 1961, 140.
[2] Siemens & Halske AG., DRP 518499 (1926).

und das induktive Schmelzen von Titan — wiederum in einer Art werkstoffeigenen Tiegel — in der Kiloordnung erlaubten, bahnt sich eine Möglichkeit an, das ebenso hochschmelzende Vanadin und Vanadinlegierungen in gleicher Weise zu schmelzen (s. Abb. 63).

Es ist noch zu früh, um über die technischen und wirtschaftlichen Möglichkeiten dieses neuen Verfahrens ein abschließendes Urteil zu bilden.[1] Die Chancen, das etwa 500° höher schmelzende Niob und das etwa 1000° höher schmelzende Tantal in gleicher Weise induktiv zu schmelzen, erscheinen heute noch recht klein.

V. Weiterverarbeitung der Va-Metalle

1. Allgemeines

Die reinen (O, C, N)-freien Va-Metalle erfahren ihre Verfestigung nur durch die aufgebrachte Verformung[2]. Da sie keine allotropen Modifikationen aufweisen, sind sie nicht wärmebehandelbar. Nur bei Einsatz von technisch reinen Ausgangspulvern machen sich Härtungserscheinungen durch fein disperse Karbide, Nitride usw. bemerkbar. V, Nb und Ta sind bei einem Reinheitsgrad >99,9%, sowohl gesintert als erschmolzen, *kaltduktil*. Nach einer entsprechend hohen Kaltverformung (70- bis 95%ige Verformung) müssen Bleche, Stäbe oder Formstücke im Vakuum bei Temperaturen von 1000 bis 1600°, vorzugsweise 1100 bis 1400°, vor

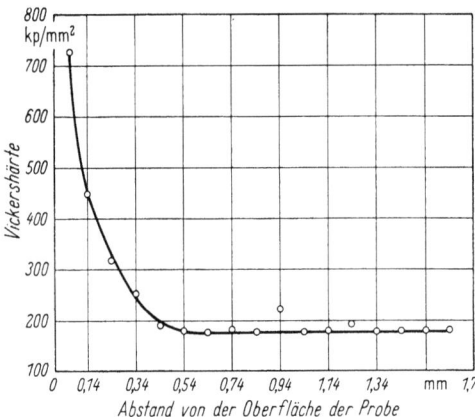

Abb. 64. Härte eines an Luft warmverformten Vanadinblockes in Abhängigkeit von der Entfernung von der Oberfläche (nach ROSTOKER)

einer weiteren Kaltverformung weichgeglüht werden. Hochreine, z. B. elektronenstrahlgeschmolzene, Ingots benötigen meist keine Vakuumzwischenglühungen vor der Endglühung. Eine Anwärmung der Metalle auf Temperaturen von 150 bis 300°, d. h. auf Temperaturen unterhalb einer Reaktion mit Luft, Wasserdampf, Kohlenoxyd, Kohlendioxyd usw., ist zulässig.[3] Bei höheren Temperaturen setzt eine immer stärker werdende Aufnahme von O_2 und N_2 sowie anschließend Oxyd-

---

[1] Vgl. H. GRUBER: Z. Metallkde. 5 (1961).
[2] INGRAM, A. C.: DMIC Report 134 (Aug. 1960).
[3] OSTERMANN, F.: Metall 16 (1962) 979.

und Nitridbildung ein, so daß sich eine allfällige Warmverformung der Va-Metalle ohne Sondermaßnahmen, wie sie bei den warmfesten Mo-Legierungen notwendig sind (z. B. gasdichte Blechbehälter, Überzüge aus Metallen, Salz- oder Glasschmelzen, Arbeiten unter inerten Gasen, INFAB-Technik[1]), verbietet (s. Kap. VII).

Die Wirkung einer Warmverformung eines Vanadinblockes an Luft bei etwa 1000 °C zeigt Abb. 64. Dieses Verhalten ist für die Va-Metalle und ihre Legierungen typisch. Die harten Sauerstoff- und Stickstoffmischkristalle bzw. Oxyd- und Nitridschichten können etwa 0,5 mm weit bis zum weichen Kern reichen. Schält man solches Material, so kann man ohne Gefahr kalt unterhalb 300 bis 400° weiterverformen. Glüht man jedoch den verzunderten Block ohne Entfernung der Außenschicht unter Edelgas oder im Vakuum, so diffundieren Sauerstoff und Stickstoff durch den ganzen Block und verspröden ihn vollständig. Auf diesen wichtigen Punkt wird noch beim Kapitel Legierungen besonders eingegangen werden.

Nach SCHAUFUSS[2] kann man Vanadin — aber nicht Niob und Tantal — durch sehr schnelles, grobstufiges Arbeiten aus einer Schutzgasatmosphäre heraus bei 700 bis 850 °C an Luft warmverarbeiten und hierbei die später zu entfernende Oxydschicht unter 0,1 bis 0,3 mm halten.

2. Schmieden, Hämmern, Walzen, Strangpressen, Rohr- und Drahtziehen

Die Kaltverformung von Niob- und Tantalvierkant- und Flachsinterstäben sowie von geschmolzenen Vanadin-, Niob- und Tantalrundblöcken[3] erfolgt wie bei ähnlichen kaltbildsamen Metallen und Legierungen und erinnert an die Verarbeitung von Armcoeisen, Reinnickel, Nickel-Eisen-Legierungen, Monel usw. Typisch für die hochreinen Va-Metalle ist der geringe Grad von Kaltverfestigung[4], was Vakuumzwischenglühungen fast entbehrlich macht. Bei einer Ausgangshärte von $HV = 80$ bis 90 im Falle dichter Niob- bzw. Tantalsinterstäbe steigt die Härte bei einer 50%igen Verformung auf etwa 150 und bei einer 95%igen Verformung auf etwa 180 HV. Die entsprechenden Werte bei geschmolzenen Vanadiningots sind etwa 100 bzw. 160 und 220 bzw. 250 HV.

---

[1] Anonym: Metalworking Production 104 (1960) 67.
[2] SCHAUFUSS, H. S.: Mat. Des. Engng. 53 (Mai 1961) 196.
[3] MCCULLOUGH, H. M.: in: Symposium on Newer Metals. ASTM Spec. Techn. Publ. No. 272 (1959) 160.
[4] Anonym: Metal Progr., April 1961, 9.

Schmieden war eine in den Anfängen der Niob- und Tantalindustrie — die vornehmlich auf die Erzeugung von Feinblechen und Drähten eingerichtet war — wenig geübte Verformungsart. Gelegentlich werden noch Sinterstäbe durch Schmieden statt Walzen für die zweite Sinterung nachverdichtet; auch große Rundstäbe können aus Vierkantstäben rundgeschmiedet werden, wenn man nicht vorzieht, auf einem Profilkaltwalzgerüst zu arbeiten. Die Herstellung von Schmiedestücken dürfte allerdings im Zusammenhang mit der steigenden Bedeutung des Niobs in der Luftfahrt und im Raketenbau an Bedeutung gewinnen.

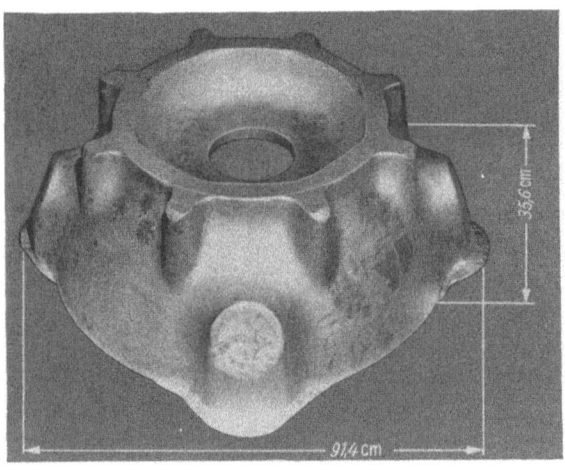

Abb. 65. Gesenkgeschmiedetes Formstück (600 kg) aus einer Nb-1 Zr-Legierung (Wyman-Gordon Comp.)

So wurden aus vakuumgeschmolzenen Großblöcken der Legierung Nb-1% Zr bereits Schmiedestücke mit über 500 kg Gewicht hergestellt.[1]

Abb. 65 zeigt z. B. ein von der Wyman-Gordon Comp. unter einer 50 000 t-Presse ausgeschmiedetes 600 kg Niob-1% Zr-Formstück (vgl. auch Abb. 73). Über die Schmiedetemperaturen, Abstufungen und den verwendeten Oxydationsschutz wurden keine näheren Angaben gemacht.[2]

Die neuen Groß- und Schnellpressen („dynapac"-Verfahren) ermöglichen die Herstellung komplizierter Großteile mit engen Toleranzen und verbesserten mechanischen Eigenschaften.[3]

---

[1] Anonym: Steel 147 (1960) 72.
[2] BREDIN, H. W.: Machinery 67 (Juli 1961) No. 11. — CANAL, J. R., u. W. C. KUNKLER JR.: ASME No. 60-WA-316 (Okt. 1961).
[3] Anonym: Steel 148 (1961) 62.

Rundhämmermaschinen werden ebenso wie Knüppelwalzen zur Herstellung von 2 bis 3 mm starkem Vormaterial für die Drahtfertigung benutzt.

Grobbleche werden meist auf Duo-, Feinbleche auf Quarto-*Walzgerüsten*, Folien auf Mehrfachwalzwerken von Art des Rohn-Sundviger- oder Sendzimir-Walzwerkes, unter Verwendung von Hartmetallarbeitswalzen, verarbeitet. Bei Feinblechen wird auch noch das Paketwalzen auf Duo-Walzwerken mit oder ohne Monelbeilagen geübt. Weitere fabrikatorische Einzelheiten über die Tantalblech- und Folienherstellung finden sich bei MILLER[1]. Sie lassen sich ohne weiteres auf Niob und Vanadin[2,3] übertragen. Beim Vanadin wäre noch zu erwähnen, daß sich binäre Legierungen mit 2,5 und 20% Ti bzw. 1 bis 3% Zirkonium nach ROSTOKER[4] hervorragend kaltwalzen lassen, immer vorausgesetzt, daß nach einer allfälligen ersten Warmverarbeitung an Luft die Oxyd und Nitrid enthaltende harte Oberfläche mechanisch entfernt wird (vgl. SPERNER[2] und MERRILL[3]).

Das Strangpressen von lichtbogengeschmolzenen etwa 20 kg-Vanadinblöcken (Durchmesser etwa 80 mm) auf etwa 30 mm starke Rundstäbe wird eingehend von FARRELL[5] beschrieben. Die allseitig abgedrehten Ingots werden in Weicheisenhemden eingepaßt, die dann evakuiert und zugeschweißt werden. Die ummantelten Blöcke werden dann auf einer horizontalen Strangpresse bei 1065 bis 1205 °C ausgepreßt. Die Stahlhemden können mechanisch abgelöst werden, worauf die Strangpreßlinge überschliffen und gebeizt werden, um alle Oberflächenverunreinigungen zu entfernen. Neuerdings ist es gelungen, 3 m lange T-Stücke der Niob-Legierung D-31 (Nb-10 Ti-10 Mo) durch Strangpressen herzustellen.[6]

Da die Va-Metalle, besonders Niob und Tantal, beim *Drahtzug* zum Fressen neigen, empfiehlt es sich, den groben Draht anodisch zu oxydieren (1%ige Schwefelsäure bei 100 bis 120 V). Dieses ,,Formieren" ist notfalls nach je 2 bis 4 Zügen zu wiederholen, damit das Ziehfett gut haftet. Bis etwa 0,5 mm wird mit Hartmetall, darunter mit Diamantziehsteinen gezogen.[1,4]

---

[1] MILLER, G. L.: Tantalum and Niobium. London: Butterworths Scient. Publ. 1959.

[2] SPERNER, F.: Metall. Okt. 1961, 988.

[3] MERRILL, T. W.: J. Metals, Sept. 1958, 618 — J. Less-Common Metals 3 (1961) 988.

[4] ROSTOKER, W.: The Metallurgy of Vanadium. New York: Wiley & Sons 1958, 28.

[5] FARRELL, J. W.: Trans. ASM, Juni 1961, 143.

[6] BARTLETT, E. S., u. F. F. SCHMIDT: DMIC Rev. Rec. Dev., 20. Juli 1962.

Vanadin-, Niob- und Tantalrohre[1] lassen sich durch Tiefziehen[2] von Rondellen und anschließendes Überdornziehen herstellen (ähnlich wie die Herstellung von Nickel-Röhrchen). Große Rohre werden zweckmäßig aus Blechen nach dem Argonarcverfahren nahtgeschweißt (s. Abb. 70) und allfällig über entsprechende Dorne nachgezogen. Das Ziehen von gehämmerten Zylindern aus schlauchgepreßten und anschließend gesinterten Niob- und Tantalrohren wurde schon früher erwähnt (siehe S. 87/88, Siemens & Halske-Verfahren).

Die Herstellung von Lamellenrohren für nukleare Anwendungen kann nach den Verfahren des Kaltziehens und *Strangpressens* geschehen.[3]

Vanadinrohre wurden von LACY und BECK[4] erfolgreich aus stranggepreßten stahlblechummantelten Rohren hergestellt (s. S. 79). Das Stahlblechhemd wurde mit HCl entfernt, die angeätzte Oberfläche mechanisch geglättet, der adsorbierte Wasserstoff vom Ätzvorgang durch Vakuumglühen bei 1000° entfernt und das weiche Rohr tiefgezogen. Für Feinstkanülen mußten Vakuumzwischenglühungen vorgesehen werden.

Man kann mit Sicherheit annehmen, daß die vorbeschriebene Rondellen- und Rohrziehtechnik auch auf Vanadin und die Strangpreßtechnik des Vanadins auch auf Niob und Tantal übertragbar sind.

3. Glühen

Entgasungs-, Entspannungs- und Weichglühungen auf optimale Dehnungswerte werden bei den Va-Metallen zweckmäßig im Hochvakuum vorgenommen. Glühoperationen mit gegettertem Helium oder Argon bzw. in einem Unterdruck von Inertgas sind natürlich auch möglich, schließen aber stets, ähnlich wie schlechtes Vakuum oder eine etwaige Öldampfrückdiffusion aus Diffusionspumpen, Gefahrenquellen in sich.

Die günstigsten Glühtemperaturen liegen bei 50 bis 60% des Schmelzpunktes, das sind im Falle des Vanadins 900 bis 1000 °C[5], bei Niob 1100 bis 1300 °C[6] und bei Tantal 1200 bis 1450 °C[7]. Den hohen Temperaturen sind kürzere Glühzeiten zugeordnet, insbesondere, wenn man nicht absichtlich auf vollrekristallisiertes Material hinarbeitet.

---

[1] CASHMORE, C. J. C., u. A. G. HARPER: Metal Ind. 96 (1960) 460.

[2] Anonym: Steel 148 (1961) 92.

[3] WATERHOUSE, D. F.: Australasian Engineer 52 (1961) 87.

[4] LACY, C. E., u. C. J. BECK: Trans. ASM 48 (1956) 579.

[5] ROSTOKER, W.: The Metallurgy of Vanadium. New York: Wiley & Sons 1958.

[6] KLOPP, W. D., u. W. HODGE: DMIC Memorandum 34, Sept. 1959.

[7] OWEN, E. R.: B. I. O. S. Final Rep. No. 232. — BERRY, B. E., G. L. MILLER u. S. V. WILLIAMS: B. I. O. S. Final Rep. No. 803 (1946). — PLACEK, C., u. D. F. TAYLOR: Industr. Engng. Chem. (Industr.) 48/4 (1956) 686.

Abb. 66 zeigt einen Vakuumglühofen für Temperaturen bis 1500 °C und Abb. 67 den in den Ofen eingebauten Molybdänheizleiter, der von

Abb. 66. Vakuumofen zum Glühen von Halbzeug aus Va-Metallen (Metallwerk Plansee AG.)

Molybdänstrahlblechen umgeben ist.[1] Beim Blechglühen haben sich Glühtaschen aus Molybdän, Niob und insbesondere Tantal hervorragend

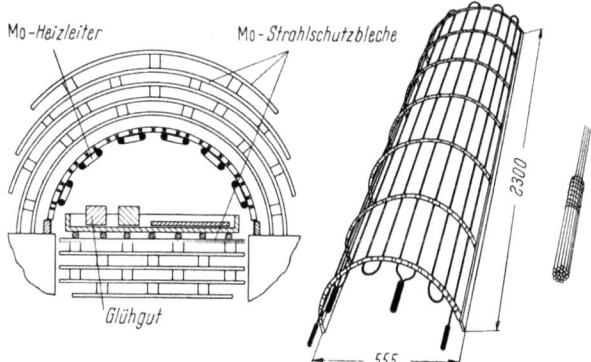

Abb. 67. Anordnung des Molybdänheizleiters und der Strahlbleche gemäß Abb. 66, Glühtaschen aus Mo, Ta oder Nb (Metallwerk Plansee AG.)

---

[1] NATTER, B.: in F. BENESOVSKY (Hrsg.): Hochschmelzende Metalle, 3. Plansee Seminar, Juni 1958, Reutte/Tirol. Wien: Springer 1959, 145. — KIEFFER, R., u. K. SEDLATSCHEK: Molybdän-Dienst, Okt. 1961, Nr. 12.

bewährt. Der gezeigte Glühofen eignet sich sowohl für Bleche, Bänder, Drähte und Stäbe als auch für Rohre, Formstücke und geschweißte Apparateteile aller Art.[1]

4. Stanzen, Drücken, Nieten, Schleifen, Polieren usw.

Das Verhalten von Niob und Tantal bei der spanlosen[2] und spangebenden (s. S. 124) Verarbeitung hängt vom Kaltverformungsgrad ab, ähnlich wie bei rostfreien austenitischen Stählen, Armcoeisen oder etwa Monel. Vanadin verhält sich ähnlich wie Titan. Ausführliche

Abb. 68. Große Tantalzylinder und Halbschalen (Pfaudler-Permutit, Inc.)

Bearbeitungsdaten für Niob und Tantal finden sich bei Cox[3]; für Vanadin finden sich nur spärliche Hinweise in der Literatur.[4] Auf das chemische bzw. elektrochemische Polieren soll bei der Herstellung metallographischer Schliffe eingegangen werden (s. Kap. VIII).

---

[1] Als Novum sei die Möglichkeit erwähnt, Metallbänder im Durchlaufverfahren in einem Elektronenstrahlofen zu glühen [Anonym: Iron Age 188 (1961) 117].

[2] Vgl. J. F. WHITTINGHAM: Mat. Des. Engng. 7 (1961) 25.

[3] Cox, F. G.: Weld. & Met. Fabrcn. 25 (Nov. 1957) 416.

[4] SCHAUFUSS, H. S.: Mat. Des. Engng. 53 (Mai 1961) 196. — ROSTOKER, W.: The Metallurgy of Vanadium. New York: Wiley & Sons 1958. — MERRILL, T. W.: J. Metals, Sept. 1958, 618 — J. Less-Common Metals 3 (1961) 988. — SPERNER, F.: Metall, Okt. 1961, 988.

Abb. 68 zeigt spanlos und spangebend verformte Tantalteile in Form von Halbschalen und konischen Zylindern (Hochtemperaturanwendung in der Raumfahrt).

Die Verarbeitung von V, Nb, Ta und ihren Legierungen nach dem ,,Explosionsformgebungsverfahren"[1] gewinnt besonders bei der Herstellung von Teilen für die Raketentechnik an Bedeutung.

5. Schweißen

Das Schweißen von V, Nb und Ta ist ein technisch besonders wichtiges Verfahren[2], da der Einsatz dieser Metalle, insbesondere des Tantals, in Blechform zu einem großen Teil im Geräte- und Apparatebau liegt. In zunehmendem Maße gilt dies auch für Nioblegierungen[3].

Tantal und Niob wurden früher im Kohlelichtbogen unter Tetrachlorkohlenstoff geschweißt[4], ein Verfahren, das bald zugunsten des ausgezeichnet arbeitenden Heliarc- und Argonarcverfahrens[5] verlassen wurde. Diese Edelgasschweißverfahren haben in den letzten 10 Jahren eine starke Bedeutung und Verbreitung durch die aufkommende Titan- und Zirkoniumindustrie erlangt. In neuester Zeit hat sich auch noch das Schweißen im Elektronenstrahl[6] für Vana-

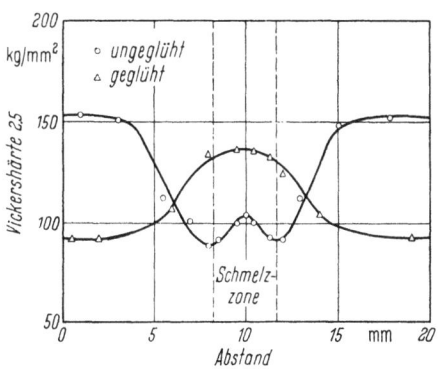

Abb. 69. Härte einer Niobschweißnaht (nach Cox)

---

[1] STUCKENBRUCH, L. C., u. C. H. MARTINEZ: Machinery 67 (1960) 99. — Anonym: Steel 148 (1961) 86. — HIGHRITER, H. W.: Fansteel Metallurgy, Aug. 1961, 2.

[2] IRVING, R. R.: Iron Age 187 (1961) 99. — WEINMANN, W.: Industrieanzeiger 82 (1960) 1595. — BERNARD, W.: Weld. Fabric. and Des. 4 (1960) 37.

[3] TRABOLD, A. F., u. S. BANK: Metal Progress, Mai 1961, 103. — Anonym: Iron Age 186 (1960) 110. — VAGI, J. J., H. E. PATTEE, H. W. MISHLER, R. E. MONROE u. R. M. EVANS: DMIC Memorandum 109, Mai 1961. — LEPKOWSKI, W. J., R. E. MONROE u. D. J. RIEPPEL: DMIC Memorandum 60, Okt. 1960. BURROWS, C., L. J. GAGOLA u. M. M. SCHWARTZ: Fansteel Metallurgy, Febr. 1961. — KEARNS, W. H., J. W. CLARK, W. R. YOUNG u. E. S. JONES: Progress Report No. 3, DM-61-105 (61 A. S.-5), General Electric Co. Flight Prop. Lab. Dept. — PLATTE, W. N.: AIME Refractory Metals Symposium, Chicago, April 1962.

[4] ESPE, W.: Werkstoffkunde der Hochvakuumtechnik Bd. I. Berlin: VEB Deutscher Verlag der Wissenschaften 1959.

[5] Vgl. A. F. BUSTO: Fansteel Metallurgy, Okt. 1960, 2. — GOURD, L. M., u. F. W. COPLESTON: Ind. East. Eng. 101 (1959) 443.

[6] HABLANIAN, M.: Assembly & Fastener Engng. 4 (1961) 36. — STOHR, J. A.: Konferenz für Brennelemente. Commissariat à l'Énergie Atomique, Paris, Nov. 1957. — SPERNER, F.: Metall, Okt. 1961, 988.

din, Niob und Tantal eingeführt. Die anfänglich dimensionsmäßige Begrenzung der Schweißkammern besteht heute praktisch nicht mehr.

Cox[1] und HARRIES[2] beschäftigen sich eingehend mit dem Inertgasschweißen von Niob und Tantal und geben sehr genaue Schweißbedingungen an. Cox verfolgte die metallurgischen Vorgänge in der Schweißnaht durch metallographische Schliffe und durch Härtemessungen (Abb. 69).

Abb. 70 zeigt Tantalauskleidungen (300 mm Durchmesser, Höhe 3000 mm, Blechstärke 1,2 mm) zum Einbau in Hochdruckrohre aus Stahl, die unter Edelgas geschweißt wurden. Abb. 71 zeigt Einbauten aus Tantal für ein Spaltenreaktionsgefäß (250 mm Durchmesser, Länge 3500 mm, Druck 110 atü, Temperatur 250 °C), die anschaulich die hervorragende Schweißbarkeit des Tantals unter Edelgas beweisen. Vergleiche hierzu auch die Tantalauskleidungen eines geteilten Zyklons vor dem Einbau (Abb. 72).[3]

Abb. 70. 1,2 mm starke Ta-Blechzylinder, unter Edelgas längsgeschweißt und durch Querschweißnaht zu 3000 mm langen Rohren vereinigt (W. C. Heraeus GmbH.)

Zu den neueren Methoden der Verbindungstechnik zählt das ,,Edelgasdruck-Schweißverfahren'' (gas pressure bonding). Hierbei wird das Metall bei erhöhten Temperaturen (z. B. 1150 °C für Niob) einem Heliumgasdruck von etwa 700 kg/cm^2 über Stunden unterworfen, wodurch reine Diffusionsverbindungen entstehen.[4]

---

[1] Cox, F. G.: Weld. & Met. Fabrcn. 25 (Nov. 1957) 416; 24/10 (1956) 352.
[2] HARRIES, D. R.: Nuclear Power 3/25 (1958) 219.
[3] MEYLL, H., u. H. SPEIDEL: in: Heraeus Festschrift, 60 Jahre Quarzglas, 25 Jahre Hochvakuumtechnik, Hanau 1961, 323.
[4] PAPROCKI, S. J., E. S. HODGE u. P. J. GRIPSHOVER: DMIC Report 159, Sept. 1961.

Abb. 71. Geschweißte Tantaleinbauten für ein Hochdruckreaktionsgefäß (W. C. Heraeus GmbH.

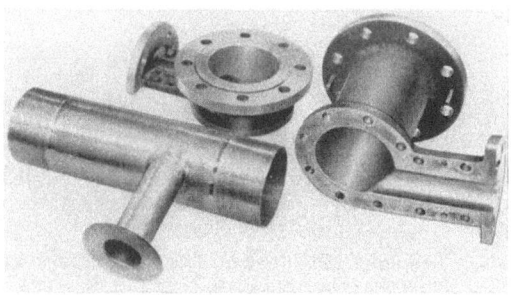

Abb. 72. Geschweißtes Tantal-T-Rohr für einen Zyklon (W. C. Heraeus GmbH.)

6. Hart- und Weichlöten

Das Hart- und Weichlöten der Va-Metalle[1] ist mit gewissen Vorsichtsmaßnahmen möglich[2] und wird an Nioblegierungen für Konstruktionen in der Raumflug- und Raketentechnik angewen-

---

[1] SCHWARTZ, M. M.: Mech. Engng. 83 (1961) 30.
[2] ROSTOKER, W.: The Metallurgy of Vanadium. New York: Wiley & Sons 1958, 120.

det.[1-3] Elektrolytisch aufgebrachte und durch Diffusionsglühung im Vakuum fixierte Zwischenschichten sollen sich bewährt haben.

Titan[4] und Titanlegierungen scheinen auch schon erfolgreich als Hochtemperaturlote verwendet worden zu sein, besonders bei dem in letzter Zeit vermehrt angewendeten Hartlöten von Nb-Legierungen[3].

7. Elektrolytische Überzüge und Plattierungen

Elektrolytische Überzüge aus Eisen, Nickel, Chrom, Kupfer, Gold, Platin und Mangan haften ausnahmslos schlecht auf den Va-Metallen.[1, 5, 6, 7] Außerdem ist eine durch die Elektrolyse bedingte Wasserstoffversprödung kaum zu vermeiden. Allerdings lassen sich auf Flächen, die durch eine Direktstrom-Säure-Aktivierung vorbereitet und mit einem Nickel-Sprühüberzug versehen wurden, elektrolytische Plattierungen anbringen.[8] Dabei kann die Bildung versprödenden Wasserstoffes verhindert werden.[9]

Mechanische Plattierungen der Va-Metalle mit Edelstählen und mit anderen hochschmelzenden Metallen, wie z. B. mit Titan, Zirkonium, Hafnium, Chrom, Molybdän, Wolfram und Platin bzw. deren Legierungen, dürften bei höheren Temperaturen unter Inertgas (Arbeiten in einer INFAB-Anlage, s. S. 219) möglich sein. In der Literatur finden sich noch keine Angaben. Hingegen lassen sich durch Elektrolyse Ta-Überzüge auf Aluminium herstellen.[10]

8. Beizen und Entzundern

Tab. 35 gibt einige für das Beizen und Entzundern von V, Nb und Ta gebräuchliche Arbeitsverfahren an, die in der Praxis verwendet werden, um die Oberfläche der Va-Metalle für Schweißungen, Lötungen, Plattierungen und die Anbringung von Deckschichten vorzubereiten.

---

[1] MILLER, G. L.: Tantalum and Niobium. London: Butterworths Scient. Publ. 1959, 341.
[2] BURROWS, C. F., M. M. SCHWARTZ u. L. J. GAGOLA: Mat. Des. Engng., Okt. 1960, 13.
[3] YOUNG, W. R., u. E. S. JONES: AIME Fall Meeting 1961. — SCHWARTZ, M. M.: Welding J. 40 (1961) 377.
[4] BURROWS, C. F., L. J. GAGOLA u. M. M. SCHWARTZ: Fansteel Metallurgy, Febr. 1961, 1.
[5] ROSTOKER, W.: The Metallurgy of Vanadium. New York: Wiley & Sons 1958, 120.
[6] BEACH, J. G.: in B. W. GONSER u. E. M. SHERWOOD (Hrsg.): The Technology of Columbium (Niobium). New York: Wiley & Sons 1958, 81.
[7] VAN GILDER, R. D.: U. S. Pat. 2492204 (1945).
[8] Chem. Eng. News 40 (1962) 60.
[9] WITTE, A.: Galvanotechnik 52 (1961) 27.
[10] GURIN, V. N., u. A. P. OBUCHOV: Z. prikladnoj Chim. 34 (1961) 1891.

Tabelle 35. *Mittel zum Beizen und Entzundern der Va-Metalle* (Battelle Memorial Institute, ergänzt)

Metall	Methode	Zusammensetzung[1] des Beizmittels	Beizdauer[1] Min.	Lit.	Bedingungen	Bemerkungen
Vanadin	Beizen	30 Gew.-% HF + 3 Gew.-% HNO_3 (H_2O-Lösung)	1 bis 5	[1] [2]	—	Oxyde entfernt, kann H_2-Versprödung bewirken (Vakuumglühung)
V, Nb, Ta	Elektrolytisches Ätzen	10 Gew.-% HF	$1/12$ bis $1/4$	[3]	Anodisch bei $\approx 5{,}5$ A/dm²	Vorbehandlung vor Ni- oder Fe-Plattierung
Niob	Elektrolytisches Ätzen in A) und anschließendes Tauchen in B)	A) 49 Gew.-% HF B) 50 Vol.-% HNO_3 (70%) + 2 Vol.-% HF (48%)	2 bis 5 kurz	[4]	60 Hz $\approx$ bei 1 bis 5 V (22 A/dm²)	für anschließendes Plattieren
Tantal	Glanztauchband	55 Vol.-% H_2SO_4 (95%) + 25 Vol.-% HNO_3 (70%) + 20 Vol.-% HF (48%)	$1/4$ bis 2	[5]	—	Oxydentfernung vor dem Schweißen
Ta, Nb	Chemisches Polieren und Beizen	2 Vol.-% HNO_3 konz. + 2 Vol.-% H_2SO_4 konz. + 1 Vol.-% HF (40%)	$1/4$ bis 2	[6]	—	Industriell angewendet

[1] ROSTOKER, W.: The Metallurgy of Vanadium. New York: Wiley & Sons 1958, 119. — [2] FARRELL, J. W.: Transactions Quarterly ASM, Juni 1961, 143. — [3] SANBESTRE, E. B.: J. electrochem. Soc. 106 (4) (1959) 305. — [4] VAALER, L. E., C. A. SNAVELY u. C. L. FAUST: Battelle Memorial Institute, BMI-813 (1953). — [5] SILVERSTEIN, S. M., J. N. AUTONERICH, R. P. SOPHER u. D. J. RIEPPEL: Metal Progr. 77 (1960) 103. — [6] TITTERINGTON, R., u. A. G. SIMPSON: Symposium on Powder Metallurgy 1954, Iron & Steel Inst. London 1956 (Spec. Rep. No. 58).

[1] Die Wirkung der Beizmittel wird durch Erhöhung der Badtemperatur von 20 °C auf z. B. 40 oder 60 °C erheblich gesteigert, die Beizzeiten sind dann entsprechend herabzusetzen.

9. Spangebende Verformung

Vanadin, Niob und Tantal können bei Berücksichtigung ihrer Neigung zum Fressen und Schmieren ohne Schwierigkeit spanabhebend bearbeitet werden. Die reinen Va-Metalle lassen sich wie weiche Werkstoffe, z. B. wie geglühtes Kupfer, zerspanen, ihre Legierungen etwa wie rostfreie austenitische Stähle. Mit den Zerspanungsbedingungen von Vanadin beschäftigt sich MERRILL[1], während COX[2] sowie OLOFSON und BOULGER[3] die günstigsten Bedingungen für das Schruppen und Schlichten von Niob und Tantal ermittelten. Letztere[2,3] legten auch die zweck-

Abb. 73. Schruppen eines 1400 kg schweren Nb-1 Zr-Ingots (Wah Chang Corp.)

mäßigsten Schneidwinkel für Schnelldrehstahlwerkzeuge fest, denen sie bei niedrigen und mittleren Schnittgeschwindigkeiten (30 bis 100 m/Minute) den Vorzug vor Hartmetallwerkzeugen geben.

Abb. 73 zeigt das Schruppen eines im Lichtbogenofen umgeschmolzenen Ingots (etwa 1400 kg) aus einer Nb-1% Zr-Legierung (vgl. auch Abb. 45). Die Zerspanungsbedingungen waren folgende[4]:

Schneidwerkstoff	Schnellarbeitsstähle Rex 49 u. Rex 95
Umdrehungen/Minute	70 bis 90
Schnittiefe in mm	4,7
Vorschub in mm/U.	0,5 bis 0,65

---

[1] MERRILL, T. W.: J. Less-Common Metals 3 (1961) No. 6, 451.
[2] Cox, F. G.: Weld. & Met. Fabren. 25 (Nov. 1957) 416.
[3] OLOFSON, C. T., u. F. W. BOULGER: DMIC Memorandum 134 (Okt. 1961) 34.
[4] Wah Chang Corp.: Persönl. Mitteilung 1962.

VI. Eigenschaften der Va-Metalle
A. Allgemeines

Die meisten Eigenschaften der Va-Metalle wurden an Proben bestimmt, die eine Reinheit von etwa 99,3 bis maximal 99,9% hatten. Durch die Technik des Lichtbogenschmelzens im Hochvakuum und des Schmelzens und Zonenreinigens in Elektronenstrahlöfen konnte die Reinheit der Va-Metalle auf >99,95% gesteigert werden, so daß eine Reihe von physikalischen und mechanischen Eigenschaften, die stark auf Verunreinigungen ansprechen, noch einer gewissen Korrektur bedürfen und diese auch laufend durch neue Veröffentlichungen erfahren. Große Abweichungen und Verfälschungen treten bei reinheitsempfindlichen Eigenschaften, wie der Kalthärte, der elektrischen Leitfähigkeit (s. besonders den Restwiderstand bei niedrigen Temperaturen), Neutronenadsorption, Kaltdehnung (s. Übergangstemperatur sprödduktil), auf, während viele physikalische Eigenschaften und gewisse mechanische Eigenschaften, wie z. B. spezifisches Gewicht, Schmelzpunkt, Gitterkonstante, thermische Ausdehnung, Wärmeleitfähigkeit und E-Modul, nicht so stark auf Reinheitssteigerungen z. B. von 99,9 auf 99,99 ansprechen.

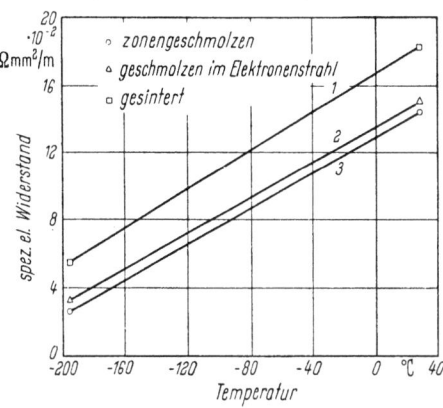

Abb. 74. Der spezifisch elektrische Widerstand unterschiedlich reiner Niobproben in Abhängigkeit von der Temperatur (nach BEGLEY)

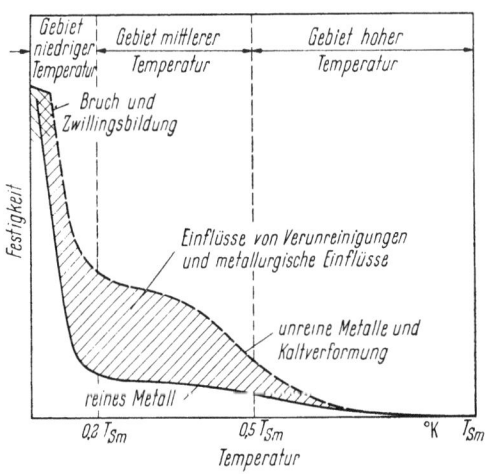

Abb. 75. Die Festigkeitseigenschaften von Va-Metallen unterschiedlicher Reinheit in Abhängigkeit von der Temperatur

Abb. 74 und Abb. 75 sollen die Wirkungen der üblichen Verunreinigungen, wie Kohlenstoff, Stickstoff, Sauerstoff, Silizium, Eisen usw., belegen. Abb. 74 zeigt nach BEGLEY[1] die elek-

---

[1] BEGLEY, R. T.: U. S. Atomic En. Comm. Rep. No. A 2388 (WEC) 1957.

trische Leitfähigkeit von Niob verschiedenen Reinheitsgrades bei niedrigen Temperaturen. Die Wirkung einer Raffination von Niob durch Sintern, Elektronenstrahlschmelzen und mehrfaches Zonenschmelzen ist augenfällig. (Der Restwiderstand bei −200 °C zeigt Unterschiede bis zu 100%.) Über einen längeren Zeitraum (15 bis 20 Stunden) doppeltgesintertes Niob liegt allerdings erheblich näher an der Geraden 2. Den Geraden *1*, *2* und *3* sind ungefähre Härtewerte von HV 100 bis 120, HV 50 bis 70 und HV 35 bis 45 zuzuordnen.

Die vornehmlich durch gelöste oder feindispers ausgeschiedene Verunreinigungen (Karbide, Nitride usw.) bedingten starken Änderungen der Festigkeitswerte in verschiedenen Temperaturbereichen zeigt nach BECHTOLD[1] schematisch die Abb. 75. Wegen der Abhängigkeit der Niob- und Tantalhärte vom Sauerstoffgehalt sei ferner auf Abb. 55 rückverwiesen.

B. Physikalische Eigenschaften

Tab. 36 bringt in gedrängter Form die physikalischen Eigenschaften, wobei nur die für den praktischen Metallkundler und Werkstoffachmann wichtigsten Eigenschaften ausgewählt wurden. Auf die Wiedergabe der Temperaturabhängigkeit vieler Größen wurde bewußt verzichtet; sie sind bei den zitierten Literaturstellen zu finden.

In Verbindung mit Tab. 3 ergibt sich ein ziemlich geschlossenes Bild über die Familieneigenschaften und -ähnlichkeiten der Va-Metalle und ihre Stellung zu den anderen wichtigen Metallen des Periodensystems, insbesondere zu den anderen benachbarten hochschmelzenden Metallen der IVa-, VIa- und VIIa-Gruppe.

Die Tab. 36 weist noch gewisse Lücken, insbesondere bezüglich Vanadin, auf. Ältere, stark herausfallende Daten, welche mit unreinen Präparaten erhalten worden waren, sind nicht in die Tabelle mit aufgenommen.

Wegen Einzelheiten sei auf die aufgeführten Originalarbeiten und ferner auf die zum Teil schon mehrfach erwähnten Hand- und Fachbücher verwiesen.[2]

---

[1] BECHTOLD, J. H., E. T. WESSEL u. L. L. FRANCE: Westinghouse Research Laboratories, Scientific Paper 10-0103-2-P 4 (1960).
[2] ESPE, W.: Werkstoffe der Hochvakuumtechnik Bd. 1. Berlin: VEB Deutscher Verlag der Wissenschaften 1959. — SMITHELLS, C. J.: Metals Reference Book Bd. 1. London: Butterworths Scient. Publ. 1955. — HAMPEL, C. A.: Rare Metals Handbook, 2. Aufl. New York: Reinhold 1961. — MILLER, G. L.: Tantalum and Niobium. London: Butterworths Scient. Publ. 1959. — ROSTOKER, W.: The Metallurgy of Vanadium. New York: Wiley & Sons 1958. — SAMSONOV, G. W., u. W. J. KONSTANTINOV: Tantal und Niob. Moskau 1959. — VAN ARKEL, A. E.: Reine Metalle. Berlin: Springer 1939. — BREWER, L.: in L. L. QUITT (Hrsg.): The Chemistry and Metallurgy of Miscellaneous Materials. New York: McGraw Hill 1950. — Metals Handbook, American Society for Metals, 1961. — ZACHAROVA, G. V. u. a.: Niob und seine Legierungen. Moskau 1961.

Tabelle 36. *Physikalische Eigenschaften der Va-Metalle*

A. *Atomare Eigenschaften und spez. Gewicht*

Eigenschaft	Vanadin	Lit. (s. S. 132)	Niob	Lit. (s. S. 132)	Tantal	Lit. (s. S. 132)
Ordnungszahl	23		41		73	
Atomgewicht	50,95		92,91		180,95	
Atomabstand Å	2,632	[1]	2,859		2,859	[1]
Atomradius kX (KZ = 12) (nach GOLDSCHMIDT)	1,36	[2] [3]	1,47 1,45	[2] [4]	1,46 1,47	[2] [4]
Atomvolumen cm³/g Atom	8,35	[1]	10,8	[1]	10,9	[1]
Gitterkonstante Å	3,034 3,0338 kX 3,034 kX 3,026 3,028 3,039	[5] [6] [7] [8] [9] [1]	3,294 3,3004 ± 0,003 3,301	[5] [10] [1]	3,296 3,303	[11] [1]
Strukturtyp	A 2		A 2		A 2	
Spez. Gewicht g/cm³	6,14 bei 20 °C 6,11 6,10	[5] [12] [13]	8,58 (ber.) 8,6 8,57	[14] [4] [15]	16,654 (ber.) 16,64 (Stab) 16,50 (Draht) 16,60	[5,14] [6] [6] [7,16]
Natürliche Isotopen	50: 0,24% 51: 99,76%	[17] [18]	93: 100%	[17] [18]	180: 0,01% 181: 99,99%	[17] [18]
Anordnung der Valenzelektronen $(d+s)$	$3d^3\ 4s^2$	[18]	$4d^4\ 5s^1$	[18]	$5d^3\ 6s^2$	[18]

Tabelle 36 (Fortsetzung)

Eigenschaft	Vanadin	Lit. (s. S. 132)	Niob	Lit. (s. S. 132)	Tantal	Lit. (s. S. 132)
Neutronen-absorption barn	$4,5 \pm 0,9$		1,1		21,3	[1]
Härte HV kg/mm²	HV % 99,9 bis 99,7 : 100 bis 160 >99,95 : 60 bis 90	[1]	HV % 99,9 bis 99,8 : 80 bis 120 >99,95 : 40 bis 70	[1]	HV % 99,95 bis 99,9 : 90 bis 150 >99,95 : 80 bis 100	
Reinheit in %						
Selbstdiffusions-koeffizient cm²/sec			$D = (12,4 \pm 0,8) e^{-\frac{105\,000 \pm 3000}{RT}}$	[19]		
Aktivierungsenergie der Selbst-diffusion kcal/Mol			100 105	[20] [21]	110	[21]

B. *Thermische Eigenschaften*

Schmelzpunkt °C	1900 ± 25	[3]	2468 ± 10 2497	[22] [3]	3000 2997	[1] [3]
Siedepunkt °C	3350 (ber.) 3000	[5] [23]	5127 4927	[24,25] [3]	5300 5427 6030 5427 ± 100	[1] [3] [24] [26]
Dampfdruck mm Hg	10^{-8} bei 1200 °C 10^{-4} bei 1600 °C 10^{-2} bei 1800 °C 10^{-1} bei 2000 °C 10 bei 2500 °C	[27] [28]	10^{-11} bei 1680 °C 10^{-5} bei 2194 °C 10^{-4} bei 2355 °C 10^{-3} bei 2539 °C $6 \cdot 10^{-4}$ beim Schmelzpunkt	[29] [30]	$9 \cdot 10^{-11}$ bei 1737 °C 10^{-5} bei 2407 °C 10^{-4} bei 2599 °C 10^{-3} bei 2820 °C $5 \cdot 10^{-3}$ beim Schmelzpunkt	[11] [30]
Verdampfungs-geschwindigkeit g/cm², sec			$1,63 \cdot 10^{-12}$ bei 2000 °K $6,79 \cdot 10^{-6}$ bei 3000 °K $6,8 \cdot 10^{-5}$ bei 3269 °K	[31]	$1,16 \cdot 10^{-7}$ bei 2467 °K $1,08 \cdot 10^{-6}$ bei 2628 °K $1,06 \cdot 10^{-5}$ bei 2812 °K	[32]
Wärmeausdeh-nungskoeffi-zient $\cdot 10^{-6}$	$9,7 \pm 0,3$ (20 bis 720 °C) 8,95 (200 bis 1000 °C) 8,3 (20 bis 100 °C) 9,6 (20 bis 500 °C)	[33] [12]	7,1 (20 °C) 7,56 (18 bis 300 °C) 7,88 (300 bis 1000 °C) 7,95 (bis 900 °C)	[11] [34]	6,5 bei 20 °C 6,5 (0 bis 100 °C) 6,6 (0 bis 500 °C) 8,0 (0 bis 1500 °C)	[11] [35] [35,37]

Physikalische Eigenschaften

Eigenschaft	Vanadin	Lit.	Niob	Lit.	Tantal	Lit.
Wärmeleitfähigkeit cal/cm²/cm/°C/sec	10,4 (20 bis 900 °C) 10,9 (20 bis 1100 °C)	[33]	7,2 (20 bis 100 °C) 7,4 (20 bis 200 °C) 7,5 (20 bis 300 °C) 19,8 (20 bis 2200 °C)	[35]		[11,35] [35]
Spezifische Wärme cal/g/°C	0,074 bei 100 °C 0,088 bei 500 °C 0,084	[40]	0,125 bei 20 °C 0,130 bei 100 °C 0,131 bis 0,139 bei 200 °C 0,134 bis 0,140 bei 300 °C 0,140 bis 0,151 bei 500 °C 0,143 bis 0,156 bei 600 °C	[36,39] [11] [34] [41]	0,130 bei 20 °C 0,174 bei 1430 °C 0,186 bei 1630 °C 0,198 bei 1830 °C	[11,35] [35]
	0,129 (0 bis 100 °C)	[42]	0,065 bei 1 °K 0,0797 bei 100 °C 0,0643 bei 1400 °C 0,08267 bei 1600 °C	[35 a] [35] [43]	0,036 bei 1 °K 0,034 bei 0 °C 0,038 bei 100 °C 0,044 bei 1000 °C 0,03322 bei 1970 °C 0,04078 bei 0 °C bei 1600 °C	[35 a] [11] [35] [43]
Wärmekapazität cal/Mol/°C (°K)	5,40 bei 298 bis 1900 °K	[44]	6,012 bei 0 °C 7,731 bei 1600 °C 5,95 bei 298 °K 7,39 bei 1800 °K 8,00 bei 3000 °K	[43]	6,024 bei 0 °C 7,401 bei 1600 °C 6,08 bei 298 °K 7,02 bei 1800 °K 7,53 bei 3000 °K	[43] [3]
Entropie cal/Mol/°K (an Kristallen)	7,0 ± 0,1 bei 290 °K	[45]	8,73 bei 298 °K 20,35 bei 1800 °K 26,67 bei 3000 °K	[3]	9,90 bei 298 °K 21,66 bei 1800 °K 25,37 bei 3000 °K	[3]
Schmelzwärme kcal/Mol	4,0	[46]	6,4	[3]	7,5 5,9	[3] [47]
Verdampfungswärme kcal/Mol	119,9 ± 6 bei 1900 °C 121,9 ± 7 bei 25 °C	[48]	166,5 175,6	[3] [49]	180 230	[3] [3 a]
kcal/g-Atom (Sublimationswärme)					185 bei 25 °C 183 beim Siedepunkt	[47] [50]

Tabelle 36 (Fortsetzung)

Eigenschaft	Vanadin	Lit. (s. S. 132)	Niob	Lit. (s. S. 132)	Tantal	Lit. (s. S. 132)
Verbrennungswärme cal/g	—		2979		1379	[16]
			2440 ± 2,7		1346 ± 1,3	[51]
Gesamtstrahlung W/cm²			6,4 bei 1600 °K	[52]	7,36 bei 1600 °K	[52]
			18,5 bei 2000 °K		21,6 bei 2000 °K	
			45,3 bei 2400 °K		105,5 bei 2800 °K	
			130,6 bei 2800 °K		144,4 bei 3000 °K	
					214,5 bei 3270 °K	

C. *Optische und elektronische Eigenschaften*

Eigenschaft	Vanadin	Lit. (s. S. 132)	Niob	Lit. (s. S. 132)	Tantal	Lit. (s. S. 132)
Brechungsindex	—		1,80	[53]	2,05	[54]
Strahlungskoeffizient %	—		37,0 bei 1730 °C für 0,650 µ	[35, 54a]	49,3 bei 20 °K	[35, 54a]
					41,8 bei 1730 °C für 0,650 µ	
Ionisationspotential V	6,8	[55]	6,77	[56]	7,3 ± 0,3	[57]
Austrittsarbeit eV	3,79	[58]	4,01	[53]	4,1	[54]
					4,12	[52]
Elektronenemission mA/cm²	—		2,19·10⁻⁵ bei 1600 °K	[52]	9,1·10⁻⁶ bei 1600 °K	[52]
			1,16·10⁻² bei 2000 °K		6,2·10⁻³ bei 2000 °K	
			0,8 bei 2400 °K		0,5 bei 2400 °K	
			60,67 bei 2800 °K		12,53 bei 2800 °K	
					45,60 bei 3000 °K	
Sekundäremission ϱmax	—		1,18 (400 V primär)	[52]	1,35 (600 V primär)	[52]
Ionenemission eV	—		5,52	[59]	10,0	[54]

D. *Magnetische Eigenschaften*

Eigenschaft	Vanadin	Lit. (s. S. 132)	Niob	Lit. (s. S. 132)	Tantal	Lit. (s. S. 132)
Magnetische Suszeptibilität cgs-Einheiten	5,50·10⁻⁶ bei 25 °C	[60]	2,28·10⁻⁶ bei 298 °K	[61]	0,93·10⁻⁶ bei 20 °C	[54]
	4,57·10⁻⁶ bei 1700 °C	[57]	2,34·10⁻⁶ bei 20,4 °K		0,849·10⁻⁶ bei 20 °C (25 °C)	[62]
	1,4·10⁻⁶		2,20·10⁻⁶ bei 25 °C			[63]
			1,79·10⁻⁶ bei 1575 °C			
HALL-Konstante 10⁻¹¹ m³/As	<10	[64]	9,0 ± 0,2	[65]	9,7 ± 0,1	[65]

E. Elektrische Eigenschaften

Spezifischer elektrischer Widerstand μΩ·cm	24,8 bei 20 °C 26 bei 20 °C 25,5 bei 20 °C	[12] [42] [8]	15,22 bei 0 °C 23,3 bei 200 °C 31,04 bei 400 °C 38,96 bei 600 °C 14,8 bei 20 °C 12,7 bei 0 °C* 13,1 bei 0 °C** 16,6 bei 0 °C*** 0,15 bei 20 °K 0,46 bei 90 °K	[10] [41] [66] [67]	12,4 bei 18 °C 54 bei 1000 °C 71 bei 1500 °C 12,5 bei 20 °C 87 bei 2000 °C 13,6 ± 0,2 bei 20 °C 0,7 bei 20 °K 2,0 bei 60 °K 3,5 bei 90 °K	[54] [68] [68a] [67]
Einfluß von Druck: Multiplikationsfaktor	1,000 bei 0 kg/mm² 0,93 bei 5·10⁴ kg/mm² 0,878 bei 10⁵ kg/mm²	[69]	1,000 bei 0 kg/mm² 0,938 bei 5·10⁴ kg/mm² 0,894 bei 10⁵ kg/mm²	[69]	1,000 bei 0 kg/mm² 0,929 bei 5·10⁴ kg/mm² 0,882 bei 10⁵ kg/mm²	[69]
Temperaturkoeffizient des Widerstandes 10^{-3}/°C	3,40 (0 bis 100 °C) 3,30 (0 bis 200 °C) 2,80 (0 bis 100 °C)	[33] [42]	3,95 (0 bis 100 °C)		3,82 (0 bis 100 °C) 3,83 (0 bis 100 °C) 3,3 (0 bis 100 °C) 3,0 (0 bis 1000 °C)	[11] [4] 	[54] [70] [35]
Supraleitfähigkeit T_c (°K)	5,13 5,03 4,3	[71] [44] [5]	9,22 8,3	[52] [72]	4,38 4,3 3,61	[52] [72] [73]
Elektrochemisches Äquivalent (für Valenz = 5) mg/coulomb	0,1056	[74]	0,1926	[75]	0,3749	[54]
Elektrochemisches Potential V	V/V⁺² = −1,5 V	[5]	Nb/Nb⁺⁵ = −0,96 V Nb/Nb⁺³ = 1,1 V Nb/Nb₂O₅ = 0,65 V Nb⁺³/Nb₂O₅ = 0,1 V	[76] [24]	Ta/Ta⁺⁵ = −1,12 V	[76]

* zonengeschmolzen ** elektronenstrahlgeschmolzen *** gesintert

Literatur zu Tab. 36

[1] Metals Handbook, American Society for Metals, 1961. — [2] LAVES, F.: Theory of Alloy Phases. ASM 1956, 131. — [3] ADENSTEDT, H. K., J. R. PEQUINOF u. J. M. RAYMER: Trans. ASM 44 (1952) 990. — [3a] GEBHARDT, E., H.-D. SEGHEZZI u. H. KEIL: Z. Metallkde. 53 (1962) 524. — [4] SAMSONOV, G. W., u. W. J. KONSTANTINOV: Tantal und Niob. Moskau 1959. — [5] SMITHELLS, C. J.: Metals Reference Book, 2. Aufl. New York: Intersc. Publ. 1955. — [6] BARRETT, C. S.: Structure of Metals. New York: McGraw-Hill 1952. — [7] JORDAN, C. B., u. P. DUWEZ: Trans. ASM 48 (1956) 783. — [8] CARLSON, O. N., u. C. V. OWEN: J. electrochem. Soc. 108 (1961) 88. — [9] LOOMIS, B. A., u. O. N. CARLSON: Reactive Metals. New York: Intersc. Publ. 1959, 227. — [10] Fansteel Metal. Corp., Techn. Data Bulletin 1956. — [11] BECHTOLD, J. H.: Acta Metallurgica 3 (1955) 249. — [12] KINZEL, A. B.: Metal Progr. 58 (1950) 344. — [13] LACY, C. E., u. C. J. BECK: Trans. ASM 48 (1956) 579. — [14] NEUBURGER, M. C.: Z. Kristallogr. 93 (1936) 312. — [15] MILLER, G. L.: Tantalum and Niobium. London: Butterworths Scient. Publ. 1959. — [16] Fansteel Metal. Corp., Techn. Data Bulletin 1950. — [17] SAGEL, K.: Metall 12 (1958) 353. — [18] EGGERT, J., J. HOCK u. G. M. SCHWAB: Lehrbuch d. phys. Chemie. Stuttgart: Hirzel 1960. — [19] RESNICK, R., u. L. S. CASTLEMAN: Trans. AIME 218 (1960) 307. — [20] SCHNITZEL, R. H.: J. Appl. Phys. 30 (1959) 2011. — [21] JONES, R. L.: AIME Fall Meeting 1961. — [22] SCHOFIELD, T. H.: J. Inst. Met. 1956/57, 372. — [23] DUNN, H. E., D. L. EDLUND u. T. G. GRIFFIN: in C. A. HAMPEL (Hrsg.): Rare Metals Handbook. New York: Reinhold 1959. — [24] DARNELL, J. R., u. L. F. YNTEMA: in B. W. GONSER u. E. M. SHERWOOD (Hrsg.): Technology of Columbium (Niobium). New York: Wiley & Sons 1958. — [25] REIMANN, A. L., u. C. K. GRANT: Phil. Mag. 22 (1936) 34. — [26] BREWER, L.: in [15]. — [27] GILER, R. R.: Trans. Vac. Symp. 1957, 161. — [28] EDWARDS, J. W., H. L. JOHNSTON u. P. E. BLACKBURN: J. Amer. chem. Soc. 83 (1951) 4727. — [29] MOTTA, E. E.: Proc. Inst. Conf. Peaceful Uses of Atomic Energy 9 (1956) 597, UNO, New York. — [30] CAMPBELL, I. E.: High Temperature Technology. New York: Wiley & Sons 1956. — [31] REIMANN, A. L., u. C. K. GRANT: s. [25]. — [32] LANGMUIR, D., u. L. MALTER: Phys. Rev. 55 (1939) 748. — [33] HAMPEL, C. A.: s. [23]. — [34] TOTTLE, C. R.: Nucl. Engng. 3 (1958) 212. — [35] ESPE, W.: Werkstoffkunde der Hochvakuumtechnik Bd. II. Berlin: VEB Deutscher Verlag der Wissenschaften 1960. — [35a] CONNOLLY, A., u. K. MENDELSSOHN: Proc. Roy. Soc. 266 (1962) 429. — [36] EDWARDS, J. W., R. SPEISER u. H. L. JOHNSTON: J. Appl. Phys. 22 (1951) 424. — [37] HIDNERT, P.: J. Res. Nat. Bur. Stand. 2 (1929) 887. — [38] WORTHING, A. G.: Phys. Rev. 28 (1926) 198. — [39] HEAL, T. J.: Second United Nations International Conference on the Peaceful Uses of Atomic Energy, Genf, Mai 1958, Paper No. A/CONF. 15/P/305. — [40] WEEKS, J. L., u. K. F. SMITH: Trans. AIME 203 (1955) 192. — [41] MENDELSSOHN, K.: Canad. J. Phys. 34 (1956). — [42] MARDEN, J. W., u. M. N. RICH: Industr. Engng. Chem. 19 (1927) 786. — [43] JAEGER, F. M., u. W. A. VEENSTRA: Rec. Trav. chim. Pays-Bas 53 (1934) 677. — [44] CORAK, W. S., B. B. GOODMAN, C. B. SATTERTHWAITE u. A. WEXLER: Phys. Rev. 102 (1956) 656. — [45] KELLEY, K. K.: U.S. Bureau of Mines 1950, Bull. No. 477. — [46] The Reactor Handbook Bd. 3, Materials, USAEC 1955, 439. — [47] KUBASCHEWSKI, O., u. E. L. EVANS: Metallurgical Thermochemistry. London: Pergamon Press 1956. — [48] EDWARDS, J. W., H. L. JOHNSTON u. P. E. BLACKBURN: s. [28]. — [49] BREWER, L.: in L. L. QUILL (Hrsg.): The Chemistry and Metallurgy of Miscellaneous Materials. New York: McGraw-Hill 1950. — [50] ALVAREZ, L. V.: USAEC Rep. No. UC-34

(1947). — [*51*] HUMPHREY, G. L.: J. Amer. chem. Soc. 76 (1954) 978. — [*52*] s. [*5*]. — [*53*] Fansteel Metal. Corp., Columbium (1946). — [*54*] Fansteel Metal. Corp., The Metal Tantalum (1953). — [*54a*] WOOD, W. D., H. W. DEEM u. C. F. LUCKS: DMIC Report 177, 15. Nov. 1962. — [*55*] VAN ARKEL, A. E.: Reine Metalle. Berlin: Springer 1939. — [*56*] s. [*33*]. — [*57*] s. [*33*]. — [*58*] SCHULZE, R.: Z. Phys. 92 (1934) 212. — [*59*] WAHLIN, H. B., u. L. O. SORDAHL: Phys. Rev. 45 (1934) 886. — [*60*] KRIESSMANN, C. J.: Rev. Mod. Physik 25 (1953) 122. — [*61*] DE HAAS, W. J., u. P. M. VAN ALPHEN: Proc. Acad. Sci. Amst. 36 (1933) 263. — [*62*] HOARE, F. E., u. J. C. WALLING: Proc. phys. Soc. London 64 B (1951) 337. — [*63*] KRIESSMANN, C. J.: Phys. Rev. 87 (1952) 209. — [*64*] Unveröffentl. Arbeiten: Armour Res. Found., siehe W. ROSTOKER: The Metallurgy of Vanadium. New York: Wiley & Sons 1958, 45. — [*65*] FRANK, V.: Appl. Sci. Res., Den Haag 37 (1958) 41. — [*66*] BEGLEY, R. T.: USAEC Rep. No. A 2388 (WEC) 1957. — [*67*] ROSENBERG, H. M.: Phil. Trans. A 247 (1954/55) 441. — [*68*] KIEFFER, R., u. F. BENESOVSKY: Plansee-Ber. Pulvermetallurgie 5 (1957) 56. — [*68a*] SERAPHIN, D. P., J. I. BUDNICK u. W. B. HUER: Trans. AIME 218 (1960) 527. — [*69*] BRIDGEMAN, P. W.: Proc. Amer. Acad. Arts. Sci. 81 (1952) 169. — [*70*] MALTER, L., u. D. B. LANGMUIR: Phys. Rev. 55 (1939) 746. — [*71*] WEXLER, A., u. W. S. CORAK: Phys. Rev. 85 (1952) 85. — [*72*] MATTHIAS, B. T.: Phys. Rev. 92 (1953) 874. — [*73*] PRESTON-THOMAS, H.: Phys. Rev. 88 (1952) 325. Siehe auch J. I. BUDNICK: Phys. Rev. 119 (1960) 1578. — [*74*] s. [*1*]. — [*75*] s. [*1*]. — [*76*] HARRISON, A. D. R.: Dissertation London Univertisy 1950, s. [*15*, 393].

C. Mechanische Eigenschaften

1. Festigkeitseigenschaften

Die Festigkeitseigenschaften der Va-Metalle, wie z. B. Zugfestigkeit, Streckgrenze, Einschnürung und Dehnung, wurden von vielen Forschern von tiefsten Temperaturen bis zu Temperaturen wenig unterhalb des Schmelzpunktes untersucht. Einzelne Untersuchungen erstreckten sich über diesen ganzen Temperaturbereich. Es wurden sowohl technisch reine Metalle in einer Reinheit von 99,7 bis 99,85 als auch in neuester Zeit hochreine Metalle mit einem Reinheitsgrad von 99,9 bis 99,95% verwendet. Verunreinigungen wirken sich etwa wie eine Kaltverformung aus, d. h., sie erhöhen die Festigkeit und verringern die Duktilität. Umgekehrt wirkt sich eine höhere Reinheit, erzielt durch metallurgische Verfahren, die zwangsläufig zu höheren Reinheitsgraden führen (Abscheidung der Metalle aus der Gasphase, Schmelzen im Elektronenstrahlofen, Zonenreinigen usw.), in geringerer Zugfestigkeit — insbesondere im mittleren Temperaturbereich — und bessere Dehnung — insbesondere bei tiefen Temperaturen — aus. Die Kurven für die Zugfestigkeit und Streckgrenze haben bei den oft reinheitsmäßig verschiedenen Werkstoffen die Tendenz, bei tiefen und auch bei höchsten Temperaturen sich anzunähern bzw. sogar zusammenzufallen.

BECHTOLD, WESSEL und FRANCE[1] verdanken wir eine ausgezeichnete kritische Übersicht über die mechanischen Eigenschaften der Va- und VIa-Metalle. Nachfolgend wird mehrfach auf diese Arbeit Bezug genommen werden.

MINCHER und SHEELY[2] untersuchten den Einfluß von C, O, N und H auf die mechanischen Eigenschaften von elektronenstrahlgeschmolzenem und lichtbogengeschmolzenem, kaltverformtem und rekristallisiertem Niob. Da die Ergebnisse typisch für reine (<99,85 Metall) und hochreine (>99,95 Metall) Va-Metalle sind, scheinen sie geeignet, als allgemeine Einführung herangezogen zu werden. Tab. 37 zeigt die Analyse der verschieden hergestellten, behandelten und geglühten Proben, während Abb. 76 Zugfestigkeit, Streckgrenze, Einschnürung und Dehnung der Proben in Abhängigkeit von der Temperatur wiedergibt. Die Autoren haben auch vergleichsweise Ergebnisse von DYSON[3] sowie TOTTLE[4] an reinem Sinterniob mitaufgeführt.

Tabelle 37. *Verunreinigungen und Behandlung des Probematerials* (nach MINCHER und SHEELY)

Charge	Schmelztechnik	Verunreinigungen in Gew.-%				1. Verformung	Weiterverarbeitung	Rekristallisationsglühung	Korngröße nach A.S.T.M
		C	O	N	H				
E	Elektronenstrahlgeschmolzen	0,021	0,020	0,009	0,0008	Vakuumglühung 4 Std. bei 1065 °C, Knüppelwalzung 75% bei Raumtemperatur	Kalthämmern bis auf 95% Verformung	2 Std. 1093 °C	6
A_1	Lichtbogengeschmolzen	0,037	0,040	0,034	<0,001	Geschmiedet 15% bei 300 °C	Kalthämmern 96%	1 Std. 1200 °C	8
A_2	Lichtbogengeschmolzen	0,030	0,040	0,020	<0,001	Stranggepreßt 9,8:1 Reduktion bei 1260 °C	Kalthämmern 81%	3 Std. 1065 °C	8
A_3	Lichtbogengeschmolzen	0,027	0,040	0,010	<0,001	Geschmiedet 82% bei 1145 °C	Kalthämmern 80%	3 Std. 1065 °C	8

[1] BECHTOLD, J. H., E. T. WESSEL u. L. L. FRANCE: Westinghouse Research Laboratories, Scientific Paper 10-0103-2-P 4 (1960). Siehe auch M. SEMCHYSHEN u. J. J. HARWOOD (Hrsg.): Refractory Metals and Alloys, AIME, New York, 1961.
[2] MINCHER, A. L., u. W. F. SHEELY: Trans. AIME 221 (1961) 19.
[3] DYSON, B. F., R. B. JONES u. W. J. McG. TEGART: J. Inst. Met. 87 (1958/59) 340.
[4] TOTTLE, C. R.: J. Inst. Met. 85 (1956/57) 375.

Abb. 76 zeigt ferner, daß eine Kaltverformung sowie festigkeitssteigernde Ausscheidungen von Oxyden, Nitriden, Karbiden und Mischphasen dieser Metalloide beachtliche Festigkeitsschwankungen, insbesondere im Temperaturbereich 0 bis 500°, bewirken. Unterhalb

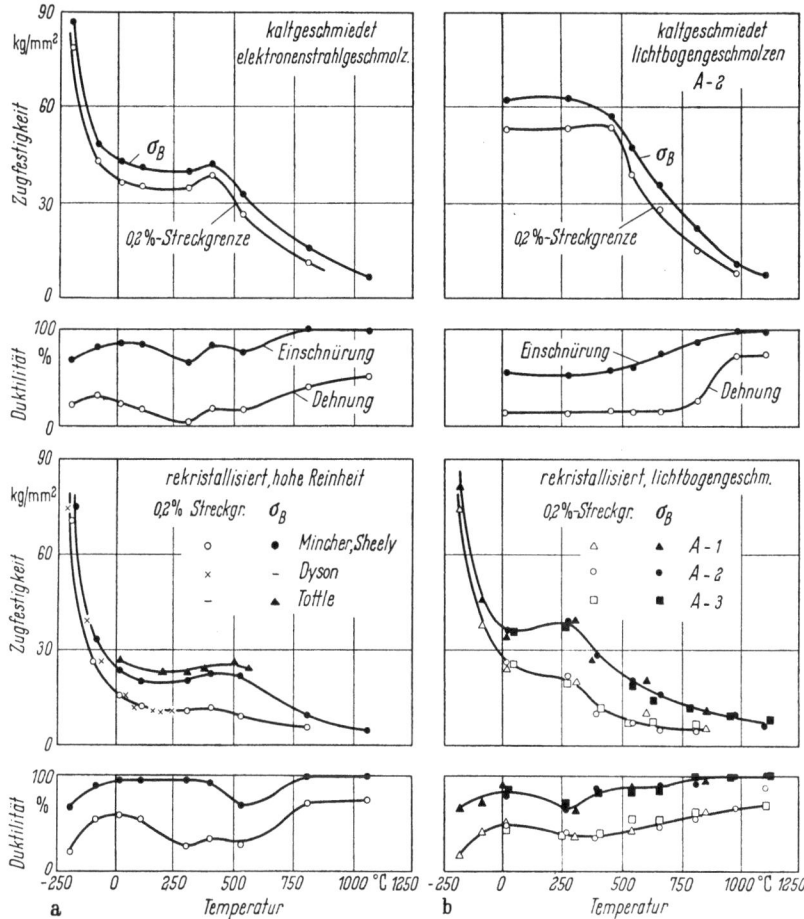

Abb. 76a u. b. Festigkeitseigenschaften von Niob in Abhängigkeit von der Temperatur
(nach MINCHER und SHEELY)

Raumtemperatur steigt die Zugfestigkeit steil an, während der Einfluß der Kaltverformung und der Verunreinigungen auf den Verfestigungsmechanismus abnimmt. Der steile Anstieg wird auf Gitterreibungskräfte zurückgeführt.

Im mittleren Temperaturbereich machen sich Ausscheidungsphänomene durch mehr oder minder ausgeprägte Maxima der Festigkeit bemerkbar. Eine kritische Diffusionsgeschwindigkeit von Sauerstoff wird bei 300, von Kohlenstoff bei 500 und von Stickstoff bei 600 °C

Tabelle 38. *Von verschiedenen Forschern untersuchte mechanische Eigenschaften der Va-Metalle*
(σ_B = Zugfestigkeit, σ_S = Streckgrenze, δ = Dehnung, ψ = Einschnürung)

V		Literatur	Nb		Literatur	Ta		Literatur
$\sigma_B, \sigma_S, \delta$	(200 bis 1250 °C)	[1]	$\sigma_B, \sigma_S, \delta, \psi$	(−200 bis 600 °C)	[7, 8]	$\sigma_B, \sigma_S, \delta$	(−200 bis 1200 °C)	[18]
$\sigma_B, \sigma_S, \delta, \psi$	(−200 bis 200 °C)	[2, 3]	$\sigma_B, \sigma_S, \delta, \psi$	(−200 bis 500 °C)	[9]	$\sigma_B, \sigma_S, \delta, \psi$	(−250 bis 300 °C)	[19]
			$\sigma_B, \sigma_S, \delta$	(−250 bis 20 °C)	[10]	$\sigma_B, \sigma_S, \delta, \psi$	(−200 bis 400 °C)	[20]
$\sigma_B, \sigma_S, \delta, \psi$	(−200 bis 1000 °C)	[4]	$\sigma_B, \sigma_S, \delta, \psi$	(−200 bis 1100 °C)	[11]	$\sigma_B, \sigma_S, \delta$	(0 bis 2700 °C)	[21, 22]
σ_B, δ, ψ	(0 bis 900 °C)	[5]	$\sigma_B, \sigma_S, \delta, \psi$	(0 bis 1400 °C)	[12]	$\sigma_B, \sigma_S, \delta$	(0 bis 500 °C)	[23]
σ_B, δ, ψ	(0 bis 1000 °C)	[6]	$\sigma_B, \sigma_S, \delta$	(0 bis 500 °C)	[13]	σ_B, δ	(0 bis 900 °C)	[24]
			$\sigma_B, \sigma_S, \delta$	(0 bis 900 °C)	[14]	σ_B, δ	(−195 bis 100 °C)	[25]
			σ_B, σ_S	(0 bis 500 °C)	[15]	σ_B	(500 bis 1750 °C)	[17]
			σ_B, σ_S	(20 bis 1050 °C)	[16]			
			σ_B	(0 bis 2000 °C)	[17]			

[1] Pugh, J. W.: Trans. AIME 209 (1957) 1243. — [2] Clough, W. R., u. A. S. Pavlovic: Trans. ASM 52 (1960). — [3] Loomis, B. A., u. O. N. Carlson: in: Reactive Metals. New York/London: Intersc. Publ. 1959, 227. — [4] Farrell, J. W.: Trans. Quarterly ASM, Juni 1961, 143. — [5] Rostoker, W., A. S. Yamamoto u. R. E. Riley: Trans. ASM 48 (1956) 560. — [6] Brown, C. M.: in C. A. Hampel: Rare Metals Handbook, 2. Aufl. New York: Reinhold 1961. — [7] Wessel, E. T., u. D. D. Lawthers: in B. W. Gonser u. E. M. Sherwood (Hrsg.): The Technology of Columbium. New York: Wiley & Sons 1958, 66. — [8] Wessel, E. T., L. L. France u. R. T. Begley: in D. L. Douglass u. F. W. Kunz (Hrsg.): Columbium Metallurgy. New York/London: Intersc. Publ. 1961. — [9] Dyson, B. F., R. B. Jones u. W. J. McG. Tegart: J. Inst. Met. 87 (1958/59) 340. — [10] Adams, M. A., A. C. Roberts u. R. E. Smallman: Acta Metallurgica 8 (1960) 328. — [11] Mincher, A. L., u. W. F. Sheely: Trans. AIME 221 (1961) 19. — [12] Begley, R. T., u. W. N. Platte: WADC Techn. Rep. 57—344 (Febr. 1960) Teil IV. — [13] Vaughn, H. G., u. R. G. Rose: UKAEA, Ind. Group. Techn. Note IGR-TNic 583 (1958). — [14] Enrietto, J. G., u. G. M. Sinclair: Univ. of Illinois, TAM Rept. No. 567, USAEC Contr. AT (11-1)-67 (1959). — [15] Tottle, C. R.: J. Inst. Met. 85 (1956/57) 375. — [16] Heal, T. J.: Second United Nations International Conference on the Peaceful Uses of Atomic Energy, Genf, Mai 1958, Paper No. A/CONF. 15/P/305. — [17] Mordike, B. L., u. L. M. Fitzgerald: J. Less-Common Metals 1 (1959) 132. — [18] Pugh, J. W.: Trans. ASM 48 (1956) 677. — [19] Wessel, E. T.: Unveröffentlichte Ergebnisse (s. J. H. Bechtold, E. T. Wessel u. L. L. France in: Refractory Metals and Alloys, AIME). — [20] Bechtold, J. H.: Acta Metallurgica 3 (1955) 249. — [21] Kattus, J. R., u. C. L. Dotson: WADC Techn. Rep. No. TR-55-391 (1955). — [22] Preston, J. B., W. P. Roe u. J. R. Kattus: WADC Techn. Rep. 57—649 (1958) Teil I. — [23] Schmidt, F. F. u. a.: WADD Techn. Rep. 59—13 (1959). — [24] Raub, E., u. E. Röschel: Z. Metallkde. 53 (1962) 93. — [25] Michael, A. B.: Fansteel Metallurgy, Mai 1957.

vermutet. Es wird von diesen Autoren auf ähnliche kritische Temperaturgebiete bei Vanadin[1] und Tantal[2] verwiesen.

Aus Tab. 38 sind die verschiedenen Autoren, die einzelnen von ihnen untersuchten Festigkeitseigenschaften und die gewählten Temperaturgebiete zu ersehen. Besonderes Interesse konzentrierte sich auf die Umwandlungstemperatur spröd-duktil, da sich herausstellte[3], daß die reinen und hochreinen Va-Metalle im Gegensatz zu den VIa-Metallen ihre

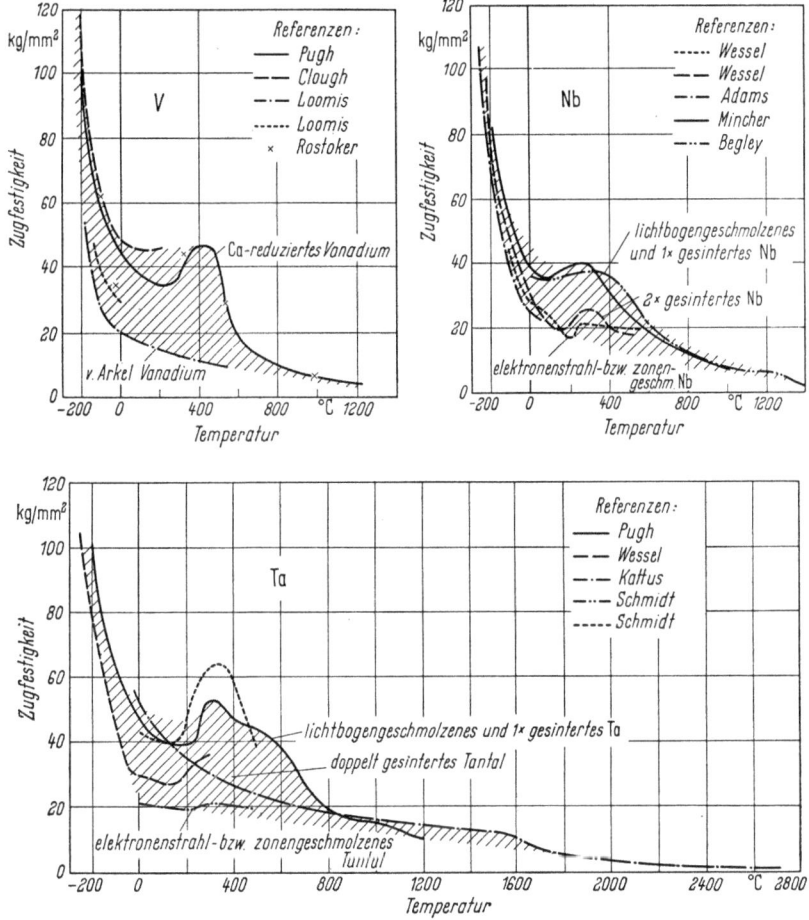

Abb. 77. Die Zugfestigkeit von Va-Metallen verschiedener Reinheit in Abhängigkeit von der Temperatur (nach BECHTOLD u. a.)

---

[1] EUSTICE, A. L., u. O. N. CARLSON: Trans. AIME 221 (1961) 238.
[2] BECHTOLD, J. H., E. T. WESSEL u. L. L. FRANCE: Westinghouse Research Laboratories, Scientific Paper 10-013-2-P 4 (1960).
[3] SCHWARTZBERG, F. R., H. R. OGDEN u. R. I. JAFFEE: DMIC Report 114, Juni 1959.

Zähigkeit bis zu tiefsten Temperaturen beibehalten (Übergangstemperaturen bei Vanadin[1,2] etwa $-100°$ C; bei Nb[1] etwa -200 °C; bei Tantal[1] wurde bei 4 °K noch zähes Verhalten festgestellt). Weiteres Augenmerk wurde auf das Temperaturgebiet 0 bis 600° gelegt, wo sich die Verunreinigungen der kleinatomigen Metalloide aus der metallurgischen Vorgeschichte durch Ausscheidungsphänomene bemerkbar machen.

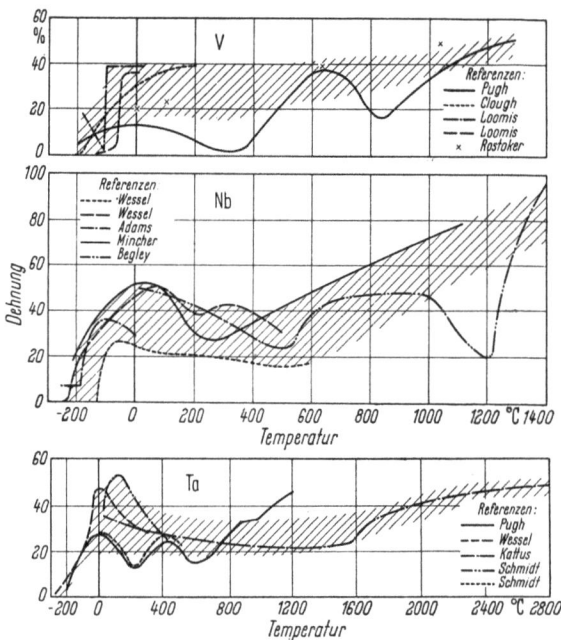

Abb. 78. Die Dehnungswerte von Va-Metallen gemäß Abb. 77 in Abhängigkeit von der Temperatur (nach BECHTOLD u. a.)

Abb. 77 gibt nach BECHTOLD u. a.[1] die Zugfestigkeit der Va-Metalle in Abhängigkeit von der Temperatur auf Grund von Untersuchungen verschiedener Autoren (s. Tab. 38) wieder. Die Kurven für die Streckgrenze liegen sehr ähnlich, aber 10 bis 25% tiefer, weswegen auf eine Wiedergabe hier verzichtet wurde. Die Pfeile und Beschriftung kennzeichnen die chemisch-metallurgischen Unterschiede des Rohmaterials bzw. die verschiedenartige Herstellungstechnik der kompakten Metalle und den entsprechenden Raffinationsgrad.

Die Dehnungswerte (Abb. 78) erreichen 50 bis 80% der Werte der Einschnürung. Sie schwanken meist stärker als die Werte für σ_B und σ_S.

---

[1] BECHTOLD, J. H., E. T. WESSEL u. L. L. FRANCE: Westinghouse Research Laboratories, Scientific Paper 10-013-2-P 4 (1960).
[2] SCHUSSLER, M., u. J. S. BRUNHOUSE: Trans. AIME 218 (1960) 893.

Tabelle 39. *Verschiedene Einflüsse auf die Festigkeitseigenschaften der Va-Metalle*

	Einflußgröße bzw. beeinflußte Eigenschaft	V	Nb	Ta
1	Druck		[1]	[1]
2	Neutronenbestrahlung	[2]	[2, 3, 4]	[2, 5]
3	Walzrichtung	[6]	[7]	[8, 9]
4	Dehnungsgeschwindigkeit	[6, 10]	[11, 12, 12a]	[11]
5	Verunreinigungen	[13, 14, 15, 15a]	[16 bis 26, 27, 27a]	[19, 23, 26, 28, 29]
6	Kleine Legierungszusätze	[13]	[30 bis 33c]	[29, 32, 33c]
7 8	Glühbehandlungen u. Rekristallisationsglühungen	[14, 34 bis 38]	[2, 30, 40 bis 43]	[2, 15, 29, 44, 45, 46]
9	Schmelz- und Sinterbedingungen	[13, 14, 15]	[17, 19, 22, 24, 47, 48]	[15, 19, 29]
10	Kriech- und Dauerstandfestigkeit	[49]	[15, 30, 47, 50, 51, 52, 54]	[9, 15, 45, 49]
11	Schlagzähigkeit	[56]		[9]
12	Kompressibilität	[57]	[58]	[59]
13	Übergangstemperatur spröd-duktil	[13, 15, 56, 60]	[13, 15, 24, 43, 61, 62, 63]	[11, 15, 24, 24a]
14	Korngröße	[2]	[2, 12, 17]	[2, 29, 45, 64, 65]
15	Kerbwirkung	[66]	[67]	[67]
16	Zwillingsbildung	[68, 69]	[62, 68]	[68]
17	Kaltverfestigung	[66, 70]	[70, 71, 72]	[70]
18	Alterung	[67, 70]	[70]	[70]
19	Probenform		[73]	

[1] BRIDGEMAN, P. W.: J. Appl. Physics 24 (1953) 560. — [2] JOHNSON, A. A.: in A. G. QUARRELL (Hrsg.): Niobium, Tantalum, Molybdenum and Tungsten. Amsterdam: Elsevier 1961. — [3] MAKIN, M. J., u. F. J. MINTER: A. E. A. Rep. No. M/R-2649 (1958) Harwell. — [4] AQUA, E. N., u. R. J. ALLIO: Acta Metalurgcia 7 (1959) 361. USAEC, KAPL-2103 (1960). — [5] LEESER, D. O.: Mat. & Meth. 40 (1954) 109. — [6] ROBERTS, B. W., u. H. C. ROGERS: Trans. AIME 206 (1956) 1213. — [7] ANDERS JR., F. J., u. W. I. POLLOCK: in B. W. GONSER u. E. M. SHERWOOD (Hrsg.): Technology of Columbium. New York: Wiley & Sons 1958. — [8] PUGH, J. W.: General Electric Res. Laboratory, Rep. No. 55-RL-1247 (1955). — [9] BORNEMANN, A. u. a.: Rep. No. PB-111657, US Dept. Commerce (OTS) (1953). — [10] MAGNUSSON, A. W., u. W. M. BALDWIN: Office of Naval Res. Techn. Rep. No. 34, Contract N 6-onr-273/I (1956). — [11] MICHAEL, A. B.: Fansteel Metallurgy, Mai 1957. — [12] TANKINS, E. S., u. R. MADDIN: in D. L. DOUGLASS u. F. W. KUNZ (Hrsg.): Columbium Metallurgy. New York/London: Intersc. Publ. 1961. — [12a] SARGENT, G. A., u. A. A. JOHNSON: AIME Fall Meeting, New York, 1962. — [13] LOOMIS, B. A., u. O. N. CARLSON: in: Reactive Metals. New York: Intersc. Publ. 1959, 227. — [14] LACY, C. E., u. C. J. BECK: Trans. ASM 48 (1956) 579. — [15] BECHTOLD, J. H., E. T. WESSEL u. L. L. FRANCE: in: Refractory Metals and

Alloys, AIME, New York, 1961. — [15a] BRADFORD, S. A., u. O. N. CARLSON: Trans. Quart. ASM 55 (1962) 169 — Trans. AIME 224 (1962) 738. — [16] TOTTLE, C. R.: J. Inst. Met. 85 (1956/57) 375. — [17] BEGLEY, R. T., u. L. L. FRANCE: in: Symposium on Newer Metals, ASTM, 1960, 56. — [18] ENRIETTO, J. F., G. M. SINCLAIR u. C. A. WERT: in D. L. DOUGLASS u. F. W. KUNZ [12]. — [19] OGIERMANN, G., u. W. SCHEIBE: Metall 15 (1961) 3. — [20] TANKINS, E. S., u. R. MADDIN: s. [12]. — [21] MCCOY, H. E., u. D. A. DOUGLASS: in D. L. DOUGLASS u. F. W. KUNZ [12, 85]. — [22] NOESEN, S. J.: in D. L. DOUGLASS u. F. W. KUNZ [12, 147]. — [23] WILCOX, B. A., u. R. A. HUGGINS: in D. L. DOUGLASS u. F. W. KUNZ [12, 257]. — [24] MINCHER, A. L., u. W. F. SHEELY: Trans. AIME 221 (1961) 19. — [24a] ADAMS, M. A., u. A. IANUCCI: ASD Techn. Rep. 61-203 (1961). — [25] WILCOX, B. A., u. R. A. HUGGINS: J. Less-Common Metals 2 (1960) 292. — [26] SCHMIDT, F. F., W. D. KLOPP u. a.: WADD Techn. Rep. 59-13 (BMI) 1959. — [27] CARVER, M. D., J. T. DUNHAM u. H. KATO: U. S. Bureau of Mines, Rep. 5872 (1961). — [27a] GILBERT, A., D. HULL, W. S. OWEN u. C. N. REID: J. Less-Common Metals 4 (1962) 399. — [28] GEBHARDT, E., u. H. D. SEGHEZZI: Bergakademie 10 (1958) 75. — [29] RAUB, E., u. E. RÖSCHEL: Z. Metallkde. 53 (1962) 93. — [30] TOTTLE, C. R.: Nucl. Engng. 3 (1958) 212, 217. — [31] HEAL, T. J.: Second United Nations International Conference on the Peaceful Uses of Atomic Energy, Genf, Mai 1958, Paper No. A/CONF. 15/P/305. — [32] LEMENT, B. S., u. I. PERLMUTTER: J. Less-Common Metals 2 (1960) 253. — [33] BEGLEY, R. T., u. J. H. BECHTOLD: J. Less-Common Metals 3 (1961) 1. — [33a] SHEELY, W. F.: J. Less-Common Metals 4 (1962) 487. — [33b] MCHARGUE, C. M., u. H. E. MCCOY: AIME Fall Meeting, New York, 1962. — [33c] IMGRAM, A. G., E. S. BARTLETT u. H. R. OGDEN: AIME Fall Meeting, New York, 1962. — [34] NASH, J. W., H. R. OGDEN, R. E. DURTSCHI u. I. E. CAMPBELL: J. electrochem. Soc. 100 (1953) 272. — [35] PUGH, J. W.: General Electric Res. Lab. Rep. No. 56-RL-1532 (1956). — [36] ROSTOKER, W., D. J. MCPHERSON u. M. HANSEN: WADC Techn. Rep. 52-145 (1954) Teil II, 96. — [37] HAMPEL, C. A.: Rare Metals Handbook, 2. Aufl. New York: Reinhold 1961. — [38] O'BRIEN, W. L., J. S. WINSTON u. D. R. SCHNYLER: U. S. Bureau of Mines, Rep. 5769 (1961). — [40] BEGLEY, R. T., u. L. L. FRANCE: s. [17]. — [41] STEWART, J. R., W. LIEBERMAN u. G. H. ROWE: in D. L. DOUGLASS u. F. W. KUNZ [12]. — [42] BEGLEY, R. T., u. L. L. FRANCE: in: Reactive Metals [13]. — [43] WESSEL, E. T., u. D. D. LAWTHERS: in B. W. GONSER u. E. M. SHERWOOD [7]. — [44] Fansteel Met. Corp., The Metal Tantalum (1953). — [45] HOLDEN, F. C., F. R. SCHWARTZBERG u. R. I. JAFFEE: in: Symposium on Newer Metals, ASTM, 1960, 36. — [46] ERBEN, E., u. F. SPERNER: Metall 16 (1962) 1180. — [47] BEGLEY, R. T.: USAEA Rep. Nr. A-2388 (WEC) 1957. — [48] NOESEN, S. J.: J. Met., Nov. 1960, 842. — [49] ALLEN, N. P., u. W. E. CARRINGTON: J. Inst. Met. 82 (1954) 525. — [50] ORR, R. L., u. D. W. BAINBRIDGE: Univ. of California, Rep. No. PB 111349 U. S. (OTS). — [51] BROWN, C. M., u. R. W. FOUNTAIN: J. Metals 10 (1958) 330. — [52] GRASSI, R. C., D. W. BAINBRIDGE u. J. W. HARMAN: Univ. of California, Inst. Engng. Res. Rep., Ser. Nr. 15, Teil No. 7 (1952). — [53] BRINSON, G.: J. Less-Common Metals 2 (1960) 272. — [54] GREGORY, D. P., u. D. H. ROWE: in D. L. DOUGLASS u. F. W. KUNZ [12]. — [55] HAMMEL, R. L., u. R. E. ÜBRIG: USAEC, 15—125 (1960). — [56] BROWN, C. M.: in C. A. HAMPEL [37]. — [57] BRIDGEMAN, P. W.: Proc. Amer. Acad. Arts Sci. 81 (1952) 169. — [58] BRIDGEMAN, P. W.: Proc. Amer. Acad. Arts Sci. 68 (1932) 27. — [59] BRIDGEMAN, P. W.: Proc. Amer. Acad. Arts Sci. 77 (1949) 187. — [60] ROSTOKER, W., u. A. S. YAMAMOTO: Trans. ASM 47 (1955) 1002. — [61] QUARRELL, A. G., u. B. B. ARGENT: in G. L. MILLER: Tantalum and Niobium. London: Butterworths Scient. Publ. 1959, 417. — [62] ADAMS, M. A., A. C.

ROBERTS u. R. E. SMALLMANN: Acta Metallurgica 8 (1960) 328. — [63] BEGLEY, R. T., u. W. N. PLATTE: USOTS, PB 16936 (1960). — [64] KOO, R. C.: J. Less-Common Metals 4 (1962) 124. — [65] KOO, R. C.: AIME Fall Meeting 1961. — [66] FARRELL, J. W.: Transactions Quarterly ASM, Juni 1961, 143. — [67] INGRAM, A. G., F. C. HOLDEN, H. R. OGDEN u. R. I. JAFFEE: Trans. AIME 221 (1961) 517. — [68] McHARGUE, C. J.: Acta Metallurgica 8 (1960) 900. — [68a] SEGALL, R. L.: Acta Metall. 9 (1961) 975. — [69] CLOUGH, W. R., u. A. S. PAVLOVIC: Trans. ASM 52 (1959) 948. — [70] INGRAM, A. G.: DMIC Report 134, Aug. 1960. — [71] McNUTT, J. E.: AIME Fall Meeting 1961. — [72] GREGORY, D. P., u. G. H. ROWE: AIME Fall Meeting 1961. — [73] RAWSON, J. D. W., u. W. J. McG. TEGART: J. Inst. Metals 90 (1961/62) 448.

Mit der Einwirkung (s. Tab. 39) von Druck (1) und Neutronenbestrahlung (2), die sich wie eine Kaltverformung auswirken, mit dem Einfluß der Walzrichtung (3), der Dehnungsgeschwindigkeit (4), von Verunreinigungen (5) bzw. von kleinen Legierungszusätzen (6), die die Festigkeit stets auf Kosten der Dehnung erhöhen, von Glühbehandlungen (7), insbesondere Rekristallisationsglühungen (8), von Schmelz- und Sinterbedingungen (9) setzen sich bereits besprochene und einige weitere Arbeiten auseinander. Verschiedene Untersuchungen beschäftigen sich mit der Kriech- und Dauerstandfestigkeit (10), der Kompressibilität (12) und der Schlagbiegezähigkeit (11) der Va-Metalle, ferner mit dem Einfluß der Korngröße (14) und der Übergangstemperatur sprödduktil (13), weiter mit der Wirkung von Kerben (15), Zwillingsbildung (16), Kaltverfestigung (17), Alterung (18) und Probenform (19). Da sich wenig neue, unvorhersehbare Gesichtspunkte ergeben, muß im Rahmen dieses Buches auf die Originalarbeiten verwiesen werden.

2. Elastische Eigenschaften

(E-Modul, Scher-Modul, Kompressibilität, POISSONsche Zahl)

Der E-Modul der Va-Metalle ist von verschiedenen Autoren an unterschiedlich reinen Präparaten bestimmt worden. Bei KÖSTER[1] findet sich die natürliche Reihung Vanadin: 15000 kg/mm², Niob: 16000 kg/mm² und Tantal: 18000 kg/mm², während bei TEITZ[2] die Reihung Vanadin: 16000 kg/mm², Niob: 11000 kg/mm² und Tantal: 19000 kg/mm² und bei JAFFEE und Mitarbeitern[3] die Reihung Vanadin: 14000 kg/mm², Niob: 11000 kg/mm² und Tantal: 19000 kg/mm² zu finden ist.

Niob dürfte in der Tat herausfallen, nachdem neuere E-Modulbestimmungen[4] an Tantal sowie an sehr reinem, lichtbogen- bzw.

---

[1] KÖSTER, W.: Z. Metallkde. 39 (1948) 1, 111, 145.
[2] TEITZ, T. E., B. A. WILCOX u. J. W. WILSON: Stanford Res. Inst. SR. 1, Project SU-2436, Januar 1959, 5.
[3] JAFFEE, R. I., D. I. MAYKUTH u. R. W. DOUGLASS: Refractory Metals Symp., AIME, Detroit, 1960.
[4] HAZELTON, W. S.: Aircraft and Miss. Mfg. 1958, 41. — LIVESEY, D. J.: J. Inst. Met. 88 (1959) 144.

elektronenstrahlgeschmolzenem Niob einen Wert von 11500 ± 500 kg/mm² (bzw. 11300 kg/mm²)[1] sehr wahrscheinlich gemacht haben. Die Reihung Niob, Vanadin, Tantal schließt sich an die gleichfalls anomale Reihung der IVa-Metalle: Zirkonium 7000 kg/mm², Titan 10000 kg/mm² und Hafnium 14000 kg/mm² und nicht an die natürliche Reihung der VIa-Metalle: Chrom 25000 kg/mm², Molybdän 32500 kg/mm² und Wolfram 39000 kg/mm² an.

Der Schermodul von Niob wurde zu 3750 kg/mm² (3,75 · 10⁻¹¹ dyn/cm²) bestimmt.[2] Daten über Vanadin liegen in der Literatur nicht vor. Der Schermodul von Tantal, berechnet aus E-Modul[3] und POISSONscher Zahl[2]; sollte etwa 7050 kp/mm² betragen[4], der von Vanadin mit einer angenommenen POISSONschen Zahl von 0,36 etwa 5000 kp/mm².

Die POISSONsche Zahl für Niob bestimmte REYNOLDS[2] zu 0,38, für Tantal zu 0,35. BARRETT und SEYBOLT[5] fanden bei Niob den Wert 0,3. Über Vanadin liegen keine Messungen vor.

3. Härte

Die Härtewerte bei den Va-Metallen schwanken stark. Kleine Gehalte an kleinatomigen Metalloiden (C, N, O, H), welche Einlagerungsmischkristalle bzw. Hartstoffphasen bei höheren Konzentrationen bilden, verfestigen in Mengen von 0,05 bis 0,5% die Va-Metalle derart, daß zwischen den technisch reinen Metallen einer Reinheit von etwa 99,5% (Grenze der Warmbildsamkeit) und kaltduktilen Metallen mit einer Reinheit >99,95 Härteunterschiede von 100 bis 200% bestehen.

Wir haben schon mehrfach ausgeführt, daß die Härte daher eine bequeme Meßgröße für die chemische Reinheit der Va-Metalle ist, aber schwer zu Vergleichen von Arbeiten verschiedener Autoren herangezogen werden kann, es sei denn, daß vergleichbare Analysenangaben gemacht werden. Wie aus den Kurven der Zugfestigkeit (s. Abb. 75 und 77) zu ersehen ist, sind höhere Härtewerte höheren Festigkeits- und kleineren Dehnungswerten zugeordnet und umgekehrt. Großtechnisch sind heute Reinheitsgrade von 99,9 ± 0,05% beherrschbar, wobei die Empfindlichkeit gegen Verunreinigungen von Tantal über Niob nach Vanadin abfällt. Im Sinne der steigenden Schmelzpunkte und der damit ver-

---

[1] LAVERTY, D. P., u. E. B. EVANS: in D. L. DOUGLASS u. F. W. KUNZ (Hrsg.): Columbium Metallurgy. New York/London: Intersc. Publ. 1961, 299.
[2] REYNOLDS, M. B.: Trans. ASM 45 (1953) 839.
[3] KÖSTER, W.: Z. Metallkde. 39 (1948) 1, 111, 145. — JAFFEE, R. I., D. I. MAYKUTH u. R. W. DOUGLASS: Refractory Metals. Symp. AIME, Detroit, 1960.
[4] Nach B. L. MORDIKE [Z. Metallkde. 53 (1962) 590] beträgt der Schermodul von Tantal 8300 kg/mm².
[5] BARRETT, P., u. A. U. SEYBOLT: USAEC Report No. AECD-3800, Dez. 1955.

bundenen höheren Herstelltemperaturen ist die Raffination und Selbstreinigung von Vanadin über Niob nach Tantal technisch leichter (steigender Dampfdruck der Verunreinigungen, wie z. B. Si, Fe, verstärkte CO-Reaktion aus Kohlenstoff- und Sauerstoffgehalten, Zersetzung der Nitride).

Die niedrigsten Härtewerte in der Literatur für hochreine, elektronengeschmolzene oder zonengereinigte Metalle reihen sich ähnlich wie die E-Moduli: Niob 40 bis 50 kg/mm², Vanadin 60 bis 70 kg/mm² und Tantal 70 bis 90 kg/mm².[1]

Handelsübliche, vakuumgeschmolzene oder vakuumgesinterte Metalle einer Reinheit von etwa 99,7 bis 99,95 reihen sich etwa wie folgt:

Vanadin 80 bis 150, Reinheitsgrad etwa 99,9 bis 99,7% V,
Niob 100 bis 160, Reinheitsgrad etwa 99,9 bis 99,7% Nb,
Tantal 90 bis 150, Reinheitsgrad etwa 99,95 bis 99,9% Ta.

Abb. 79[2] zeigt am Beispiel des Niobs die Wirkung des Sauerstoffes und des Stickstoffes auf die Härte von vakuumgeschmolzenem Material. Ähnliche Darstellungen finden sich für Vanadin bei ROSTOKER[3] (vgl. auch Tab. 40), für Niob und Tantal bei NOESEN[4] sowie OGIERMANN und SCHEIBE[5]. Die verfestigende Wirkung von Stickstoff und Kohlenstoff ist im unteren Bereich größer als diejenige von Sauerstoff, und man wird zweckmäßig immer die Summe von O, N und C bei Härte- und Festigkeitsangaben berücksichtigen müssen.

Bei einer 10- bis 80%igen Kaltverformung der V-

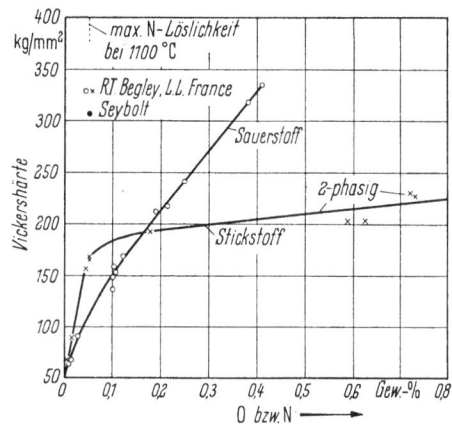

Abb. 79. Die Härte von Nb in Abhängigkeit vom Sauerstoff- und Stickstoffgehalt (nach BEGLEY und FRANCE)

Metalle steigen die Härtewerte um 30 bis 100%, wie das Beispiel Vanadin (Abb. 80) zeigt: der Anstieg ist am steilsten bei sehr reinen

---

[1] An mehrfach elektronenstrahlgeschmolzenem Niob und Tantal (wahrscheinlich Einkristalle) finden sich noch niedrigere Werte. Siehe G. OGIERMANN u. W. SCHEIBE: Metall 15 (1961) 3.

[2] BEGLEY, R. T., u. L. L. FRANCE: in: Symposium on Newer Metals, ASTM, 1960, 56.

[3] ROSTOKER, W.: The Metallurgy of Vanadium. New York: Wiley & Sons 1958.

[4] NOESEN, S. J.: J. Metals, Nov. 1960, 842.

[5] OGIERMANN, G., u. W. SCHEIBE: Metall 15 (1961) 3.

Tabelle 40. *Zusammenstellung einiger Härtewerte von Vanadin in Abhängigkeit vom Gehalt an Verunreinigungen*

Verunreinigungen in Gew.-%			Vickershärte kg/mm^2	Lit.	Bemerkungen
O	N	C			
<0,01	<0,005	<0,05	57 bis 64	[1]	Jodivanadin
0,012	0,008	(0,1)	84	[2]	Jodivanadin
0,01 bis 0,025	0,005 bis 0,015	0,05 bis 0,10	80 bis 90	[3]	Calciothermi-
0,044	0,002	0,224	100	[4]	sche Herstel-.
0,08	0,04	0,05	150	[5]	lung mit Aus-
0,06 bis 0,10	0,03 bis 0,07	0,05 bis 0,10	160 bis 170	[5, 6]	gangsstoffen verschiedener Reinheit
4,36	n. b.	n. b.	350	[2]	hoch sauerstoffhaltig
0,033	0,70	n. b.	431	[2]	hoch stickstoffhaltig

[1] CARLSON, O. N., u. C. V. OWEN: J. electrochem. Soc., Jan. 1961, 88. — [2] NASH, J. W., H. R. OGDEN, R. E. DURTSCHI u. I. E. CAMPBELL: J. electrochem. Soc. 100 (1953) 272. — [3] JOLY, M. F.: Second United Nations International Conference on the Peaceful Uses of Atomic Energy, Genf, Mai 1958, Paper No. A/CONF. 15/P/1274. — [4] SEYBOLT, A. U., u. H. T. SUMSION: Trans. Amer. Inst. Min. Metallurg. Engrs. 197 (1953) 292. — [5] BROWN, C. M.: in C. A. HAMPEL (Hrsg.): Rare Metals Handbook. New York: Reinhold 1954, 594. — [6] MERRILL, T. W.: J. Less-Common Metals 3 (Dez. 1961) No. 6, 451.

Metallen und einer 10- bis 20%igen Verformung.[1] (Wegen Niob vgl. HEAL[2], wegen Tantal vgl. RAUB und RÖSCHEL[3].)

Glüht man die kaltverformten Metalle im Hochvakuum (Vanadin bei 800 bis 1300 °C, optimal bei 1000 °C, Nb bei 800 bis 1500 °C, optimal bei 1100 bis 1400 °C[4], Tantal bei 800 bis 2500 °C, optimal bei 1500 bis 1600 °C[5, 6]), so erreicht man meist die Ausgangshärte oder unterschreitet sie sogar im Falle einer Nachreinigung. Bei mittleren Temperaturen (1100 bis 1400 °C) kommt es anscheinend zur Ausscheidung feindisperser Hartstoffphasen aus dem lösungsgeglühten Material.

---

[1] NASH, J. W., H. R. OGDEN, R. E. DURTSCHI u. I. E. CAMPBELL: J. electrochem. Soc. 100 (1953) 272. — KINZEL, A. B.: Metal Progr. 58 (1950) 344 B u. 315. — ROSTOKER, W., D. J. MCPHERSON u. M. HANSEN: WADC Techn. Rep. 52—145 (1954) Teil II.

[2] HEAL, T. J.: Second United Nations International Conference on the Peaceful Uses of Atomic Energy, Genf, Mai 1958, Paper No. A/CONF. 15/P/305.

[3] RAUB, E., u. E. RÖSCHEL: Z. Metallkde. 53 (1962) 93.

[4] Anonym: Mat. Design. Engng. 47 (1958) 144. — BEGLEY, R. T.: USAEA Rep. No. A-2388 (WEC) 1957.

[5] RAUB, E., u. E. RÖSCHEL: Z. Metallkde. 53 (1962) 93.

[6] PUGH, J. W., u. W. R. HIBBARD JR.: Trans. Amer. Soc. Met. 48 (1956) 526.

Jedem Reinheitsgrad und jedem Kaltverformungsgrad ist eine optimale Glühtemperatur mit günstigster Korngröße zugeordnet, wie am Beispiel des Nb zu ersehen ist (Abb. 81). Mit den Verunreinigungen und dem Gasgehalt von geschmolzenem und gesintertem Tantal sowie dem Einfluß dieser Größen, insbesondere der Herstellungsgeschichte, auf die *Härte*, die Festigkeitseigenschaften, das Gefüge, das Rekristallisationsverhalten, die Tiefziehfähigkeit und die elektrische Leitfähigkeit, setzen sich RAUB und RÖSCHEL[1] eingehend auseinander. Das härtere, etwas unreinere, aber feinkörnige *Sintertantal* scheint sich neben dem weicheren, reineren, aber grobkörnigeren *Schmelztantal* noch weiterhin behaupten zu können. Diese Arbeit sei allen Verbrauchern

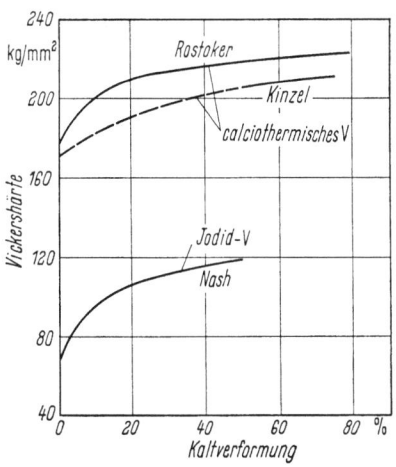

Abb. 80. Härte von Vanadin unterschiedlicher Reinheit in Abhängigkeit vom Verformungsgrad

des „Werkstoffes Rein-Tantal" zum eingehenden Studium empfohlen.

Die *Warmhärte* von Niob und Tantal wurde von HATTREE[2] bestimmt. Sie fällt bei elektronengeschmolzenem Tantal von etwa $HV = 90$ kg/mm² bei Raumtemperatur auf etwa $HV = 20$ kg/mm² bei 1200 °C. Die Härte von gesintertem Niob bei 1200° beträgt etwa 16 kg/mm²; der entsprechende Wert für elektronenstrahlgeschmolzenes Material dürfte noch tiefer liegen. Die Kurven für Nb und V entsprechender Reinheit sollten parallel zur Tantalkurve, aber tiefer, verlaufen.

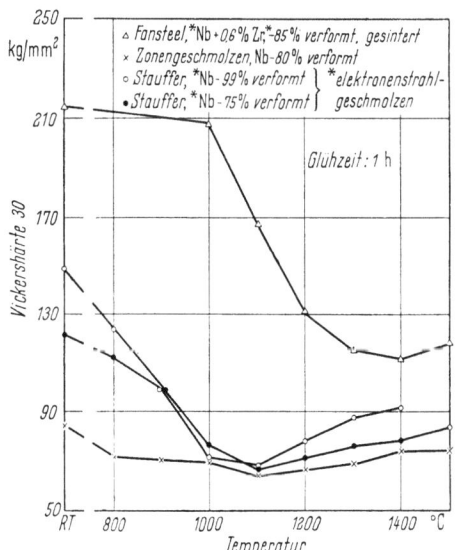

Abb. 81. Härte von verschieden hoch verformtem Niob mit unterschiedlichem Reinheitsgrad in Abhängigkeit von der Temperatur (nach BEGLEY)

---

[1] RAUB, E., u. E. RÖSCHEL: Z. Metallkde. 53 (1962) 93.

[2] HATTREE, O. P.: in G. L. MILLER: Tantalum and Niobium. London: Butterworths Scient. Publ. 1959, 422.

D. Korrosionsverhalten

1. Gegen chemische Reagenzien aller Art und flüssige Metalle

Die Korrosionsbeständigkeit der Va-Metalle wird mit fallender Azidität der Pentoxyde von V_2O_5 über Nb_2O_5 nach Ta_2O_5 immer besser; *Tantal* weist eine hervorragende, oft an Platin erinnernde chemische Beständigkeit auf (s. Tab. 41)[1,2]. Außer von heißer, konzentrierter Schwefelsäure (200 °C), heißer Kalilauge (100 °C) und kalter bzw. warmer Flußsäure verschiedener Konzentration wird Tantal praktisch von keinen Reagenzien bei 24 stündiger Einwirkung nennenswert angegriffen.[1]

Das *Niob* zeigt auch eine sehr gute Beständigkeit gegen nichtoxydierende Mineralsäuren (mit Ausnahme von Flußsäure) und ist noch als ein bemerkenswert korrosionsfester Werkstoff bei Raumtemperatur anzusprechen[3] (s. Tab. 42).

Vanadin ist auch mit kleinen Legierungszusätzen (<3%)[4] nur noch gegen kalte, verdünnte Mineralsäuren, Kochsalz- und Alkalilösungen beständig[5] (Tab. 43).

Ist molekularer oder atomarer Wasserstoff beim Korrosionsvorgang vorhanden, oder entwickelt er sich hierbei, so verspröden alle Va-Metalle durch In-Lösung-gehen des Gases und Hydridbildung.

Mit der Wasserstoffversprödung von Niob und Tantal beim Angriff durch Alkalien[6] und der Einwirkung von Wasser oder überhitztem Wasserdampf[6,7] befassen sich weitere Arbeiten.

Die Flußsäureempfindlichkeit des Tantals und Niobs kann nach BRAUN, KIEFFER und SEDLATSCHEK[8] durch Legieren mit etwa 18 bis 25% Mo, insbesondere aber W, fast vollkommen beseitigt werden (s. S. 244).

Das chemische Verhalten der sehr reaktionsfreudigen Va-Metalle gegen eine Reihe weiterer Einwirkungsmittel geht aus Tab. 44 hervor, die nur qualitative Angaben enthält.

---

[1] FETKENHEUER, B.: in R. KIEFFER u. W. HOTOP: Pulvermetallurgie und Sinterwerkstoffe. Berlin/Göttingen/Heidelberg: Springer 1948, 263.

[2] Fansteel Metallurgical Corp., The Metal Tantalum (1953). — FONTANA, M. G.: Industr. Engng. Chem. (Industr.) 44/7 (1952) 71 A.

[3] Fansteel Metallurgical Corp., Columbium (1946). — BARTLETT, E. S., u. F. F. SCHMIDT: DMIC Rev. Rec. Dev., 20. Juli 1962.

[4] FRANCIS, H. T.: Unveröffentlichte Arbeit, Armour Research Foundation 1957 (s. W. ROSTOKER: The Metallurgy of Vanadin. New York: Wiley & Sons 1958).

[5] KINZEL, A. B.: Metal Progr. 58 (1950) 315. — SCHLAIN, D., C. B. KENAHAN u. W. L. ACHERMAN: J. Less-Common Metals 3 (1961) 458.

[6] MÜLLER, H.: Dissertation Universität Freiburg i./Br. 1958.

[7] BALKE, C. W.: in H. H. UHLIG (Hrsg.): Corrosion Handbook. New York: Wiley & Sons 1948.

[8] BRAUN, H., R. KIEFFER u. K. SEDLATSCHEK: in F. BENESOVSKY (Hrsg.): Hochschmelzende Metalle, 3. Plansee Seminar, Juni 1958, Reutte/Tirol. Wien: Springer 1959, 264.

Tabelle 41. *Korrosionsverhalten von Tantal* (nach FETKENHEUER)
(Blechstreifen 30 × 40 × 0,3 mm)

Nr.	Reagens	Tantalgewicht vor dem Versuch	Tantalgewicht nach dem Versuch	Temperatur °C	Abnahme %	Zunahme %
1	$\frac{2}{n}$ HCl	1,0246	1,0246	20	—	—
2	$\frac{2}{n}$ HCl	1,1580	1,1580	100	—	—
3	konz. HCl	1,1891	1,1891	20	—	—
4	konz. HCl	0,7529	0,7529	100	—	—
5	$\frac{2}{n}$ HNO$_3$	1,1236	1,1236	20	—	—
6	$\frac{2}{n}$ HNO$_3$	1,1716	1,1726	100	—	0,085
7	konz. HNO$_3$	1,2530	1,2544	20	—	0,117
8	konz. HNO$_3$	0,7100	0,7112	100	—	1,169
9	$\frac{2}{n}$ H$_2$SO$_4$	1,1900	1,1900	20	—	—
10	$\frac{2}{n}$ H$_2$SO$_4$	1,1520	1,1520	100	—	—
11	konz. H$_2$SO$_4$	0,7884	0,7884	20	—	—
12	konz. H$_2$SO$_4$	0,9920	0,9920	100	—	—
13	konz. H$_2$SO$_4$	1,1730	1,1024	200	6,018	—
14	konz. H$_2$SO$_4$	1,2300	1,1005	300	10,528	—
15	konz. Essigsäure	1,0872	1,0872	20	—	—
16	konz. Essigsäure	1,0911	1,0911	100	—	—
17	Ammoniak 13%	1,1850	1,1841	20	0,076	—
18	Ammoniak 13%	0,9344	0,9336	100	0,085	—
19	Ammoniak 13%	1,0256	1,0250	20	0,058	—
20	Ammoniak 13%	1,0250	1,0222	100	0,273	—
21	$\frac{2}{n}$ KOH	0,9592	0,9586	20	0,062	—
22	$\frac{2}{n}$ KOH	0,8182	0,8158	100	0,293	—
23	50% KOH	1,1268	1,1200	20	0,603	—
24	50% KOH	0,8748	0,4722	100	46,02	—
25	Königswasser	0,8188	0,8200	20	—	0,146
26	Königswasser	1,0588	1,0600	100	—	0,113
27	Bromwasser, gesättigte Lösung	1,1700	1,1700	20	—	—
28	Bromwasser, gesättigte Lösung	0,8722	0,8722	100	—	—
29	Chromschwefelsäure, gesättigte Lösung	0,7576	0,7576	20	—	—
30	Chromschwefelsäure, gesättigte Lösung	0,7960	0,7960	100	—	—
31	Perchlorsäure 70%	0,7100	0,7100	20	—	—
32	Perchlorsäure 70%	0,7204	0,7204	100	—	—
33	Fluorwasserstoffsäure 10%	0,9374	0,7365	20	21,442	—
34	Fluorwasserstoffsäure 10%	0,8534	0,6125	100	28,288	—
35	Fluorwasserstoffsäure 30%	0,8937	0,3210	20	64,082	—
36	Fluorwasserstoffsäure 30%	0,9576	0,0375	100	96,084	—

Tabelle 42. *Korrosionsverhalten von Niob in wäßrigen Reagenzien*
(Fansteel Metallurgical Corp.)
(0,2 mm starke Niobbleche, Oberfläche 26 cm², 75% der Oberfläche im Reagens, 25% an der Luft)

Reagens	Temperatur °C	Einwirkungsdauer in Tagen	Gewichtsverlust g/dm²/Tag	Zustand der Probe nach der Korrosion
HCl 20%ig	21	82	0,00025	Keine Änderung
konz. HCl	21	82	0,0006	leicht geätzt, keine Versprödung
konz. HCl	100	67	0,0234	spröde
konz. HNO_3	100	67	0,0000	keine Änderung
Königswasser	22	6	0,0000	keine Änderung
H_2SO_4 20%ig	21	3650	0,00002	keine Änderung
H_2SO_4 25%ig	21	3650	0,00003	keine Änderung
H_2SO_4 98%ig	21	3650	0,00056	teilweise Versprödung
konz. H_2SO_4	50	67	0,0048	spröde
konz. H_2SO_4	100	32	0,1131	spröde
konz. H_2SO_4	150	2	1,247	spröde
konz. H_2SO_4	175	1	8,32+	aufgelöst
konz. $H_2SO_4 + CrO_3$	100	42	0,0464	geätzt, spröde
H_3PO_4 85%ig	21	82	0,00007	keine Änderung
H_3PO_4 85%ig	100	31	0,0193	spröde
Weinsäure 20%ig	22	82	0,0000	keine Änderung
Oxalsäure 10%ig	21	82	0,0033	spröde
NH_4OH	21	82	0,0000	keine Änderung
Na_2CO_3 20%ig	100	50	0,0074	spröde
NaOH 5%ig	21	31	0,0066	Angriff bei Luftzutritt
NaOH 5%ig	100	5	13,0	spröde
KOH 5%ig	21	31	0,0442	Angriff bei Luftzutritt
KOH 5%ig	100	5	0,2744	spröde
H_2O_2 30%ig	21	61	0,0011	Oxydfilm, keine Versprödung

Tabelle 43. *Korrosionsbeständigkeit von Reinvanadin* (nach KINZEL)

Reagens	Korrosionsrate mg/dm² · Tag
10% HCl, 70 °C, belüftet	36
20% HCl, 70 °C, belüftet	220 bis 330
20% HCl, 70 °C, N_2 eingeleitet	275 bis 720
37% HCl, RT, nicht belüftet	130 bis 180
10% H_2SO_4, 70 °C, belüftet	30 bis 38
10% H_2SO_4, 70 °C, N_2 eingeleitet	18
10% H_2SO_4, 70 °C, kochend	150 bis 180
verdünnte HNO_3, RT	gelöst
5% $FeCl_3$ + 10% NaCl, RT	3600 bis 3800
20% NaCl, Sprühtest	kein Effekt
Industrieatmosphäre	geringe Verfärbung

Tabelle 44. *Chemisches Verhalten der kompakten[1] Va-Metalle*
(Temperatur in °C)

Einwirkendes Mittel	Verhalten von Vanadin, Niob und Tantal
Luft und Sauerstoff (CO_2 ähnlich O_2)	bei Zimmertemperatur: praktisch beständig bei 300 bis 400°: Anlauffarben bei 500 bis 600°: graue Anlauffarben bei Niob und Tantal, rotbräunliche bei Vanadin bei höheren Temperaturen: Bildung einer weißen Deckschicht von Nb_2O_5 und Ta_2O_5 bei Vanadin schmilzt die rötliche Deckschicht bei etwa 675° an Luft keine Nitridbildung unter den Oxydschichten
H_2O-Dampf	bei Rotglut und strömendem Dampf: rasche Oxydation unter Wasserstoffbildung bei stehendem Dampf: Oxydation und Hydridbildung durch Absorption des gebildeten Wasserstoffes
HCl, H_2SO_4, HNO_3, HF, Säuren, Alkalien usw.	s. Tab. 41, 42 und 43: Korrosionsbeständigkeit steigt steil von Vanadin über Niob zu Tantal
Kohlenstoff (Ruß, Kohle, Graphit) und Kohlenwasserstoffe	Karbidbildung ab 800 bis 1100°: vollständige Karburierung oberhalb 1400°
Kohlenoxyd	Reaktion bei Rotglut: Aufnahme von C und O; Rückbildung von CO ab 1400° im Hochvakuum
Wasserstoff	starke Aufnahme von Wasserstoff ab 300 bis 400°; Hydridbildung (MeH_{1-x}); Löslichkeit von Wasserstoff oberhalb 1000° sehr klein; Abgabe des Wasserstoffes im Hochvakuum ab 600 bis 700°
Stickstoff (Ammoniak)	Stickstoffadsorption ab 400°; rasche Bildung stabiler Nitride ab Rotglut; thermische Zersetzung der Nitride oberhalb 1700 bis 2200° im Hochvakuum
Flüssige Metalle, Hg, Na, K, Bi usw.	wachsende Beständigkeit in Richtung Vanadin → Niob → Tantal (s. Tab. 45)
Edelgase	keine Einwirkung
Hochschmelzende Keramiken und Ofenbauwerkstoffe (Al_2O_3, ZrO_2, ThO_2, Sillimanit usw.)	Reaktionen oberhalb 1400 °C im Hochvakuum oder in Edelgasen
HCl- und HBr-Gas, Chlor	starker Angriff erst ab Rotglut

[1] Die pulverförmigen Metalle sind viel reaktionsfreudiger. Alle Umsetzungen und Angriffe beginnen bei 100 bis 300° tieferen Temperaturen.

Tabelle 45. *Korrosionsverhalten der Va-Metalle gegen flüssige Metalle*

Flüssiges Metall	V	Lit.	Nb	Lit.	Ta	Lit.
Wismut (Bi)	s. Bi-Pb, Sn, In	[6]	480 °C: gut 730 bis 1010 °C: mittel >500 °C: schlecht Löslichkeit: 100 ppm Nb in Bi bei 580 °C 1000 C°: schlecht	[1] [2]	980°/160 Std.: geringer Angriff 1000 °C/227 Std.: interkrist. Korrosion ≦1000 °C: gut ~1200 °C: gut	[1] [4] [2] [5]
Wismut-Legierungen mit Blei-, Zinn- u. Indium-Zusätzen	650 °C: gut, 500 Std.	[6]	s. Bi bzw. V	[3]	s. Bi bzw. V	
Blei (Pb)	gut bis 650 °C	[7]	1000 °C: gut 1000 °C: 0,0025 mm/Monat	[1] [8]	1000 °C: gut 1000 °C: 0,00015 mm/Mon.	[1] [8]
Pb-Bi-Eutektikum	650 °C: gut	[6]	1095°/1 Std.: starker Angriff	[9]	Lochfraß	[9]
Quecksilber (Hg)	wahrscheinlich gut	[10]	wahrscheinlich gut 1000 °C: ziemlich gut	[10]	wahrscheinlich gut 1000 °C: ziemlich gut	[10]
Lithium (Li)	ziemlich gut bei 725 °C: 150 ppm V gelöst bei 1000 °C: 65 ppm V gelöst (24 Std. Versuche)	[10]	500 °C: 30 ppm 730 °C: 80 ppm 1015 °C: 900 ppm (24 Std. Versuche)	[10]	725 °C: 15 ppm 1000 °C: 1850 ppm	[10]
1000 °C	−7,68 mg/cm²/4 Std. gesintertes V: −91,46 mg/cm²/400 Std.	[11]	−0,84 mg/cm²/4 Std. +1,06 mg/cm²/40 Std. +2,96 mg/cm²/400 Std.	[11]	−1,29 mg/cm²/4 Std. −2,9 mg/cm²/40 Std. −7,04 mg/cm²/400 Std.	[11]
Natrium (Na)	485 °C: 0,2 mg/cm²/Monat 800 °C:	[6]	−870 °C: gut 800 °C: gut Einfluß von O₂ in Na gering bei 40 ppm O₂	[10] [12]	−870 °C: gut 900 °C: gut Einfluß von O₂ in Na bedeutend ab 250 °C	[10] [13] [14]
Natrium 1000 °C/400 Std.	Gewichtsänderung: −0,03 g/cm²	[15]	Gewichtsänderung: −0,014 g/cm²	[15]	Gewichtsänderung: +0,024 g/cm²	[15]

Kalium Na-K	(K)	s. Na		wie in Na	[13]	wie in Na	
Thallium	(Tl)	n. b., s. Nb		Nb-1 Zr: bei 1100 bis 1200 °C: im statischen und dynamischen Versuch keine Bildung von Reaktionsprodukten		empfohlen	[16]
Zinn	(Sn)	n. b., s. Nb		empfohlen	[16]	1740 °C: 0,33% Ta in Sn empfohlen	[4, 16]
Uran	(U)	gut unterhalb des Uranschmelzpunktes	[17]	1400 °C: Höchsttemperatur für U-canning 900 °C: geringe Diffusion von U in Nb, kein interkrist. Angriff	[12]	~1300 °C: langsame Lösung von Ta 1200 bis 1250 °C: interkristalline Diffusion von U durch Ta	[12]
Zink	(Zn)	schlecht		440 °C: dynamischer Versuch vollkommene Lösung nach weniger als 50 Std.	[1]	korrodiert	[1]
Thorium-Zinn	(Th–Sn)	n. b., s. Nb		gut	[4, 16]	gut	[4, 16]

[1] Liquid Metals Handbook, USAEC, Dep. Navy, Washington, D. C., NAVEXOS P-773 (1952). — [2] Frost, B. R. T.: Second United Nations International Conference on the Peaceful Uses of Atomic Energy, Genf, Mai 1958, Paper No. A/CONF. 15/P/1274. — [3] Lloyd, E. D.: in F. Benesovsky (Hrsg.): Hochschmelzende Metalle, 3. Plansee Seminar, Juni 1958, Reutte/Tirol. Wien: Springer 1959. — [4] Reed, E. L.: J. Amer. ceram. Soc. 37/3 (1954) 146. — [5] Collins, J. F.: Fairchild Engine and Airplane Corp. 1951, Rep. No. NEPA-1800. — [6] The Reactor Handbook Bd. 3, Materials, USAEC (1955). — [7] Smith, K. F., u. R. J. van Thyne: AEC Publ. ANL-5661 (1957). — Smith, K. F.: in W. R. Clough (Hrsg.): Reactive Metals. New York/London: Intersc. Publ. 1959, 403. — [8] Wilkinson, W. D., E. W. Hoyt u. H. V. Rhude: Argonne Nat. Lab. Rep. No. ANL-5449 (1955). — [9] Gangler, J. J.: J. Amer. ceram. Soc. 37/7 (1954) 312. — [10] Jesseman, D. S., u. G. D. Robin: NEPA-1465 (1950). — [11] Cunningham, J. E.: CF-51-7-135 (Del.) (1951). — [12] McIntosh, A. B., u. K. Q. Bagley: J. Inst. Met. 84 (1955/56) 251. — [13] Rocketdyne; Div. of North Amer. Aviat. Corp.: PR NP-10005, Aug. bis Okt. 1960. — [14] Wyatt, L. M., u. F. S. Dickinson: Welding & Metal Fabrication 25 (1957) 378. — [15] Brasunas, A.: ORNL-1647 (1954). — [16] Brewer, L.: Metallurgical Project Rep. No. CC-1802 (1944). — [17] Hodge, W., R. M. Evans u. A. F. Hoskins: J. Metals 1955, 824. — [18] Amateau, M. F.: DMIC Report 169, 28. Mai 1962.

Das reaktortechnisch wichtige Korrosionsverhalten von V, Nb und Ta gegen flüssige Metalle geht aus Tab. 45 hervor. Gegen Alkalimetalle sind alle 3 Metalle beständig, besonders wenn erstere sorgfältig von Begleitoxyden durch Filtrieren gereinigt sind.[1]

Die anodische Oxydation von Niob und insbesondere Tantal in verschiedenen Medien ist für Kondensatoren von großer Bedeutung (s. S. 297).

2. Reaktion mit Gasen

a) Wasserstoff und die Va-Metalle. Schon sehr früh wurde die starke Löslichkeit der Va-Metalle, insbesondere von Tantal, für Wasserstoff festgestellt.[2] Während die IVa-Metalle (Titan, Zirkonium, Hafnium) Hydride der ungefähren Formel MeH_{2-x} bilden, nähern sich die stabilen Hydride der Va-Metalle (Vanadin, Niob, Tantal) gewöhnlich der Formel MeH_{1-x}. Die Löslichkeit der Va-Metalle für Wasserstoff fällt mit steigender Temperatur und wächst mit zunehmendem Druck und zunehmender Reinheit, also mit Annäherung an die größtmögliche Zahl von freien Zwischengitterplätzen. Neuerdings ist BRAUER[3] durch Behandeln von NbH_{1-x} mit Flußsäure die Synthese eines sehr instabilen NbH_{2-x} gelungen; die entsprechende Synthese eines VH_{2-x} geht auf GIBB JR. zurück.[4] Die Existenz eines TaH_{2-x} ist daher auch wahrscheinlich gemacht worden.

Das Studium der Metallhydride ist eng mit dem Namen SIEVERTS und seiner Schüler[5] und ferner mit den Namen GULBRANSEN und ANDREW[6], ALBRECHT und Mitarbeitern[7] und anderen[8] verknüpft. Von

---

[1] WYATT, L. M., u. F. S. DICKINSON: Welding & Metal Fabrication 25 (1957) 378. — COTTRELL, W. B., u. L. A. MANN: Nucleonics 12/12 (1954) 22. — McINTOSH, A. B., u. K. Q. BAGLEY: J. Inst. Met. 84 (1955/56) 251.

[2] v. BOLTON, W.: Z. Elektrochem. 11 (1905) 45. — v. PIRANI, M.: Z. Elektrochem. 11 (1905) 555.

[3] BRAUER, G., u. H. MÜLLER: J. Inorg. Nucl. Chem. 17 (1961) 102.

[4] BRAUER, G.: Persönliche Mitteilung 1961.

[5] SIEVERTS, A.: Z. Metallkde. 21 (1929) 37. — SIEVERTS, A,. u. E. BERGNER: Ber. dtsch. chem. Ges. 44 (1911) 2394. — SIEVERTS, A., u. H. BRÜNING: Z. phys. Chem. 174 (1935) 365. — SIEVERTS, A., A. GOTHA u. S. HABERSTADT: Z. anorg. Chem. 187 (1930) 156. — SIEVERTS, A., u. H. MORITZ: Z. anorg. Chem. 247 (1941) 124. — HAGEN, H., u. A. SIEVERTS: Z. anorg. allg. Chem. 185 (1930) 225.

[6] GULBRANSEN, E. A., u. K. F. ANDREW: J. Metals, N. Y. 180 (1950) 586.

[7] ALBRECHT, W. M., M. W. MALLETT u. W. D. GOODE: J. electrochem. Soc. 105 (1958) 219.

[8] SMITHELLS, C. J.: Gases and Metals. London: Chapman & Hall 1937. — UMANSKI, Y. S.: J. phys. Chem. USSR 14 (1940) 332. — HORN, F. H., u. W. T. ZIEGLER: J. Amer. chem. Soc. 69 (1947) 2762. — McKINLEY, T. D.: Regional Meeting AIME, Cleveland, Ohio, April 1957.

neueren Arbeiten ist die Systemuntersuchung Nb–H von KOMJATHY[1] und die Untersuchung der Systeme Ta–H und Ta–D[2] sowie Ta–Tritium[3] zu erwähnen.

Für die Praxis ist die Hydrierbarkeit der Va-Metalle von großer Bedeutung, da das Beladen mit Wasserstoff (besonders vorteilhaft ist reinster Wasserstoff aus der Zersetzung von TiH_2 oder ZrH_2) die beste Möglichkeit gibt, reinste Metallpulver aus hochreinen, kompakten Metallen zu gewinnen. Der Wasserstoff läßt sich aus dem nach dem Versprören zerkleinerten Material leicht oberhalb 800 °C im Hochvakuum wieder abpumpen. Ferner ist die Hydriertechnik nach BALKE[4] und KIEFFER[5] die günstigste Methode, Abfälle der Va-Metalle aufzuarbeiten (Edelschrott). Die Abfälle werden im Hochvakuum auf

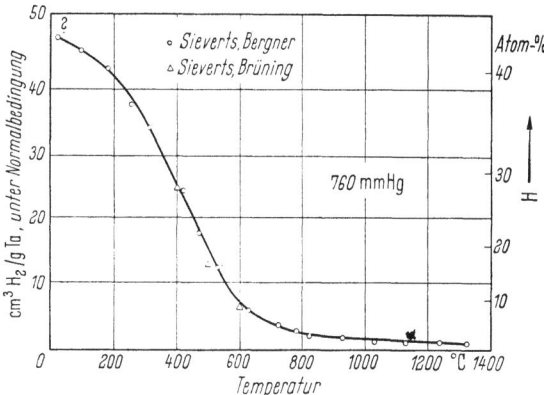

Abb. 82. Isobare (1 atm) im System Ta–H (nach HANSEN)

1000 bis 1400 °C vorerhitzt (aktiviert) und dann während des Abkühlens auf 400 bis 500° mit Wasserstoff bei einem Druck von 50 bis 500 mm Hg beladen.[6]

Eine typische Isobare (1 atm) im System Tantal–H ist in Abb. 82[7], typische Isothermen im System Nb–H in Abb. 83 wiedergegeben. Wegen

---

[1] KOMJATHY, S.: J. Less-Common Metals (Dez. 1960) No. 6.
[2] WALLACE, W. E., P. KOFSTAD u. L. J. HYVONEN: Pure Appl. Chem. 2 (1961) 28.
[3] WESOLOWSKI, J., J. JARMULA u. B. ROZENFELD: Bull. Acad. Pol. Sci. 9 (1961) 651.
[4] BALKE, C. W.: Metal Ind., Lon. 52 (1938) 425.
[5] KIEFFER, R., u. W. HOTOP: Pulvermetallurgie und Sinterwerkstoffe. Berlin/Göttingen/Heidelberg: Springer 1948, 259.
[6] MILLER, G. L.: Tantalum and Niobium. London: Butterworths Scient. Publ. 1959, 544.
[7] HANSEN, M.: Constitution of Binary Alloys, 2. Aufl. New York: McGraw-Hill 1958.

Ta–H- und V–H-Isothermen vergleiche die Arbeiten von KOFSTAD und Mitarbeitern[1].

Mit den in den Systemen V–H, Nb–H und Ta–H auftretenden Phasen beschäftigen sich viele Autoren[2]. Es existieren mit Sicherheit jeweils die feste Lösung von Wasserstoff in den Va-Metallen (α-Phase), eine Monohydridphase Metall-H_{1-x} (β-Phase) und ein breites heterogenes Gebiet ($\alpha + \beta$). Beim Niob ist mittlerweile von BRAUER und MÜLLER[3] auch noch ein instabiles NbH_2 gefunden worden. VH_2 wurde auch bestätigt (von GIBBS JR. durch Hochdrucksynthese und nach der BRAUERschen elektrolytischen Methode[4]).

Die Strukturen der Hydridphasen sind noch umstritten und teilweise ungeklärt, um so mehr, als anscheinend Restverunreinigungen von Sauerstoff, Stickstoff und Kohlenstoff sowie allotrope Modifikationen der Hydride die Verhältnisse zu komplizieren scheinen.[5]

Abb. 84 zeigt ein provisorisches Zustandsdiagramm von KNOWLES[6] für das System Ta–H bei 1 atm, das auch auf die Verhältnisse in den Systemen Nb–H und V–H übertragbar ist. Eine Erhöhung des Druckes[7] verschiebt die Gleichgewichtslinie nach oben zu höheren Temperaturen und nach rechts — ebenso wie

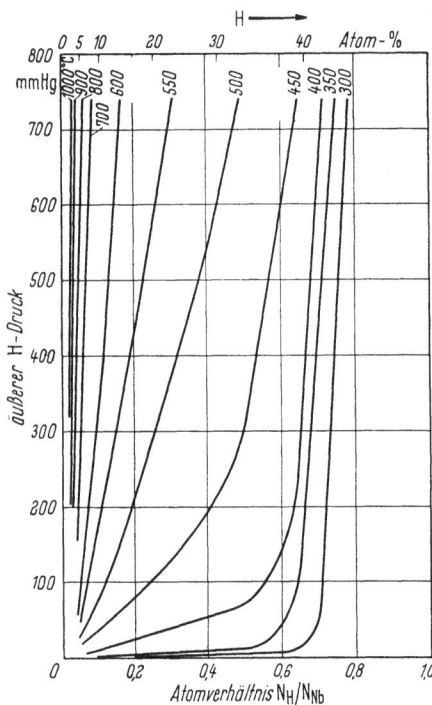

Abb. 83. Isothermen im System Nb–H (nach KOFSTAD u. a.)

---

[1] KOFSTAD, P., u. W. E. WALLACE: J. Amer. chem. Soc. 81 (1959) 5019. — KOFSTAD, P., W. E. WALLACE u. L. J. HYVONEN: J. Amer. chem. Soc. 81 (1959) 5015.

[2] MALLET, M. W., u. J. R. BRIDGE: in W. ROSTOKER: The Metallurgy of Vanadium. New York: Wiley & Sons 1958, 50. — KNOWLES, D. R.: UKAEA, Ind. Group Rep. IGR-R/C-190 (1957). — HÄGG, G.: Z. phys. Chem. 11 (1930/31) 433. — PIETSCH, E., u. L. LEHL: Kolloid-Z. 68 (1934) 226. — HORN, F. H., u. W. T. ZIEGLER: J. Amer. chem. Soc. 69 (1947) 2762. — BRAUER, G., u. R. HERMANN: Z. anorg. allg. Chem. 274 (1953) 11.

[3] BRAUER, G., u. H. MÜLLER: J. Inorg. Nucl. Chem. 17 (1961) 102.

[4] BRAUER, G.: Persönliche Mitteilung 1961.

[5] KOMJATHY, S.: J. Less-Common Metals 2 (Dez. 1960) No. 6.

[6] KNOWLES, D. R.: UKAEA Ind. Group. Rep. IGR-R/C-190 (1957).

[7] Siehe auch M. W. MALLETT u. B. G. KOEHL: J. electrochem. Soc. 109 (1962) 611.

Korrosionsverhalten 155

steigende Reinheit — in Richtung höherer Wasserstoffaufnahme[1]. Die neue BRAUERsche Dihydridphase ist noch nicht berücksichtigt.

Durch Legieren der Va-Metalle mit VIa-Metallen, vornehmlich Mo und W, verlieren die Va-Metalle zunehmend ihre Fähigkeit zur Hydridbildung[2] (s. S. 245). Eine gleiche Wirkung haben die Eisenmetalle (vgl. die geringe Wasserstoffaufnahme in Ferro-Vanadin-Legierungen[3]).

Von praktischer Bedeutung erscheint die Möglichkeit, Tantal durch Kontakt mit Platin vor Wasserstoffversprödung zu schützen.[4] Im Verhältnis Pt : Ta = 1 : 10000 schützt Platin das Tantal 1000 Stunden in Salzsäure von 190°.

Von SIEVERTS und MORITZ[5] wurde auch die Löslichkeit von D_2 in Niob untersucht.

Mit der Härtesteigerung durch Wasserstoffaufnahme bei Niob (Steigerung von etwa 100 auf 200 Vickerseinheiten) beschäftigen sich PAXTON und SHEEHAN[6].

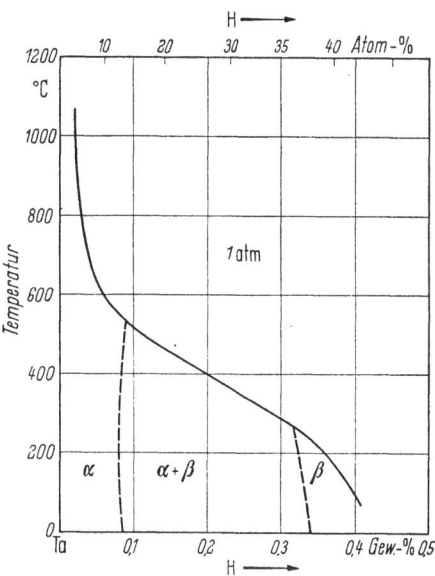

Abb. 84. Provisorisches Zustandsschaubild für das System T–H bei 1 atm (nach KNOWLES)

b) **Stickstoff, Sauerstoff, Luft, CO_2 und die Va-Metalle.**
Die Einwirkung von Sauerstoff, Stickstoff, Luft und Kohlendioxyd auf die Va-Metalle wurde einerseits untersucht, um die Löslichkeitsgrenzen von Sauerstoff und Stickstoff und die Wirkung kleiner Gehalte (z. B. 0,01 bis 0,5% O und N) auf die mechanischen und physikalischen Eigenschaften zu bestimmen, andererseits, um das an und für sich schlechte Oxydationsverhalten der reinen Metalle zu studieren. In beiden Fällen handelte es sich um

---

[1] Vgl. W. M. ALBRECHT, M. W. MALLETT u. W. D. GOODE: J. electrochem. Soc. 105 (1958) 219.
[2] BRAUN, H., R. KIEFFER u. K. SEDLATSCHEK: Plansee-Ber. Pulvermetallurgie 6 (1958) 104; J. Less-Common Metals 1 (1959) 413 — Plansee-Ber. Pulvermetallurgie 8 (1960) 58. — Siehe auch D. W. JONES, N. PESSALL u. A. D. McQUILLAN: Phil. Mag. 6 (1961) 455.
[3] DURRER, R., u. G. VOLKERT (Hrsg.): Die Metallurgie der Ferrolegierungen. Berlin/Göttingen/Heidelberg: Springer 1953.
[4] BISHOP, C. R., u. M. STERN: J. Metals, Febr. 1961, 145; Corrosion 17 (1961) 85.
[5] SIEVERTS, A., u. H. MORITZ: Z. anorg. Chem. 247 (1941) 124.
[6] PAXTON, H. W., u. J. M. SHEEHAN: Metals Research Laboratory, Carnegie Institute of Technology. Pittsburgh, 1957.

Grundlagenforschungen zur Entwicklung verbesserter Legierungen (s. S. 162). Bei den Untersuchungen mit Stickstoff spielt ferner noch die Suche nach supraleitenden Verbindungen und hochschmelzenden Sonderhartstoffen eine Rolle (über Nitride s. S. 256).

BEGLEY und FRANCE[1] haben am Beispiel des Niobs anschaulich die Wirkung von kleinen Stickstoff- und Sauerstoffzusätzen gezeigt. Durch Schwebeschmelzen im Hochvakuum wurden vorerst die Sauerstoff-, Stickstoff- und Kohlenstoffgehalte in die Tausendstelordnung gebracht (s. Tab. 46) und dann durch Begasen in sauerstoff- bzw. stickstoffhaltigem Argon die Schmelzen schrittweise auf etwa 0,4% Sauerstoff

Tabelle 46. *Verarbeitbarkeit von Nb-O- und Nb-N-Legierungen nach dem Schwebeschmelzverfahren hergestellt* (nach BEGLEY und FRANCE)

O_2 Gew.-%	Ergebnisse beim Kaltwalzen	N_2 Gew.-%	Ergebnisse beim Kaltwalzen
0,0076	75% ige Verformung, ausgezeichnet	0,0036	78% ige Verformung, ausgezeichnet
0,0123		0,014	
0,028		0,045	
0,093		0,059	
0,104			
0,121	75% ige Verformung, gut, kleine Anrisse		
0,137	75% ige Verformung, gut, kleine Anrisse		
0,212	starke Risse nach 25% iger Verformung	0,220	gewalzt bei 800 °C, 75% ige Verformung, gut
0,381	starke Risse beim 1. Walzstich	0,623	starke Risse nach 20% iger Verformung
0,409	starke Risse beim 1. Walzstich	0,730	starke Risse nach 10% iger Verformung

bzw. 0,75% Stickstoff gebracht. Die Wirkung der Sauerstoff- und Stickstoffzusätze auf die Härte geschmolzener Reguli geht aus Abb. 55, die Wirkung auf die Verformbarkeit aus Tab. 46 hervor.[2]

Niob, wie alle Va-Metalle, kann beachtliche Mengen an Sauerstoff und Stickstoff ohne nachteilige Einwirkung auf die Verformbarkeit aufnehmen.[3] [Dies gilt auch für die IVa-Metalle (Ti, Zr, Hf), aber nicht mehr für die außerordentlich verunreinigungsempfindlichen VIa-Metalle (Cr, Mo, W).] BEGLEY und FRANCE untersuchten auch die Einwirkung kleiner Sauerstoff- und Stickstoffgehalte auf die Festigkeitseigenschaften und das Rekristallisationsverhalten (vgl. Abschn. VI. C. 1).

---

[1] BEGLEY, R. T., u. L. L. FRANCE: in: Symposium on Newer Metals, ASTM, 1960, 56.
[2] Siehe auch P. R. V. EVANS: J. Less-Common Metals 4 (1962) 78.
[3] Siehe auch R. T. BRYANT: J. Less-Common Metals 4 (1962) 62.

Systematische Arbeiten in den Systemen Ta–O und Ta–N, auch über Adsorptionsvorgänge, stammen von GEBHARDT und Mitarbeitern[1], ELLIOT[2], CATHCART und Mitarbeitern[3], VAUGHAN und Mitarbeitern[4], KOFSTAD[5] sowie REGITZ und LENEL[6]. Die Sättigungsgrenzen der Tantal-Mischkristalle wurden durch Bestimmung des elektrischen Widerstandes, röntgenographische Untersuchungen, Gefügebilder und Härtemessungen festgelegt. Genauere Untersuchungen über die Kinetik des Oxydationsvorganges von Nb stammen von HURLEN[7], KOFSTAD[8], ARKHAROV und Mitarbeitern[9], KOLSKI[10], COWGILL und STRINGER[11] über die Oxyd- und Nitridphasen des Niobs von BRAUER[12] und ELLIOT[13].

Abb. 85 zeigt nach GEBHARDT und Mitarbeitern[1] Mikrohärte und Gitterparameter von Tantal in Abhängigkeit vom Sauerstoffgehalt. Die Löslichkeit vom Sauerstoff in Tantal beträgt etwa 2,2 At.-% bei 900° und etwa 2,7 At.-% bei 1000 °C. Die Gitteraufweitung durch Stickstoff ist etwas größer als die durch Sauerstoff hervorgerufene. Mit

---

[1] GEBHARDT, E., u. H. PREISENDANZ: Z. Metallkde. 46 (1955) 560. — GEBHARDT, E., u. H. D. SEGHEZZI: Z. Metallkde. 48 (1957) 303 — in F. BENESOVSKY (Hrsg.): Hochschmelzende Metalle, 3. Plansee-Seminar, Juni 1958, Reutte/Tirol. Wien: Springer 1959, 280. — GEBHARDT, E., H. D. SEGHEZZI u. W. DÜRRSCHNABEL: in F. BENESOVSKY: Hochschmelzende Metalle, 3. Plansee-Seminar, Juni 1958, Reutte/Tirol. Wien: Springer 1959, 291. — GEBHARDT, E., H. D. SEGHEZZI u. E. FROMM: Z. Metallkde. 52 (1961) 464. — GEBHARDT, E., H. D. SEGHEZZI u. H. KEIL: Z. Metallkde. 54 (1963) 31.

[2] ELLIOT, R. P.: Trans. ASM 52 (1959) 990.

[3] CATHCART, J. V., R. BAKISH u. D. R. NORTON: J. electrochem. Soc. 107 (1960) 668.

[4] VAUGHAN, D. A., O. M. STEWART u. C. M. SCHWARTZ: Trans. AIME 221 (1961) 937.

[5] KOFSTAD, P.: Battelle Techn. Rev. 11 (1962) 115a. Siehe auch: Tidsskr. Kjemi, Bergv., Metall. 21 (1961) 196; ebenso: J. Inst. Metals 90 (1962) 253.

[6] REGITZ, L. J., u. F. V. LENEL: AIME Fall Meeting, New York, 1962.

[7] HURLEN, T.: J. Inst. Met. 89 (1961) No. 5, 273.

[8] KOFSTAD, P., u. H. KJÖLLESDAL: Trans. AIME 221 (1961) 285. — KOFSTAD, P.: Centr. Inst. Industr. Res. (Norwegen), (AF-EOAR-61-42) (1961). — NORMAN, N., P. KOFSTAD u. O. J. KRUDTAA: J. Less-Common Metals 4 (1962) 124. — NORMAN, N.: J. Less-Common Metals 4 (1962) 52. — KOFSTAD, P.: J. Inst. Metals 91 (1963) 209.

[9] ARKHAROV, V. I., A. F. GERASIMOV u. T. V. USHKOVA: Fizika Metallov i Metallovedenie 12 (1961) 761.

[10] KOLSKI, T.: Trans. Quart. ASM 55 (1962) 119.

[11] COWGILL, M. G., u. J. STRINGER: J. Inst. Met. 91 (1963) 220.

[12] BRAUER, G., u. R. ESSELBORN: Z. anorg. allg. Chem. 309 (1961) 152. — BRAUER, G.: J. Less-Common Metals 2 (1960) 131. — BRAUER, G., u. R. ESSELBORN: Z. anorg. allg. Chem. 308 (1961) 52. — BRAUER, G., H. MÜLLER u. G. KÜHNER: J. Less-Common Metals 4 (1962) 533.

[13] ELLIOT, R. P., u. S. KOMJATHY: in D. L. DOUGLASS u. F. W. KUNZ (Hrsg.): Columbium Metallurgy. New York/London: Intersc. Publ. 1961.

Argon von 1800 °C abgeschreckte Tantal-Stickstoff-Drähte zeigen noch bei 7 At.-% Stickstoff homogene Mischkristalle.

Vergleichsweise wird eine Löslichkeit von etwa 1 Gew.-% Sauerstoff in Vanadin bei etwa 1850° und eine solche von 0,25% bei etwa 1100 bis 1200° angegeben.[1]

Cost und Wert[2] stellten fest, daß Nb_2N mit der festen Lösung des Stickstoffes in Nb im Gleichgewicht steht, und daß das Sievertsche Gesetz auf den homogenen Bereich anwendbar ist.

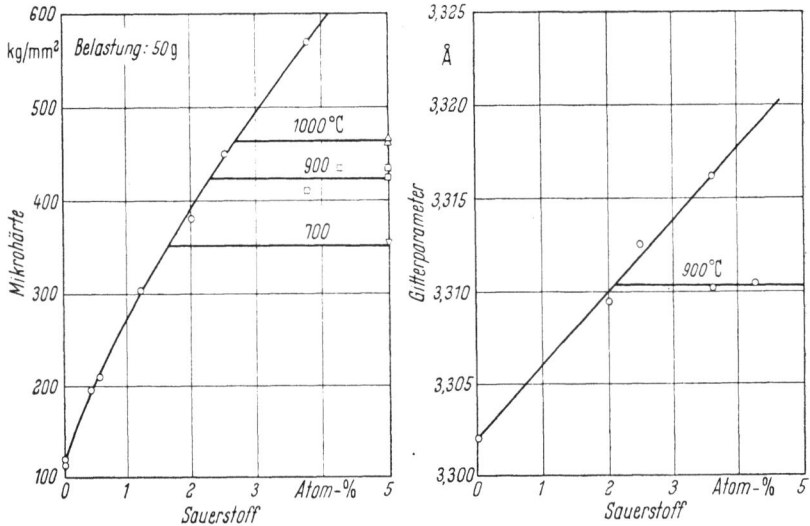

Abb. 85. Mikrohärte und Gitterparameter von Tantal in Abhängigkeit vom Sauerstoffgehalt
(nach Gebhardt u. a.)

Mit dem Reaktionsmechanismus in den Systemen Ta–O, Ta–N, Ta–N–O (Luft) beim Erhitzen von Ta auf Temperaturen bis 1500 °C unter Sauerstoff, Stickstoff bzw. Luft beschäftigen sich Albrecht und Mitarbeiter[3]. Abb. 86a bis c zeigt die Gewichtsänderung bei verschiedenen Temperaturen unter Einwirkung der genannten Gase, wobei sich Luft wegen der höheren Affinität des Tantals für Sauerstoff wie durch Stickstoff oder Inertgas verdünnter Sauerstoff verhält. Dies geht auch aus Abb. 87 hervor, die die Diffusionskoeffizienten von Sauerstoff und Stickstoff in Tantal wiedergibt. Verfolgt man durch Mikrohärtemessungen die Härteänderung vom Kern der Proben hinweg zu der Oberfläche

---

[1] Rostoker, W., u. A. S. Yamamoto: Trans. ASM 47 (1955) 1002. — Seybolt, A. U., u. H. T. Sumsion: Trans. AIME 197 (1953) 292. — Allen, N. P., O. Kubaschewski u. O. v. Goldbeck: J. electrochem. Soc. 98 (1951) 417.

[2] Cost, J. R., u. C. A. Wert: AIME Fall Meeting 1961.

[3] Albrecht, W. D., W. D. Klopp, B. G. Koehl u. R. I. Jaffee: Trans. AIME 221 (1961) 110.

durch die verschieden aufgebauten Oxyd- bzw. Nitridschichten zu den aus Ta_2O_5 bzw. TaN bestehenden Deckschichten, so ergibt sich das in Abb. 88 wiedergegebene Bild. Dieser auch für Niob typische Verlauf zeigt, daß die Schwestermetalle Niob und Tantal sehr wenig zunderfest sind, daß man diese Metalle aber mit Stickstoff hervorragend

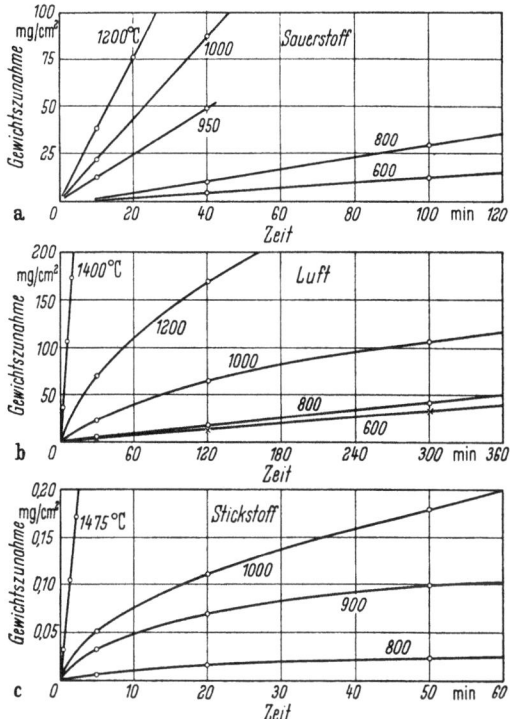

Abb. 86a—c. Die von Tantal aufgenommenen Gasmengen (Sauerstoff, Stickstoff und Luft) in Abhängigkeit von der Temperatur und der Zeit (nach ALBRECHT u. a.)

oberflächenhärten kann. Diese Möglichkeit wurde schon frühzeitig zur Härtung von Tantalspinndüsen verwendet.[1]

AYLMORE und Mitarbeiter[2] konnten zeigen, daß der Ablauf der Oxydation von reinem Niob durch Feuchtigkeit bei 400 bis 450° erniedrigt, darüber nicht beeinflußt wird. Ihre Untersuchungen zeigten weiterhin, daß die schützende Wirkung des sich bildenden Nb_2O_5 durch eine Sinterung des Oxyds bei höheren Temperaturen verbessert wird. Die thermodynamischen Vorgänge zwischen Nb und Ta sowie O_2 und N_2

---

[1] KIEFFER, R., u. W. HOTOP: Pulvermetallurgie und Sinterwerkstoffe. Berlin/Göttingen/Heidelberg: Springer 1948, 264.
[2] AYLMORE, D. W., S. J. GREGGS u. W. B. JEPSON: J. electrochem. Soc. 107 (1960) 495.

nahe ihrem Schmelzpunkt untersuchte PEMSLER[1]. Tantal zeigt bei 2850 °C eine Inversion der Löslichkeit.

Das Verhalten von Vanadin unter Stickstoff ist ähnlich wie das von Niob und Tantal, während die Einwirkung von Luft und Sauerstoff

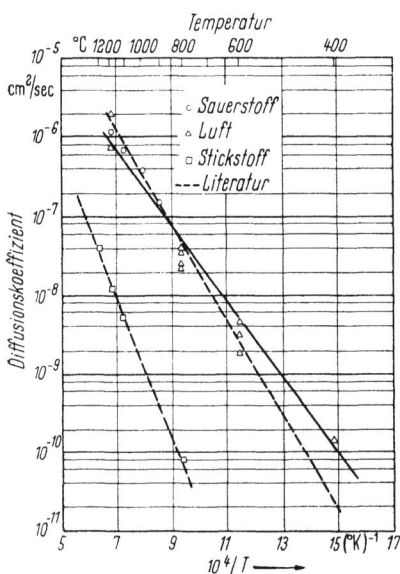

Abb. 87. Die Diffusionskoeffizienten von Sauerstoff und Stickstoff in Tantal (nach ALBRECHT u. a.)

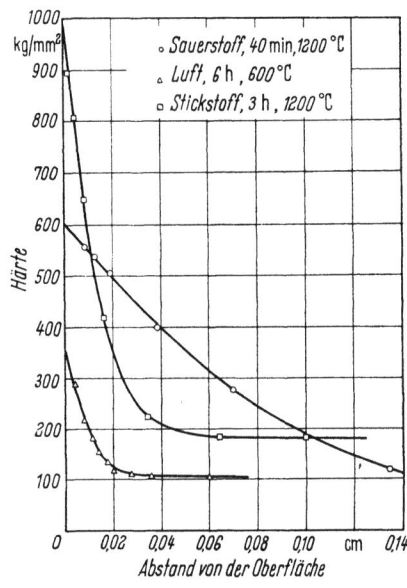

Abb. 88. Die Härteänderung von begastem Tantal in Richtung senkrecht zur Probenoberfläche (nach ALBRECHT u. a.)

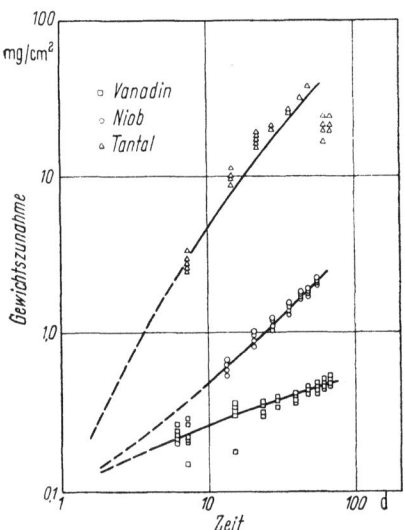

Abb. 89. Korrosionsverhalten der Va-Metalle in CO_2 bei 500 °C und 8 atm (nach O'DRISCOLL u. a.)

je nach Temperaturhöhe zu einem linearen und katastrophalen Oxydationsverlauf führt. V_2O_5 schmilzt bei 675 °C und tropft ab, so daß V, ähnlich wie Mo, ungehemmt weiteroxydiert. Katastrophale Oxydation unter Feuererscheinung („ignition") tritt bei ungeschütztem und unlegiertem Niob und Tantal erst oberhalb 1450 °C auf[2],

---

[1] PEMSLER, J. P.: J. electrochem. Soc. 108 (1961) 744.
[2] CLARK, J. W.: in D. L. DOUGLASS u. F. W. KUNZ (Hrsg.): Columbium Metallurgy. New York/London: Intersc. Publ. 1961. — Siehe auch J. W. COX u. R. W. WERNER: UCRL-6187 (1961).

eine Erscheinung, die bei Werkstofffragen der Raumschiffahrt beachtet werden muß.

Wegen weiterer ergänzender Arbeiten aus den Systemen V, Nb, Ta–O, N, C sei auf das Buchschrifttum verwiesen.[1]

O'DRISCOLL, TYZACK und RAINE[2] untersuchten im Hinblick auf reaktortechnische Fragen das Verhalten von V, Nb, Ta gegen CO_2 von 8 atm Druck bei 500 °C. Nb und Ta oxydieren schnell, während V ein ähnliches, relativ günstiges Verhalten wie Mo und W zeigte (s. Abb. 89). V und insbesondere V-Legierungen erscheinen als aussichtsreiche Werkstoffe bei CO_2-Korrosion[3] (vgl. auch S. 179).

VII. Legierungen der Va-Metalle

A. Zweistoffsysteme

1. Allgemeines

Systematische Untersuchungen an *verformbaren* V-, Nb- und Ta-*Basis*-Legierungen sind verhältnismäßig jung. Wenn man von Systemuntersuchungen innerhalb der hochschmelzenden Metalle Niob, Tantal, Molybdän und Wolfram, einigen technisch schon länger genutzten Tantal-Wolfram-Legierungen und den vanadin-niob- und tantalhaltigen Hartstoffen absieht, so sind wohl die Untersuchungen von ROSTOKER und YAMAMOTO[4] an Vanadinlegierungen zuerst zu nennen. Diese Arbeiten wiederum wurden zweifelsohne durch die breit angelegten Legierungsuntersuchungen auf dem Titan-[5] und Zirkoniumgebiet[6] gefördert und befruchtet.

---

[1] ROSTOKER, W.: The Metallurgy of Vanadium. New York: Wiley & Sons 1958. — MILLER, G. L.: Tantalum and Niobium. London: Butterworths Scient. Publ. 1959. — KIEFFER, R., u. F. BENESOVSKY: Hartstoffe. Wien: Springer 1963.

[2] O'DRISCOLL, W. G., C. TYZACK u. T. RAINE: Second United Nations International Conference on the Peaceful Uses of Atomic Energy, Genf, Mai 1958, Paper No. A/CONF. 15/P/1274.

[3] SMITH, K. F.: in W. R. CLOUGH (Hrsg.): Reactive Metals. New York/London: Intersc. Publ. 1959, 403. — VAN THYNE, R. J.: in W. R. CLOUGH (Hrsg.): Reactive Metals. New York/London: Intersc. Publ. 1959, 415.

[4] ROSTOKER, W., u. A. S. YAMAMOTO: Trans. ASM 46 (1954) 1136; 47 (1955) 1002.

[5] HANSEN, M., D. J. McPHERSON u. W. ROSTOKER: WADC Technical Report 53–41 (1953) 114. — McQUILLAN, A. D., u. M. K. McQUILLAN: Titanium, Metallurgy of the Rarer Metals No. 4. London: Butterworths Scient. Publ. 1956. — ABKOWITZ, ST., J. J. BURKE u. R. H. HILTZ: Titanium in Industry. New York: van Nostrand 1955.

[6] MILLER, G. L.: Zirconium. London: Butterworths Scient. Publ. 1957. — LUSTMANN, B.: The Metallurgy of Zirconium. New York: McGraw-Hill 1955.

Die Suche nach veredelten Legierungen der Va-Metalle wurde u. a. von dem Wunsche diktiert:

a) Weitere Anwendungsgebiete für die industriell noch in mäßigem Umfang genutzten Metalle zu finden;

b) Legierungen extrem hoher Warmfestigkeit zu entwickeln, die bei guten Festigkeitseigenschaften bei mittleren und hohen Temperaturen auch noch gute Duktilität und Schweißbarkeit haben sollten;

c) die hohe Reaktivität herabzusetzen und die Oxydationsbeständigkeit der reinen Metalle zu verbessern;

d) das Korrosionsverhalten gegen flußsäurehaltige Medien zu verbessern;

e) die Anfälligkeit gegen Wasserstoff herabzusetzen;

f) neue Tieftemperatur- und Magnetwerkstoffe zu schaffen.

Diese weitgesteckten Wünsche können durch den Legierungstechniker und Metallkundler zumindestens teilweise erfüllt werden; vornehmlich mit Hilfe der mischkristallbildenden Nachbarmetalle der IVa- und Va-Gruppe, aber auch durch kleinere Mengen anderer, feste Lösungen und intermediäre Verbindungen bildende Metalle. Man vergleiche z. B. die bestehenden und in Entwicklung befindlichen Anwendungen der Va-Metalle auf S. 292ff., insbesondere

zu a) die V-Ti(Zr)-, Nb-Zr-, Nb-V-, Nb-Ta- und Ta-W-Legierungen,

zu b) und c) die (IV-V-VI)a-Legierungen mit oder ohne silizidhaltigen Deckschichten,

zu d) und e) die Ta-W-, Ta-Mo-, Nb-W- und Nb-Mo-Legierungen, und

zu f) die Nb-Zr- und Nb-Sn-Magnetwerkstoffe sowie verschiedene Tantallegierungen.

Prüft man im legierungstechnischen Sinne die Elemente der 8 Gruppen des Periodensystems, so ergeben sich nach KNAPTON[1] unter Berücksichtigung der HUME-ROTHERY 15 (14)%-Regel und des notwendigen Vorhandenseins verwandter Strukturen die in Abb. 90 wiedergegebenen Verhältnisse. Mit der HUME-ROTHERY-Regel ist allerdings nur eine Volumsbedingung ausgesprochen; mit anderen Worten, zu große Abstandsunterschiede können selbst bei gleicher Struktur und chemischer Ähnlichkeit nicht vollkommen überbrückt werden.

Zur Komplettierung des Bildes wurde in Abb. 90 ein entsprechendes Band für V-Legierungen eingetragen.[2] Von Bedeutung ist ferner die Tatsache, daß z. B. die kubischen Hochtemperaturmodifikationen der IVa-Metalle zum Teil lückenlose Mischbarkeit mit den Va-Metallen zeigen.

---

[1] KNAPTON, A. G.: J. Less-Common Metals 2 (1960) 113.
[2] Siehe auch I. I. KORNILOV u. N. M. MATVEEVA: Tr. Inst. Metall. 8 (1961) 82.

Wählt man die bekannte Darstellung der Abhängigkeit der atomaren Eigenschaften der Elemente von der Ordnungszahl, so ergibt

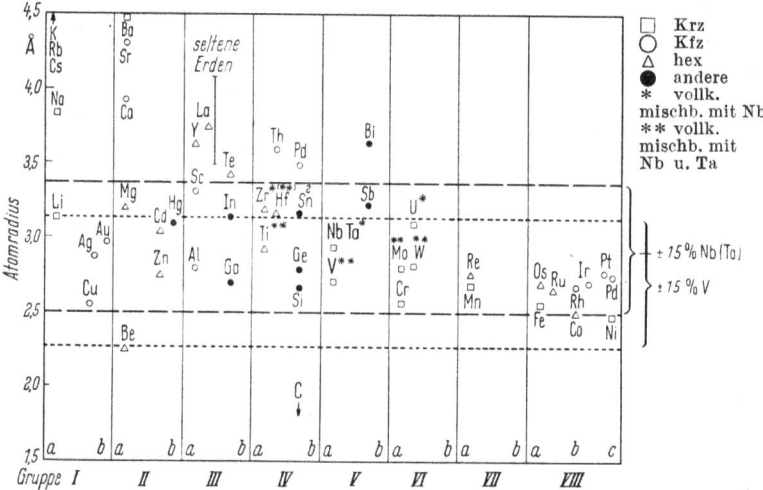

Abb. 90. Günstige Volumsbedingungen für die Mischkristallbildung mit Niob und Tantal (bzw. Vanadin) (nach KNAPTON)

sich analog die Abb. 91[1], in die auch die 15%-Grenzen für Vanadin und die für Niob und Tantal eingetragen sind. Die kleinen Atomradien der Elemente C, N, B erklären die Fähigkeit derselben, ebenso

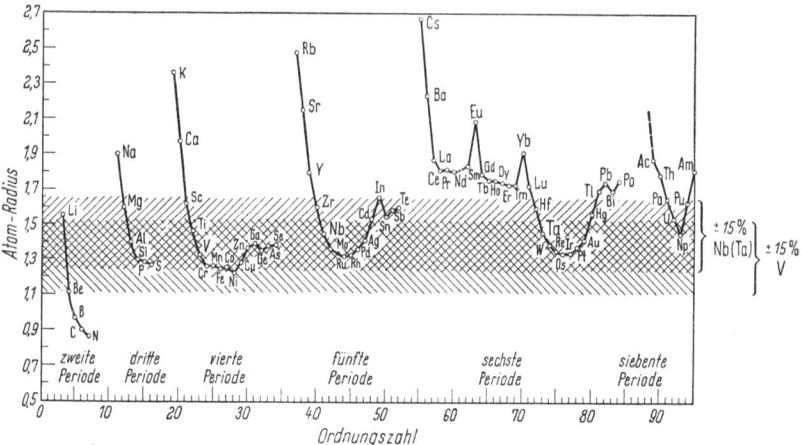

Abb. 91. Atomradien der Elemente in Abhängigkeit von der Ordnungszahl und schraffierte ±15%-Bänder für die Va-Metalle (nach DWIGHT)

[1] DWIGHT, A. E.: in D. L. DOUGLASS u. F. W. KUNZ (Hrsg.): Columbium Metallurgy. New York/London: Intersc. Publ. 1961, 383.

wie Wasserstoff, Einlagerungsmischkristalle und -verbindungen mit den Übergangsmetallen der IVa- bis VIa-Gruppe zu bilden (s. S. 256).

Die Abb. 91 läßt auch ferner eine Legierungsverwandtschaft der Elemente Uran, Np und Pu bei reaktortechnischen Problemen und die weitgehende Unmischbarkeit der Va-Metalle mit den Metallen der seltenen Erden erwarten.

MILLER bespricht auf Grund von Betrachtungen von PFEIL[1] das voraussichtliche Legierungsverhalten der Metalle Nb und Ta, das auch weitgehend auf die ganze Familie der Va-Metalle übertragen werden kann.

Mit den Vorstellungen der HUME-ROTHERY-Regel[2], HILDEBRANDS Löslichkeitsparametern[3] und PAULINGS Elektronegativität[4] ergeben sich folgende Gesichtspunkte:

Nach den Sublimationswärmen von V, Nb und Ta (120, 169, 183 kcal/Mol) sollten die Löslichkeitsparameter von V über Nb nach Ta ansteigen. In ähnlicher Reihenfolge ordnen sich auch die Schmelzpunkte. Die Elektronegativität (V = $-1,5$ V, Nb = $-1,6$ V, Ta = $-1,4$ V) würde anzeigen, daß die Tendenz zur Verbindungsbildung mit stärker elektronegativen Elementen, z. B. Sauerstoff bei Ta am größten, bei Nb am schwächsten ist.

Alle 3 Elemente sind kubisch raumzentriert, wobei der Gitterparameter von V mit 3,028 Å kleiner ist als der von Nb und des fast gleich großen Tantals mit 3,294 bzw. 3,296 Å[5] (s. Tab. 36). Damit überlappen sich die Bereiche der möglichen Bildung von festen Lösungen für die 3 Metalle weitgehend.

Unter Einbeziehung von Kompressibilität und Verbindungsstabilität lassen V und Nb ausgedehntere Mischbarkeit mit anderen Metallen erwarten als Ta, wogegen die Schmelzpunkte und die Temperaturen der Soliduslinien die umgekehrte Reihung andeuten würden. Die von YAO[6] vorgeschlagenen Löslichkeitsfaktoren stellen einen interessanten Beitrag in dieser Richtung dar. Siehe hierzu auch die Untersuchungen von KNAPTON[7] über das vergleichsweise Legierungsverhalten von Niob

---

[1] PFEIL, P. C. L.: in G. L. MILLER: Tantalum and Niobium. London: Butterworths Scient. Publ. 1959, 544.

[2] HUME-ROTHERY, W., u. G. V. RAYNOR: The Structure of Metals and Alloys, 3. Aufl. London: Institute of Metals 1954.

[3] HILDEBRAND, J. H., u. R. L. SCOTT: The Solubility of Non-Electrolytes, 3. Aufl. New York: Reinhold 1950.

[4] PAULING, L.: The Nature of the Chemical Bond, 2. Aufl. London: Oxford Univ. Press 1940.

[5] Bei HUME-ROTHERY (Elements of Structural Metallurgy. London: Institut of Metals 1961) findet sich neuerdings die Reihung in kX: V 3,02; Nb 3,29; Ta 3,30.

[6] YAO, Y. L.: J. Less-Common Metals 2 (1960) 321.

[7] KNAPTON, A. G.: J. Less-Common Metals 2 (1960) 113.

und Tantal mit verschiedenen Metallen, wie Ti, Zr, U, Re und Metallen der Platingruppe.

Das beste Mischungsverhalten gegenüber der IVa-Gruppe (s. Abb. 92) zeigt offensichtlich Niob. Selbst gegenüber Titan zeigt das Verhalten der Schmelzkurve eine geringere Mischungstendenz für V-Ti (Minimum). Auch gegenüber den Aktiniden, z. B. Uran, fällt die vollkommene Mischbarkeit mit Niob auf, während das z. B. fast gleich große Tantal praktisch nicht mischbar ist. Vielfach steht die Bildung von lückenlosen Mischreihen mit jenen von LAVES-Phasen in Konkurrenz, die eng mit dem Wert des Radienverhältnisses rA/rB (nahe 1 oder ungleich) zusammenhängt.

Bemerkenswert sind auch die starken Minima der Schmelzkurve bei V-Cr und V-W, die auf eine Entmischungstendenz bei tiefen Temperaturen (s. Nb-Zr) hinweisen.

Orientierende Legierungsversuche von ROSTOKER, HANSEN und Mitarbeitern[1] mit Vanadin und den Metallen Al, Ti, Zr, Nb, Ta, Cr, Mo, W, Mn, Fe, Ni, Co und Sn sowie den Metalloiden B, C und Si zeigten eine auffällig günstige Wirkung der IVa-Metalle, insbesondere von Ti, auf die Duktilität und Schmiedbarkeit der binären Legierungen. Dieses wertvolle Legierungsverhalten von Ti und die relativ schlechte Verformbarkeit der anderen binären Legierungen mit mehr als 10% Zusatzmetallen führten auch dazu, daß die bildsamen V-Ti-Legierungen mit Erfolg als Basis für später untersuchte, ternäre Legierungen gewählt wurden. Bei Anwesenheit von z. B. 10 bis 20% Ti können meist noch 5 bis 20% Drittmetalle in die Legierung ohne Verlust der Kalt- bzw. Warmbildsamkeit eingebaut werden.

Diese Rolle der IVa-Metalle bei 2- und 3-Stoff-Vanadin-Basis-Legierungen[2] hat sich auch bei Niob- und Tantal-Basis-Legierungen wieder gezeigt. Nb-Mo- und Nb-W- bzw. Ta-Mo- und Ta-W-Legierungen mit über 10 bis 15% Mo bzw. W sind sehr schwer zu verformen, während dieselben Legierungen bei Anwesenheit von 5 bis 10% Ti noch gut bildsam sind und sogar unter Umständen eine Erhöhung des Gehaltes an festigkeitssteigernden VIa-Metallen auf 15 bis 30% erlauben.

Eine ähnliche Wirkung wie das Titan üben auch kleinere Gehalte von Zirkonium und Hafnium in binären und ternären Legierungen aus (vgl. die zirkon- und hafniumhaltigen Nb-Ta-Legierungen in Tab. 68 und 69). Selbstverständlich ist auch eine nur teilweise Substitution des Titans durch Zirkonium und/oder Hafnium möglich.

---

[1] ROSTOKER, W., u. M. HANSEN: WADC Techn. Rep. 52—145 (1952) Teil I. — ROSTOKER, W., D. J. MCPHERSON u. M. HANSEN: ibid. 1954, Teil II. — YAMAMOTO, A. S., u. W. ROSTOKER: ibid. 1955, Teil III. — ROSTOKER, W., A. S. YAMAMOTO u. E. R. RILEY: Trans. Amer. Soc. Met. 1956, 560.
[2] KOMJATHY, S.: J. Less-Common Metals 1961, 468. — RAJALA, B. R., u. R. J. VAN THYNE: J. Less-Common Metals 1961, 489.

Im Rahmen dieses Buches sollen hauptsächlich die heute wichtigsten Legierungssysteme (Va- mit IVa- und VIa-Metallen) und die zur Zeit aussichtsreichsten Legierungen sowie hartmetalltechnisch bedeutende Hartstoffe (s. S. 256) besprochen werden (s. Abb. 93a bis c).

Wegen anderer zum Teil auch wichtiger Systeme mit unklarer derzeitiger und ungewisser zukünftiger Bedeutung (meist Systeme mit Unmischbarkeit im festen und/oder flüssigen Zustand oder Systeme mit spröden intermediären Phasen und sehr beschränkter Mischbarkeit) muß auf die ausführlichen Systemzusammenstellungen in der Fachliteratur, insbesondere bei HANSEN[1], SCHMIDT[2], ENGLISH[3], MILLER[4] und ROSTOKER[5], ferner auf die Arbeiten von KNAPTON[6], DWIGHT[7], GOLDSCHMIDT[8], HAWORTH[9] u. a., verwiesen werden.

Nicht im einzelnen besprochene Systeme sind ferner in Tab. 47 mit Literaturangaben zum allfälligen Quellenstudium zusammengestellt.

Bezüglich des Diffusionsverhaltens in den Va-Metallen sei der umfangreiche Bericht von PETERSON[10] erwähnt, der die Diffusionskonstanten der Selbstdiffusion und einer Anzahl von Einlagerungs- und Substitutionselementen (z. B. C, N, O, H, B, Si, Fe, Ti, U und Mo) enthält.

2. Wichtige binäre Zustandsdiagramme

In Abb. 92 ist schematisch das Legierungsverhalten der benachbarten IVa-, Va- und VIa-Metalle untereinander wiedergegeben, während Abb. 93 die legierungstechnisch wichtigsten Zustandsdiagramme der Va-Metalle untereinander und mit den IVa- und VIa-Metallen sowie mit Uran und Rhenium wiedergibt.

Die kurze, nachfolgende Besprechung der Legierungen aus Abb. 93 — ergänzt mit Hinweisen auf Legierungen mit den Eisenmetallen sowie mit Aluminium und Beryllium — soll zu den folgenden Kapiteln

---

[1] HANSEN, M.: Constitution of binary alloys, 2. Aufl. New York: McGraw-Hill 1958.
[2] SCHMIDT, F. F.: DMIC Rep. 133, Juli 1960.
[3] ENGLISH, J. J.: DMIC Rep. No. 152 (1961).
[4] MILLER, G. L.: Tantalum and Niobium. London: Butterworths Scient. Publ. 1959.
[5] ROSTOKER, W.: The Metallurgy of Vanadium. New York: Wiley & Sons 1958.
[6] KNAPTON, A. G.: J. Less-Common Metals 2 (1960) 113.
[7] DWIGHT, A. E., u. P. A. BECK: Trans. AIME 215 (1959) 976.
[8] GOLDSCHMIDT, H. J.: J. Less-Common Metals 2 (1960) 138.
[9] HAWORTH, C. W.: J. Less-Common Metals 2 (1960) 125.
[10] PETERSON, N. L.: WADD Techn. Rep. 60—793, März 1961. — Siehe auch E. J. RAPPERPORT u. C. S. HARTLEY: AIME Refractory Metals Symposium, Chicago, April 1962.

Tabelle 47
Weitere binäre Legierungen der V a-Metalle mit Literaturangaben

Legierungs-element	V	Nb	Ta
Ag	[1]	—	[2]
Au	[3]	[4]	[5]
Cu	[1]	[6]	[7, 8]
Ge	[9, 10]	[10]	[10, 11, 11a]
H	[12, 13, 14]	[15, 16, 17, 18, 19, 20, 21, 21a]	[15, 22, 23, 24]
Ir	—	[25]	[25, 26, 27, 28, 29, 30, 30a, 30b]
Mn	[31, 32, 32a]	[33, 33b]	[33, 33a]
O	[34, 35, 36, 37, 38, 39, 40, 41, 42]	[43, 44, 45, 46, 47, 48, 49, 50, 50a, 50b]	[51, 52, 53, 54, 55, 56]
Os	—	[25, 29]	[25, 26, 27, 29, 30, 30a, 57]
P	[58, 59, 60, 61]	[61, 62, 63]	[64, 65]
Pb	—	[66]	[66]
Pd	[32]	[32]	[32, 67]
Pt	[32, 68]	[32, 32b]	[32, 67, 67a]
Rh	[32]	[32]	[30a, 30c, 32, 67]
Ru	[32, 68a]	[32]	[30a, 32, 57, 67, 67b]
S	[69]	[70, 71, 72, 73]	[70, 74, 75, 76]
Sn	[1]	[77]	[78]
Th	[79, 79a]	[80, 81]	[81, 81a]
Zn	—	[44]	[44]
Seltene Erdmetalle			
Y	[82]	[82]	[82]

[1] ROSTOKER, W., u. A. S. YAMAMOTO: Trans. ASM 46 (1954) 1136. — [2] MILLER, G. L.: Tantalum and Niobium. London: Butterworths Scient. Publ. 1959. — [3] SUMMERS-SMITH, D.: J. Inst. Met. 83 (1954/55) 189. — [4] WOOD, E. A., u. B. T. MATTHIAS: Acta Cryst. 9 (1956) 534. — [5] RAUB, E., H. BEESKOW u. D. MENZEL: Z. Metallkde. 52 (1961) 189. — [6] ARGENT, B. B., u. R. E. GOOSEY: in G. L. MILLER: Tantalum and Niobium. London: Butterworths Scient. Publ. 1959. — [7, 8] ELLIOT, R. P.: Armor Res. Found., Illinois, Inst. of Technology, Techn. Rep. 1, OSR-TN 247 (Aug. 1954) 23. — [9] BRAUER, G.: Z. Elektrochem. 49 (1943) 208. — [10, 11] WALLBAUM, H. J.: Naturwiss. 32 (1944) 76. — [11a] SANDULOVA, A. V., u. HE YU LIANG: Proc. Acad. Sci. USSR 128 (1959) 763. — [12] KIRSCHFELD, L., u. A. SIEVERTS: Z. Elektrochem. 36 (1930) 123. — [13] HÄGG, G.: Z. phys. Chem. 40 (1931) 433. — [14] MALLETT, M. W., u. J. R. BRIDGE: Unveröffentl. Arbeiten, Battelle Memorial Inst. 1955. — [15] KNOWLES, D. R.: UKAEA, Industr. Group, Rep. IGR-R/C-190 (1957). — [16] HORN, F. H., u. W. T. ZIEGLER: J. Amer. chem. Soc. 69 (1947) 2762. — [17] BRAUER, G., u. R. HERMANN: Z. anorg. Chem. 247 (1953) 11. — [18] UMANSKI, Y. S.: J. phys. Chem. Moskau 14 (1940) 332. — [19] ALBRECHT, M., M. W. MALLETT u. W. D. GOODE: J. electrochem. Soc. 105/4 (1958) 219. — [20] PAXTON, H. W., u. J. M. SHEEHAN: Carnegie Inst. Technol. Pittsburgh 1957, Metals Res. Lab. — [21] WAIN-

WRIGHT, C.: J. Inst. Met. 4 (1957/58) 68. — [*21a*] BRAUER, G., u. H. MÜLLER: J. Inorg. Nucl. Chem. 17 (1961) 102. — [*22*] KNOWLES, D. R.: U.K.A.E.A., Industr. Group. Rep., IGR-R/C-190 (1957). — [*23*] HÄGG, G.: Z. phys. Chem. 11 (1931) 446. — [*24*] PIETSCH, E., u. L. LEHL: Kolloid-Z. 68 (1934) 226. — [*25, 26*] KNAPTON, A. G.: J. Inst. Met. 87 (1958/59) 28. — [*27*] NEVITT, M. V., u. J. W. DOWNEY: J. Metals 9 (8) (1957) 1072. — [*28, 29*] GELLER, S., B. T. MATTHIAS u. R. GOLDSTEIN: J. Amer. chem. Soc. 77 (1955) 1502. — [*30*] NEVITT, M. V., u. J. W. DOWNEY: s. [*27*]. — [*30a*] KAUFMANN, A. R. u. a.: WADD Techn. Rep. 60—132 (1960). — [*30b*] FERGUSON, W. H., B. C. GIESSEN u. N. J. GRANT: AIME Fall Meeting, New York, 1962. — [*30c*] GIESSEN, B. C., u. N. J. GRANT: AIME Fall Meeting, New York, 1962. — [*31*] PEARSON, W. B., J. W. CHRISTIAN u. W. HUMEROTHERY: Nature 167 (1951) 110. — [*32*] GREENFIELD, P., u. P. A. BECK: Trans. AIME 206 (1956) 265. — [*32a*] WATERSTRAT, R. M.: Trans. AIME 224 (1962) 240. — [*32b*] KIMURA, H., u. A. ITO: Trans. NRI Japan 3 (1961) 346. — [*33*] WALLBAUM, H. J.: Z. Kristallogr. 103 (1941) 391. — [*33a*] HELLAWELL, A.: J. Less-Common Metals 1 (1959) 343. — [*33b*] SAVITSKIJ, E. M., u. CH. V. KOPETZKII: Anorg. Chem. USSR 5 (1960) 363. — [*34*] ANDERSON, G.: Acta Chem. Scand. 8 (1954) 1599. — [*35*] ROSTOKER, W., u. A. S. YAMAMOTO: Trans. ASM 47 (1955) 1002. — [*36*] SEYBOLT, A. U., u. H. T. SUMSION: Trans. AIME 197 (1953) 292. — [*37*] SCHÖNBERG, N.: Acta Chem. Scand. 8 (1954) 221. — [*38*] ALLEN, N. P., O. KUBASCHEWSKI u. O. V. GOLDBECK: J. electrochem. Soc. 98 (1951) 417. — [*39*] ROSSINI, F. D. u. a.: Circ. Nat. Bur. Stand. US. No. 500 (1952). — [*40*] ZACHARIASEN, W. H.: Acta Chem. Scand. 8 (1954) 1599. — [*41*] AEBI, F.: Helv. chim. Acta 31 (1948) 8. — [*42*] BYSTROM, A., K. A. WILHELMI u. O. BROTZEN: Acta Chem. Scand. 4 (1950) 1119. — [*43*] BRAUER, G.: Z. anorg. Chem. 248 (1941) 1. — [*44*] HOLTZBERG, F., A. REISMAN, M. BERRY u. M. BERKENBLIT: J. Amer. chem. Soc. 79 (1957) 2039. — [*45*] SCHAFER, M. W., u. R. ROY: Z. Kristallogr. 110 (1958) 241. — [*46*] FREVEL, L. K., u. H. W. RINN: Analyt. Chem. 27 (1955) 1329. — [*47*] HAHN, R.: J. Amer. chem. Soc. 73 (1951) 5091. — [*48*] GOLDSCHMIDT, H. J.: J. Inst. Met. 87 (1958/59) 231. — [*49*] SEYBOLT, A. U.: J. Metals 6/6 (1954) 774. — [*50*] KLOPP, W. D., C. T. SIMS u. R. I. JAFFEE: in B. W. GONSER u. E. M. SHERWOOD (Hrsg.): Technology of Columbium (Niobium). New York: Wiley & Sons 1958. — [*50a*] ELLIOTT, R. P.: Trans. ASM 52 (1959) 990. — [*50b*] KLOPP, W. D., u. V. D. BARTH: DMIC Memorandum 50 (1960). — [*51*] SCHÖNBERG, N.: Acta Chem. Scand. 8 (1954) 240. — [*52*] ZASLAVSKII, A. I., R. A. ZVINCHUK u. A. G. TUTOV: Doklady Akad. Nauk SSSR 104 (1955) 409. — [*53*] HOLSER, W. T.: Acta Cryst. 9 (1956) 196. — [*54*] RUFF, O.: Z. anorg. Chem. 82 (1913) 373. — [*55*] LAPITSKII, I. A. V., Y. P. SIMANOV, K. N. SEMENKO u. E. I. YAREMBASH: Vestn. Moskau Univ. 9, No. 3, Ser. Fiz-Mat. i Estestven, Nauk, No. 2 (1954) 85. — [*56*] WASILEWSKI, R. I.: J. Amer. chem. Soc. 75 (1953) 1001. — [*57*] Contract No. AF 33 (616)-6023 Nuclear Metals, Inc. (1959). — [*58*] ZUMBUSCH, M., u. W. BILTZ: Z. anorg. Chem. 238 (1938) 395. — [*59*] CHEVE, M.: C. R. Acad. Sci., Paris 208 (1939) 1144. — [*60*] ANDRIEUX, J. L.: Rev. Met. 45 (1948) 49. — [*61*] SCHÖNBERG, N.: Acta Chem. Scand. 8 (1948) 49. — [*62*] HEINERTH, E., u. W. BILTZ: Z. anorg. Chem. 198 (1931) 168. — [*63*] REINECKE, A., F. WIECHMANN, M. ZUMBUSCH u. W. BILTZ: Z. anorg. Chem. 249 (1942) 14. — [*64*] ZUMBUSCH, M., u. W. BILTZ: Z. anorg. Chem. 246 (1941) 35. — [*65*] SCHÖNBERG, N.: Acta Chem. Scand. 8 (1954) 226. — [*66*] MILLER, G. L.: s. [*2*]. — [*67*] GREENFIELD, P., u. P. A. BECK: J. Metals 8 (2) (1956) 265. — [*67a*] KIMURA, H., u. A. ITO: J. Jap. Inst. Met. 25 (1961) 88. — [*67b*] HARTLEY, C. S., W. L. BAUN, D. W. FISHER u. E. J. RAPPERPORT: WADD Techn. Rep. 60-288 (1961). — [*68*] WALLBAUM, H. J.: Naturwiss. 31 (1943) 91. — [*68a*] RAUB, E., u. W. FRITZSCHE: Z. Metallkde. 54

(1963) 21. — [69] BILTZ, W., u. A. KÖCHER: Z. anorg. allg. Chem. 234 (1937) 97. — [70] HÄGG, G., u. N. SCHÖNBERG: Arkiv Kemi 7/40 (1954) 371. — [71] BILTZ, W., u. A. KÖCHER: Z. anorg. Chem. 237 (1938) 369. — [7] SCHÖNBERG, N.: Acta Metallurgica 2/3 (1954) 427. — [73] MÜLLER, H.: Dissertation Universität Freiburg/Br. 1958. — [74, 75] BILTZ, W., u. A. KÖCHER: Z. anorg. Chem. 238 (1938) 81. — [76] HÄGG, G., u. N. SCHÖNBERG: s. [70]. — [77] EMELYANOV, V. S., V. G. GODIN u. A. I. EVSTYUKLIN: Atomnaya Energiya 2 (1957) 42, J. Nucl. Engng. II/5 (1957) 247. — [78] MATTHIAS, B. T., T. H. GEBALLE, S. GELLER u. E. CORENZWIT: Phys. Rev. 95 (6) (1954) 1435. — [79] GELLER, S., B. F. ORMONT u. R. GOLDENSTEIN: J. Amer. chem. Soc. 77 (1955) 1502. — [79a] PALMER, P. E., O. D. MCMASTERS u. W. L. LARSEN: Trans. ASM 55 (1962) 301. — [80] DICKINSON, J. M., O. N. CARLSON u. H. A. WILHELM: USAEC Rep. No. AECD-3544 (1953). — [81] CHIOTTI, P.: J. electrochem. Soc. 101 (1954) 567. — [81a] MCMASTERS, O. D., u. W. L. LARSEN: J. Less-Common Metals 3 (1961) 312. — [82] LUNDIN, C. E., u. D. T. KLODT: J. Inst. Met. 90 (1961/62) 341.

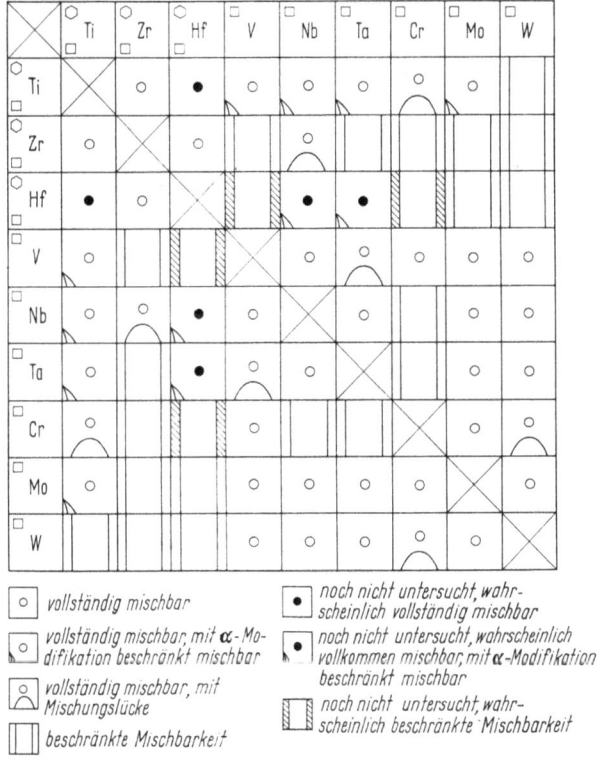

Abb. 92. Legierungsverhalten der IVa-, Va- und VIa-Metalle untereinander

überführen, in denen Zwei- und Mehrstofflegierungen der Va-Metalle entsprechend der heutigen technischen Bedeutung mehr im einzelnen abgehandelt sind.

V-Ti, Nb-Ti, Ta-Ti. Die vollkommene Mischbarkeit des β-Titans mit den Va-Metallen läßt einen weiten Einsatz des Titans in 2- und Mehrstofflegierungen erwarten. Praktische Bedeutung haben bereits

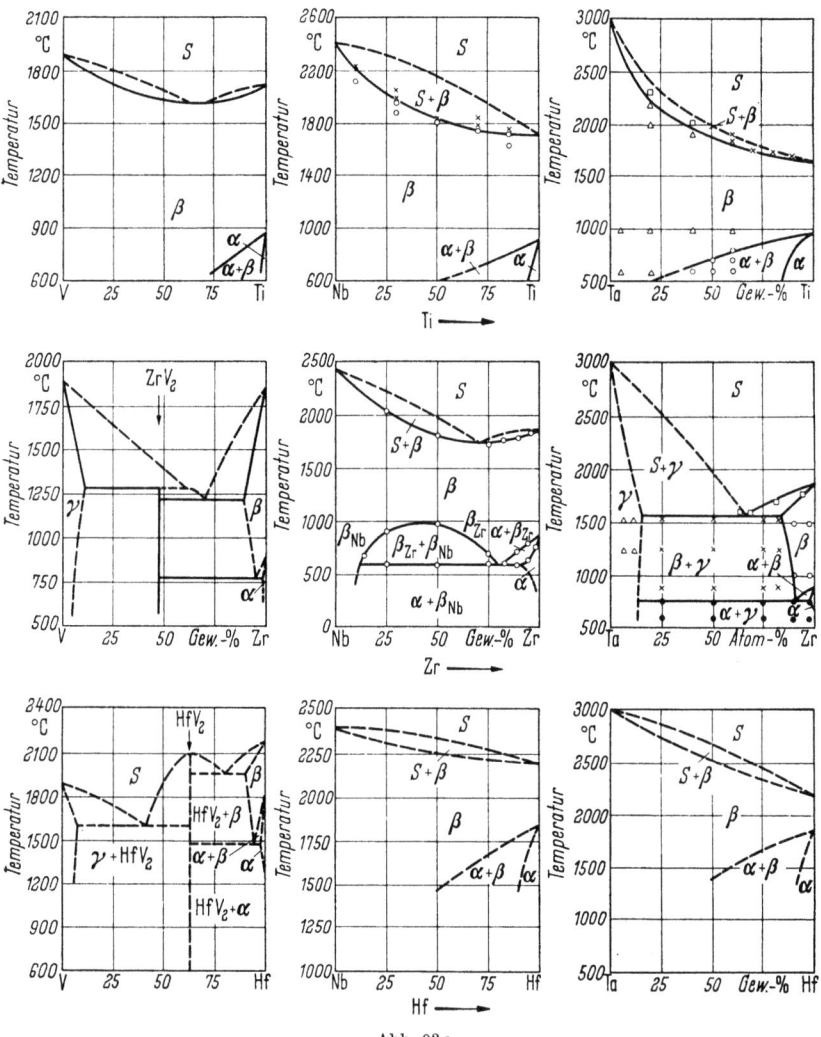

Abb. 93a

Ti-V-Al-Legierungen und Ti-V-(Nb)-Al, darüber hinaus V-Ti-, Nb-Ti- und Ta-Ti-Legierungen im Reaktorbau, und Nb-Ti-Mo- sowie Nb-Ti-W-Legierungen als schweißbare Hochtemperaturlegierungen gefunden (s. S. 224 und 228).

V-Zr, Nb-Zr, Ta-Zr. Zr scheint geeignet, Ti in einem gewissen Umfang zu ersetzen. Praktisches Interesse haben eine Nb-1% Zr-

und eine Nb-33 Ta-1 Zr-Legierung gefunden. Vergleiche ferner auch die Legierungen der Va-Metalle mit den VIa-Metallen unter Verwendung von Zr als Vertreter der IVa-Gruppe (s. Tab. 59).

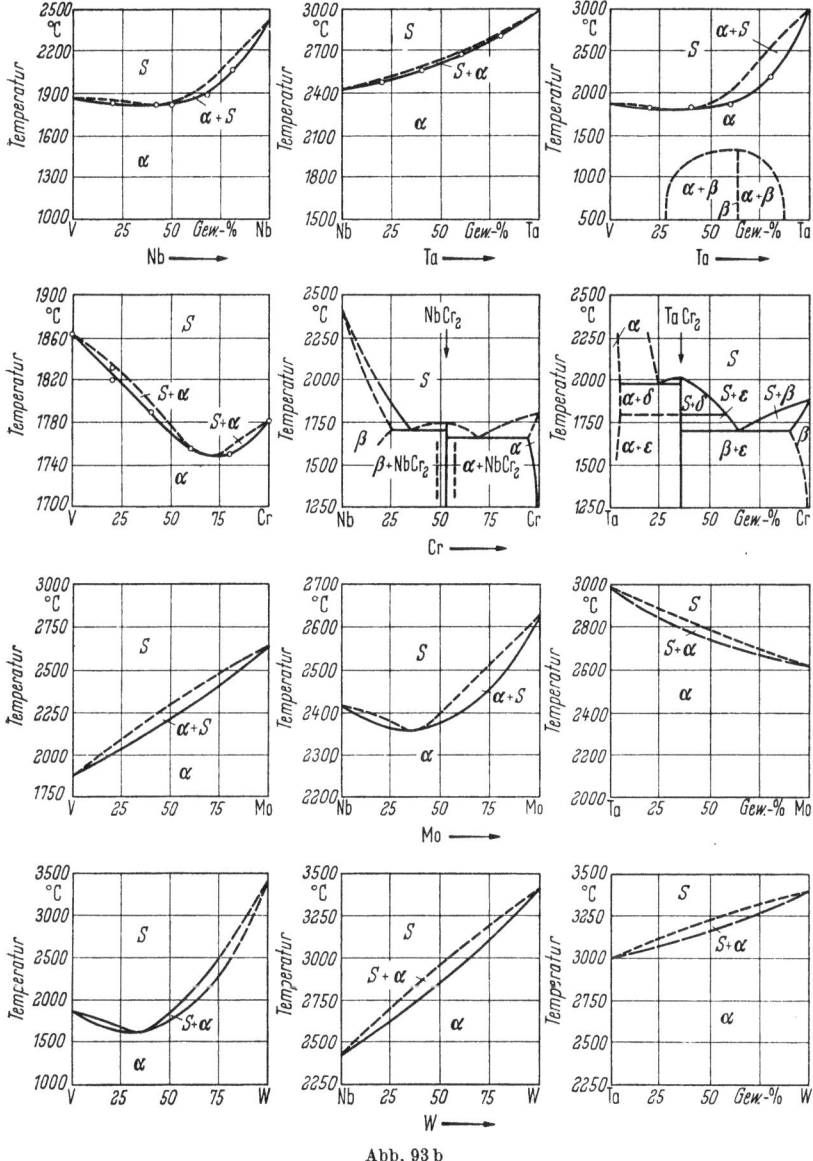

Abb. 93 b

V-Hf, Nb-Hf, Ta-Hf. Die Volumsbedingungen sind bei V–Hf nicht erfüllt. Legierungstechnisches Interesse besitzen Ta-Hf- und Ta-Hf-

172 Legierungen der Va-Metalle

W-Legierungen (s. S. 249) und auch entsprechende Nb-Legierungen (s. Tab. 59, 60). Der noch immer hohe Hf-Preis steht zur Zeit einer breiteren Anwendung entgegen.

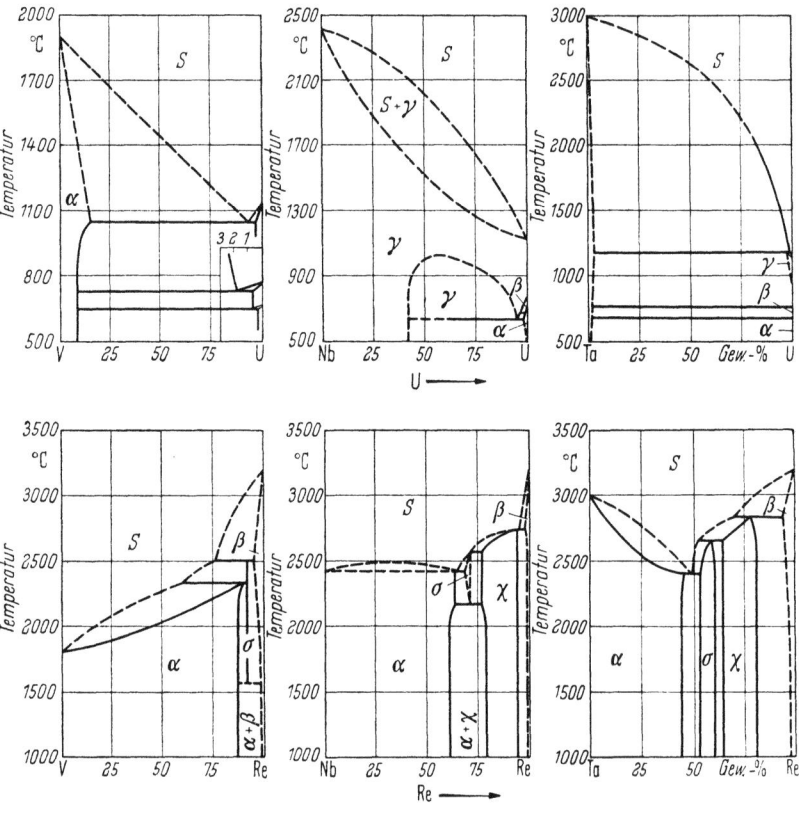

Abb. 93 c
Abb. 93 a–c. Zustandsdiagramme der Va-Metalle mit wichtigen Legierungsmetallen

V-Nb, Nb-Ta, Ta-V. Die Va-Metalle können sich wechselseitig in ihren Mischkristallen ersetzen. V-Nb-, Ta-V- und (Nb-Ta)-V-Ti-Legierungen sind im Reaktorbau (s. S. 179) mit Erfolg versucht worden. Nb-Ta-Legierungen kommen als Ersatz für reines Ta und als Basis für Nb-Ta-Zr- und Nb-Ta-Ti(Mo, W)-Legierungen (s. S. 217 und 214 bis 217) in Frage.

V-Cr, Nb-Cr, Ta-Cr. Chrom wurde zur Verbesserung der Zunderbeständigkeit den Va-Metallen zulegiert, ohne bei binären Legierungen voll den Erwartungen zu entsprechen. Die relativen Verbesserungen sind bei Vanadin am größten.

V-Mo/W, Nb-Mo/W, Ta-Mo/W. Die VIa-Metalle Molybdän und Wolfram setzen die Festigkeit der Va-Metalle stark herauf und dementsprechend die Bildsamkeit stark herab. Praktische Anwendung haben Molybdän-Vanadin, Molybdän-Niob-Legierungen (Mo-Basis)[1], Niob-Molybdän- und Tantal-Wolfram-Legierungen (Werkstoffe für Raumschiffahrt und Düsen usw.) gefunden bzw. sind Anwendungsvorschläge gemacht worden (vgl. S. 292ff.). Die Verbesserung der Zunderbeständigkeit von Niob- und Tantal-Legierungen durch Wolframzusätze spielt in den Niob-(Ta)-Wolfram-(Mo)-Titan-(Zr, Hf)-Legierungen eine wesentliche Rolle (s. S. 226).

V-U, Nb-U, Ta-U. Niob-Uran-Legierungen finden praktische Anwendung bei der Kernenergiegewinnung.[2] Tränklegierungen Niob-Uran und Tantal-Uran wurden für die gleiche Anwendung geprüft.[3] Die reinen Va-Metalle kommen ferner als Hüllwerkstoffe für Uran-Legierungen und -Verbindungen (UO_2, UC) in Frage.[4]

V-Re, Nb-Re, Ta-Re. Die technologischen Erfolge, die bei kaltbildsamen Molybdän-Rhenium- und Wolfram-Rhenium-Legierungen[5,6] (Bildung duktiler, kubischer α-Mischkristalle mit dem hexagonalen Rhenium) erzielt wurden, haben sich bei den Legierungen der Va-Metalle mit Rhenium nicht bestätigt. Rhenium wirkt nur verfestigend und setzt die hervorragende Duktilität der Va-Metalle herab.[6,7] Dreistofflegierungen mit den VIa-Metallen Molybdän und Wolfram wurden an einigen Stellen untersucht.[6,7]

V, Nb, Ta-Fe, Ni, Co. Die Eisenmetalle scheinen besonders bei der Entwicklung von Vanadin-Basis-Legierungen eine Rolle spielen zu können. Die Löslichkeit der Eisenmetalle in Niob und Tantal ist klein,

---

[1] BRAUN, H.: Metall 16 (1962) 646; 990.

[2] FOOTE, H. A.: Second United Nations International Conference on the Peaceful Uses of Atomic Energy, Genf 1955, Paper No. A/CONF. 8/P/558. — DRACEY, J. E., S. GREENBERG u. W. E. RUTHER: Argonne National Laboratory, Contract W-31-109-eng-38 (1957). — KITTEL, J. H., S. H. PAINE, S. T. ZEGLER u. H. H. CHISWIK: Amer. Soc. Mech. Eng., N.Y., Proc. 2nd Nucl. Engng. and Sci. Conf. Teil 2 (März 1957) 260.

[3] SEDLATSCHEK, K., u. R. KIEFFER: in F. BENESOVSKY (Hrsg.): Hochschmelzende Metalle, 3. Plansee Seminar, Juni 1958, Reutte/Tirol. Wien: Springer 1959, 120.

[4] BYCKLEY, J. J.: AECL-1126, Okt. 1960, CRFD-971 — Nucl. Power 2/16 (1957) 329.

[5] GEACH, G. A., u. J. R. HUGHES: in F. BENESOVSKY (Hrsg.): Warmfeste und korrosionsbeständige Sinterwerkstoffe, 2. Plansee Seminar, Juni 1955, Reutte/Tirol. Wien: Springer 1956, 245.

[6] JAFFEE, R. I., C. T. SIMS u. J. J. HARWOOD: in F. BENESOVSKY (Hrsg.): Hochschmelzende Metalle, 3. Plansee Seminar, Juni 1958, Reutte/Tirol. Wien: Springer 1959, 380.

[7] Rhenium, Akademie der Wissenschaft. Moskau 1961. — KIEFFER, B. F.: Dissertation Mont. Hochschule Leoben 1962. — KAUFMANN, A. R., E. J. RAPPERPORT u. a.: WADD Techn. Rep. 60—132, Okt. 1960.

und es deuten sich durch den Ersatz des Wolframs durch Niob oder Tantal ähnliche Anwendungsmöglichkeiten wie bei den Wolfram-Nickel-, Wolfram-Nickel-Eisen- und Wolfram-Kupfer-Nickel-Verbundwerkstoffen an (Sinterung der Va-Metalle mit flüssiger Phase).

Bei der Entwicklung zunderfester Niob-Chrom-Mehrstofflegierungen wurde Kobalt, Nickel und Eisen in kleinen Mengen mit Erfolg eingesetzt.[1]

Wegen Ferro-Vanadin, Ferro-Niob, Ferro-Tantal und Fe-, Ni-, Co-haltigen Sinterlegierungen s. S. 269, 271 ff.

V-Al, Nb-Al[2], Ta-Al. Die starke Löslichkeit des Vanadins für Aluminium findet bei den Vanadin-Titan-Aluminium-Legierungen (Vanadin-Basis)[3] und bei den Titan-Vanadin-Aluminium-Legierungen (Titan-Basis)[4] praktische Verwendung.

Die Fähigkeit zur *Aluminidbildung* spielt bei der Deckschichtenerzeugung auf Niob und Tantal zur Verbesserung ihrer Zunderfestigkeit eine wichtige Rolle (Al- bzw. Al-Si-Bad) (s. S. 230).

V-Be, Nb-Be, Ta-Be. Die Be-Systeme der Va-Metalle sind noch nicht genauer geklärt, doch liegen z. B. folgende *Beryllide* vor: $NbBe_{12}$[5], Nb_2Be_{17}, Nb_2Be_{19}, $TaBe_{12}$ und Ta_2Be_{17}.[6] Sie weisen interessante Hochtemperatureigenschaften auf und kommen wegen ihrer verhältnismäßig guten Oxydationsbeständigkeit auch als Deckschichten für hochschmelzende Metalle in Frage.[7]

B. Vanadin-Legierungen

1. Binäre Legierungen

Untersuchungen und Legierungsentwicklungen auf dem Gebiete der Vanadin-Basis-Legierungen sind noch sehr jung, und wir verdanken die ersten Informationen über die mechanischen Eigenschaften von Vana-

---

[1] MILLER, G. L., u. F. G. COX: J. Less-Common Metals 2 (1960) 207. — SMITH, R.: J. Less-Common Metals 2 (1960) 191.

[2] NEDUMOV, N. A., u. V. I. BABEZOVA: Izvest. Akad. Nauk USSR 4 (1961) 68.

[3] ROSTOKER, W.: The Metallurgy of Vanadium. New York: Wiley & Sons 1958.

[4] WEIGAND, H. H.: Stahl und Eisen 80 (1960) 174, 301. — BROTZEN, F. R., E. L. HARMON u. A. R. TROIANO: Trans. AIME 203 (1955). — SHERMAN, R. G., u. H. D. KESSLER: Trans. ASM 48 (1956) 657.

[5] LEWIS, J. R.: J. Metals 13 (1961) 829.

[6] Chem. Lab. u. Betrieb 13 (1962) 379. — Chem. Eng. News 39 (1961) 59. — LATRA, J. D.: Metal Progress 82 (1962) 97; 124.

[7] STONEHOUSE, A. J.: Mat. Des. Engng., Febr. 1962, 84.

din-Legierungen den Arbeiten von ROSTOKER, HANSEN, YAMAMOTO, MCPHERSON und RILEY.[1,2]

Neuere Arbeiten über die Entwicklung und die Einsatzmöglichkeiten von Vanadin-Legierungen in der Reaktortechnik (natriumgekühlte Schnell- bzw. Brüterreaktoren) stammen von SMITH[3] und VAN THYNE[4] sowie von RAJALA und VAN THYNE[5]. Mit der Aufklärung der Zustandsdiagramme von binären und ternären Vanadin-Legierungen befaßt sich KOMJATHY[6].

In einer Legierungsstudie verfolgten ROSTOKER und HANSEN[2] (Teil I) den Einfluß der Metalle bzw. Metalloide Beryllium, Aluminium, Silizium, Kohlenstoff, Zirkonium, Titan, Zinn, Niob, Tantal, Chrom, Molybdän, Wolfram, Mangan, Kobalt und Nickel auf die Härte eines calciothermisch gewonnenen Vanadins (Reinheit etwa 99,7%, Härte 150 HV). Die Härtewerte der im Wolframlichtbogen geschmolzenen und anschließend geglühten Proben sind in Abb. 94 wiedergegeben.

Die Verwendung eines reineren Vanadins (99,9 bis 99,95%) mit einer Härte von etwa HV 80 bis 110 und die Anwendung verbesserter Schmelzverfahren (Elektronenstrahlöfen) würden den Charakter der Kurven und die Bildsamkeit der Legierungen nicht unwesentlich ändern.[5] Bei einem ähnlich steilen Anstieg der Härte im Bereiche 0 bis 5% bzw. 0 bis 10% Legierungszusatz würden die Härtewerte etwa 50 bis 100 Vickerseinheiten niedriger liegen.

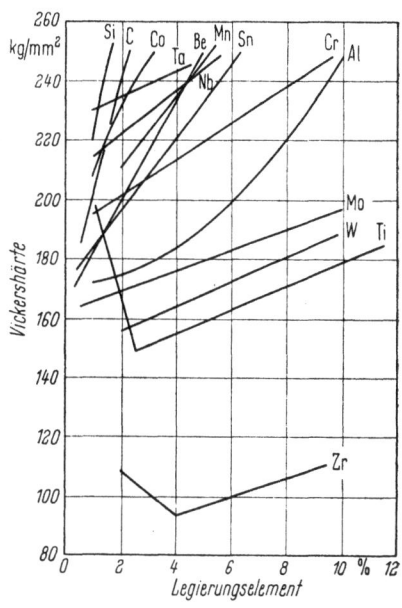

Abb. 94. Härte verschiedener Vanadinlegierungen (nach ROSTOKER u. a.)

---

[1] ROSTOKER, W.: The Metallurgy of Vanadium. New York: Wiley & Sons 1958.
[2] ROSTOKER, W., u. M. HANSEN: WADC Techn. Rep. 52—145 (1952) Teil I. — ROSTOKER, W., D. J. MCPHERSON u. M. HANSEN: ibid. Teil II (1954). — YAMAMOTO, A. S., u. W. ROSTOKER: ibid. Teil III (1950). — ROSTOKER, W., A. S. YAMAMOTO u. R. E. RILEY: Trans. ASM 48 (1956) 560.
[3] SMITH, K. F.: in W. R. CLOUGH (Hrsg.): Reactive Metals. New York/London: Intersc. Publ. 1959, 403.
[4] VAN THYNE, R. J.: in W. R. CLOUGH (Hrsg.): Reactive Metals. New York/London: Intersc. Publ. 1959, 415.
[5] RAJALA, B. R., u. R. J. VAN THYNE: J. Less-Common Metals (1961) 489.
[6] KOMJATHY, S.: J. Less-Common Metals (1961) 468.

0 bis 5% Al und 0 bis 10% Mo und W ergeben einen mäßigen Härteanstieg. Titan und am auffälligsten Zirkonium und Hafnium[1] bewirken erst einen Härteabfall unter die Ausgangshärte des Rohvanadins, bei höheren Zusätzen eine normale Mischkristallverfestigung. Diese günstige, auch bei Lanthanzusatz beobachtete Wirkung ist u. a. auf chemisch-metallurgische Umsetzungen mit den härtesteigernden Verunreinigungen C, N und O im Vanadin (Bildung disperser Hartstoffphasen, sogenannter „scavenger effect") zurückzuführen und macht Titan und Zirkonium (eventuell auf Hafnium) zu besonders wertvollen Legierungspartnern in Zwei- und Mehrstofflegierungen, die auf technisch reinen Vanadin-Reguli (Reinheit 99,6 bis 99,8% V) aufgebaut sind.

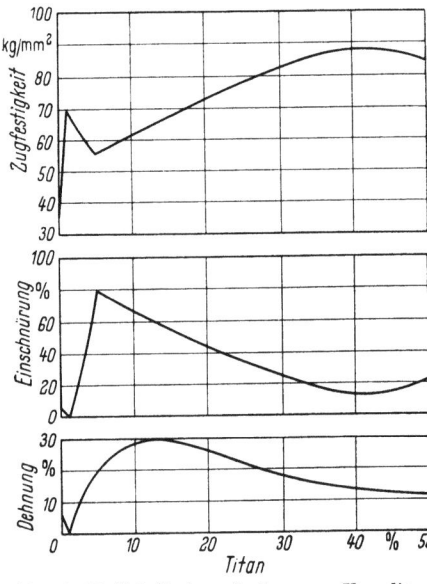

Abb. 95. Festigkeitseigenschaften von Vanadin-Titan-Legierungen (nach ROSTOKER u. a.)

Zur Bestimmung der mechanischen Eigenschaften von an Luft geschmiedeten binären Vanadinlegierungen wurden von den gleichen Verfassern 250 g-Blöcke im Wolframlichtbogenofen erschmolzen und zu 2,5 mm Rundstäben ausgehämmert. Aus diesem Rundmaterial wurden dann Zerreißstäbe spanhebend herausgearbeitet und hierbei die Zunderhaut entfernt. Die Werte von einigen ausgewählten Legierungen sind in Tab. 48a auszugsweise wiedergegeben. Alle Legierungen waren warmschmiedbar aber verhältnismäßig spröde mit Ausnahme der titan- und zirkoniumhaltigen, die sich sogar als hervorragend duktil erwiesen.

RAJALA und VAN THYNE[2] stellten neuerdings in Fortführung der ROSTOKERschen Arbeiten duktile Bleche aus lichtbogengeschmolzenen, binären Vanadin-Legierungen mit 10% Mo bzw. 10 und 20% W, 10 bis 50% Nb und 10 bis 50% Ta her, die in einem Blechhemd sorgfältig warm- und später nach der Blechhemdentfernung kaltgewalzt waren. Nur die Legierung V-20 W war nicht mehr kaltbildsam.

---

[1] LINCOLN, R. L., u. H. KATO: U.S. Bureau of Mines Rep. 5949 (1962).
[2] RAJALA, B. R., u. R. J. VAN THYNE: J. Less-Common Metals (1961) 489.

Das gute Legierungsverhalten der IVa-Metalle führte dazu, das System Vanadin–Titan bis 50% Titan zu untersuchen[1-3], um so Anschluß zu finden an die bereits bewährten Titan-Vanadin- bzw. Titan-Vanadin-Aluminium-Legierungen (Titan-Basis). Die Festigkeitseigenschaften von V-Ti-Legierungen sind in Abb. 95 wiedergegeben.[2] Das anomale Verhalten der Dehnung und der Einschnürung zwischen 0 und 2,5% Titan sind nach Ansicht der Autoren[2] auf Ausscheidungsphänomene (Bildung von Suboxyden oder Nitriden) zurückzuführen. Wahrscheinlich handelt es sich bei den Ausscheidungen in V-1% Ti-Legierungen um komplexe Hartstoffphasen V, Ti (O, N, C), da die Monoxyde, die Mononitride und die Monokarbide des Vanadins und Titans wahrscheinlich lückenlos mischbar sind.[4]

Bei höheren Titankonzentrationen scheinen die Hartstoffe in Lösung zu gehen bzw. in Lösung zu bleiben, da Legierungen mit 10% Titan im Schliff einphasig erscheinen. Ob noch zusätzlich neben den Ausscheidungsphänomenen ein Selbstreinigungseffekt mit einer allfälligen CO-Entwicklung und N_2-Abgabe stattfindet, verdient analytisch und durch Rückstandsanalyse geklärt zu werden.

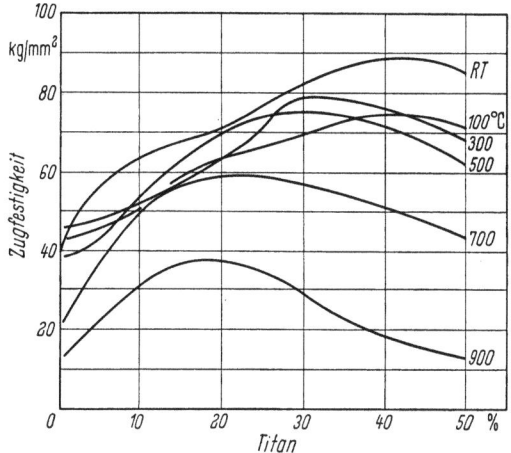

Abb. 96. Die Zugfestigkeit von Vanadin-Titan-Legierungen bei hohen Temperaturen (nach ROSTOKER u. a.)

Der ausgeprägte Effekt der Zirkoniumzusätze hängt auch mit der chemischen Bindung der kleinatomigen Einlagerungselemente O, N und C zusammen, doch wird sich wegen der praktischen Unmischbarkeit von VC-ZrC und VN-ZrN wahrscheinlich[4] eher eine Zr(O, N, C)-Phase ausscheiden.

---

[1] ROSTOKER, W., u. M. HANSEN: WADC Techn. Rep. 52—145 (1952) Teil I.

[2] ROSTOKER, W., D. J. MCPHERSON u. M. HANSEN: WADC Techn. Rep. 52—145 (1954) Teil II.

[3] YAMAMOTO, A. S., u. W. ROSTOKER: WADC Techn. Rep. 52—145 (1955) Teil III.

[4] KIEFFER, R., u. F. BENESOVSKY: Hartstoffe. Wien: Springer 1963. — KIEFFER, R., u. P. SCHWARZKOPF: Hartstoffe und Hartmetalle. Wien: Springer 1953.

Tabelle 48a. *Mechanische Eigenschaften binärer Vanadin-Legierungen* (nach ROSTOKER)

Zusammensetzung %	Zugfestigkeit kg/mm²	Dehnung %	Einschnürung %	Härte HV kg/mm²
2,5 Al	65,4	0	0	175
7,5 Al	56,9	0	0	271
2,5 Cr	42,2	0	0	193
5 Cr	55,5	0	0	218
1 Fe	46,5	0	0	204
5 Fe	64,3	0	0	260
2,5 Mo	47,8	0	0	193
10 Mo	49,6	0	0	194
2,5 Ni	49,2	0	0	227
10 Ni	71,2	0	0	269
0,5 Si	44,9	0	0	—
2 Si	59,0	0	0	—
1 Ti	69,3	0	0	292
2,5 Ti	63,1	12,5	23,7	191
5 Ti	54,9	26,5	77,9	172
7,5 Ti	56,3	25,0	70,5	190
10 Ti	64,2	27,4	66,5	194
1 Zr	34,7	34,1	51,5	118
2,5 Zr	37,6	23,1	74,4	109

Tabelle 48b. *Mechanische Eigenschaften von Vanadin-Legierungen mit kleinen Zusätzen an Titan oder Zirkonium* (nach ROSTOKER)

Zusammensetzung	Zugfestigkeit kg/mm²	Dehnung %	Einschnürung %
5% Fe, 5% Ti	53,7	0	0
10% Fe, 5% Ti	58,8	20,0	10,0
0,25% Si, 5% Ti	50,1	15,6	37,0
0,5% Si, 5% Ti	47,6	18,8	33,0
0,75% Si, 5% Ti	55,4	21,9	34,0
1% Si, 5% Ti	57,4	24,0	48,0
2% Si, 5% Ti	65,2	3,1	10,0
3% Si, 5% Ti	63,1	3,1	3,0
5% Cr, 2,5% Zr	29,9	9,4	19,0
10% Cr, 2,5% Zr	44,1	7,0	10,0
0,25% Si, 2,5% Zr	40,6	21,9	66,0
0,5% Si, 2,5% Zr	37,2	25,0	58,0
1% Si, 2,5% Zr	50,3	18,8	48,0
3% Si, 2,5% Zr	74,2	9,4	6,0

Die Wirkung von Zusätzen seltener Erdmetalle, wie Yttrium[1] und Cer[2], dürfte ebenfalls in der Abbindung von Sauerstoff zu suchen sein. Ein Optimum der Duktilität wurde bei 1% Y gefunden.

---

[1] LUNDIN, C. E., u. D. T. KLODT: Trans. ASM 53 (1961) 735.
[2] SAVITSKIJ, E. M. u. a.: Izv. Akad. Nauk SSSR 3 (1962) 107.

Die Festigkeitskurven von V-Ti-Legierungen bei höheren Temperaturen in Abb. 96 zeigen keine besonderen Anomalien. Das Maximum der Zugfestigkeit liegt bei Raumtemperatur bei etwa 45% Titan und bei 900 °C bei etwa 20% Titan[1].

2. Ternäre Legierungen
(Mehrstofflegierungen)

Die gute Schmiedbarkeit und Duktilität der Vanadin-Titan- und Vanadin-Zirkonium-Legierungen ließ erwarten, daß auch Zusätze von Dritt- und Viertmetallen eingebaut werden können, die ohne Anwesenheit von IVa-Metallen zu spröden Legierungen geführt haben.[3] Ein Vergleich der Tab. 48a und 48b zeigt anschaulich das Zutreffen dieser Annahme.[2,3] Bei Anwesenheit von 5 bzw. 10% Titan oder etwa 2,5% Zr können bis zu 10% Fe, 3% Si, 10% Cr und über 3% Ta bzw. Nb zulegiert werden, ohne daß die erzielten Dehnungen unter 10 bis 20% fallen.

Die in Tab. 49 aufgeführten Legierungen mit 2,5% Ti + 1% Si, 10% Ti + 3% Nb waren von van Thyne[4] nicht als warmfeste Werkstoffe, sondern als aussichtsreiche Hüllwerkstoffe für Schnelle- und Brüterreaktoren mit Natriumkühlung ausgesucht worden. Tab. 50 zeigt nach Smith[5], daß die Va-Metalle, insbesondere Vanadin und die van Thyneschen Vanadin-Legierungen, aus Festigkeits- und Korrosionsgründen besonders gute Werkstoffeigenschaften für Nuklearanwendungen aufweisen. Einem größeren Einsatz der Vanadin-Legierungen gegenüber rostfreiem Stahl steht nach Smith vorläufig nur noch der zu hohe Preis des Reinvanadins entgegen.

Abb. 97 zeigt die Zeitstandfestigkeit einiger ausgewählter Vanadin-Basis-Legierungen bei 650 und 800 °C gegenüber dem in natriumgekühlten Reaktoren fast ausschließlich verwendeten rostfreien Stahl AISI 347 SS.

Weitere von der Armour Research Foundation unternommene Untersuchungen erstreckten sich darauf, bei einem Titangehalt von wahlweise 5 bis 50% den Gehalt an Drittmetallen, z. B. Aluminium,

---

[1] Vgl. auch B. R. Rajala u. R. J. van Thyne: J. Less-Common Metals 1961, 489, und S. Komjathy: J. Less-Common Metals 1961, 468.

[2] Rostoker, W., u. M. Hansen: WADC Techn. Rep. 52—145 (1952) Teil I. — Rostoker, W., D. J. McPherson u. M. Hansen: WADC Techn. Rep. 52—145 (1954) Teil II. — Yamamoto, A. S., u. W. Rostoker: WADC Techn. Rep. 52—145 (1955) Teil III.

[3] Smith, K. F.: in W. R. Clough (Hrsg.): Reactive Metals. New York/London: Intersc. Publ. 1959, 403. — van Thyne, R. J.: in W. R. Clough (Hrsg.): Reactive Metals. New York/London: Intersc. Publ. 1959, 415.

[4] van Thyne, R. J.: in W. R. Clough (Hrsg.): Reactive Metals. New York/London: Intersc. Publ. 1959, 415.

[5] Smith, K. F.: in W. R. Clough (Hrsg.): Reactive Metals. New York/London: Intersc. Publ. 1959, 403.

Tabelle 49. *Festigkeitswerte von Vanadin und Vanadin-Legierungen bei Raumtemperatur*, 650* und 800°C** (nach van Thyne)*

Legierung Gew.-%	Raumtemperatur				650 °C				800 °C			
	Zugfestigkeit kg/mm²	Streckgrenze kg/mm²	Dehnung %	Einschnürung %	Zugfestigkeit kg/mm²	Streckgrenze kg/mm²	Dehnung %	Einschnürung %	Zugfestigkeit kg/mm²	Streckgrenze kg/mm²	Dehnung %	Einschnürung %
V 99,95	22,4	12	17	75	—	—	—	—	—	—	—	—
V 99,8	34,3	32,6	6	2,5	23,4	—	—	—	12,6	—	—	—
V-2,5 Ti	63,0	—	12	24	47,7	34	17	36	31,5	28,2	—	23
V-5 Ti	54,9	—	26	78	39,9	—	22	43	31,8	—	—	—
V-10 Ti	64,0	—	27	66	51,9	36,4	22	43	40,2	—	—	—
V-20 Ti	70,7	—	29	49	60,5	—	—	—	49,1	—	—	—
V-1 Si[1]	32,2	—	0	0	30,3	23,3	62	80	14,5	12,8	63	91
V-2,5 Ti-1 Si[2]	59,5	—	6	4	53,8	42,0	13	25	31,0	26,6	25	71
V-10 Ti-1 Mo	61,8	48,5	11	25	54,0	42,0	22	46	39,2	28,7	17	25
V-10 Ti-1 Ta	64,6	49,0	21	41	52,7	38,5	24	52	32,9[1]	—	—	—
V-10 Ti-3 Ta	66,0	50,4	23	43	55,1	39,9	25	55	38,0	28,0	10	19
V-10 Ti-0,5 Si	66,3	53,2	12	27	54,3	39,6	24	69	39,3	29,4	40	65
V-10 Ti-1 Si	65,0	—	30	38	63,0	46,2	17	52	42,2	34,1	28	71
V-10 Ti-1 Nb[1]	59,2	44,2	11	20	56,2	39,6	15	41	38,6	29,1	13	33
V-10 Ti-3 Nb	68,3	45,1	22	38	60,2	44,8	21	48	40,8	32,4	28	60

* Glühung 650 °C/48 Stunden/Wasser ** Glühung 800 °C/24 Stunden/Wasser
[1] Kleine Fehler in der Probe [2] Glühung 800 °C/24 Stunden/Wasser

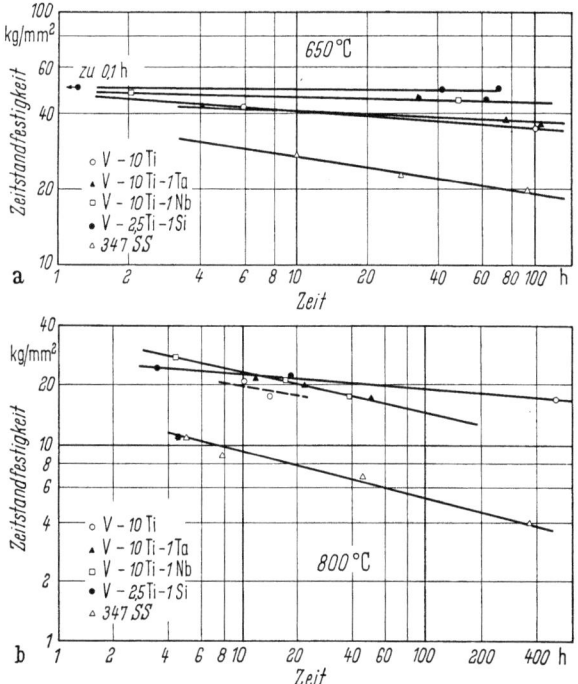

Abb. 97a u. b. Die 100 Stunden-Zeitstandfestigkeit einiger Vanadinlegierungen bei 650 und 800 °C (nach VAN THYNE)

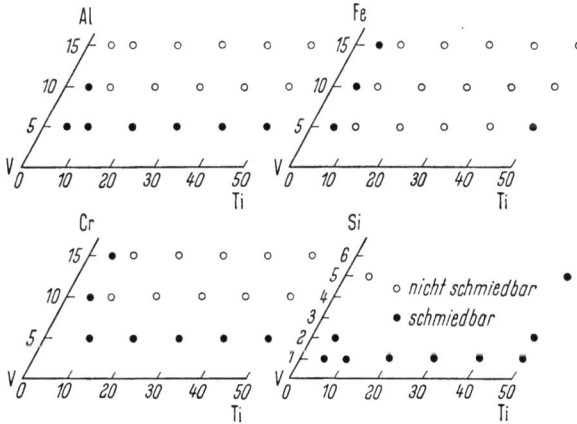

Abb. 98. Schmiedeverhalten einiger ternärer Vanadinlegierungen (nach ROSTOKER u. a.)

Eisen, Chrom, Silizium, zu variieren. Es zeigte sich, daß dies im Rahmen von 5 bis 10, maximal 15% eines dritten Metalls möglich ist. Abb. 98 zeigt das Schmiedeverhalten von ternären Vanadin-Titan-Aluminium-, Vanadin-Titan-Eisen-, Vanadin-Titan-Chrom- und Vanadin-Titan-Silizium-Legierungen in der Vanadinecke. Die Festigkeiten steigen in Rich-

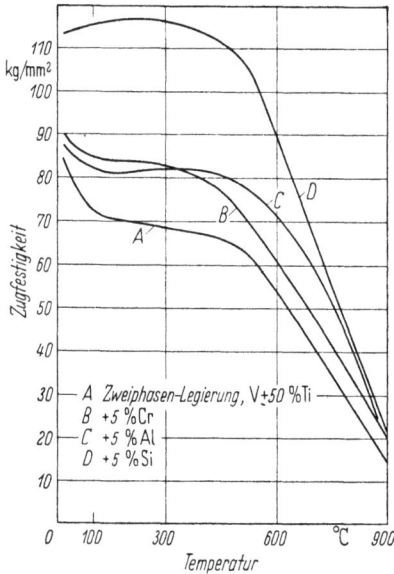

Abb. 99. Zugfestigkeit von Vanadin-50 Ti-Legierungen mit 5% Cr, Al und Si bei Temperaturen zwischen 0 und 900 °C (nach YAMAMOTO und ROSTOKER)

tung höherer Titan- und höherer Drittmetallgehalte, wobei die verfestigende Wirkung der ternären Legierungselemente von Silizium über Chrom nach Aluminium abfällt. Dieses Verhalten geht auch aus Abb. 99 hervor, die die Zugfestigkeit von Vanadin-50% Titan-Legierungen mit 5% Chrom, Aluminium und Silizium bei Temperaturen bis 900 °C wiedergibt.

Hält man den Gehalt an dritten Elementen, z. B. 5% Cr, konstant, so erhält man eine Kurvenschar, wie sie Abb. 100 zeigt. Bei 500 °C liegt das Maximum der Festigkeit bei 30 bis 35% Titan und 5% Chrom.

Ein vollkommener oder teilweiser Ersatz des Chroms durch Molybdän und/oder Wolfram und des Titans durch Zirkonium und/oder Hafnium würde zu (IV-V-VI) a-*Mehrstoffkombinationen* führen (z. B. Vanadin-Titan-Molybdän, Vana-

Tabelle 50. *Vergleich der Eigenschaften von Metallen für Brennstoffelementhüllen* (nach SMITH)

Eigenschaften der reinen Metalle	V	Nb	Ta	Cr	Mo	W	Ti	Zr	Hf
Festigkeit bei 650 bis 800 °C	S	X	X	X	X	X	S	S	S
Wärmeleitfähigkeit	X	X	X	X	X	X	0	0	(0)
Eignung für Brennstoffelementhüllen	X	X	(X)	(0)	(X)	(0)	X	X	(0)
günstige Oxydfilmausbildung	X	—	X	—	0	—	X	—	—
bearbeitbar — schweißbar	X	(X)	(X)	0	(0)	0	X	X	X
Kosten und leichte Zugänglichkeit	0	0	0	0	X	0	X	X	0

X = günstig; 0 = ungünstig; S = die Festigkeit kann zufriedenstellend durch Legieren auf Kosten der Wärmeleitfähigkeit erhöht werden; (X) = günstig (geschätzt); (0) = ungünstig (geschätzt).

din-Titan-Wolfram, Vanadin(Niob, Tantal)-Titan(Zirkonium, Hafnium)-Chrom(Molybdän, Wolfram), die sich bei der Erforschung der (IV-V-VI)a-Nioblegierungen (s. S. 214ff.) als besonders günstig erwiesen haben (s. RAJALA und VAN THYNE[1] weiter unten).

Ergänzende Forschungsarbeiten von ROSTOKER, HANSEN und Mitarbeitern[2] wandten sich den Fragen zu, inwieweit Kohlenstoff sich als Desoxydationsmittel oder in kleinen Mengen als Karbidbildner bei der Schmiedbarkeit von ternären Vanadinlegierungen und bei der Warmfestigkeit derselben bewährt. Auch die wirtschaftliche Frage, inwieweit calciothermisches durch aluminothermisches Vanadin ersetzt werden kann, wurde von den vorgenannten Autoren eingehend geprüft.

Die Tab. 51 und 52 geben Antwort auf die erste Frage. Kohlenstoffzusätze in Mengen von 0,5 bis 1% verbessern die Kalt- und Warmbildsamkeit merklich, während die Warmfestigkeit nicht erheblich beeinflußt wird. Leider finden sich in den besprochenen Arbeiten keine genauen Hinweise auf die Menge Kohlenstoff

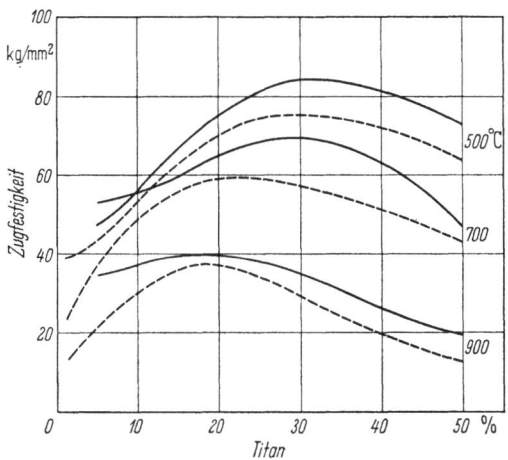

Abb. 100. Warmfestigkeit von Vanadin-Titan-Legierungen mit 0 bis 50% Titan und konstantem Gehalt von 5% Cr (Strichlierte Kurven: binäre V-Ti-Legierungen) (nach ROSTOKER u. a.)

— vermutlich 10 bis 20% der zugesetzten Menge —, die zur Desoxydation verbraucht worden ist.

Die Tab. 53 beantwortet die aufgeworfene, wirtschaftliche Frage dahin, daß zumindest bei den ternären Vanadin-Titan-Aluminium-Legierungen in der Vanadinecke — ähnlich wie bei den Titan-Vanadin-Aluminium-Legierungen in der Titanecke bereits produktionsüblich — aluminothermisches Vanadin an Stelle von calciothermischem eingesetzt werden kann. Gleichzeitige Zugaben von Kohlenstoff sind zweckmäßig bzw. unentbehrlich. Ein durch eine Vakuumbehandlung von Aluminium

---

[1] RAJALA, B. R., u. R. J. VAN THYNE: J. Less-Common Metals 1961, 489.
[2] ROSTOKER, W., u. M. HANSEN: WADCT Report 52—145 (1952) Teil I. — ROSTOKER, W., D. J. MCPHERSON u. M. HANSEN: WADCT Report 52—145 (1954) Teil II. — YAMAMOTO, A. S., u. W. ROSTOKER: WADCT Report 52—145 (1955) Teil III. — ROSTOKER, W., A. S. YAMAMOTO u. R. E. RILEY: Trans. ASM 48 (1956) 560.

Tabelle 51. *Festigkeitseigenschaften einiger Vanadinlegierungen mit und ohne Kohlenstoffzusatz* (nach ROSTOKER)

Zusammensetzung Gew.-%	Temperatur °C	Zugfestigkeit kg/mm²	Dehnung %	Einschnürung %
V-40 Ti-5 Cr	500	81,0	21,9	17,5
	700	63,0	14,1	8,8
V-40 Ti-5 Cr-0,5 C	500	79,6	5,0	10,0
	700	28,0	60,0	86,0
V-40 Ti-5 Cr-1 C	500	86,0	16,0	21,0
	700	63,8	18,5	32,5
V-50 Ti-5 Cr	20	91,0	9,4	9,6
	500	73,6	8,0	4,0
	700	46,3	17,0	7 0
V-50 Ti-5 Cr-0,5 C	20	84,8	15,6	28,7
	500	83,4	22,0	40,0
	700	59,5	13,5	17,5
V-50 Ti-5 Cr-1,0 C	20	86,8	16,5	33,7
	500	79,8	21,0	27,0
V-50 Ti-5 Cr-1,5 C	20	87,5	4,0	7,6
	500	81,2	14,0	26,5
	700	81,2	9,6	26,5
V-50 Ti-15 Cr	20	102,0	1,5	0
	500	96,1	12,0	23,0
	700	56,1	0	0
V-50 Ti-15 Cr-0,5 C	20	105,8	9,0	21,7*
	500	93,1	20,0	40,0
	700	54,7	4,5	6,2
V-40 Ti-5 Al	20	94,1	23,4	25,8
	500	76,7	9,4	19,5
	700	67,6	9,4	16,7
V-40 Ti-5 Al-0,5 C	20	96,8	13,0	33,7
	500	92,9	18,5	23,1
	700	62,3	15,0	21,7
V-50 Ti-10 Al	20	58,8	0	0
V-50 Ti-10 Al-0,5 C	20	86,2	—	—*

* Bruch an der Schulter.

Tabelle 52. *Vergleich der Warmfestigkeitseigenschaften von Vanadin-Titan-Aluminium- und Vanadin-Titan-Aluminium-Kohlenstoff-Legierungen* (nach ROSTOKER)

Zusammensetzung der Legierung	Zugfestigkeit kg/mm²	Dehnung %	Einschnürung %
	bei 500 °C		
V-50% Ti-5% Al	77,2	15,6	32,6
V-50% Ti-6,9% Al-0,41% C	90,1	31	24,3
V-50% Ti-6,9% Al-1,17% C	95,3	11	15,3
	bei 700 °C		
V-50% Ti-5% Al	59,2	12,5	15,3
V-50% Ti-6,9% Al-0,41% C	35,1	26,6	71,7
V-50% Ti-6,9% Al-0,93% C	53,6	23,7	61,6

weitgehend befreites, O_2-armes, aluminothermisches Vanadin käme wahrscheinlich auch für andere Vanadin-Mehrstofflegierungen in Frage.

Über die 100 Stunden-Zeitstandfestigkeit einiger ausgewählter ternärer Vanadinlegierungen gibt Abb. 101 Auskunft. Die Proben wurden, ähnlich wie Superlegierungen, an Luft geprüft. Der Punkt G gibt Resultate von VAN THYNE[1] für binäre Vanadin-Titan-Legierungen wieder, die unter Edelgas geprüft worden waren, also unter idealisierten Prüfbedingungen, wie sie sich heute für sauerstoff- und stickstoffempfindliche hochschmelzende Legierungen zwangsläufig eingeführt haben.

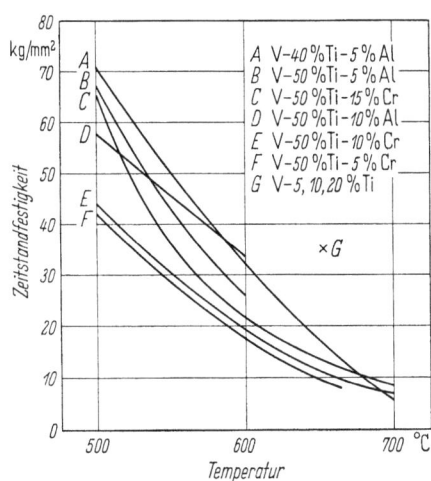

Abb. 101. 100 Stunden-Zeitstandfestigkeit einiger ternärer Vanadinlegierungen
(nach YAMAMOTO und ROSTOKER)

Tabelle 53. *Vergleich der Festigkeitseigenschaften von V-Ti-Al-Legierungen aus calcio-* und aluminothermisch+ gewonnenem Vanadin-Metall*
(nach ROSTOKER u. a.)

Zusammensetzung der Legierungen %	Zugfestigkeit kg/mm²	Dehnung %	Einschnürung %
V-40 Ti-5 Al*	94,2	23,4	25,8
V-40 Ti-10 Al*	33,0	0	0
V-50 Ti-5 Al*	88,2	17,2	25,2
V-50 Ti-10 Al*	58,8	0	0
V-45 Ti-7,6 Al-0,17 C+	107,8	8	9,2
V-45 Ti-7,6 Al-0,34 C+	113,9	11	20
V-50 Ti-6,9 Al-0,41 C+	99,6	13,4	31
V-50 Ti-6,9 Al-1,17 C+	101,2	9	7

* etwa 99,5% V.
+ V = 84,17%, Al = 13,88%, Fe = 0,50%, Si = 0,40%, O_2 = 0,26%, N_2 = 0,03%, C = 0,03%, H_2 = 0,005%.

3. (IV-V-VI) a- und (IV-V-V) a-Legierungen

Den letzten Stand der Vanadinlegierungsforschung geben die Arbeiten von RAJALA und VAN THYNE[2] wieder. Ausgehend von binären Legierungen wurden insbesondere Zusätze von einem Metall der IVa-

---

[1] VAN THYNE, R. J.: in W. R. CLOUGH (Hrsg.): Reactive Metals. New York/London: Intersc. Publ. 1959, 415.
[2] RAJALA, B. R., u. R. J. VAN THYNE: J. Less-Common Metals, Dez. 1961, 489.

Tabelle 54. *Festigkeitseigenschaften von Blechen aus Vanadinlegierungen* (nach RAJALA und VAN THYNE) (Glühung $^1/_2$ Stunde/970 °C/H_2O)

Legierung Gew.-%	Legierungstyp	Raumtemperatur			650 °C			980 °C		
		Zugfestigkeit kg/mm²	Streckgrenze kg/mm²	Dehnung %	Zugfestigkeit kg/mm²	Streckgrenze kg/mm²	Dehnung %	Zugfestigkeit kg/mm²	Streckgrenze kg/mm²	Dehnung %
10 Ti	IV-V	51,4	45,7	29	32,7	24,3	32	25,1	23,8	36
10 Mo	V-VI	55,2	51,8	13	27,3	26,1	—	12,4	11,2	51
10 W	V-VI	54,7	51,6	9	26,5	24,4	13	13,4	10,6	2[a]
20 W	V-VI	72,1	71,4	0	49,9	41,0	11	18,7	16,4	14
10 Nb	V-V	64,5	59,5	21	54,5	36,2	—	25,7	23,7	41
20 Nb	V-V	74,8	73,8	6	57,2	42,1	13	38,6	29,1	22
50 Nb	V-V	117,8	104,1	2	105,8	91,2	3	59,7	52,7	5
10 Ta	V-V	62,4	59,9	11	37,4	29,5	10	—	—	—
20 Ta	V-V	72,2	62,4	8	45,5	39,9	—	—	—	—
50 Ta[b]	V-V	151,0	102,0	4	107,9	100,0	7	29,5[c]	—	—
5 Ti-5 Mo	IV-V-VI	50,2	38,9	25	38,4	29,9	—	23,1	20,7	19
10 Ti-5 Mo	IV-V-VI	62,8	57,9	22	48,2	32,9	—	24,2	22,7	28
10 Ti-10 Mo	IV-V-VI	63,8	55,6	13[a]	58,0	39,3	11	27,4	24,1	9
20 Ti-5 Mo	IV-V-VI	70,0	64,3	19	55,7	44,3	—	29,9	26,7	29
20 Ti-10 Mo	IV-V-VI	79,8	72,8	23	63,6	47,4	17	30,5	27,9	42
5 Ti-20 Mo	IV-V-VI	65,4	56,2	4	—	—	—	31,0	27,6	3
5 Ti-5 Nb	IV-V-V	54,0	48,8	25	38,7	29,1	—	25,5	22,5	27
5 Ti-10 Nb	IV-V-V	61,4	50,7	25	49,4	32,5	—	33,5	31,2	12
5 Ti-20 Nb	IV-V-V	74,5	68,4	19	60,8	47,7	—	48,7	44,1	10[a]

Vanadin-Legierungen

10 Ti-5 Nb	IV-V-V	58,9	49,3	27	47,4	35,0	—	27,8	24,5	39
10 Ti-10 Nb	IV-V-V	66,0	54,3	21	50,3	42,5	—	36,9	33,9	6[a]
10 Ti-20 Nb	IV-V-V	78,0	71,4	23	65,8	47,3	16	37,8	35,9	18
20 Ti-10 Nb	IV-V-V	77,0	69,8	20	69,6	52,0	17	30,2	28,2	54
20 Ti-20 Nb	IV-V-V	79,5	76,0	21	67,6	55,0	12	30,9	28,9	56
5 Ti-20 Nb-0,5 Si[d]	IV-V-V	110,0	105,8	5	94,8	80,5	8	—	—	—
5 Ti-20 Nb-0,5 Si[e]	IV-V-V	101,0	99,4	3	—	—	—	—	—	—
5 Ti-20 Nb-1 Si[f]	IV-V-V	95,3	85,6	21	91,7	64,7	8[a]	26,0	23,9	74
5 Ti-20 Nb-1 Si[d]	IV-V-V	131,0	124,8	3	103,3	81,4	6	—	—	—
5 Ti-5 Ta	IV-V-V	48,7	37,5	29	36,9	27,3	—	29,2	27,2	17
5 Ti-10 Ta	IV-V-V	59,5	48,8	23	47,3	31,3	—	34,5	29,0	12
5 Ti-20 Ta	IV-V-V	73,5	58,3	25	55,6	43,2	—	38,7	32,9	8
10 Ti-5 Ta	IV-V-V	59,0	49,6	17	41,5	33,7	—	28,8	25,4	19
10 Ti-10 Ta	IV-V-V	62,5	53,1	22	50,1	37,7	—	34,5	25,3	25
10 Ti-20 Ta	IV-V-V	77,0	74,2	7	63,5	43,6	13	32,9	29,9	18
20 Ti-20 Ta	IV-V-V	79,5	75,3	18	67,0	52,1	13	28,7	27,8	85
5 Ti-5 W	IV-V-VI	51,5	46,9	23	40,9	27,8	—	20,2	17,3	7[a]
5 Ti-10 W	IV-V-VI	60,2	53,5	23	52,0	35,9	17	27,5	25,6	13[a]
10 Ti-5 W	IV-V-VI	56,0	48,5	23	53,3	33,7	—	26,5	23,1	10
10 Ti-10 W	IV-V-VI	62,5	51,3	22	60,3	40,1	7	28,9	25,4	9
10 Ti-20 W	IV-V-VI	75,2	71,2	19	66,4	44,7	15	32,6	28,9	17
20 Ti-10 W	IV-V-VI	78,1	74,2	25	65,8	48,2	17	30,5	26,9	80
20 Ti-20 W	IV-V-VI	78,9	73,7	21	75,6	57,4	12	32,4	29,1	52

[a] Bruch nahe bei der Meßmarke. [b] Im Walzzustand. [c] Spröder Bruch, die Probe brach während der elastischen Belastung. [d] Geglüht bei 1100 °C, 1/2 Stunde, wasserabgeschreckt. [e] Geglüht 100 Stunden bei 650 °C. [f] Geglüht bei 1090 °C, 1 Stunde, angelassen 100 Stunden bei 650 °C und 100 Stunden bei 650 °C gereckt.

Gruppe (5 bis 20% Ti) und einem Metall der VIa-Gruppe (5 bis 20% Mo oder W) [sogenannte (IV-V-VI)a-Legierungen (s. S. 213)] sowie Zusätze von einem Metall der IVa-Gruppe (5 bis 20% Ti) und einem weiteren Metall der Va-Gruppe (5 bis 20% Nb oder Ta) [sogenannte (IV-V-V)a-Legierungen] untersucht.

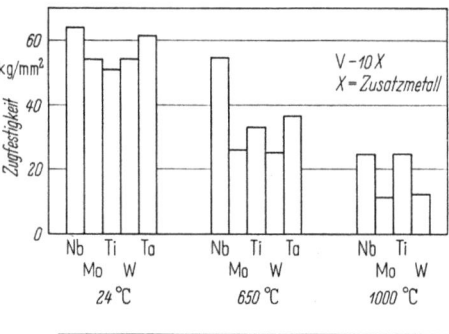

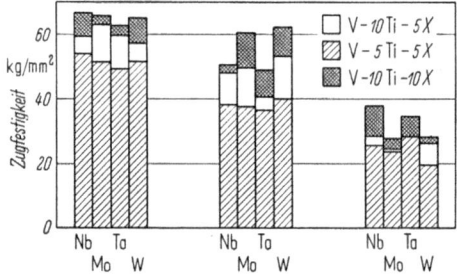

Abb. 102. Warmfestigkeit einiger binärer und ternärer Vanadinlegierungen (nach RAJALA und VAN THYNE)

Auch wärmebehandelbare V-5 Ti-20 Nb-Legierungen mit 0,5 bis 1%Si bzw. 0,1 bis 0,2% Be wurden in den Kreis der Untersuchungen eingeschlossen.

Tab. 54 gibt die Ergebnisse von Kurzzeit-Zugversuchen bei Raumtemperatur, 635 °C und 980 °C wieder. Ein Teil der Ergebnisse ist in Abb. 102 graphisch ausgewertet.

In der Luft- und Raumschiffahrt ist — insbesondere bei hohen Geschwindigkeiten — das Verhältnis der Festigkeit zum spezifischen Gewicht des betrachteten Werkstoffes von entschei-

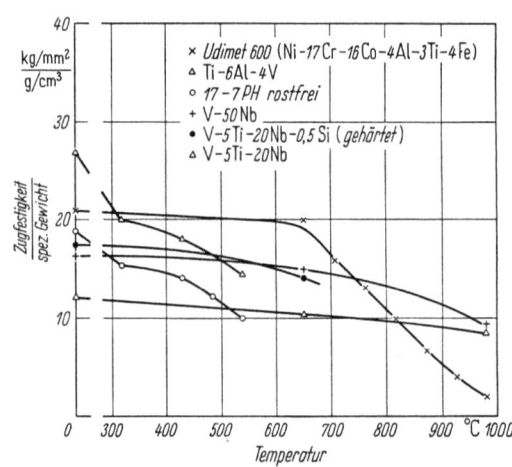

Abb. 103. Auf das spez. Gewicht bezogene Warmfestigkeit einiger Vanadinlegierungen im Vergleich zu Ni-Cr-Co-Superlegierungen (nach RAJALA und VAN THYNE)

dender Bedeutung und oft bestimmend für die Werkstoffwahl. Um die Lage der neuentwickelten Vanadinlegierungen zu anderen handelsüblichen warmfesten Legierungen auf Nickel-, Kobalt- und Titanbasis zu ermitteln, wurde von ROSTOKER[1] der Quotient 100 Stunden-Zeitstandfestigkeit/spezifisches Gewicht gegen die Verwendungstemperatur ausgewertet. Es ergab sich, daß die hochtitanhaltigen Vanadin-Titan-Aluminium-Legierungen im Bereiche 400 bis 600° sehr gut und die V-20 Titan-Legierungen im Bereiche 600 bis 700° gut liegen.

Ein ähnlicher Vergleich wird von RAJALA und VAN THYNE[2] mit den verbesserten Vanadinlegierungen gezogen und ist in Abb. 103 ausgewertet. In dieser Abbildung sind auch eine Nickel-Kobalt-Chrom-(Al, Ti)-Superlegierung und die bekannte Ti-6 Al-4 V-Legierung aufgenommen.

NORTHCOTT[3] zieht zum Vergleich noch Molybdän- und Nioblegierungen heran. Es zeigt sich, daß z. B. eine noch nicht optimale V-20% Ti-Legierung unterhalb 1100 °C wegen ihres geringen spezifischen Gewichtes mit Niob- und Molybdänlegierungen konkurrieren kann.

C. Niob-Legierungen

1. Allgemeines

Vor der Einführung der Lösungsmittelextraktion zur Trennung von Niob und Tantal war das nach dem MARIGNAC-Verfahren abgetrennte, stets noch tantalhaltige Niob (0,5 bis 3% Ta) auch durch Titan und Zirkonium (0,3 bis 1% Ti + Zr) verunreinigt, so daß die meisten älteren Untersuchungen an „Reinniob" sich strenggenommen im Dreistoffgebiet Niob-Tantal-Titan bzw. Niob-Tantal-Zirkonium bewegten. Die Varianten bei den Legierungsuntersuchungen wurden durch die aus der Pulverherstellung stammenden Einlagerungselemente Kohlenstoff und Stickstoff (0,05 bis 0,15%) und Sauerstoff (0,5 bis 3%) noch vergrößert, wodurch sich im einzelnen oft schwer übersehen läßt, nach welcher Richtung die Ergebnisse durch das Auftreten von Hartstoffphasen in den meist unkontrollierbaren, schlecht reproduzierbaren Vielstofflegierungen verschoben sind. Bei jüngeren Untersuchungen tritt an Stelle von jungfräulichem Niobpulver immer stärker im Vakuum umgeschmolzenes reineres Metall oder reine Blechabfälle (Edelschrott), die einen Metallinhalt von >99,8% garantieren und damit die oben beschriebenen Gefahren weitgehend ausschließen.

---

[1] ROSTOKER, W.: The Metallurgy of Vanadium. New York: Wiley & Sons 1958.

[2] RAJALA, B. R., u. R. J. VAN THYNE: J. Less-Common Metals, Dez. 1961, 489.

[3] NORTHCOTT, L.: J. Less-Common Metals 3 (1961) 125.

Die Nioblegierungsforschung bekam in den letzten Jahren einen starken Auftrieb durch die Forderungen der Raumschiffahrt und Raketentechnik nach warm- und zunderfesten, insbesondere *schweißbaren* Hochtemperaturwerkstoffen. Bei den jüngeren Legierungsentwicklungen zeichnen sich daneben Verwendungsmöglichkeiten im Apparate- und Gerätebau für die chemische Industrie, bei der Kernenergiegewinnung[1], in der elektronischen Industrie und Elektroindustrie sowie in der Hartmetalltechnik ab.

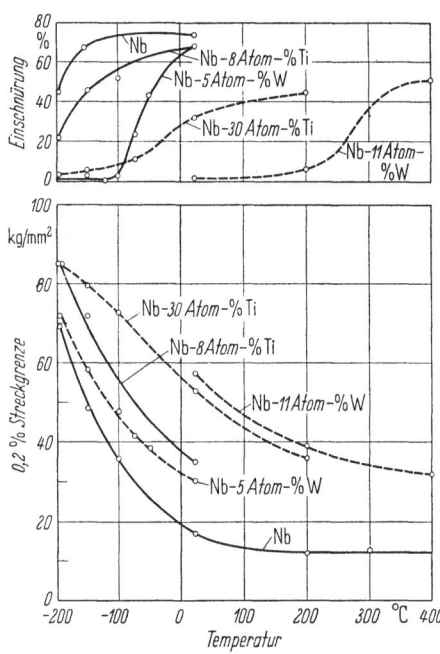

Abb. 104. Einfluß von Ti und W auf die Streckgrenze und Einschnürung von Niob im Temperaturbereich −200 bis 400 °C (nach BEGLEY u. a.)

BEGLEY, BECHTOLD und PLATTE[2] untersuchten eingehend die binären Legierungen von reinem Niob[3] mit den Nachbarmetallen der IVa- bis VIa-Gruppe. Da die Ergebnisse in guter Übereinstimmung mit denjenigen anderer Autoren[4] sind, wollen wir uns auf die Wiedergabe der Ergebnisse von BEGLEY, BECHTOLD und PLATTE beschränken.

Abb. 104 zeigt den Einfluß von Titan [typisch auch für das Verhalten von Zirkonium, Hafnium und Vanadin (Gruppe 1)] und Wolfram [typisch auch für die Metalle Chrom und Molybdän (Gruppe 2)], auf die Streckgrenze und Einschnürung im Temperaturbereich −200 bis +400 °C. (Vanadin nimmt eine Mittelstellung ein; hochreines Vanadin scheint mehr zur ersten Gruppe, technisch reines, O-, N- und C-haltiges Vanadin mehr zur zweiten zu neigen.) Die Metalle der Gruppe 1 verfestigen Niob erheblich weniger als diejenigen der Gruppe 2 und erhöhen entsprechend die Umwandlungstemperatur spröd-duktil auch nur gering. Dieses Ver-

---

[1] DE MASTRY, J. A., F. R. SHOBER u. R. F. DICKERSON: BMI 1513 (1961).
[2] BEGLEY, R. T., u. J. H. BECHTOLD: J. Less-Common Metals 3 (1961) 1. — BEGLEY, R. T., u. W. N. PLATTE: WADC Techn. Rep. 57—344 (April 1960) Teil IV.
[3] Analyse: $O_2 = 0,036\%$, $N_2 = 0,011\%$, $C = 0,025\%$, $H = 0,003\%$, $Ta = <0,5\%$, $Ti = 0,01\%$, $Zr = <0,05\%$, $Nb = >99,85\%$.
[4] BARTLETT, E. S., u. J. A. HOUCK: DMIC Report 125 (Febr. 1960). — GEMMEL, G. D.: Trans. AIME 215 (1959) 898.

halten geht auch aus Abb. 105 hervor, die die Abhängigkeit der Übergangstemperatur (spröd-duktil) vom Legierungsgehalt wiedergibt.

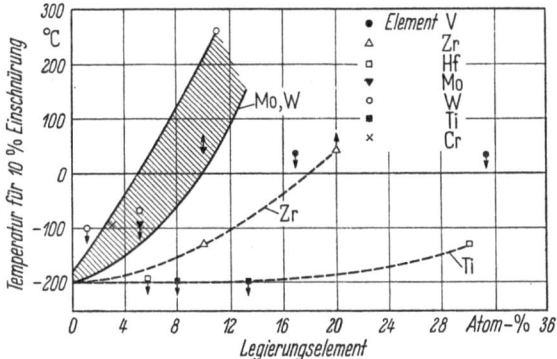

Abb. 105. Die Übergangstemperatur „spröd-duktil" von Niob in Abhängigkeit vom Legierungsgehalt (nach BEGLEY u. a.)

Abb. 106 zeigt den Einfluß binärer Legierungszusätze auf die Festigkeitseigenschaften von Niob bei Raumtemperatur. Die Verhältnisse sind kompliziert und nur in Verbindung mit den Abb. 107 und 108 und den dort aufgeführten Werten für Dehnung und Einschnürung zu verstehen. Titan, Hafnium und Vanadin ergeben in zugesetzten Gehalten bis 20 Gew.-% bildsame Legierungen, während Chrom, Molybdän und Wolfram ab 5, teilweise ab 10 Gew.-% zu starken Versprödungen führen (besseres Verhalten von Chrom über Molybdän zu Wolfram).

Die Wirkung von 0 bis 20 Gew.-% bzw. At.-% Legierungsmetallen auf die Zugfestigkeit, Streckgrenze und Dehnung bei 1095 °C sind in Abb. 109 wiedergegeben. Die Verfestigungswirkung von Vanadin und Zirkonium

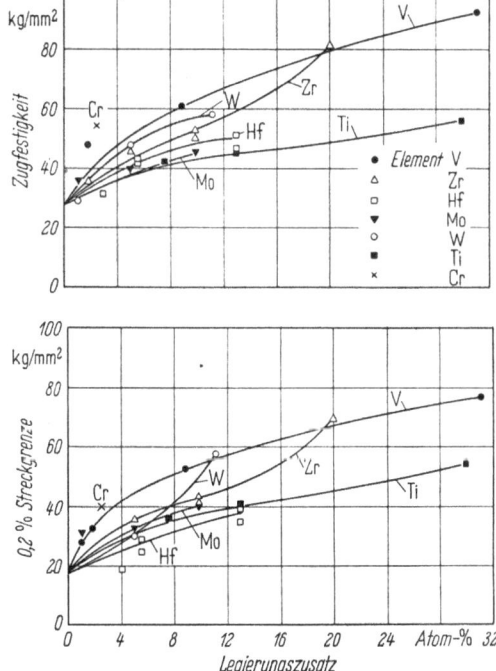

Abb. 106. Die Festigkeitseigenschaften von Nioblegierungen in Abhängigkeit vom Legierungszusatz in At.-% (nach BEGLEY u. a.)

bei 1095 °C ist am stärksten; Hafnium, Molybdän und Wolfram sind weniger wirkungsvoll, und Titan trägt kaum zur Verbesserung der

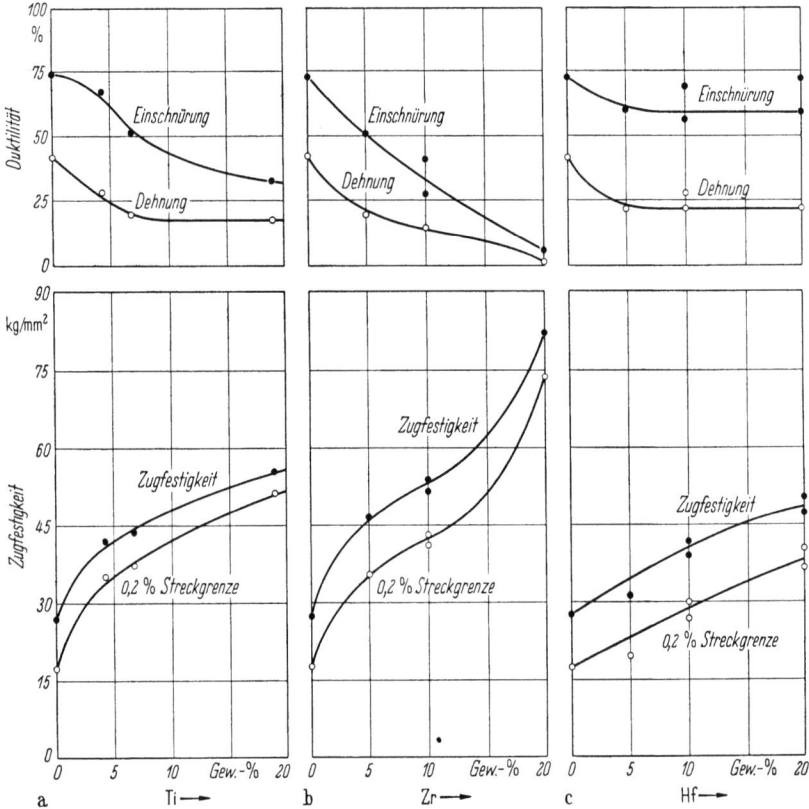

Abb. 107a—c. Die Festigkeitseigenschaften von Nb-Ti-, Nb-Zr- und Nb-Hf-Legierungen in Abhängigkeit vom Legierungsgehalt in Gew.-% (nach BEGLEY u. a.)

Warmfestigkeit, jedoch stark zur Erhöhung der Warmbildsamkeit bei. Bei der Entwicklung ternärer Legierungen wird man daher meist dem Titan als Drittkomponente begegnen.

2. Zweistofflegierungen des Niobs[1]

a) **Niob-Titan.** Das Interesse von HANSEN und Mitarbeitern[2], die die vollkommene Mischbarkeit von β-Titan mit Niob unter Beweis stellten, konzentrierte sich mehr auf die Titanseite des Systems und die

---

[1] DWIGHT, A. E.: in D. L. DOUGLASS u. F. W. KUNZ (Hrsg.): Columbium Metallurgy. New York/London: Intersc. Publ. 1961, 383.

[2] HANSEN, M., E. L. KAMEN, H. D. KESSLER u. D. J. MCPHERSON: J. Metals 3/10 (1951) 881.

genaue Abgrenzung des α- und α + β-Gebietes. Röntgenuntersuchungen dieser Forscher ergaben eine Vergrößerung des Gitterparameters von β-Titan durch Niobzusätze, wobei eine negative Abweichung von der VEGARDschen Geraden auftrat. Die Verhältnisse im System Titan–Niob

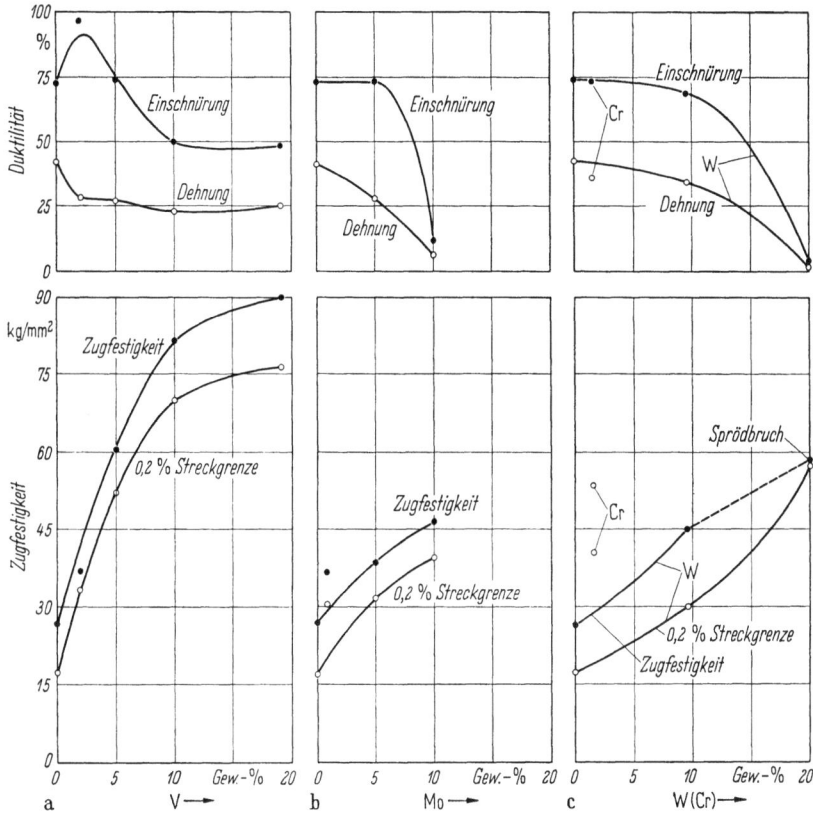

Abb. 108a–c. Die Festigkeitseigenschaften von Nb-V-, Nb-Mo- und Nb-W(Cr)-Legierungen in Abhängigkeit vom Legierungsgehalt in Gew.-% (nach BEGLEY u. a.)

wurden von DUWEZ[1] durch Röntgen- und Gefügeuntersuchungen an abgeschreckten und angelassenen Proben bestätigt.[2]

Weitere Untersuchungen hatten die Oxydationsbeständigkeit[3, 4, 5] und die Warmfestigkeitseigenschaften von Niob-Titan-Legierungen zum Gegenstand.

---

[1] DUWEZ, P.: Trans. ASM 45 (1953) 934.
[2] Siehe auch K. I. SHAKOVA u. P. B. BUDBERG: Izvest. Akad. Nauk SSSR, Met. i. Topl. 4 (1961) 56.
[3] ARGENT, B. B., u. B. PHELPS: J. Less-Common Metals 2 (1960) 181.
[4] KOLSKI, T. L.: AIME Fall Meeting 1961.
[5] SIMS, C. T., W. D. KLOPP u. R. I. JAFFEE: Trans. ASM 51 (1959) 263.

Sims, Klopp und Jaffee[1] untersuchten die Zunderung von Nioblegierungen mit etwa 0 bis 35 At.-% Titan, Zirkonium, Vanadin, Chrom, Molybdän und Wolfram bei 1000° und 1200 °C. Die Ergebnisse sind in Abb. 110 und 111 wiedergegeben. Wenn man von dem Verhalten des mit Zirkonium legierten Niobs bei 1000 °C absieht, kann man sagen, daß fast alle genannten Metalle die Oxydationsbeständigkeit des Niobs um

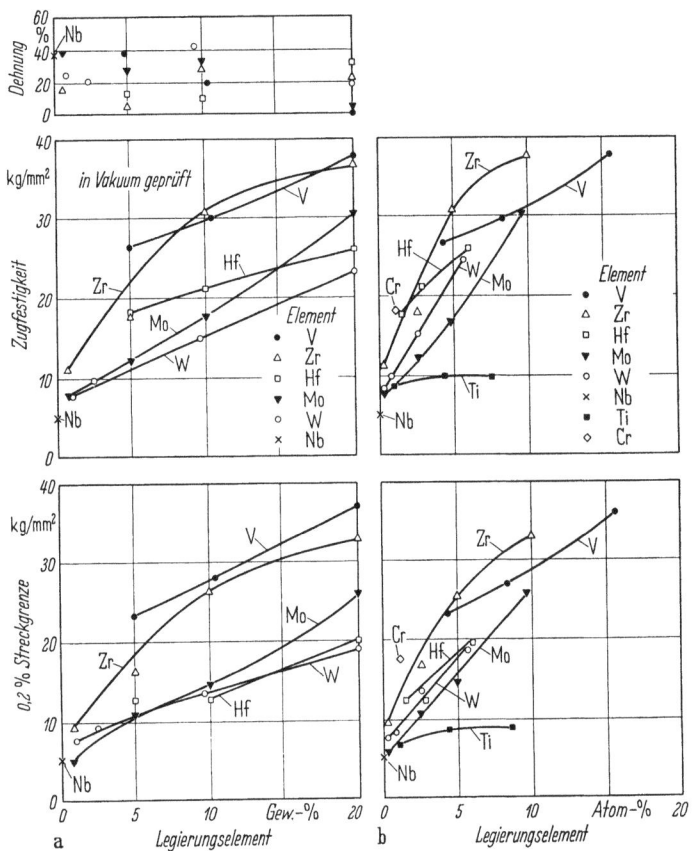

Abb. 109a u. b. Die Festigkeitseigenschaften von Nioblegierungen mit 0 bis 20 Gew.-% bzw. At.-% Legierungsgehalt bei 1095 °C (nach Begley u. a.).

ein vielfaches erhöhen und daß bei 1200° besonders *Titan und Wolfram* wirksam sind.[2] Diese Ergebnisse wurden von Miller und Cox[3] bestätigt, die zusätzlich noch die Wirkung von Beryllium, Aluminium, Silizium, Tantal, Eisen, Kobalt und Nickel sowie seltenen Erdmetallen bei binären Legierungen untersuchten.

---

[1] Sims, C. T., W. D. Klopp u. R. I. Jaffee: Trans. ASM 51 (1959) 263.
[2] Barrett, C. H., u. J. L. Corey: NASA Techn. Note D-283 (Nov. 1960).
[3] Miller, G. L., u. F. G. Cox: J. Less-Common Metals 2 (1960) 207.

Nach KOLSKI[1] bestehen die auf der Nb-10 Ti-Legierung gebildeten schützenden Oxydschichten aus festen Lösungen von TiO_2 und Nb_2O_5. KOLSKI stellte bei Oxydationsversuchen in Sauerstoff ein Minimum der Oxydationsgeschwindigkeit bei 800 °C fest, an das sich ein steiler Anstieg anschließt. (Nb-Legierungen mit 60 bis 100% Ti wurden von STOOP[2] untersucht.)

Weitere Arbeiten von MILLER und COX[3] über Mehrstofflegierungen auf Niob-Titan-Wolfram-Basis beschäftigen sich mit Zusätzen von Mangan, Magnesium, Zinn, Silber, Blei, Vanadium, Kupfer, Rhenium, Platin, Kohlenstoff (siehe S. 229).

Die Festigkeit der 90 Nb-10 Ti-Legierung wurde von SALLER, STACY und POREMBKA[4] mit 12 kg/mm^2 (Dehnung 18%) bei 1200 °C angegeben. Weitere Untersuchungen der mechanischen Eigenschaften von Niob-Titan-Legierungen liegen von BEGLEY und BECHTOLD[5] vor. Sie untersuchten den Einfluß von 5 bis 20 Gew.-% (9,3 bis 32,6 At.-%) Ti auf die mechanischen Eigenschaften von Niob bei Raumtemperatur. Bemerkenswert sind die guten, zwischen 5 und 20 Gew.-% Ti konstant bleibenden Dehnungswerte.

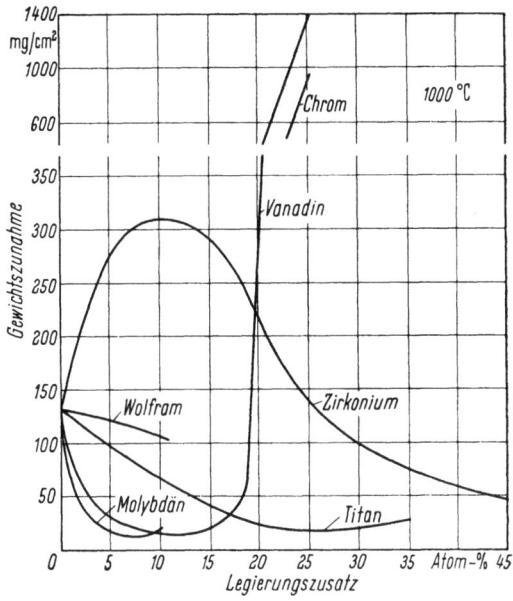

Abb. 110. Gewichtszunahme von Nioblegierungen nach 5 stündiger Zunderung in trockener Luft bei 1000 °C (nach SIMS u. a.)

GEMMEL[6] fand bei Niob-Titan-Legierungen ein Festigkeitsmaximum bei einem Zusatz von 9% Ti. Zeitstanduntersuchungen an einer Nb-10 Ti-Legierung stammen von BROWN und FOUNTAIN[7]. Sie fanden bei 980 °C eine 1000 Stunden-Zeitstandfestigkeit von 10 kg/mm^2.

---

[1] KOLSKI, T. L.: AIME Fall Meeting 1961.
[2] STOOP, J.: Rept. NRL, März 1961, 32.
[3] MILLER, G. L., u. F. G. COX: J. Less-Common Metals 2 (1960) 207.
[4] SALLER, H. A., J. T. STACY u. S. W. POREMBKA: USAEC Rep. VMI-1003 (1955).
[5] BEGLEY, R. T., u. J. H. BECHTOLD: J. Less-Common Metals 3 (1961) 1.
[6] GEMMEL, G. D.: Trans. AIME 215 (1959) 898.
[7] BROWN, C. M., u. R. W. FOUNTAIN: J. Metals, Mai 1958.

b) Niob-Zirkonium. ROGERS und ATKINS[1], die das Zustandsdiagramm Niob-Zirkonium aufstellten, untersuchten auch die Verarbeitbarkeit ihrer Legierungen über den ganzen Bereich. Von 0 bis 4% Nb und von 20 bis 30 Nb waren die Legierungen gut kalt hämmerbar, von 5 bis 17% Nb ließen sich die Legierungen warm im Stahlhemd bei 800 bis 850 °C verarbeiten. Die niobreichen Legierungen mit 100 bis 40% Nb ließen sich zwar schlecht kalt und warm hämmern; sie waren jedoch verhältnismäßig gut kalt walzbar.

Das Interesse russischer Forscher[2] war mehr auf die Zirkoniumseite des Systems gerichtet.[3]

BEGLEY[4] gibt die Festigkeitswerte einer Niob/10-Zirkonium-Legierung bei Raumtemperatur mit 58 kg/mm², die Streckgrenze mit 34 bis 27 kg/mm² an.

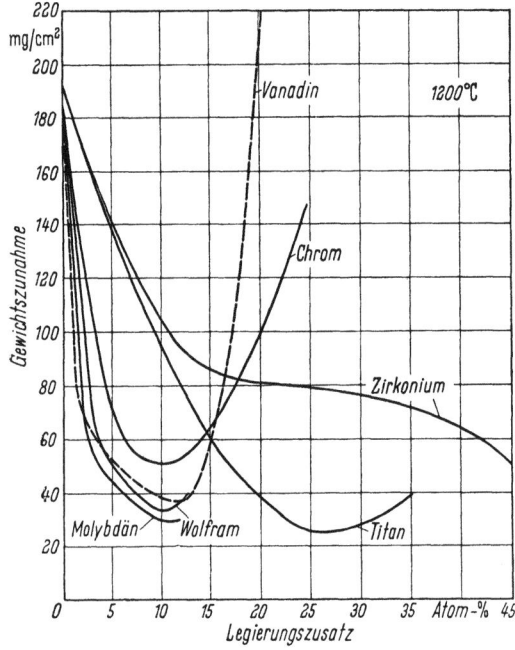

Abb. 111. Gewichtszunahme von Nioblegierungen nach 2 stündiger Zunderung in trockener Luft bei 1200 °C (nach SIMS u. a.)

In einer neueren Arbeit berichten BEGLEY und BECHTOLD[5] über den Einfluß von 0 bis 20 Gew.-% ($\cong$ At.-%) Zr auf die Raumtemperatureigenschaften von Niob. Abbildung 107b zeigt, daß zwischen 10 und 20% Zr die Festigkeit erheblich auf Kosten der Duktilität ansteigt. GEMMEL[6] stellt übereinstimmend fest, daß eine Nb-10 Zr-Legierung bei Raumtemperatur noch sehr duktil ist.

---

[1] ROGERS, B. A., u. D. F. ATKINS: J. Metals 7/9 (1955) 1034.
[2] BICHKOV, YA. F., A. N. ROZANOV u. D. M. SKOROV: Atomnaya Energiya 5 (1957) 402. — BICHKOV, YA. F., A. N. ROZANOV u. D. M. SKOROV: Atomnaya Energiya 2 (1957) 152; J. nucl. Eng. II/5 (1957) 408.
[3] Siehe auch D. J. COMETTO, G. L. HOUZE u. R. F. HEHEMANN: USAEC Rep. TID-13496 (1961); ebenso: H. RICHTER, P. WINCIERZ, K. ANDERKO u. U. ZWICKER: J. Less-Common Metals 4 (1962) 252.
[4] BEGLEY, R. T.: WADC Rep. No. 57—334 (Mai 1958).
[5] BEGLEY, R. T., u. J. H. BECHTOLD: J. Less-Common Metals 3 (1961) 1.
[6] GEMMEL, G. D.: Trans. AIME 215 (1959) 898.

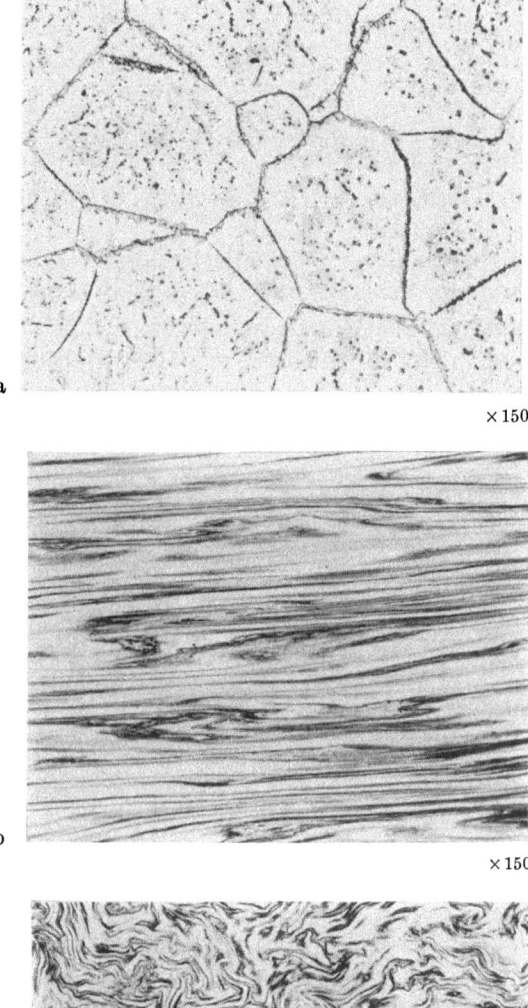

Abb. 112a—c. Gefüge einer Nb-35 Zr-Legierung (Wah Chang Corp.)
a) Gußzustand (β-Gebiet); b) 75% verformt im α-β(β')-Gebiet quer zur Verformungsrichtung;
c) wie b), aber parallel zur Verformungsrichtung

Supraleitende Niob-Zirkonium-Legierungen mit 25 bis 30% Zr haben neuerdings in Form von Feindrähten — ähnlich wie die intermediäre Phase Nb_3Sn — Interesse für Hochleistungsmagnete gefunden.[1]

Abb. 112a zeigt das Gefüge einer aus dem β-Gebiet erstarrten Gußlegierung Nb-35 Zr und Abb. 112b und c das zweiphasige Gefüge eines 75% verformten Materials ($\alpha \pm \beta$, β'-Gebiet s. S. 170) in Längs- und Querrichtung.

Wegen zirkoniumhaltiger Mehrstofflegierungen vergleiche S. 211 ff.

c) **Niob-Hafnium.** Niob ist mit β-Hafnium wahrscheinlich bei hohen Temperaturen vollkommen mischbar; die β-Hafnium-Mischkristalle sind auch durch Abschrecken von 1000 °C schwer oder kaum stabilisierbar, sondern wandeln sich rasch in Gemenge von $\alpha + \beta$ um (vgl. die ähnlichen Verhältnisse im System Ti–Mo). Abb. 113 zeigt die Gitterparameter nach DUWEZ[2], wobei sich die VEGARDsche Gerade auf das kubische β-Hafnium mit 3,50 Å extrapolieren läßt.

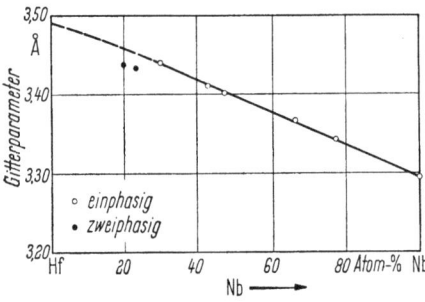

Abb. 113. Gitterparameter von Nb-Hf-Legierungen (nach DUWEZ)

Wahrscheinlich sind ein Abschrecken von etwa 2000 °C und gegebenenfalls Zusätze von Ti bzw. Zr notwendig, um zu einer homogenen stabilen Mischreihe zu kommen.

Die mechanischen Eigenschaften von Niob-Hafnium-Zweistofflegierungen wurden von BEGLEY und BECHTOLD[3] näher untersucht. Sie stellten fest, daß der Einfluß von 5 bis 20 Gew.-% (2,75 bis 11,6 At.-%) Hf auf die Festigkeit von Niob bei Raumtemperatur gering ist. Die Dehnungswerte sind gleichbleibend gut zwischen 5 und 20% Hf [vgl. Tab. 55 (Hf-Zusätze bei größeren Gehalten an O und C) und Abb. 107c].[4]

d) **Niob-Vanadin.** Das Niob-Vanadin-System zeigt ein flaches Schmelzpunktsminimum, was auf eine Mischungslücke bei tieferen Tem-

---

[1] PECKNER, D.: Materials in Design Engng., Dez. 1961, 107. — Westinghouse Electric Co.: Bulletin 45-950, Januar 1962. — DIETRICH, I., R. WEYL u. U. ZWICKER: Z. Metallkde. 53 (1962) 721.

[2] DUWEZ, P.: Trans. ASM 45 (1953) 934.

[3] BEGLEY, R. T., u. J. H. BECHTOLD: J. Less-Common Metals 3 (1961) 1.

[4] BEGLEY, R. T.: WADC Contract No. AF 33 (616)-5754, Third Progr. Rep. (10. Febr. 1959); Second Progr. Rep. (15. Nov. 1958). — BEGLEY, R. T., u. A. I. LEWIS: WADD Contract No. AF 37 (616)-6258, Second Progr. Rep. (15. Febr. 1960).

Tabelle 55. *Eigenschaften von Niob-Hafnium-Legierungen mit verschiedenen Sauerstoff- und Kohlenstoffgehalten* (nach BEGLEY und BECHTOLD)

Zusammensetzung Gew.-%	O_2 und C Gew.-%	Temperatur °C	0,2% Streckgrenze kg/mm²	Zugfestigkeit kg/mm²	Dehnung %	Einschnürung %
Nb-5 Hf	0,04 O_2 + 0,04 C	25	23,1	35,3	25,2	58,4
Nb-5 Hf		1095	12,8	17,6	14,4	57,8
Nb-5 Hf	0,067 O_2 + 0,028 C	−196	70,4	99,8	12,4	17,0
Nb-5 Hf		25	33,7	44,5	24,3	46,0
Nb-5 Hf		1095	33,1	34,4	18,6	42,5
Nb-5 Hf		1205	24,8	25,2	9,2	64,2

peraturen wie bei Tantal-Vanadin schließen läßt. WILHELM[1] und Mitarbeiter konnten jedoch selbst nach etwa 50stündigem Glühen von Proben bei 1075 °C und nach etwa 100stündigem Glühen bei 650 °C keine Entmischungserscheinungen feststellen.

Legierungen mit 5, 10[2] und 40% Niob konnten bei Einsatz von reinem Niobvormaterial erfolgreich kaltgewalzt werden.[1] Es besteht kein Zweifel, daß auch sauerstoffarme, niobreiche Legierungen kalt duktil sind. Abb. 114 zeigt die Härtewerte von lichtbogengeschmolzenen und geglühten Nb-V-Legierungen aus technisch

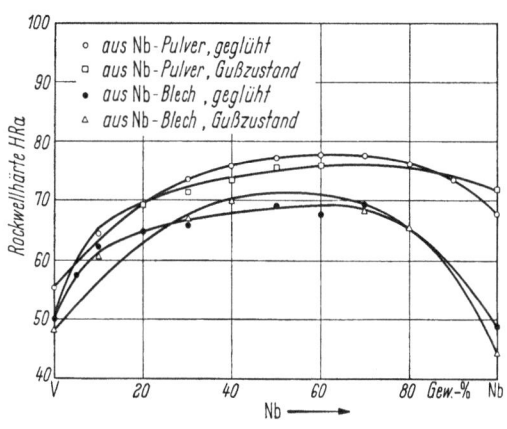

Abb. 114. Härte von Nb-V-Legierungen aus verschiedenen Nb-Rohstoffen (nach WILHELM u. a.)

reinem Niobpulver (Kohlenstoff <1800 ppm) und aus reinerem Niobblech (Kohlenstoff <500 ppm). Die höhere Niobreinheit macht sich deutlich — besonders auf der Niobseite — bemerkbar, während die Vakuumnachglühung natürlich ohne merklichen Einfluß blieb.

---

[1] WILHELM, H. A., O. N. CARLSON u. J. M. DICKINSON: Trans. AIME 6/8 (1954) 915.
[2] BABITZKE, H. R., G. ASAI u. H. KATO: U.S. Bureau of Mines Rept. 5987 (1962).

BEGLEY und FRANCE[1] untersuchten die mechanischen Eigenschaften von Niob-Vanadin-Legierungen und fanden für eine Niob-5% V-Legierung bei Raumtemperatur eine Zugfestigkeit von 60,5 und eine Streckgrenze von 52 kg/mm², bei 1090° entsprechende Werte von 26 und 23,5 kg/mm². Die Dehnungswerte betrugen bei Raumtemperatur 27, bei 1090 °C 37%.

Die Zunderbeständigkeit von Niob wird durch 0 bis 15 At.-% V zuerst verbessert, um bei höheren Vanadingehalten außerordentlich stark verschlechtert zu werden.[2]

Eine Legierung mit 10 At.-% V ist hinsichtlich ihrer Oxydationsbeständigkeit selbst Zircaloy-2 überlegen.[3]

Eine Legierung Nb-12,5% V zeigt nach KLOPP u. a.[4] bei 300 °C in Druckwasser und bei 400 °C in Wasserdampf — verglichen mit Zircaloy 2 — ein sehr gutes Kor-

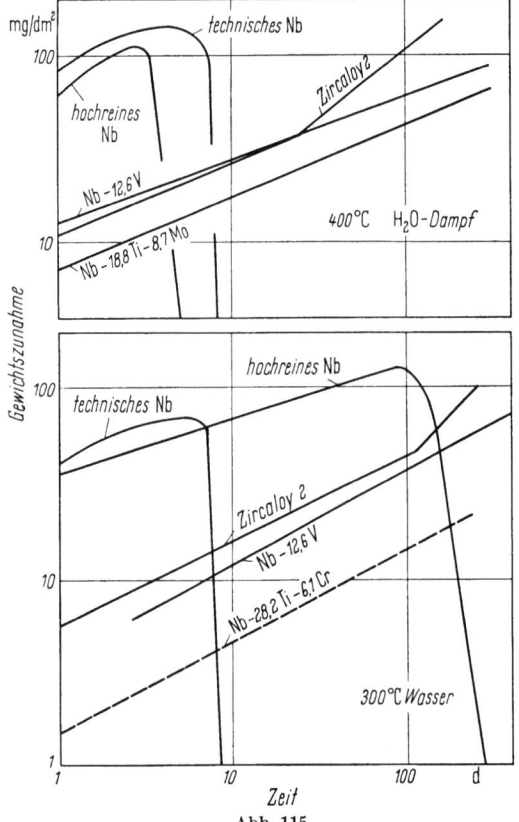

Abb. 115
Korrosionsverhalten verschiedener Nb-Legierungen im Vergleich zu Reinniob und Zircaloy-2 (nach KLOPP u. a.)

rosionsverhalten (s. Abb. 115); Nioblegierungen kommen somit als Hüllwerkstoffe für Brennelemente im Reaktorbau in Frage (siehe S. 320).

---

[1] BEGLEY, R. T., u. L. L. FRANCE: Symp. on Metallurgy of Columbium and its Alloys, Okt. 1958, National Metals Exposition.

[2] SIMS, C. T., W. D. KLOPP u. R. I. JAFFEE: Trans. ASM 51 (1959) 263. — MILLER, G. L., u. F. G. COX: J. Less-Common Metals 2 (1960) 207.

[3] BABITZKE, H. R., G. ASAI u. H. KATO: U.S. Bureau of Mines Rep. Invest. 5987 (1962).

[4] KLOPP, W. D., W. E. BERRY u. D. J. MAYKUTH: in D. L. DOUGLASS u. F. W. KUNZ (Hrsg.): Columbium Metallurgy. New York/London: Intersc. Publ. 1961. — Siehe auch D. L. DOUGLASS: Nuclear Sci. Eng. 9 (1961) 391.

BEGLEY und BECHTOLD[1] untersuchten den Einfluß von 1 bis 20 Gew.-% (1,9 bis 31,3 Atm.-%) V auf die Eigenschaften von Niob bei Raumtemperatur; Vanadin steigert die Festigkeit erheblich ohne Beeinflussung der Duktilität (vgl. Abb. 108a, 109a und b).

EUSTICE und CARLSON[2] stellten fest, daß die Legierungen von 0 bis 100% V (Nb) von $-196\,°C$ bis $+25\,°C$ duktil sind. Bei Anwesenheit von 10 ppm Wasserstoff zeigten Legierungen bis 60 Gew.-% Nb deutliche Versprödung, während niobreichere Zusammensetzungen höherer H_2-Gehalte zur Versprödung bedürfen.

Ein Streckgrenzenmaximum bei 50 At.-% Nb verschwindet erst unterhalb $-120\,°C$ infolge von Zwillingsbildung, hingegen bleibt das Maximum der Zugfestigkeit auch bei tieferen Temperaturen erhalten ($-195°$: 155 kg/mm^2 bei 50 V-50 Nb).

e) **Niob-Tantal.** Obwohl die vollkommene Mischbarkeit von Niob und Tantal schon lange bekannt war[3] und trotz Vorliegen des Zustandsdiagramms[4] beschäftigten sich wenige Arbeiten mit den mechanischen Eigenschaften dieser Legierungen.

BRAUN, SEDLATSCHEK und KIEFFER[5] bestimmten Härte, Zugfestigkeit, Streckgrenze und Dehnung an Legierungen, die durch Sintern von Hydridpulver (einheitliche, aber nicht optimale Sinterbehandlung: 10 Stunden, 2000 °C) hergestellt worden waren. Tab. 56 gibt die Härte-

Tabelle 56. *Härte von Niob-Tantal-Legierungen verschiedenen Verformungsgrades* (nach BRAUN, SEDLATSCHEK und KIEFFER)

Tantal At.-%	gesintert+++ 2000 °C/10 Std. HV 10 kg/mm²	längsgewalzt auf 2,6 mm		quergewalzt auf 0,25 mm geglüht 1170 °C/35 Min. HV 0,2 kg/mm²
		walzhart	geglüht 1160 °C/30 Min. HV 10 kg/mm²	
0 (Nb)+	64,0	133	91	83
20	72,5	141	128	104
40	76,0	156	131	106
80	90,5	167	114	117
100 (Ta)++	90,5	175	111	121

+ Nb = etwa 99,85% Nb
++ Ta = etwa 99,90% Ta
+++ Durch Steigern der Sintertemperatur nach der Tantalseite hin können die Härten der tantalreichen Legierungen noch gesenkt werden.

---

[1] BEGLEY, R. T., u. J. H. BECHTOLD: J. Less-Common Metals 3 (1961) 1.
[2] EUSTICE, A. L., u. O. N. CARLSON: Trans. ASM 53 (1961) 501.
[3] BÜCKLE, H.: Z. Metallkde. 37 (1946) 53.
[4] WILLIAMS, R. E., u. W. E. PECHIN: Trans. ASM 50 (1958) 1081.
[5] BRAUN, H., K. SEDLATSCHEK u. R. KIEFFER: J. Less-Common Metals 1 (1959) 413.

werte, Abb. 116 die mechanischen Eigenschaften und Abb. 117 den spezifischen elektrischen Widerstand bzw. die Leitfähigkeit der untersuchten

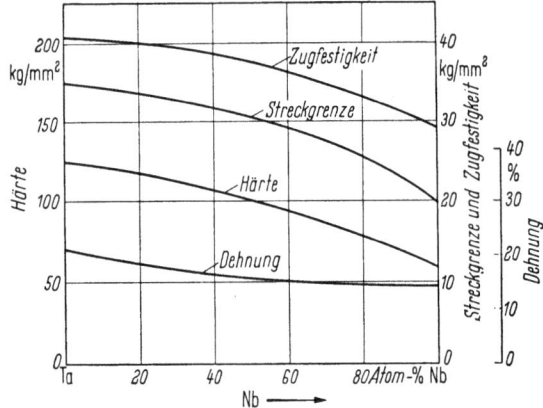

Abb. 116. Die mechanischen Eigenschaften von gesinterten Nb-Ta-Legierungen (nach BRAUN u. a.)

Legierungen wieder. Die mechanischen Eigenschaften verlaufen vermittelnd zwischen den reinen Metallen, ähnlich wie bei gesinterten Legierungen im System Molybdän–Wolfram[1]. WILSON und McKINSEY[2] fanden an lichtbogengeschmolzenen Mischreihen ein flaches Maximum der Warmhärte bei etwa 80% Ta, und es ist anzunehmen, daß sie über ein Material etwas größerer Reinheit verfügten.

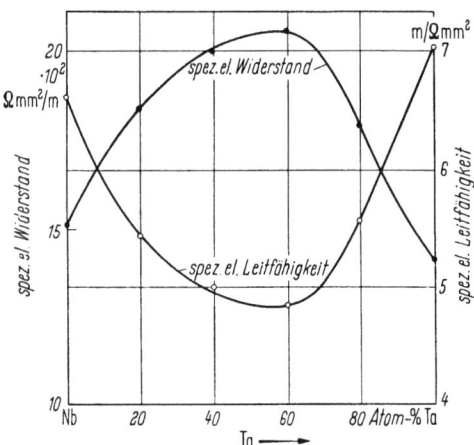

Abb. 117. Spezifischer elektrischer Widerstand und spez. elektrische Leitfähigkeit von Nb-Ta-Legierungen (nach BRAUN u. a.)

BRAUN, SEDLATSCHEK und KIEFFER[3] nehmen auf Grund von Korrosionsversuchen an, daß niobarme Tantallegierungen im Apparatebau sowie bei Elektrolytkondensatoren und solche mittlerer Zusammensetzung als Heizleiterlegierungen im Hochtemperaturofenbau mit Reintantal konkurrieren können.

---

[1] Vgl. R. KIEFFER, K. SEDLATSCHEK u. H. BRAUN: Z. Metallkde. 50 (1959) 18.
[2] WILSON, J. L., u. C. R. McKINSEY: J. Metals, Juli 1961, 494.
[3] BRAUN, H., K. SEDLATSCHEK u. R. KIEFFER: J. Less-Common Metals 1 (1959) 413.

MICHAEL[1] untersuchte das Zunderverhalten von Niob-Tantal-Legierungen und fand bei 1090 °C und 25% Ta ein Maximum der Oxydationsbeständigkeit (Abb. 118). Die Zunderschichten sind weniger porös und haften fester als die Oxydschichten auf den reinen Metallen.

VOITOVICH und LAVRENKO[2] fanden, daß Tantal die Oxydationsbeständigkeit des Niobs bis etwa 800 °C verbessert.

f) **Niob-Chrom.** Das Zustandsbild Niob-Chrom nach EREMENKO und Mitarbeitern[3] (beschränkte Löslichkeit der Komponenten im festen Zustand und Auftreten einer

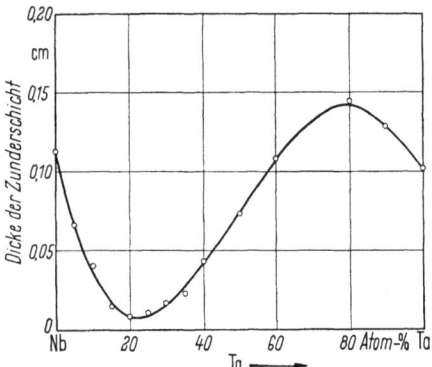

Abb. 118. Zunderverhalten von Nb-Ta-Legierungen (nach MICHAEL)

spröden intermediären LAVES Phase, $NbCr_2$) läßt Chrom als einen nicht allzu aussichtsreichen Legierungspartner in duktilen binären Nioblegierungen erkennen.

Die spröde niedrigschmelzende Verbindung $NbCr_2$ (von KUBASCHEWSKY und SCHNEIDER[4] wurde ursprünglich die Zusammensetzung Nb_2Cr_3 angenommen) hat nach GOLDSCHMIDT[5] einen breiten Existenzbereich und ist verhältnismäßig zunderfest.

MICHAEL[1] untersuchte das Zunderverhalten von homogenen und heterogenen Legierungen mit 7 bis 20 At.-% Cr bei 1100 °C und fand eine verbesserte Oxydationsbeständigkeit, besonders wenn noch 2 bis 20% Co zugesetzt wurden (Abb. 119). Die resultierenden spröden, stellitartigen Legierungen mit Schmelzpunkten zwischen 1500 und 1700 °C haben leider nur ein untergeordnetes Interesse im Feld der duktilen hochschmelzenden Legierungen (Schmelzpunkte über 2400 °C), mit denen sich dieses Buch vornehmlich befaßt.

---

[1] MICHAEL, A. B.: in W. R. CLOUGH (Hrsg.): Reactive Metals. New York/London: Intersc. Publ. 1959, 487.

[2] VOITOVICH, R. F., u. V. A. LAVRENKO: Fiz. Metallov i Metallovedenie 10 (1960) 554.

[3] EREMENKO, V. N., G. V. ZUDILOVA u. L. A. GALVSKAYA: Metallovedenie i obrabotka metallov 1 (1958) 11. — ZAKAROVA, M. I., u. D. A. PROKOSHIN: Izvest. Akad. Nauk SSSR 4 (1961) 59. — SVECHNIKOV, V. M., u. V. M. PAN: Issled po Zhavoproch. Spl. Akad. Nauk SSSR, Inst. Met. 8 (1962) 56.

[4] KUBASCHEWSKY, O., u. A. SCHNEIDER: J. Inst. Met. 75 (1948/49) 403.

[5] GOLDSCHMIDT, H. J., u. J. A. BRAND: J. Less-Common Metals 3 (1961) 34 u. 44.

Untersuchungen von MAYO, SHEPHERD und THOMAS[1] an Nb-35% Cr-Legierungen ergaben eine Verbesserung des Oxydationsverhaltens in

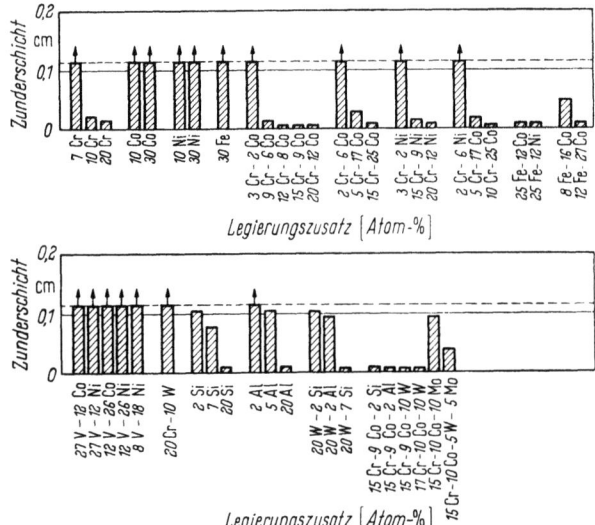

Abb. 119. Zunderverhalten von Nb-Cr- und Nb-Cr-Co-Legierungen und weiterer Nb-Zwei- und Mehrstofflegierungen nach 16stündiger Zunderung bei 1100 °C an Luft (nach MICHAEL)

reinem Sauerstoff; in Luft übt allerdings der Stickstoff eine beschleunigende Wirkung auf die Zunderung aus.

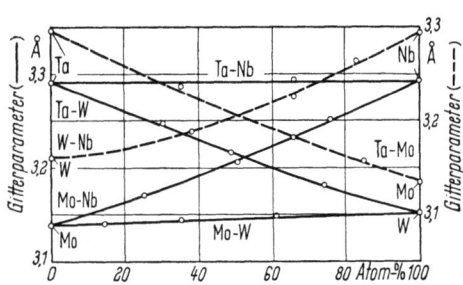

Abb. 120. Gitterparameter von Mischkristallreihen aus hochschmelzenden Metallpaaren (nach BÜCKLE)

BEGLEY und BECHTOLD[2] untersuchten den Einfluß von 1,25 bis 6 Gew.-% Cr (2 bis 10 At.-%) auf die Eigenschaften von Niob bei Raumtemperatur. Die Legierungen sind schwer herzustellen (Chromverdampfung) und verhältnismäßig spröde. Die Daten für eine Legierung mit 1,6 Gew.-% Cr sind in Abb. 108c aufgenommen.

g) Niob-Molybdän. Die vollkommene Mischbarkeit von Niob und Molybdän wurde von BÜCKLE[3] röntgenographisch und durch Mikrohärtemessungen an gesinterten Proben bestätigt (Abb. 120 und 124).

---

[1] MAYO, G. T. J., W. H. SHEPHERD u. A. G. THOMAS: J. Less-Common Metals 2 (1960) 223.

[2] BEGLEY, R. T., u. J. H. BECHTOLD: J. Less-Common Metals 3 (1961) 1.

[3] BÜCKLE, H.: Z. Metallkde. 37 (1946) 53.

Gesinterte und geschmolzene Niob-Molybdän-Legierungen wurden besonders eingehend auf der Niob- und auf der Molybdänseite unter-

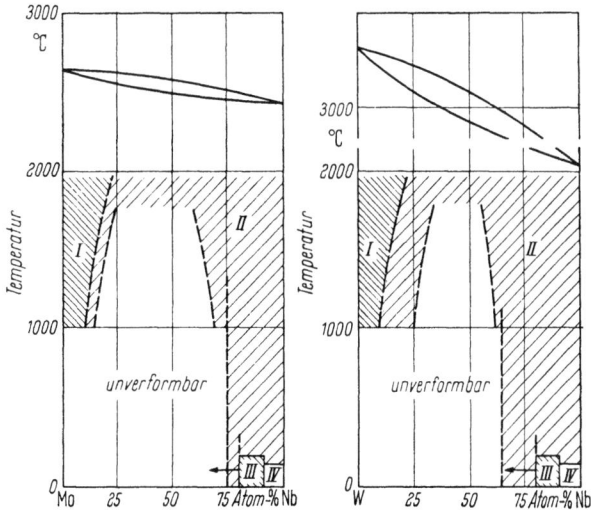

Abb. 121. Verformungsbereiche bei Nb-Mo- und Nb-W-Legierungen (nach BRAUN u. a.)
I wie W bzw. Mo warm walz- bzw. schmiedbar; II warm schmiedbar im Gesenk; III kalt schmiedbar im Gesenk; IV wie Nb kalt walz- bzw. schmiedbar

sucht, da die stark verfestigten Mischkristalle im mittleren Bereich schwer oder kaum verarbeitbar sind. BRAUN, SEDLATSCHEK und KIEFFER[1] konnten zeigen, daß gesinterte Nioblegierungen mit bis 15 At.-% Mo kalt walzbar und mit bis 20 At.-% kalt im Gesenk geschmiedet werden können (s. Abb. 121). Niobreiche Legierungen können außerdem ohne weiteres in reinem Wasserstoff aufgewärmt werden; bei den angewendeten Temperaturen von 1400 bis 1800 °C ist die Hydrierbarkeit des Niobs praktisch Null (s. S. 153/54). Molybdänreiche Legierungen

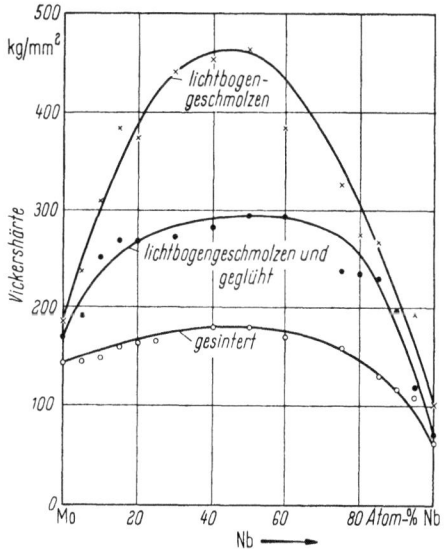

Abb. 122. Härte von Nb-Mo-Legierungen, die nach verschiedenen Herstellungsverfahren erzeugt wurden (nach KIEFFER JR.)

---

[1] BRAUN, H., K. SEDLATSCHEK u. B. F. KIEFFER: in Columbium Metallurgie. New York/London: Intersc. Publ. 1961, 539. — KIEFFER, B. F.: Diplomarbeit Mont. Hochschule Leoben 1960.

(etwa 10 bis 15 At.-% Nb) lassen sich bei 1500 bis 1700 °C unter Wasserstoff wie Reinmolybdän verarbeiten (s. Tab. 57). Die Autoren nehmen an, daß die Verarbeitungslücke z. B. durch Arbeiten unter Argon bei Temperaturen um 2000 °C (INFAB-Anlage)[1] geschlossen werden kann.

Tabelle 57. *Ergebnisse der Verformungsversuche an Niob-Molybdän-Legierungen* (nach KIEFFER JR.)

Niob At.-%	Verformungs-temperatur °C	Atmo-sphäre	Ver-formungs-art*	Walzgrad %	Verformbarkeit (Bemerkungen)
5	1600	H_2	A	60	sehr gut
	1800	H_2	B		sehr gut
10	1600	H_2	A	60	sehr gut
	1800	H_2	B		sehr gut
15	1600	H_2	A	60	sehr gut
	1800	H_2	B		sehr gut
20	1600	H_2	A	60	starke Randrisse
	1800	H_2	B		sehr gut
25	1600	H_2	A	60	Bruch
	1800	H_2	B		starke Querbrüchigkeit
30	1600	H_2	A	20	Bruch
40					
50					
60					
75	1600	H_2	A	20	Bruch
	1400	H_2	D	60	sehr gut
80	300	Luft	A	60	sehr gut
	1800	H_2	B		starke Querbrüchigkeit
	1400	H_2	D	60	sehr gut
85	300	Luft	A	60	sehr gut
	1800	H_2	B		schwache Querbrüchigkeit
90	R. T.; 300	Luft	A	80	sehr gut
95					

* A = Walzen auf Blech; B = Gesenkschmieden; D = Walzen auf Blech im Molybdänhemd.

Abb. 122 zeigt die Härte von gesinterten, geschmolzenen und anschließend weichgeglühten Niob-Molybdän-Legierungen. Bei Einsatz von reinem Niob und an dichten Körpern tritt im Gegensatz zu BÜCKLE[2] und EREMENKO[3] ein echtes Härtemaximum auf.

---

[1] Vgl. R. KIEFFER u. B. F. KIEFFER: Metall 5 (1961) 394.
[2] BÜCKLE, H.: Z. Metallkde. 37 (1946) 53.
[3] EREMENKO, V. N., G. V. ZUDILOVA u. L. A. GALVSKAYA: Metallovedenie i obrabotka metallov 1 (1958) 11.

Abb. 123 zeigt das Gefüge einer kalt walzbaren 85 Niob-15 Molybdän-Legierung nach einer 10stündigen Vakuumglühung bei 2200 °C, einer 60%igen Verformung und einer anschließenden einstündigen Rekristallisationsglühung bei 1700 °C. Nioblegierungen mit 5 bis 20% Mo kommen als schweißbare Werkstoffe mit guten Festigkeitseigenschaften im Geräte- und Apparatebau und in der Raumschiffahrt in Frage.

Tab. 58 zeigt die Härte, Biegebruchfestigkeit und Bruchdehnung von Niob-Molybdän-Legierungen im walzharten und geglühten Zustand. Bei Niob-Legierungen mit 5 bis 20% Mo sei wegen der Beziehung zwischen Biegebruchfestigkeit und Bruchdehnung einerseits und Zugfestigkeit, Streckgrenze und Dehnung andererseits auf die Tab. 63, S. 240 (Ta-Mo-Legierungen) verwiesen.

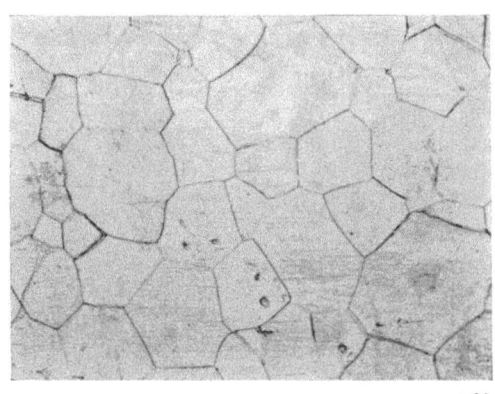

Abb. 123. Gefüge einer gewalzten 85 Nb-15 Mo-Sinterlegierung, Walzgrad 60%, Endglühung 1 Stunde 1700 °C (geätzt in 1 Tl. HF und 1 Tl. Königswasser) (nach KIEFFER JR.)

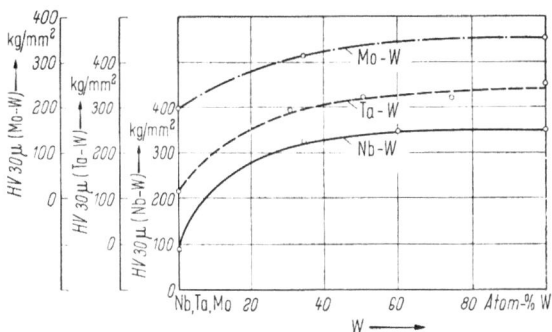

Abb. 124. Mikrohärte von Mischkristallreihen aus hochschmelzenden Metallen (nach BÜCKLE)

Neuere Festigkeitsuntersuchungen von BEGLEY und BECHTOLD[1] umfassen nur Legierungen mit 0 bis 10 Gew.-% Mo. Zwischen 5 und 10% Mo fällt die Dehnung stark ab. Höhere Mo-Gehalte ließen sich nur bei Anwesenheit von 5 bis 10% Ti ohne vollkommenen Verlust der Duktilität zulegieren (vgl. S. 224).

---

[1] BEGLEY, R. T., u. J. H. BECHTOLD: J. Less-Common Metals 3 (1961) 1.

Tabelle 58. *Festigkeitseigenschaften von Niob-Molybdän-Legierungen*
Probenform: 2 × 2 × 22 mm (nach KIEFFER JR.)

Nb %	walzhart				1700 °C/45 Min.			
	Walz-grad %	mittlere Härte HV 10 kg/mm²	Biege-bruch-festigkeit kg/mm²	Durch-biegung mm	Walz-grad %	mittlere Härte HV 10 kg/mm²	Biege-bruch-festigkeit kg/mm²	Durch-biegung mm
95	50	310	68	1,20	50	231	62	>1,60
			69	0,80			54	>1,60
90	50	220	80	0,50	50	210	68	>1,60
			60	0,23			67	0,90
85	55	246	41	0,16	55	220	71	0,83
			60	>1,60			45	0,15
80	62	331	37	0,12	62	245	84	1,06
			46	0,215			65	0,47
15	50	412	26	0,10	50	275	24	0,09
			24	0,10			22	0,09
10	50	400	43	0,11	50	235	33	0,12
			35	0,12				
5	50	335	41	0,10	50	198	34	0,19
			41	0,10			20	0,10

Untersuchungen über die Zunderfestigkeit von Niob-Molybdän-Legierungen bei 1000 bis 1200 °C wurden von verschiedenen Autoren[1] durchgeführt. Bis etwa 10% Mo wird die Oxydationsbeständigkeit verbessert, bei höheren Molybdängehalten durch Absublimieren von MoO_3 zunehmend verschlechtert.

h) Niob-Wolfram. Niob und Wolfram sind vollkommen mischbar[2-5], wie insbesondere BÜCKLE[3] röntgenographisch und durch Mikrohärtemessungen an gesinterten Proben nachwies. Von ihm, sowie neuerdings von SAVICKIJ und Mitarbeitern[4], wurde die volle Mischbarkeit im ternären System Nb–Mo–W bestätigt (s. Abb. 120 und 124). Das von MIKHEEV und PEVTSOV[5] aufgestellte Zustandsdiagramm und die Härtemessungen leiden an der ungenügenden Reinheit des verwendeten Niobs; ferner scheint beim Sintern und Schmelzen — wie die zu hohen

---

[1] CLAUSS, F. J., u. C. A. BARRETT: in B. W. GONSER u. E. M. SHERWOOD (Hrsg.): Technology of Columbium (Niobium). New York: Wiley & Sons 1958, 92. — SIMS, C. T., W. D. KLOPP u. R. I. JAFFEE: Trans. ASM 51 (1959) 263. — ARGENT, B. B., u. B. PHELPS: J. Less-Common Metals 2 (1960) 181.
[2] VON BOLTON, W.: Z. Elektrochem. 11 (1905) 51.
[3] BÜCKLE, H.: Metallforschg. 1 (1946) 53.
[4] SAVICKIJ, E. M. u. Mitarbeiter: Izv. Akad. Nauk SSSR Otd. techn. Nauk, Metallurgija Topl. Moskau 2 (1962) 119.
[5] MIKHEEV, V. S., u. D. M. PEVTSOV: Zh. neorg. Khim. 3 (1958) 861.

Härtewerte, insbesondere auf der Niobseite, zeigen — Stickstoff und Sauerstoff zusätzlich durch Getterung aufgenommen worden zu sein.

BRAUN, KIEFFER und Mitarbeiter[1] untersuchten nochmals eingehend gesinterte und geschmolzene Niob-Wolfram-Legierungen über den ganzen Bereich und bestimmten Härte, elektrische Leitfähigkeit und Widerstand, Hydrierbarkeit, Korrosionsverhalten gegen alkalische und saure Medien sowie einige mechanische Eigenschaften und insbesondere die Verformbarkeit. Die Ergebnisse sind in den Abb. 121, 125, 126 und

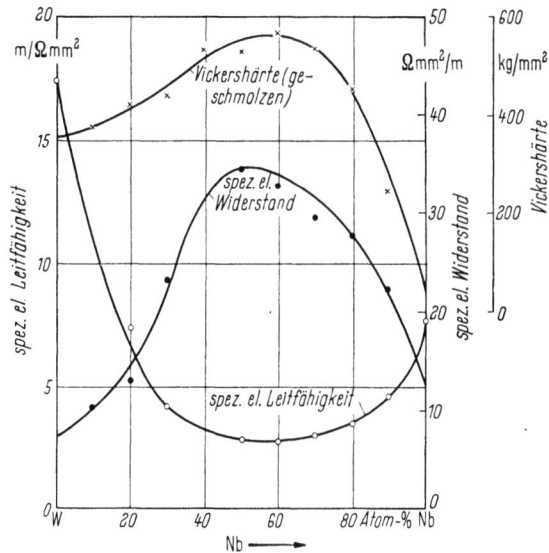

Abb. 125. Härte, spezifischer elektrischer Widerstand und spezifische elektrische Leitfähigkeit von Nb-W-Legierungen (nach BRAUN)

153 wiedergegeben. Beim Sintern und bei Vakuumglühungen war es leichter als beim Lichtbogenschmelzen im Vakuum oder unter Argon, die starke Getterwirkung des Niobs zu verhindern.

Die Warmhärte von W-Nb-Legierungen mit bis 26% Nb wurde neuerdings von MACHONIS[2], von 0 bis 100% W von WILSON und MCKINSEY[3] bestimmt.

---

[1] BRAUN, H.: Dissertation Mont. Hochschule Leoben 1959. — KIEFFER, R., K. SEDLATSCHEK u. H. BRAUN: Z. Metallkde. 50 (1959) 18 — J. Less-Common Metals 1 (1959) 413. — BRAUN, H., K. SEDLATSCHEK u. B. F. KIEFFER: in D. L. DOUGLASS u. F. W. KUNZ (Hrsg.): Columbium Metallurgy. New York/London: Intersc. Publ. 1961. — BRAUN, H., u. K. SEDLATSCHEK: Powder Metallurgy 8 (1958) No. 5/6, 108. — BRAUN, H., R. KIEFFER u. K. SEDLATSCHEK: in F. BENESOVSKY (Hrsg.): Hochschmelzende Metalle. 3. Plansee Seminar, Juni 1958, Reutte/Tirol. Wien: Springer 1959, 264.

[2] MACHONIS, A. A.: in R. F. BUNSHAW (Hrsg.): Trans. Vac. Met. Conf. 1960. New York/London: Intersc. Publ. 1961, 339.

[3] WILSON, J. L., u. C. R. MCKINSEY: J. Metals, Juli 1961, 494.

BEGLEY und BECHTOLD[1] untersuchten den Einfluß von 0 bis 20% W auf die mechanischen Eigenschaften von Niob bei Raumtemperatur (s. Abb. 108c). 20 Gew.-% (11,2 At.-%) W führen schon zum spröden Bruch, d.h., die Dehnung fällt auf Null ab. Wegen der Festigkeitswerte bei höheren Temperaturen (1095 °C) vergleiche man die Abb. 104.

Von der Temescal Metallurgical Corp. wird die elektronenstrahlgeschmolzene Nb-14% W-Legierung als hochwarmfestes Material für Raketensteuerorgane vorgeschlagen.[2] Die Legierung hat ihren Zähigkeitssteilabfall bei -40 °C, ihre Verarbeitbarkeit soll hervorragend sein. Einer Zugfestigkeit von 56 bis 70 kg/mm^2 bei Raumtemperatur steht eine solche von 17,5 bei 1430 °C, von 5,6 kg/mm^2 bei 1860 °C gegenüber.

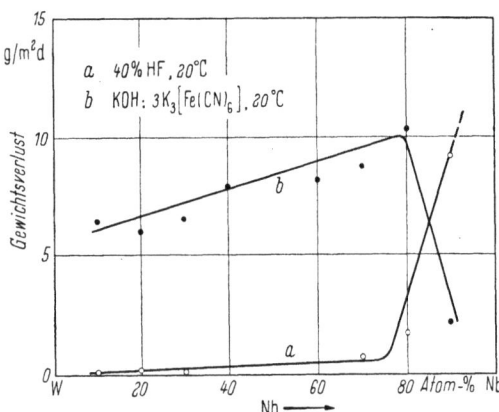

Abb. 126. Korrosionsverhalten von Nb-W-Legierungen in einem sauren und einem alkalischen Medium bei Raumtemperatur (nach BRAUN)

i) **Niob und Uran.** Das System Niob–Uran zeigt eine gewisse Ähnlichkeit mit dem System Niob–Zirkonium. Die breite Mischungslücke im festen Zustand (0 bis 75% Nb) war Gegenstand vieler Untersuchungen, die von reaktortechnischen Werkstofferwägungen diktiert waren. Uranlegierungen mit 5 bis 20% Nb sollen nämlich ein gutes Korrosionsverhalten gegen Wasserdampf und CO_2 aufweisen. Es sei auf die Fachliteratur verwiesen.[3]

SEDLATSCHEK und KIEFFER[4] beschäftigten sich auch mit der niobreichen Seite des Systems und stellten Legierungen durch Tränken eines Niobskelettkörpers aus Niobpulver oder Niobspänen mit Uran-

---

[1] BEGLEY, R. T., u. J. H. BECHTOLD: J. Less-Common Metals 3 (1961) 1.
[2] GEMMELL, G. D.: Trans. AIME 215 (1959) 898.
[3] SAWYER, B.: USAEC Rep No. ANL-4027 (1947) 45. — ROGERS, B. A., D. F. ATKINS, E. J. MANTHOS u. M. E. KIRKPATRICK: Trans. AIME 212/3 (1958) 387. — PFEIL, P. C. L., J. D. BROWNE u. G. K. WILLIAMSON: J. Inst. Met. 87 (1958/59) 204. — SALLER, H. A., u. F. A. ROUGH: USAEC Rep. No. BMI-752 (1952). — DWIGHT, A. E., u. M. H. MUELLER: USAEC Rep. No. ANL-5581 (1957). — Mc GEARY, R. K.: USAEC Rep. No. WAPD-127 (1955). — VAN THYNE, R. J., u. D. J. MCPHERSON: Trans. ASM 49 (1957) 576. — BLEIBERG, M. L., L. J. JONES u. B. LUSTMAN: J. Appl. Phys. 27 (1956) 1270. — DE MASTRY, J. A. u. a.: USAEC Rep. BMI-1536 (1961).
[4] SEDLATSCHEK, K., u. R. KIEFFER: in F. BENESOVSKY (Hrsg.): Hochschmelzende Metalle. 3. Plansee Seminar, Juni 1958, Reutte/Tirol. Wien: Springer 1959, 120.

metall her. Die aus dem γ-Gebiet abgeschreckten Tränklegierungen zeigten praktisch ein einphasiges Gefüge.

k) **Niob-Kohlenstoff**[1] (Metallseite). Mit der Warmverformbarkeit von Nb-Legierungen mit 0,01, 0,1, 0,2, 0,5 und 1% C beschäftigten sich GILL und ARGENT[2]. In der Legierung Nb-1,0% C tritt ein eutektoides Netzwerk auf, während in den anderen Legierungen feindisperse Karbide kornverfeinernd wirken. Nach CORTES und FEILD[3] ist Kohlenstoff bis etwa 0,06% kein ausgesprochen verfestigender Zusatz, bewirkt allerdings schon bei 0,03%[4] eine starke Verschlechterung der Kaltverarbeitbarkeit durch Ausbildung eines halbkontinuierlichen Nb_2C-Netzwerkes.

l) **Niob-Zinn.** Besonderes Interesse verdient das System Nb(V, Ta)–Sn, da in der Verbindung $Nb(V, Ta)_3Sn$ ein supraleitender Werkstoff vorliegt, der diese Eigenschaft selbst in Feldern von 100000 Gauß nicht verliert [s. auch Nb-(25-35) Zr-Legierungen, S. 196ff]. Neueste Arbeiten haben gezeigt, daß diese Verbindung als überaus wertvolles Material für Höchstleistungsmagnete betrachtet werden muß, besonders da es gelungen ist, sie in Drahtform (z. B. als Kern von Nb-Drähten) herzustellen.[5,6] (Nb_3 Inwurde als neuerer supraleitender metallischer Werkstoff gefunden.[7])

3. Ternäre Niob-Legierungen

Ternäre Nioblegierungen und Niobmehrstofflegierungen wurden aus der Kenntnis der Zweistoffsysteme heraus entwickelt. Es wurde meist auf die günstige Wirkung der IVa-Metalle, insbesondere von Titan und

---

[1] KIMURA, H., u. Y. SASAKI: Trans. NRI Japan 3 (1961) 111. — ELLIOT, R. P.: Trans. ASM 53 (1961) 13.

[2] GILL, L. L., u. B. B. ARGENT: J. Less-Common Metals 3 (1961) 305.

[3] CORTES, F. R., u. A. L. FEILD, JR.: J. Less-Common Metals 4 (1962) 169.

[4] BEGLEY, R. T., u. A. I. LEWIS: in D. L. DOUGLASS u. F. W. KUNZ (Hrsg.): Columbium Metallurgy. New York/London: Intersc. Publ. 1961, 53.

[5] CODY, G. D., J. J. HAVAK, G. D. MCCOUVILLE u. F. D. ROSI: Proc. 7. Int. Conf. Low Temp. Phys., Univ. of Toronto, 1961, 382. — JANSEN, H. G., u. E. J. SAUR: ibid., 379. — LEBLANC, M. A. R., u. W. A. LITTLE: ibid., 362. — SWENSON, C. A., u. C. H. HINRICHS: ibid., 345. — SERAPHIN, D. P., D. T. NOVICK u. J. I. BUDNICK: Acta Metallurgica 9 (1961) 446. — OLSEN, K. M., E. O. FUCHS u. R. F. JACK: J. Metals, Okt. 1961, 724. — PECKNER, D.: Materials in Design Engng., Dez. 1961, 107. — BETTERTON, J. O., R. W. BOOM, G. D. KNEIP, R. E. WORSHAM u. C. E. ROOS: Phys. Rev. Letters 6 (1961) 532. — ARP, V. D., R. H. KROPSCHOT, J. H. WILSON, W. F. LOUE u. R. PHELAN: Phys. Rev. Letters 6 (1961) 452. — KUNZLER, J. E., E. BUEHLER, F. S. L. HSU u. J. H. WERNICK: Phys. Rev. Letters 6 (1961) 89. — BERLINCOURT, T. G., R. R. HAKE u. D. H. LESLIE: Phys. Rev. Letters 6 (1961) 671. — HAHN, H., u. E. SAUR: Metall 16 (1962) 1008. — Siehe auch: Metal Progress, Sept. 1962, 9; Mining Journal (1. 12. 1961).

[6] Westinghouse Electric Co.: Bulletin 45-950 (Januar 1962).

[7] BANUS, M. D., T. B. REED, H. C. GATOS, M. C. LAVINE u. J. A. KAFALAS: Physics Chem. Solids 23 (1962) 971.

Zirkonium, auf die Bildsamkeit und die Zunderbeständigkeit, weiterhin auf die festigkeitssteigernde Wirkung der VIa-Metalle, insbesondere von Wolfram und Molybdän, zurückgegriffen.

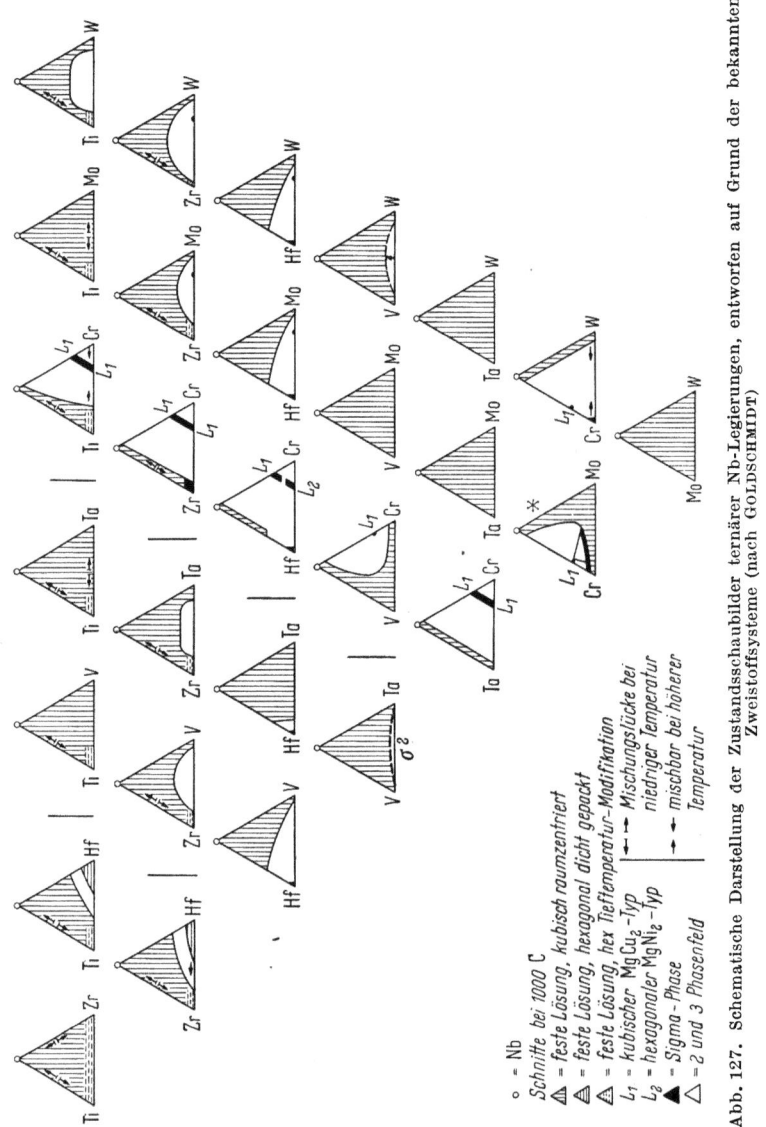

Abb. 127. Schematische Darstellung der Zustandsschaubilder ternärer Nb-Legierungen, entworfen auf Grund der bekannten Zweistoffsysteme (nach GOLDSCHMIDT)

In beschränktem Umfang wurden noch Zusätze von Tantal, Vanadin und Hafnium und ferner noch von Aluminium, Eisenmetallen und kleinatomigen Elementen, wie Kohlenstoff, Stickstoff und Sauerstoff, versucht.

Aus Zweckmäßigkeitsgründen werden daher in diesem Buch die Drei- und Mehrstofflegierungen in 2 Gruppen eingeteilt:

1. Legierungen des Niobs bzw. der Va-Metalle inklusive Vanadin (s. S. 185) und Tantal (s. S. 249) mit den Metallen der IVa- sowie der VIa-Gruppe, als „*(IV-V-VI)a-Legierungen*" bezeichnet.

2. „*Verschiedene Mehrstofflegierungen*", die alle anderen bis heute mehr oder minder eingehend untersuchten Systeme umfassen.

Diese etwas willkürliche Einteilung wird dem heutigen Stand der jungen Nioblegierungsforschung, die in vieler Hinsicht erst noch einen orientierenden Charakter hat, am besten gerecht.

GOLDSCHMIDT[1] gibt eine schematische Darstellung der Zustandsbilder ternärer Niob-Basis-Legierungen (Abb. 127), soweit sie aus den Zweistofflegierungen vorausgesagt werden können. Die möglichen Legierungsverhältnisse zwischen den Gruppen IVa, Va und VIa sind hier wiedergegeben. Wenn man von dem Legierungsverhalten des Chroms absieht, sind die Systeme durch breite Mischkristallbereiche in der Niobecke und kleine Mischkristallbereiche in den anderen Ecken charakterisiert.

a) Die (IV-V-VI)a-Legierungen. Tab. 59 bringt eine Zusammenstellung der Analyse und Eigenschaften einiger wichtiger (IV-V-VI)a-Legierungen.[2] Bei den Legierungen der Union Carbide Corp. herrscht der Typ Ti-*Nb*-W (IV-V-VI)a, bei den General Electric-Mehrstofflegierungen Ti(Zr)-*Nb*-Mo(W) [IV(IV)-V-VI(VI)]a, bei den DuPont-Legierungen Ti-*Nb*-Mo(W) [IV-V-VI(VI)]a und bei Westinghouse der Typ Hf(Zr)-*Nb*(V)-Mo(W) [IV(IV)-V(V)-VI(VI)]a vor.

Russische Forscher[3] beschäftigen sich mit Legierungen vom Aufbau Zr-*Nb*-Mo (IV-V-VI)a mit Zusätzen von Si, Al und Kohlenstoff.

(Legierungen: Nb-5 Mo,
Nb-5 Mo-5 Zr,
Nb-5 Mo-5 Zr-1 Si
Nb-5 Mo-5 Zr-1 Si-1 Al,
Nb-5 Mo-5 Zr-1 Si-1 Al-0,2 C).

Weitere Daten bezüglich chemischer Zusammensetzung und mechanischen Eigenschaften verwandter Legierungen sind aus Tab. 60 zu entnehmen.

Die Herstellung der (IV-V-VI)a-Legierungen geschieht im industriellen Maßstab vornehmlich durch Lichtbogenschmelzen mit

---

[1] GOLDSCHMIDT, H. J.: J. Less-Common Metals 2 (1960) 69.
[2] LEMENT, B. S., u. I. PERLMUTTER: J. Less-Common Metals 2 (1960) 253. — JAHNKE, L. P., R. G. FRANK u. T. K. REDDEN: Metal Progress, Juni 1961, 64; Juli 1961, 76. — KIEFFER, R., u. B. F. KIEFFER: Metall 15 (1961) 394.
[3] KORNILOV, I. I., u. R. S. POLYAKAVA: Atomn. energ., Febr. 1961, 170.

Tabelle 59. *Festigkeitseigenschaften von Nioblegierungen vom (IV-V-VI) a-Typ*

Nr.	Lit.	Firmen-bezeichnung der Legierung	Legierungstyp	Zusammensetzung	Temperatur °C	Mechanische Eigenschaften				
						Streckgrenze kg/mm²	Zugfestigkeit kg/mm²	Dehnung %	Einschnürung %	100 Std. Zeitstandfestigkeit kg/mm²
A. Westinghouse										
1	[1]	NC-31	IV-V-VI	5 Hf-5 Mo	1100	—	30,0	—	—	—
2	[2]	NC-181	IV-V(V)-VI	5 V-5 Mo-1 Zr	1100	35,5	37,5	5	6,5	—
3	[2]	VAM-19	IV-V-VI	5 Hf-2 Mo	20	49,0	57,7	12	56	—
4	[2]	VAM-19			1100	27,1	28,5	14	50	—
5	[3, 3a]	B 66	IV-V(V)-VI	5 V-5 Mo-1 Zr	1100	40,7	45,5	28	—	—
6	[3, 3a]	B 77	IV-V(V)-VI	5 V-10 W-1 Zr	1320	19,0	21,0	34	—	—
B. General Electric										
7	[4]	F-44	IV-V-VI	15 Mo-1 Zr	1100	—	45,6	—	—	21,0
8	[5]	F-48	IV-V-VI(VI)	15 W-5 Mo-1 Zr	20	60,3	87,5	25	—	—
9	[5]	F-48			1100	29,4	45,6	19	—	24,5
10	[5]	F-48			1200	21,0	33,6	21	—	11,9
11	[5]	F-48			1320	10,5	21,7	—	—	—
12	[5]	F-50	IV(IV)-V-VI(VI)	15 W-5 Mo-5 Ti-1 Zr	20	56,0	85,5	24	—	—
13	[5]	F-50			1100	16,1	35,0	28	—	14,0
14	[5]	F-50			1200	18,9	24,5	35	—	7,7
15	[5]	F-50			1320	12,6	14,7	45	—	—
C. Fansteel										
16	[3]	Fs 85	IV-V(V)-VI	27 Ta-12 W-0,5 Zr	1100	28,7	32,2	13	—	—
D. DuPont										
17	[5]	D-31	IV-V-VI	10 Mo-10 Ti	20	64,5	70,0	22	47	—
18	[5]	D-31			980	—	—	—	—	9,8

Niob-Legierungen

19	[5]	D-31	IV-V-VI	10 Mo-10 Ti	1100	23,1	24,5	12	9	—
20	[5]	D-31			1200*	15,4	17,5	14	13	—
21	[5]	D-31			1200*	18,2	18,9	22	—	—
22	[5]	D-31			1320	—	14,0	8	11	—
23	[5]	D-31			1420	—	7,7	—	40	—
24	[5]	D-41			20	—	87,5	10	—	—
25	[5]	D-41	IV-V-VI(VI)	20 W-10 Ti-6 Mo	980	—	35,0	25	—	14,0
26	[5]	D-41			980*	37,1	40,0	26	57	14,0
27	[5]	D-41			1260	22,4	25,0	30	—	—
28	[5]	D-41			1370	—	17,5	35	—	—

E. Union Carbide

29	[5]	Cb-6	IV-V-VI	8 Ti-10 W	1000	15,4	23,1	44	—	—
30	[5]	Cb-6			1200	—	11,8	52	—	—
31	[5]	Cb-7	IV-V-VI	7 Ti-28 W	20	98,0	102,0	3,8	5,2	—
32	[5]	Cb-7			1000	28,7	39,2	49	78	—
33	[5]	Cb-7			1200	26,5	28,7	22	75	10,5
34	[5]	Cb-16	IV-V(V)-VI	20 W-10 Ti-3 V	1000	47,6	53,9	15	54	—
35	[5]	Cb-16			1200	18,9	23,8	40	82	—
36	[5]	Cb-20	IV(IV)-V-VI	5 Ti-5 Zr-15 W	20	89,6	91,7	3,3	5,4	—
37	[5]	Cb-20			1000	48,3	53,2	20	48	—
38	[5]	Cb-20			1200	18,2	22,4	17	52	—
39	[5]	Cb-74	IV-V-VI	5 Zr-10 W	1200	29,4	31,5	23	—	—

F. Haynes Stellite Co.

40	[6]	Cb-752	IV-V-VI	2,5 Zr-10 W	1100	—	29,4	—	—	12,6
41	[6]				1200	—	23,1	—	—	9,8
42	[6]				1320	—	16,1	—	—	5,6

G. Boeing

43	[7]	C-129	IV-V-VI	10 Hf-10 W	20	70,0	78,4	16	—	—
44	[7]				1100	27,7	33,6	30	—	—
45	[7]				1650	8,1	8,6	>60	—	—

* in Vakuum geprüft

[1] BEGLEY, R. T.: WADC Contract No. AF 33(616)-5754, 3. Progr. Rep. (1959). — [2] BEGLEY, R. T., u. A. I. LEWIS: WADD Contract No. AF 37(616)-6258, 2. Progr. Rep. (1960). — [3] PECKNER, D.: Mat. Design. Engng., Dez. 1961, 107. — [3a] Iron Age 188 (1961) 86 — Metal Progress 81 (1962) 9. — [4] FRANK, R. G.: Symposium on Metallurgy of Columbium and its Alloys, Okt. 1958, National Metal Exposition. — [5] Crucible Steel Co.: WADD Contract No. AF 33(600)-39942 (1959). — [6] In E. S. BARTLETT u. F. F. SCHMIDT: DMIC Rev. Rec. Dev., 11. Januar 1962. — [7] TORGERSON, R. T.: AIME Meeting, New York (1. 11. 1962).

Tabelle 60. *Festigkeitseigenschaften von Niob- und weiteren Nioblegierungen*

Nr.	Lit. (s. S. 218)	Firmenbezeichnung der Legierung	Legierungstyp	Zusammensetzung, Herstellungsart und Zustand	Temperatur °C	Streckgrenze kg/mm²	Zugfestigkeit kg/mm²	Dehnung %	Einschnürung %	100 Std. Zeitstandfestigkeit kg/mm²
1	[1]		V	Nb⎫ (lichtbogengeschmolzen,	980	5,6	9,8	15	99	—
2	[1]		V	Nb⎬ verformt)	1100	4,2	7,0	50	80	—
3	[1]		V	Nb⎭	1200	2,8	6,3	45	70	—
4	[2]		V	Nb⎫ (lichtbogengeschmolzen,	1100	5,7	7,7	34	100	—
5	[2]		V	Nb⎬ rekristallisiert, 240 ppm C,	1200	5,3	6,5	21	73	—
6	[2]		V	Nb⎪ 190 ppm N₂, 240 ppm O₂)	1320	2,8	3,9	70	82	—
7	[2]		V	Nb⎭	1370	2,0	2,7	97	100	9,1
8	[3]		IV-V	10 Ti	980	—	—	18	—	
9	[3]		IV-V	10 Ti	1200	34,3	11,9	8	—	
10	[4]		V-VI	5 Mo	20	34,3	41,2	—	—	
11	[5]		V-VI	5 Mo	1200	5,6	14,0	—	—	
12	[6]		V-V	5 V	25	51,8	60,2	10	—	
13	[6]		V-V	5 V	1100	24,8	25,9	—	—	
14	[4]		V-VI	10 W	20	40,6	46,9	—	—	
15	[5]		V-VI	10 W	1100	11,2	13,3	—	—	

A. Westinghouse

Nr.	Lit.	Firmenbezeichnung	Legierungstyp	Zusammensetzung	Temperatur °C	Streckgrenze kg/mm²	Zugfestigkeit kg/mm²	Dehnung %	Einschnürung %	100 Std. kg/mm²
16	[6]	NC-9	IV(IV)-V	5 Ti-5 Zr	20	—	37,8	22	—	
17	[6]	NC-9	IV(IV)-V		1100	—	18,2	7	—	
18	[7]	NC-21	IV-V	10 Zr	20	42,7	58,1	28	—	
19	[7]	NC-21	IV-V		1100	26,6	33,6	26	42	
20	[8]	NC-32	IV(IV) (IV)-V	5 Hf-1 Ti-1 Zr	20	37,8	53,9	25	—	
21	[8]	NC-32			1100	32,8	34,3	99	—	
22	[8]	NC-32		1 Ti-1 Zr-1 Hf	1100	30,1	30,8	29	37	
23	[9]	NC-155 (B 55)	V(V)-VI	5 V-5 Mo	20	53,9	66,5			
24	[9]	NC-155			1100	25,9	28,0	44	54	
25	[9a]	B 33	V-V	5 V	1100	21,2	23,1	34	—	

Niob-Legierungen 217

B. Fansteel									
26	[10]	Fs 82	32,5 Ta-0,75 Zr	IV.-V)V	20	—	56,0	3	—
27	[10]	Fs 82			1100	28,0	31,5	8	—
28	[10]	Fs 83	—	IV(IV,-V(V)	1100	—	31,5	—	—
29	[10]	Fs 83	—		1200	24,8	26,6	16	—
30	[10]	Fs 83			1370	13,3	18,2	28	—
C. DuPont									
31	[11]	D-14	5 Zr	IV-V	1100	18,9	24,5	35	—
32	[11]	D-36	5 Zr-10 Ti	IV(IV)-V	1100	15,4	16,1	50	—
D. Union Carbide									
33	[10]	Cb-22	3 Al-3 V	III-V(V)	20	88,2	93,1	7	6,2
34	[10]	Cb-22			1000	22,4	33,1	88	82
35	[10]	Cb-22			1200	9,1	9,1	78	92
36	[10]	Cb-24	7 Ti-3 Al-3 V	III-IV-V(V)	20	103,5	108,4	5	9,8
37	[10]	Cb-24			1000	17,5	18,2	78	93
38	[10]	Cb-24			1200	5,6	5,9	1,2	100
39	[10]	Cb-56	3 Al-3 V-1 Zr	III-IV-V(V)	1000	22,4	25,8	52	—
40	[10]	Cb-67	7 Ti-3 Al-3 V-1 Zr	III-IV;IV)-V(V)	1000	17,5	20,3	52	56
41	[10]	Cb-67			1200	4,2	4,9	68	63
42	[10]	Cb-65	7 Ti-0,8 Zr (geschmolzen, walzhart)	IV(IV)-V	20	60,2	67,2	20	66
43	[10]	Cb-65			980	14,7	19,6	14	96
44	[10]	Cb-65			1100	7,7	11,2	71	99
45	[10]	Cb-65			1200	4,5	6,7	88	99
46	[10]	Cb-65	7 Ti-0,8 Zr (geschmolzen, rekristallisiert)	IV(IV)-V	20	39,2	50,4	35	80
47	[10]	Cb-65			980	15,4	25,2	31	72
48	[10]	Cb-65			1100	—	16,1	25	92
49	[10]	Cb-65			1200	—	10,5	42	96
E. Wah Chang/Boeing									
49	[11]	C-103	1 Ti-10 Hf	IV(IV.-V	1100	12,7	18,5	63	—
F. Stauffer Chemical Co.									
50	[11]	SCb-291	10 W-10 Ta	V(V)-VI	1200	23,9	26,0	—	—

Literatur zu Tab. 60

[*1*] Schmidt, F. F. und Mitarbeiter: WADD Report No. 59-13 (1959). — [*2*] Begley, R. T., u. W. M. Platte: WADD Report No. 53-344 (1960) Teil IV. — [*3*] Saller, H. A., J. T. Stacy u. S. W. Porembka: AEC Report BMI-1003 (1955). — [*4*] Tottle, C. R.: J. Inst. Met. 85 (1957) 375. — [*5*] Gemmell, G. D.: Trans. AIME 215 (1959) 898. — [*6*] Begley, R. T., u. L. L. France: Symposium on Metallurgy of Columbium and its Alloys, Okt. 1958, National Metals Exposition (s. auch B. S. Lement u. I. Perlmutter: J. Less-Common Metals 2 (1960) 253). — [*7*] Begley, R. T.: WADC Report 57-334 (1958). — [*8*] Begley, R. T.: WADC Contract No. AF 33(616)-5754, 2. Progr. Rep. (1958). — [*9*] Begley, R. T., u. A. I. Lewis: WADC Contract No. AF 37(666)-6258, 2. Progr. Rep. (1960). — [*9a*] Iron Age 188 (1961) 86 — Metal Progress 81 (1962) 9. — [*10*] Crucible Steel Comp.: WADC Contract No. AF 33(600)-39942 (1959). — [*11*] Peckner, D.: Mat. in Design Engng., Dez. 1961, 107. — Siehe auch D. J. Maykuth u. H. R. Ogden: Metal Progress 80 (1961) 92.

Abschmelzelektroden[1] oder durch Schmelzen im Elektronenstrahlofen.[2]

Von diesen Legierungen verdienen zur Zeit die Werkstoffe vom Typus F-48 (15 W-5 Mo-1 Zr) und D-31 (10 Mo-10 Ti) das meiste Interesse für hochwarmfeste Anwendungen im Raketenbau, wie aus ihrer Entwicklung, z. B. im Rahmen staatlich geförderter Blechwalzprogramme, in den USA hervorgeht.[3]

Die Änderung der Sollanalyse beim Lichtbogenschmelzen einiger hochwolframhaltiger Niob-Titanmehrstofflegierungen der Union Carbide Corp. geht nach Sheely und Wilson[4] aus Tab. 61 hervor. (Schmelzbedingungen: Helium-Argon-Atmosphäre 1 : 4, Druck: 100 bis 200 mm Hg, 27 bis 29 V bei 2200 bis 2400 A.) Es ergeben sich nur kleine und deshalb tragbare Verdampfungsverluste bei Titan, Vanadin und Molybdän.

Die Weiterverarbeitung von reinem Niob und niedriglegiertem Niob ist relativ einfach, da diese Werkstoffe kaltduktil sind und nur Zwischenglühungen im Hochvakuum notwendig machen.[5] Für hochlegiertes Niob

---

[1] Kieffer, R., u. W. Wirth: in M. Auwärter (Hrsg.): Ergebnisse der Hochvakuumtechnik und der Physik dünner Schichten. Stuttgart: Wiss. Verlagsges. 1957, 178. — Scheibe, W.: Elektrowärme-Jahrbuch 1959. — Gruber, H.: Metall 12 (Okt. 1958) 901. — Kieffer, R., u. F. Benesovsky: Metall 13 (1959) 379, 652.

[2] Smith, H. R., Ch. d'A. Hunt u. Ch. W. Hanks: in F. Benesovsky (Hrsg.): Hochschmelzende Metalle. 3. Plansee Seminar, Juni 1958, Reutte/Tirol. Wien: Springer 1959, 336. — Gruber, H.: Z. Metallkde. 52 (1961) 3. — Ogiermann, G., u. W. Scheibe: Metall 15 (1961) 3.

[3] Ogden, H. R.: DMIC Rep. 161, Nov. 1961. — Jaffee, R. I., W. J. Harris jr. u. N. E. Promisel: J. Less-Common Metals 2 (1960) 95.

[4] Sheely, W. F., u. J. L. Wilson: in D. L. Douglass u. F. W. Kunz (Hrsg.): Columbium Metallurgy. New York/London: Intersc. Publ. 1961, 205.

[5] DeMastry, J. A., u. E. L. Foster: in D. L. Douglass u. F. W. Kunz (Hrsg.): Columbium Metallurgy. New York/London: Intersc. Publ. 1961, 75.

Tabelle 61. *Hochwolframhaltige Nb-Ti-Legierungen der Union Carbide Corp.*
(nach SHEELY und WILSON)

	Soll-Zusammensetzung Gew.-%					Analysierte Zusammensetzung Gew.-%							
	Ti	W	V	Mo	Zr	Ti	W	V	Mo	Zr	C	N	O
Cb 7	7	28	—	—	—	5,9	29,2	—	—	—	0,025	0,031	0,17
Cb 16	10	20	3	—	—	10,0	20,1	2,75	—	—	0,022	0,015	0,10
Cb 59	10	20	3	—	2	9,4	19,5	3,06	—	2,0	0,025	0,029	—
Cb 84	7	20	—	3	—	6,7	20,4	—	2,65	—	0,030	0,027	0,12
Cb 85	7	20	—	3	1	6,5	20,2	—	2,74	1,0	0,032	0,021	0,15

mit sehr hoher Warmfestigkeit mußten wegen des notwendigen Ausschlusses der Atmosphäre bei den notwendigen hohen Verarbeitungstemperaturen besondere Verformungsverfahren entwickelt werden.[1] Es

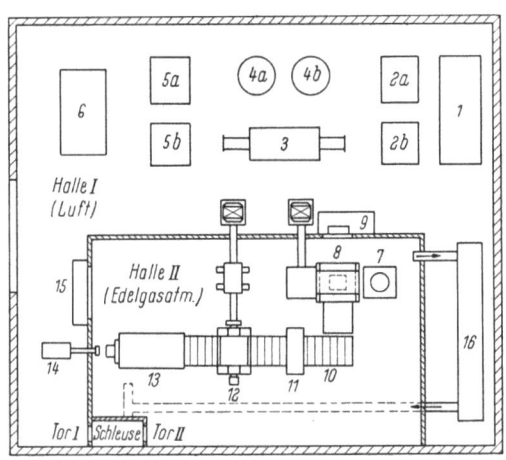

Abb. 128. ,,INFAB"-Anlage der Universal Cyclops Steel Corp. zum Warmverarbeiten von reaktionsfreudigen Metallen unter Edelgas (ergänzt) (nach R. KIEFFER und B. F. KIEFFER)

1 Pulveraufbereitung (Mo, W, Nb, Ta, Re usw.);
2a Schlauchpresse;
2b Hydraulische Presse;
3 Durchsatzsinterofen;
4a Vakuumsinterglocke;
4b Schutzgassinterglocke;
5a Lichtbogenschmelzanlage;
5b Elektronenstrahlschmelzanlage;
6 Blockbearbeitung;
7 Induktionsofen;
8 Hammer;
9 Schaltpult für Hammer;
10 Walzstraße;
11 Schere;
12 Walzgerüst;
13 Glühofen;
14 Ausstoßvorrichtung;
15 Schaltpult für Walzstraße;
16 Klimaanlage für Edelgase

wird z. B. in gasdichten, argonarc-verschweißten, 1 bis 2 mm starken Molybdänbüchsen verarbeitet, wobei Hochtemperaturöfen mit Molybdänheizleitern und Argon als Schutzgas verwendet werden.[2] Man kann auch

---

[1] DEMASTRY, J. A., u. E. L. FOSTER: in D. L. DOUGLASS u. F. W. KUNZ (Hrsg.): Columbium Metallurgy. New York/London: Intersc. Publ. 1961, 75.
[2] REDDEN, T. K.: in D. L. DOUGLASS u. F. W. KUNZ (Hrsg): Columbium Metallurgy. New York/London: Intersc. Publ. 1961, 279.

die Blöcke unter Boraxglas bis auf etwa 1300 °C erhitzen und dann auf die notwendigen Walz- und Strangpreßtemperaturen von 1400 bis 1650 °C in argongeschützten Molybdänöfen bringen.[1] Hochwolfram- (molybdän-) und titanlegiertes Niob kann sogar unter Wasserstoff auf Verformungstemperatur gebracht werden, da diese Legierungen kaum mehr wasserstoffempfindlich, das heißt hydrierbar sind, wie Abb. 245 nach BRAUN, SEDLASTCHEK und KIEFFER zeigt.[2]

Eine weitere Methode besteht darin, z. B. einen Schmiedehammer und einen Hochtemperaturofen unter ein Schutzgaszelt zu stellen und beide Anlagen wie bei einer Argonschweißkammer von außen zu bedienen. Dieses Prinzip ist mittlerweile in Zusammenarbeit von Forschungsstellen der amerikanischen Marine mit der Universal Cyclops Steel Corp. insofern erweitert worden, als dort eine ganze Fabrikationshalle mit Inertgas gefüllten Räumen erstellt wurden.[3]

Ursprünglich für hochwarmfeste Molybdänlegierungen entwickelt und gedacht, steht diese „INFAB"-Anlage (*Inertgasfab*rication) heute für alle hochschmelzenden sauerstoff-, stickstoff- und wasserstoffempfindlichen Metalle und Legierungen zur Verfügung (Abb. 128). Die Arbeiter in Halle II tragen gasdichte „Taucheranzüge" mit künstlicher Beatmung. Es ist auch schon in Erwägung gezogen worden, statt unter Schutzgas in evakuierten Räumen zu arbeiten.[4]

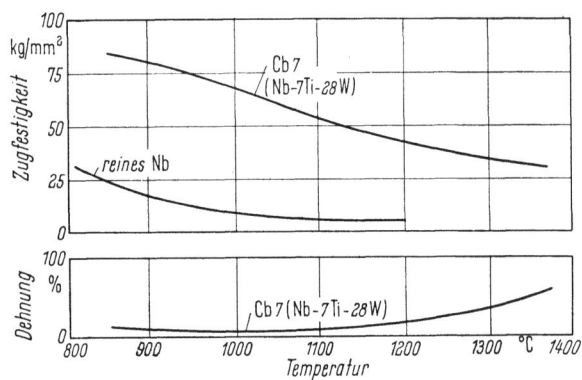

Abb. 129. Warmfestigkeitseigenschaften von 65 Nb-7 Ti-28 W-Legierungen bei verschiedenen Temperaturen (nach SHEELY und WILSON)

---

[1] SHEELY, W. F., u. J. L. WILSON: in D. L. DOUGLASS u. F. W. KUNZ (Hrsg.): Columbium Metallurgy. New York/London: Intersc. Publ. 1961, 205.

[2] BRAUN, H., K. SEDLATSCHEK u. B. F. KIEFFER: in D. L. DOUGLASS u. F. W. KUNZ (Hrsg.): Columbium Metallurgy. New York/London: Intersc. Publ. 1961, 539.

[3] Anonym: Steel, Mai 1961, 128. — Universal Cyclops Steel Corp.: In-Fab for producing space age metals (Prospekt). — Anonym: J. Metals 12 (1960) 636. — Siehe auch R. KIEFFER u. B. F. KIEFFER: Metall 15 (1961) 394.

[4] Anonym: Steel, Mai 1961, 128.

Die Warmfestigkeit von Nb-Ti-W-Legierungen bei Temperaturen von etwa 800 bis 1400 °C — bestimmt an ungeglühtem Probematerial — geht aus Abb. 129 hervor.[1] Aus dem reinen, zähen, aber wenig festen

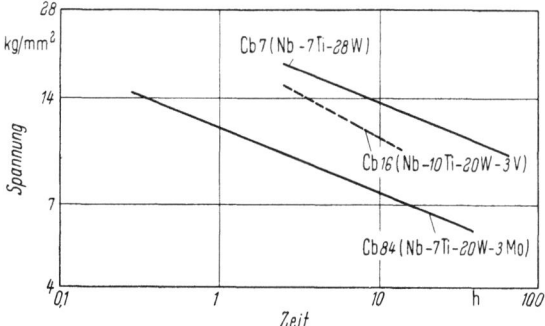

Abb. 130. Zeitstandfestigkeit von hochwolframhaltigen Nb-Ti-Legierungen mit Zusätzen an Vanadin und Molybdän (nach SHEELY und WILSON)

Niob ist ein warmfester Werkstoff entstanden, der den hohen Festigkeitswerten von reinem Molybdän und Wolfram[2] etwa entspricht. Die Ergebnisse von Zeitstandversuchen[1] im Vakuum bei 1200 °C (Abb. 130)

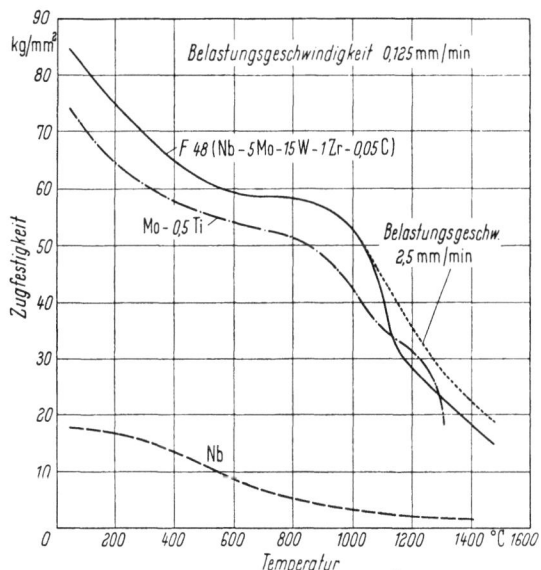

Abb. 131. Festigkeit der F 48-Legierung im Vergleich zu Reinniob in Abhängigkeit von der Temperatur (nach REDDEN)

---

[1] SHEELY, W. F., u. J. L. WILSON: in D. L. DOUGLASS u. F. W. KUNZ (Hrsg.): Columbium Metallurgy. New York/London: Intersc. Publ. 1961, 205.

[2] BECHTOLD, J. H., E. T. WESSEL u. L. L. FRANCE: Westinghouse Research Laboratories, Scientific Paper 10-0103-2-P 4.

zeigen, daß die besten hochwolfram- und titanhaltigen Nioblegierungen den zur Zeit handelsüblichen Molybdänlegierungen (Mo-0,5 Ti und Mo-0,5 Ti-0,08 Zr) nahekommen.[1]

Ein ähnliches Verhalten (Abb. 131) zeigt nach REDDEN[2] die titanfreie, jedoch zirkoniumhaltige Legierung F 48 (Nb-5 Mo-15 W-1 Zr-0,05 C), die mit der Mo-0,5 Ti-Legierung verglichen wurde. Der Einfluß des Kohlenstoffgehaltes (eingeschleppter bzw. noch vorhandener Stickstoff wirkt ähnlich) geht anschaulich aus Abb. 132 hervor, die das Rekristallisationsverhalten bei 1000 bis 1900 °C zeigt.[2] Der fallende Ast der Kurve dürfte mit der Kristallerholung und einer gewissen Korn-

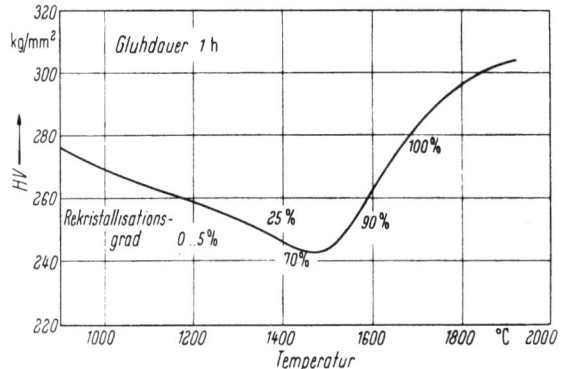

Abb. 132. Rekristallisationsverhalten eines 1 mm starken F 48-Bleches für konstante Glühdauer (nach REDDEN)

vergröberung oberhalb 1500 °C, der wiederansteigende Ast mit Ausscheidungserscheinungen, verursacht durch feindisperse Karbide und Nitride bzw. Karbid-Nitrid-Mischkristalle (mit eventuell eingebautem Sauerstoff), zusammenhängen.[3] SCOTT und POLLOCK[4] zeigten, daß in Nb-Zr-W- und Nb-Zr-Mo-Legierungen ab 15% Gesamtlegierungsgehalt mit karbidischen Hartstoffausscheidungen zu rechnen ist.

JONES[5] untersuchte das Kriechverhalten der FS-82-Legierung (Nb-33 Ta-0,7 Zr) bis 1500 °C und stellt fest, daß der Kriechvorgang bis etwa 45% des absoluten Schmelzpunktes diffusionsgesteuert ist. Die

---

[1] HOUCK, J. A.: DMIC Rep. 140 (30. Nov. 1960). — Siehe auch H. BRAUN: Metall 16 (1962) 962.

[2] REDDEN, T. K.: in D. L. DOUGLASS u. F. W. KUNZ (Hrsg.): Columbium Metallurgy. New York/London: Intersc. Publ. 1961, 279.

[3] KIEFFER, R., u. F. BENESOVSKY: Hartstoffe, 2. Aufl. Wien: Springer 1963. — SCHWARZKOPF, P., u. R. KIEFFER: Refractory Hard Metals. New York: Macmillan 1953. — BARTLETT, E. S., u. F. F. SCHMIDT: DMIC Memorandum 97 (April 1961); 115 (Juli 1962).

[4] SCOTT, A. G., u. W. I. POLLOCK: AIME Fall Meeting 1961.

[5] JONES, R. L.: AIME Fall Meeting 1961.

Aktivierungsenergie errechnete er zu $\Delta H = 121\,300$ ca./Mol., was nahe an den Werten für Reinniob- und -tantal liegt (s. Tab. 36).

Nach McNutt und Gemmell[1] trägt Zirkonium besonders zur Alterungsbeständigkeit bis 1500 °C bei, da es das in-Lösung-halten von kleinatomigen Verunreinigungen begünstigt. Andererseits scheint in Nb-Zr-W-Legierungen eine richtige Abstimmung des Verhältnisses Zr : C zu besonders hohem Kriechwiderstand zu führen. So erreichte Clark[2] in

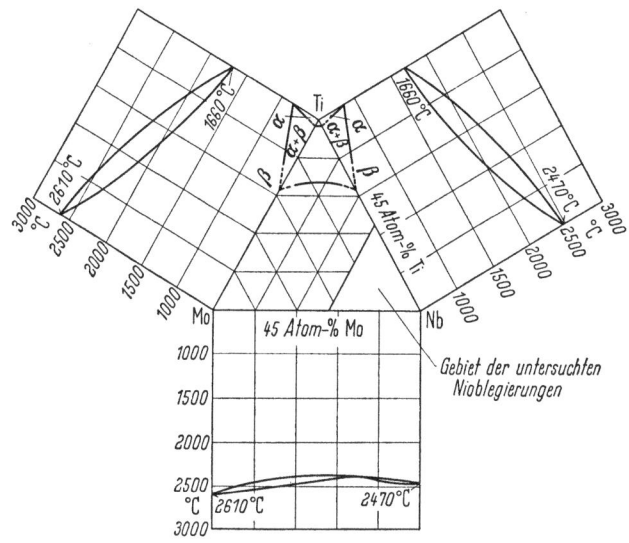

Abb. 133. Gebiet der untersuchten Legierungen im Dreistoffsystem Nb–Ti–Mo (nach Stecher)

einer Legierung AS-30 mit 0,5 bis 2,0 Zr bei Zr : C = 1 eine 100 Stunden-Zeitstandfestigkeit bei 1100 °C von 28 kg/mm².

Die geringen Härteänderungen nach der Rekristallisation dürften typisch für alle hochlegierten Niobwerkstoffe sein. Ob nun ein kleiner Härteabfall oder bei Hartstoffausscheidungen ein kleiner Härteanstieg eintritt, so scheint die bei Wolfram- und Molybdänlegierungen so gefürchtete Rekristallisationsversprödung bei den Nioblegierungen nicht einzutreten, ein Umstand, der für zähe Schweißverbindungen im Geräte- und Apparatebau von größter Wichtigkeit ist.[3]

Während die Niobecke im Dreistoffsystem Niob–Titan–Wolfram vorzugsweise von Forschern der Union Carbide Corp.[4] untersucht wurde,

---

[1] McNutt, J. E., u. G. D. Gemmell: AIME Fall Meeting 1961.
[2] Clark, J. W.: AIME Fall Meeting 1961.
[3] Kieffer, R., u. K. Sedlatschek: Österr. Chem. Ztg. 61 (1960) 217.
[4] Wlodek, S. T.: in D. L. Douglass u. F. W. Kunz (Hrsg.): Columbium Metallurgy. New York/London: Intersc. Publ. 1961, 175. — Sheely, W. F., u. J. L. Wilson: ibid., 205.

wurde die Niobecke im System Niob–Titan–Molybdän vorzugsweise von Forschern der DuPont[1] und ferner von KORNILOV und POLYAKOVA[2] bearbeitet. Eine systematische Legierungsstudie zu letzterem System stammt von STECHER[3], der sowohl gesinterte als auch geschmolzene Legierungen mit bis zu 40 At.-% Ti und Molybdän auf ihre Härte, Dichte, elektrische Leitfähigkeit, Zunderfestigkeit und Verformbarkeit überprüfte (Abb. 133).

Da diese Studie typisch für eine (IV-V-VI)a-Legierung ist, seien einige Ergebnisse herausgegriffen. Die Härte der Legierungen geht aus Abb. 134 hervor, die auch den mäßig verfestigenden Einfluß von Titan

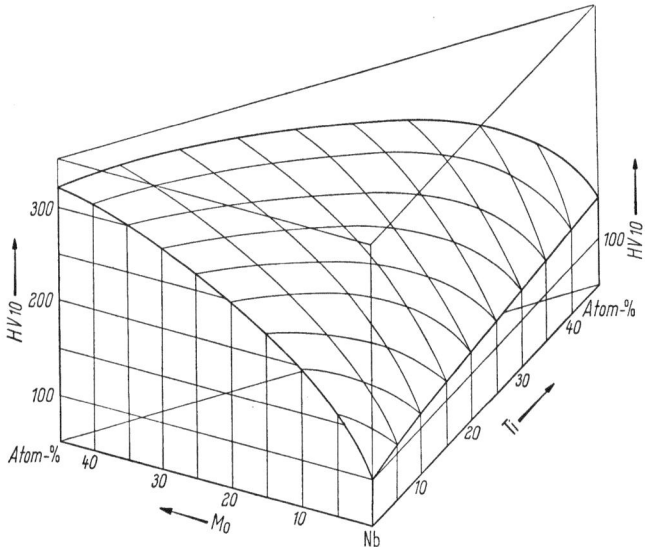

Abb. 134. Härte niobreicher Nb-Ti-Mo-Legierungen (nach STECHER)

und die vergleichsweise starke Wirkung von Molybdän zeigt. Abb. 135a und b zeigen das Gefüge einiger im KROLL-Ofen umgeschmolzener Proben, die noch feindisperse, verfestigende Einlagerungen, wahrscheinlich von TiO_x oder Ti(O, N, C), erkennen lassen. Abb. 136 zeigt die Bereiche der guten und möglichen Kaltverformbarkeit (I−II) und den Bereich III, in dem nur noch Warmverformung unter besonderen Schutzmaßnahmen möglich ist.

Eine Ti und Cr enthaltende (IV-V-VI)a-Legierung der Zusammensetzung Nb-28,2 Ti-6,1 Cr hat sich ebenso wie eine Nb-18,8 Ti-8,7 Mo-

---

[1] Crucible Steel Co.: WADD Contr. No. AF 33(600)-39942 (30. Nov. 1959).
[2] KORNILOV, I. I., u. R. S. POLYAKOVA: Trudy Ist. Met. A. A. Baikova 2 (1957) 149.
[3] STECHER, P.: Diplomarbeit Mont. Hochschule Leoben 1960.

und die auf S. 200 besprochene Nb-12,5 V-Legierung als brauchbarer Werkstoff im Reaktorbau erwiesen[1] (vgl. Abb. 114).

b) Verschiedene Niob-Legierungen. Neben den (IV-V-VI)a-Legierungen wurden noch eine große Reihe kalt- oder warmverformbarer Legierungen durch Schmelzen und Sintern hergestellt und ihre mechani-

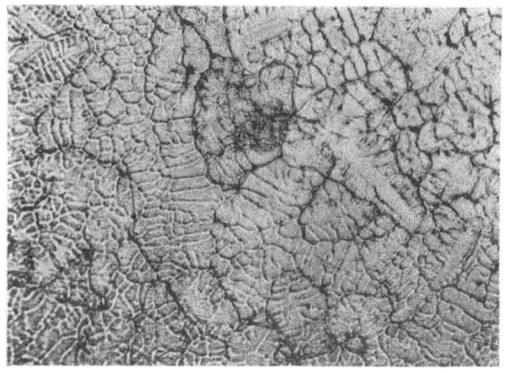

×200

Abb. 135a. Dendritisches Schmelzgefüge einer 75 Nb-10 Mo-15 Ti-Legierung, elektrolytisch geätzt in 90% HNO_3 konz., 10% H_2SO_4 konz. (nach STECHER)

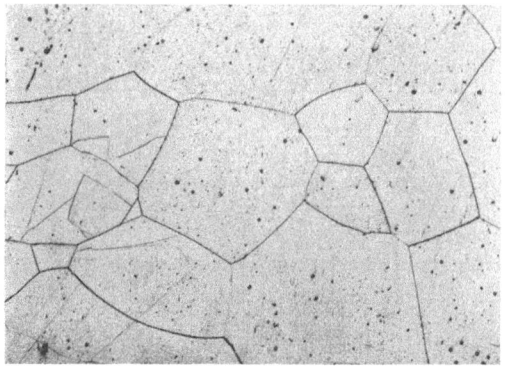

×100

Abb. 135b. 75 Nb-10 Mo-15 Ti-Schmelzlegierung, homogener Mischkristall nach 18stündiger Glühung bei 2200 °C, Ätzung wie a) (nach STECHER)

schen Eigenschaften bei Raumtemperatur und höheren Temperaturen untersucht. Es kommen z. B. duktile Kombinationen der IVa- bis VIa-Metalle, wie z. B. (IV-IV-V)a, (IV-IV-IV-V)a, (V-V-VI)a, (IV-V-V)a, und weniger zähe Kombinationen der Va- und IVa-Metalle mit Aluminium vor (s. Tab. 60).

---

[1] KLOPP, W. D., W. E. BERRY u. D. J. MAYKUTH: in D. L. DOUGLASS u. F. W. KUNZ (Hrsg.): Columbium Metallurgy. New York/London: Intersc. Publ. 1961, 685.

Die Legierungen Fs 82, Fs 83 und Cb 65 werden bereits in industriellem Umfang, erstere vornehmlich durch Sintern, die letzteren vorzugsweise durch Lichtbogenschmelzen erzeugt.[1] Mehrstofflegierungen aus IVa- und Va-Metallen ohne Zusatz von VIa-Metallen sind — wie schon die binären Legierungen zeigten — sehr bildsam und gut schweißbar, sie kommen jedoch in ihren Festigkeitseigenschaften und in ihrer Oxydationsbeständigkeit nicht an die (IV-V-VI)a-Legierungen heran.

Während die obenstehend und in Abschn. VII.C.2 besprochenen Legierungen meist einphasig sind (reine Mischkristalle), haben zwei-

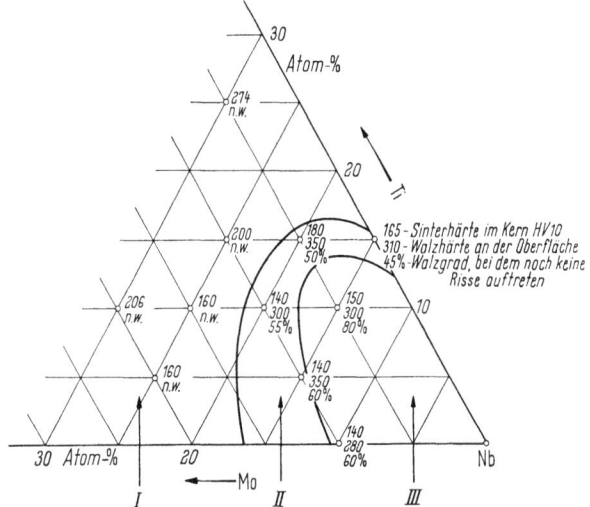

Abb. 136. Bereiche der Kalt- und Warmverformbarkeit niobreicher Nb-Ti-Mo Legierungen (nach STECHER)

phasige, wärmebehandelbare und ausscheidungshärtbare Legierungen, erst in jüngster Zeit Beachtung gefunden.[2]

4. Verbesserung der Zunderfestigkeit durch Legieren

Wie schon früher ausgeführt, schränkt das schlechte Oxydationsverhalten des reinen Niobs seine Verwendung ein. Arbeiten von SIMS, KLOPP, JAFFEE und MAYKUTH[3] zeigten, daß gegenüber Molybdänlegierungen, bei denen MoO_3 ohne Bildung einer schützenden Oxydhaut

---

[1] JAHNKE, L. P., R. G. FRANK u. T. K. REDDEN: Metal Progress, Juni 1961, 69; Juli 1961, 76.

[2] CHANG, W. H.: ASD Techn. Rep. ASD-TDR-62-211. Siehe auch in: Refractory Metals and Alloys. New York/London: Intersc. Publ. 1961, 83.

[3] SIMS, C. T., W. D. KLOPP u. R. I. JAFFEE: Trans. AIME 1957. — KLOPP, W. D., D. J. MAYKUTH, C. T. SIMS u. R. I. JAFFEE: BMI 1317, UC-25, Met. and Ceram. TID-4500 (Febr. 1959).

absublimiert, binäre Nb-Legierungen mit Vanadin, Titan[1], Zirkonium[1], Chrom, Molybdän und Wolfram ein stark verbessertes Oxydationsverhalten zeigen[2] (vgl. Abb. 110 und 111). Wie zu erwarten war, zeigten ternäre Legierungen[3] eine weitere Verbesserung der Zunderfestigkeit (vgl. Abb. 119).

Es stechen besonders die hochwolfram- und -titanhaltigen Nioblegierungen hervor, die eine festhaftende und verhältnismäßig gasundurchlässige Deckschicht (komplexes Oxyd — $Nb_2O_5 \cdot WO_3 \cdot TiO_2$ — mit Rutilstruktur) bilden.

Besonders eingehende Studien über die Strukturen, Stabilitätsfelder und Umwandlungen von Oxydverbindungen zwischen Nb_2O_5 und

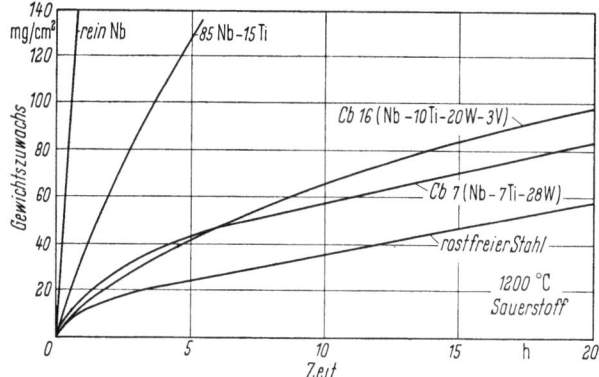

Abb. 137. Vergleich des Oxydationsverhaltens verschiedener Nb-Legierungen mit rostfreiem Stahl und reinem Niob (nach WLODEK)

Oxyden der Metalle Ni, Fe, Co, Cr, V, Ta, Ti, Zr, Mo stammen von GOLDSCHMIDT[4].

Abb. 137 zeigt nach WLODEK[5] das recht zufriedenstellende Zunderverhalten von Nb-W-Ti-Legierungen bei 1200 °C unter Sauerstoff im Vergleich zum rostfreien Stahl AISI 316 (welcher allerdings bei 1200 auch nicht mehr als besonders zunderfest bezeichnet werden kann). Für höhere Temperaturen und längere Glühzeiten an Luft ist bei Nioblegierungen

---

[1] VOITOVICH, R. F.: Fizika Metallov i Metallovedenie 12 (1961) 576.

[2] Siehe auch G. V. ESTULIN u. N. N. BUROVA: Fizika Metallov i Metallovedenie 12 (1961) 703.

[3] ARGENT, B. B., u. B. PHELPS: J. Less-Common Metals 2 (1960) 181. — SMITH, R.: J. Less-Common Metals 2 (1960) 191. — MAYO, G. T. J., W. H. SHEPHERD u. A. G. THOMAS: J. Less-Common Metals 2 (1960), 223. — MICHAEL, A. B.: in W. R. CLOUGH (Hrsg.): Reactive Metals. New York/London: Intersc. Publ. 1959, 487.

[4] GOLDSCHMIDT, H. J.: Metallurgia 62 (1960) 211 u. 241.

[5] WLODEK, S. T.: in D. L. DOUGLASS u. F. W. KUNZ (Hrsg.): Columbium Metallurgy. New York/London: Intersc. Publ. 1961, a) 175; b) 553.

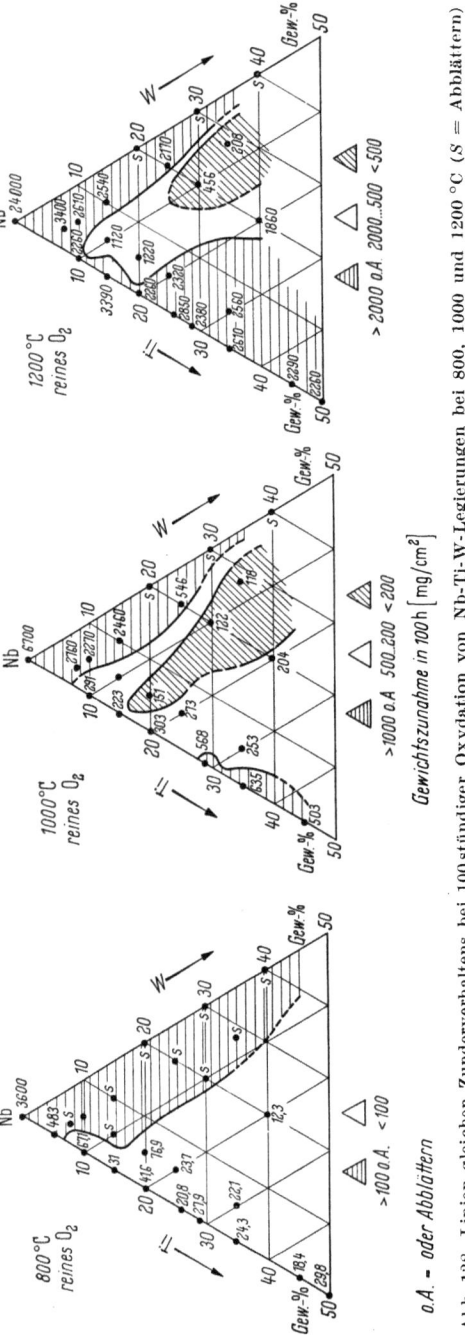

Abb. 138. Linien gleichen Zunderverhaltens bei 100stündiger Oxydation von Nb-Ti-W-Legierungen bei 800, 1000 und 1200 °C (S = Abblättern) (nach WLODEK)

ebenso wie bei Molybdän-, Wolfram- und Tantallegierungen das Problem der hochtemperaturfesten Schutzüberzüge zu lösen, um auf die Oxydationsbeständigkeit bester Superlegierungen auf Nickel- oder Kobalt-Basis zu kommen.

WLODEK[1] (Abb. 138) untersuchte die Niobecke im System Niob–Titan–Wolfram eingehend auf eine Legierung mit optimaler Zunderfestigkeit. Eine ähnliche Arbeit betrifft die Niobecke im System Nb–Al–V, wo verhältnismäßig zunderfeste Legierungen mit 3% Al und 3% V unter Bildung einer festhaftenden NbO-Deckschicht auftreten. Diese Legierungen werden als Werkstoffe für den Reaktorbau empfohlen[1] (vgl. Abb. 139).

SMITH[2] prüfte ebenfalls eingehend eine Reihe von Niob-Titan-Wolfram-Mehrstofflegierungen auf ihre Zunderfestigkeit und fand das beste Ergebnis bei einer quaternären

---

[1] WLODEK, S. T.: in D. L. DOUGLASS u. F. W. KUNZ (Hrsg.): Columbium Metallurgy. New York/London: Intersc. Publ. 1961, a) 175; b) 553.

[2] SMITH, R.: J. Less-Common Metals 2 (1960) 191.

Legierung mit 20 At.-% Ti, 10 At.-% W und 3 bis 4 At.-% Ni. Da die höher nickelhaltigen Legierungen spröde sind, werden je nach Verwendungsart Zusammensetzungen von etwa 15 bis 25 At.-% Ti, 6 bis 14 At.-% W und 0 bis 4 At.-% Ni vorgeschlagen.

Zu ähnlichen Ergebnissen gelangten MILLER und COX[1], die Niob-Titan-Wolfram-Legierungen in breiten Grenzen variierten und Legierungen mit einer konstanten Basis von 60 At.-% Nb (56,2 Gew.-%), 17,5 At.-% W (32,4 Gew.-% W), 17,5 At.-% Ti (8,4 Gew.-% Ti) und je 5 At.-% Zusätzen von Kobalt, Silizium, Aluminium, Vanadin, Eisen, Nickel, Chrom, Zirkonium, Magnesium, Mangan, Molybdän, Tantal, Beryllium, Rhenium, Platin, Kohlenstoff untersuchten. Die Zunderfestigkeit aller Legierungen ist bei 1200 °C an Luft nach Ansicht der Autoren jedoch ungenügend, um eine Dauerbeanspruchung unter oxydierenden Bedingungen ohne Deckschichten zu erlauben.

---

[1] MILLER, G. L., u. F. G. COX: J. Less-Common Metals 2 (1960) 207.

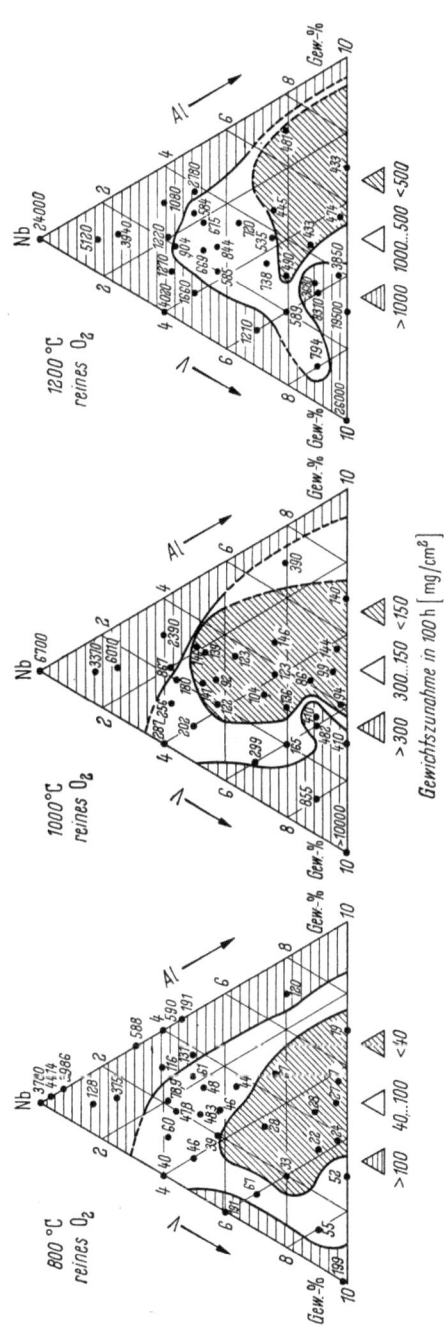

Abb. 139. Linien gleichen Zunderverhaltens bei 100 stündiger Oxydation von Nb-Al-V-Legierungen bei 800, 1000 und 1200 °C (nach WLODEK)

5. Schutzüberzüge und Deckschichten

Das Problem der Schutzüberzüge wurde ähnlich wie bei Molybdän behandelt.[1,2] Während lokale Zerstörungen einer Schutzschicht (aus z. B. Chrom-Nickel-Chrom, Nickel-Chrom-Silizium oder Platin) bei Molybdän und Molybdänlegierungen zu einer katastrophalen Oxydation und vollkommenen Zerstörung des Basiskörpers führen[1], bewirken Verletzungen in der Deckschicht von Nioblegierungen nur eine langsame Zerstörung, insbesondere, wenn Niobbasislegierungen bereits höherer Zunderfestigkeit eingesetzt werden.

Deckschichten sind notwendig, um Nioblegierungen bei höherer Temperatur an Luft schmieden und walzen, ferner um Konstruktionsteile aus Niob bei hohen Temperaturen über längere Zeiten einsetzen zu können. Im ersten Falle genügen dünne Überzüge aus Boraxgläsern, Quarz, Aluminium[3] und Zink[4], im zweiten Falle sind stärkere Überzüge auf z. B. Aluminid-Silizid-Basis[1,5,6] notwendig. Das Tauchen von Nioblegierungen in einer Aluminium-Silizium-Legierung mit etwa 15% Si, das sogenannte Aldico-Verfahren[1], wurde von NACHTIGALL und KIEFFER[5] erstmalig erfolgreich bei Molybdän — mit der Zielsetzung einer guthaftenden Silimanitdeckschicht — angewendet. Auch das von KIEFFER, SEDLATSCHEK und STADLER entwickelte Tauchverfahren[6], fußend auf einer Silizierung hochschmelzender Metalle, insbesondere von Molybdän, aus einem Kupfer-Silizium-Bad, dürfte sich erfolgreich auf Nioblegierungen übertragen lassen.

Reine Silizidschichten auf Niob- und Tantallegierungen brachten maximal einen Schutz von 40 Stunden bei 1260 °C an Luft[1,7]. Die sich

---

[1] KRIER, C. A.: DMIC Rep. 162 (Nov. 1961) — Battelle Techn. Rev. 10 (1961) 11. — GIBEAUT, W. A., u. D. J. MAYKUTH: DMIC Rep. 175, Sept. 1962.

[2] KLOPP, W. D.: DMIC Mem. 120, Juli 1961. — BARTLETT, E. S., H. R. OGDEN u. R. I. JAFFEE: DMIC Rep. 109, 1959. — BÜCKLE, H.: in F. BENESOVSKY (Hrsg.): Hochschmelzende Metalle, 3. Plansee Seminar, Juni 1958, Reutte/Tirol. Wien: Springer 1959, 151 — La Recherche Aéronautique No. 61 (1957) 35. — HARWOOD, J. J., u. N. E. PROMISEL: in F. BENESOVSKY (Hrsg.): Hochschmelzende Metalle, 3. Plansee Seminar, Juni 1958, Reutte/Tirol. Wien: Springer 1959, 223.

[3] GOODE, R. J.; A. J. POLLARD u. R. A. MEUSSNER: Rep. NRL, Jan. 1961, 32.

[4] KLOPP, W. D., u. C. A. KRIER: DMIC Mem. 88, März 1961. — REDDEN, T. K.: in D. L. DOUGLASS u. F. W. KUNZ (Hrsg.): Columbium Metallurgy. New York/London: Intersc. Publ. 1961, 279. — SHEELY, W. F., u. J. L. WILSON: ibid., 205. — SANDOZ, G.: J. Metals 12 (1960) 340. — SANDOZ, G., u. T. C. LUPTON: Rep. NRL, Dez. 1960, 30. — SANDOZ, G., u. R. L. NEWBEGIN: Rep. NRL, März 1961, 31. — BROWN, B. F.: Rep. NRL, Juli 1961, 24. — CARLSON, R. G.: in D. L. DOUGLASS u. F. W. KUNZ (Hrsg.): Columbium Metallurgy. New York/London: Intersc. Publ. 1961, 119.

[5] KIEFFER, R., u. E. NACHTIGALL: Heraeus Festschrift, Hanau 1950, 186.

[6] KIEFFER, R., K. SEDLATSCHEK u. H.-J. STADLER: Ö. P. 203312 (1958).

[7] LORENZ, R. H., u. A. B. MICHAEL: J. electrochem. Soc. 108 (1961) 885.

aus reinen Siliziumschichten bildenden Silizidphasen wurden eingehend untersucht.[1] Von außen nach innen wurden folgende Verbindungen festgestellt: hexagonales $NbSi_2$, darunter α-, β- und γ-Nb_5Si_3, darunter Nb_4Si.

Die Ergebnisse von Zunderversuchen mit einigen im Aluminium-Silizium-Bad getauchten Nioblegierungen gehen aus Abb. 140 hervor. Die Ergebnisse mit den Legierungen F-50 (Niob-5 Mo-15 W-5 Ti-1 Zr) und einer Legierung Nb-8 Ti sehen recht erfolgversprechend aus.

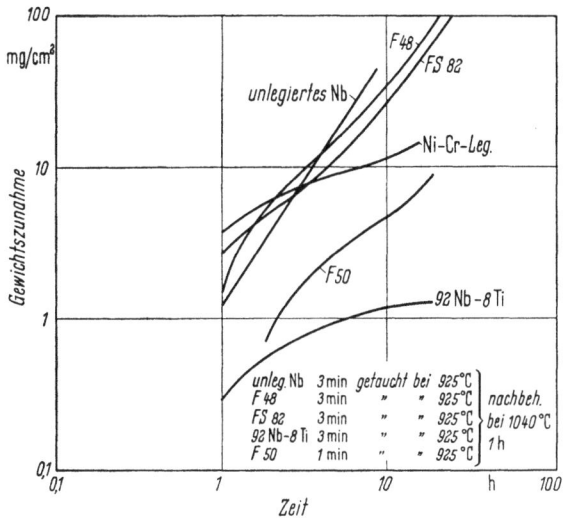

Abb. 140. Zunderverhalten von getauchten Nb-Legierungen und Reinniob (Al-Si-Bad) im Vergleich zu einer Ni-Cr-Legierung (nach CARLSON)

WLODEK[2] untersuchte verschiedene Deckschichten auf Niob (Rein-Chrom, Nickel-Chrom-Legierungen usw.) und fand verhältnismäßig günstige Ergebnisse mit einem gespritzten Überzug auf $MoSi_2$-Basis (40 Mo, 40 Si, 8 Cr, 2 B, 10 Al). Er erzielte einen 1000stündigen Schutz bei 1150 °C und einen 100stündigen bei 1500 °C an Luft. Die Temperaturwechselbeständigkeit der Deckschicht wurde noch verbessert, wenn eine zunderfeste Nioblegierung (z. B. 43,6 Nb, 30,1 Ti, 10,2 Cr, 10,7 Ni + Fe, 3,18 Al) als Zwischenschicht aufgebracht wurde.

Einen 10stündigen Schutz der Legierung F-48 an Luft bei 1370 °C erzielte FOLDES[3] durch Tauchen der vorher mit Silber galvanisch behandelten Legierung in einem titanhaltigen Al-10 Si-Bad, anschließen-

---

[1] ARZHANY, P. M., R. M. VOLKOVA u. D. A. PROKOSHIN: Izv. Akad. Nauk. SSSR (1959) H. 6, 127.
[2] WLODEK, S. T.: J. electrochem. Soc. 108 (1961) 177.
[3] FOLDES, S.: AIME Fall Meeting 1961.

dem Auftragen von Al-Pulver und Einbrennen. Der Hauptbestandteil der Deckschicht war NbAl$_3$.

Deckschichten auf Cr-Ti-Si-Basis auf den Legierungen D-31, F-48 und auf reinem Niob, welche im Vakuum aufgedampft wurden, brachten bei Temperaturwechsel von 1360 °C auf Raumtemperatur einen Schutz von 12 Stunden für Nb, 24 Stunden für D-31, 20 Stunden für F-48.[1] Im Diffusionsverfahren aufgebrachte W-2-Überzüge (Mo-Cr-Si-Basis) ließen bei 1100 °C in ruhender Luft die in Tab. 62 wiedergegebenen Gewichtsverluste in mg zu.[2]

Eine eingehende Beschreibung und kritische Würdigung aller wesentlichen Untersuchungen sowie der bereits in betrieblichem Maßstab erzeugten Deckschichten und aussichtsreichen Überzugsverfahren für Vanadin, Niob, Tantal, Molybdän und Wolfram gibt KRIER[3] in einem 226 Seiten starken Bericht, dessen Studium allen an der Hochtemperaturverwendung von Va-Metallen interessierten Technikern empfohlen sei.

Tabelle 62. *Gewichtsverlust von Niob und Nioblegierungen mit Silizidüberzügen (W-2) nach 100- bis 170stündigem Erhitzen an Luft bei 1100°C* (nach BLUMENTHAL)

Werkstoff	Zeit in Stunden			
	100	120	144	170
Nb	8	14	24,5	31,5
Nb-8% Ti	5	12,5	20,5	—
Nb-0,75% Zr (FS-80)	16,7	—	—	23,5
Nb-33 Ta-0,75 Zr (FS-82)	14,5	17,5	—	—
Nb-10 Mo-10 Ti (D-31)	24,0	—	—	—

D. Tantal-Legierungen

1. Allgemeines

Systematische Legierungsuntersuchungen und Bestimmungen der mechanischen Eigenschaften von Tantal-Basis-Legierungen sind noch recht jung. Die Untersuchungen von MYERS[4] an gesinterten Legierungen mit maximal 20 At.-% Mo und W und die BÜCKLEschen Härte- und Gitterparametermessungen an Tantal-Molybdän- und Tantal-Wolfram-Legierungen[5] blieben lange die einzigen Arbeiten über Tantallegierungen.

---

[1] JEFFRIES, R. A., u. J. D. GADD: Thompson-Ramo-Wooldridge, Inc. Rep. TM-2771-67 (15. 1. 1961). — GADD, J. D., u. R. A. JEFFERYS: ASD-TDR-62-934 unter Contract No. AF 33(657)-7396 (1962), Thompson-Ramo-Wooldridge, Inc., Cleveland, Ohio.

[2] BLUMENTHAL, H.: Plansee-Ber. Pulvermet. 9 (1961) 44.

[3] KRIER, C. A.: DMIC Rep. 162, Nov. 1961.

[4] MYERS, R. H.: Metallurgia 41 (1950) 301.

[5] BÜCKLE, H.: Z. Metallkde. 37 (1946) 53.

Forscher des Battelle Memorial Institutes[1] führten neuerdings breit angelegte Legierungsstudien über Tantallegierungen mit 0 bis 40 Gew.-% Zusätzen an Titan, Zirkonium, Hafnium, Vanadin, Niob, Molybdän und Wolfram durch und bestimmten die Verarbeitbarkeit und die Zunderfestigkeit dieser Legierungen, ferner ihre mechanischen Eigenschaften zwischen 25 °C und 1200 °C im Vakuum.

Untersuchungen über den ganzen Bereich der Legierungen (0 bis 100 %) führten BRAUN und Mitarbeiter bei Tantal-Niob[2]-, Tantal-Wolfram[3]- und Tantal-Molybdän[4]-Legierungen an gesinterten und geschmolzenen Proben durch.

Kommerzielles Interesse fanden seit längerem die von der Fansteel Metallurg Corp. eingeführte Tantal-Wolfram-Legierung mit 7,5 % Wolfram[5] und neuerdings eine Legierung mit 10 % W[6].

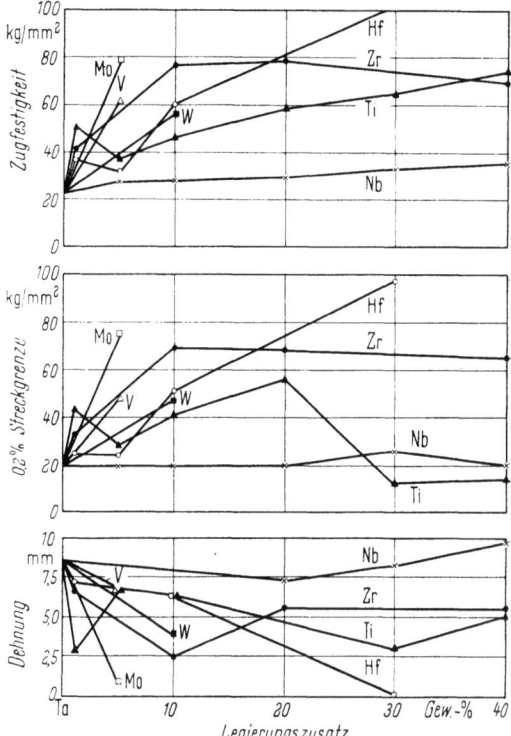

Abb. 141. Die Festigkeitseigenschaften von geglühten binären Tantallegierungen bei Raumtemperatur (nach SCHMIDT u. a.)

Abb. 141 zeigt nach SCHMIDT u. a.[1] Zugfestigkeit, Streckgrenze und Dehnung von rekristallisationsgeglühten Tantallegierungen bei Raumtemperatur. Mo-

---

[1] SCHMIDT, F. F. u. Mitarbeiter: WADD Rep. No. 59-13 (31. Dez. 1959). — SCHMIDT, F. F.: DMIC Rep. 144, Juli 1960.

[2] BRAUN, H., K. SEDLATSCHEK u. R. KIEFFER: J. Less-Common Metals 1 (1959) 413.

[3] BRAUN, H. und Mitarbeiter: in F. BENESOVSKY (Hrsg.): Hochschmelzende Metalle, 3. Plansee Seminar, Juni 1958, Reutte/Tirol. Wien: Springer 1959, 264. — BRAUN, H.: Dissertation Mont. Hochschule Leoben 1959.

[4] BRAUN, H., K. SEDLATSCHEK u. B. F. KIEFFER: Plansee-Ber. Pulvermet. 8 (1960) 58.

[5] Fansteel Metallurg. Corp., North Chicago/Ill.

[6] SMITH, H. R. JR., J. K. HUM, A. DONLEVY u. CH. D'A. HUNT: J. Less-Common Metals 2 (1960) 69.

lybdän, Wolfram und Vanadin verfestigen Tantal sehr stark — letzteres unter Bildung einer intermediärer Verbindung —, und die Grenze der guten Kaltverarbeitbarkeit liegt bei 5 bis 10, maximal 15% Zusatzmetall. Die IVa-Metalle Titan, Zirkonium und Hafnium ergeben gut bildsame Legierungen (s. Werte der Dehnung in Abb. 141), wobei die relativ starke Verfestigung durch Hafnium auffällt. Niob gibt über den ganzen Bereich vermittelnde Festigkeitswerte[1], und es kann in fast allen Tantallegierungen Tantal durch z. B. 0 bis 50% Nb substituiert

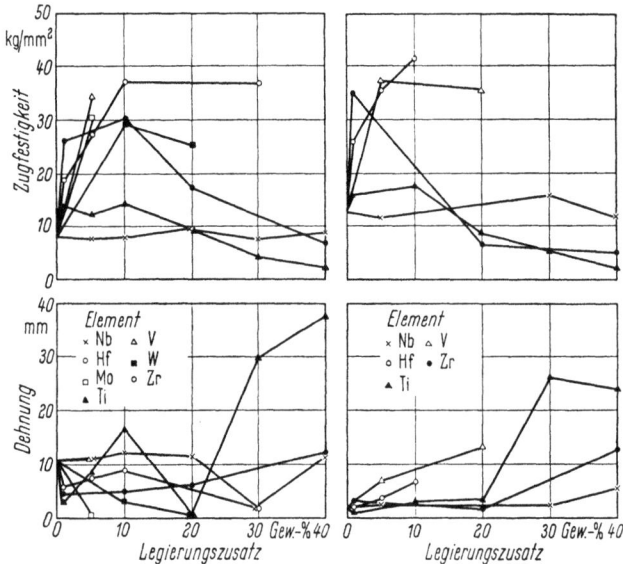

Abb. 142. Die Festigkeitseigenschaften von rekristallisierend geglühten (links) und ungeglühten kaltverformten Tantallegierungen (rechts) bei 1200 °C (nach SCHMIDT u. a.)

werden, ohne daß wesentliche Änderungen der mechanischen Eigenschaften auftreten.

Die Festigkeit von rekristallisierten (links) und kaltverformten (rechts) Ta-Legierungen bei 1200 °C geht aus Abb. 142 hervor. Es deutet sich ähnlich wie bei den Nioblegierungen an, daß ternäre Legierungen mit hoher Festigkeit und trotzdem guter Bildsamkeit größere Mengen an Titan und Zirkonium (allfällig an Niob) neben kleinen bis mittleren Mengen an Hafnium, Vanadin, Molybdän und Wolfram enthalten werden, also *Legierungskombinationen von IVa-, Va- und VIa-Übergangsmetallen* darstellen (s. S. 213).

Bei Betrachtung der Abb. 141 und 142 und Legierungsstudien dieser Art muß man sich stets — wie auch bei Vanadin- und Nioblegierungen —

---

[1] BRAUN, H., K. SEDLATSCHEK u. R. KIEFFER: J. Less-Common Metals 1 (1959) 413.

vor Augen halten, daß trotz möglichst gleichartiger Herstellungs- und Prüfbedingungen nur allgemeine Legierungstendenzen zum Ausdruck kommen, da fast alle Legierungen stark schwankende Eigenschaftswerte bei einem selten konstant bzw. vergleichbar zu haltenden Niveau an Einlagerungselementen (C, N und O) aufweisen können.

Metallpulver der VIa-Metalle sind z. B. leicht mit einer Reinheit von >99,95, solche der IVa- und Va-Gruppe selten mit einer Reinheit >99,8 vorhanden. Während vor 5 bis 10 Jahren eine doppelt gesinterte Tantal-Wolfram-Legierung mit etwa 7,5% W gerade noch als verarbeitbar galt, lassen sich heute durch ein- oder zweimaliges Schmelzen im Elektronenstrahlofen bei Einsatz reinster Ausgangsstoffe Legierungen mit bis 20% Wolfram z. B. nach Aufwärmung auf 1200 °C ohne weiteres verschmieden[1-3] oder strangpressen.[4]

2. Zweistofflegierungen des Tantals

a) **Tantal-Titan.** Tantal und β-Titan sind oberhalb 885 °C vollkommen mischbar (s. Abb. 93a). β-Legierungen mit bis zu 50 Gew.-% Titan sind leicht von 1200 bis 1700 °C durch Abschrecken einphasig zu erhalten. Die mechanischen Eigenschaften von Tantal-Titan-Legierungen sind auf der Tantalseite (10 bis 40 Gew.-% Titan) untersucht worden.[3] Titan scheint ein ähnlich günstiges Verhalten wie in V-Ti- und Nb-Ti-Legierungen aufzuweisen, was sich auch bei den ternären Ta-Nb-Ti-Legierungen[3] bestätigt. Die Kalt- und Warmschmiedbarkeit (s. Dehnungswerte in Abb. 141) sind ausgezeichnet. Höhere Gehalte als 10% Ti setzen jedoch die Zugfestigkeit bei 1200 °C wieder herab (vgl. Abb. 142).

Die Oxydationsbeständigkeit von Tantal wird durch Titanzusätze erheblich verbessert.[5] (Russische Arbeiten geben allerdings eine gegenteilige Wirkung von Ti-Gehalten bis 10% an.[6]) Die festigkeitssteigernde Wirkung kleiner Gehalte von IVa-Metallen (etwa 1% Ti, Zr oder Hf) hängt mit einer Ausscheidungshärtung durch Abbindung von kleinatomigen Metalloiden zu komplexen Hartstoffphasen zusammen. (Im englischen Sprachgebrauch wird dieser Metalloidabbinder- bzw. -gettereffekt auch als „scavengereffect" bezeichnet.) Auf die Wirkung seltener Erdmetalle (Y und La) als „scavenger" z. B. bei V weisen LUNDIN

---

[1] SMITH, H. R. JR., J. Y. K. HUM, A. DONLEVY u. H. D'A. HUNT: J. Less-Common Metals 2 (1960) 69.

[2] SCHMIDT, F. F. u. Mitarbeiter: WADD Techn. Rep. No. 59-13, Dez. 1959.

[3] SCHMIDT, F. F.: DMIC Rep. 133, Juli 1960.

[4] Metals Division, National Research Corporation: Project No. 11-1-032, Contract No. NOrd-18787 (1959/60).

[5] MICHAEL, A. B.: in W. R. CLOUGH (Hrsg.): Reactive Metals. New York/London: Intersc. Publ. 1959, 487.

[6] VOITOVICH, R. F.: Fizika Metallov i Metallovedenie 12 (1961) 376.

und KLODT[1] hin. Sie zeigten, daß optimale Duktilität nach Zugabe von 1% Yttrium zur Schmelze erzielt wird.

b) Tantal-Zirkonium. Tantal und β-Zirkonium sind nur beschränkt mischbar (s. Abb. 93a)[2]. Ein- und selbst zweiphasige Legierungen mit 0 bis 40% Zr sind jedoch ähnlich duktil wie die Tantal-Titan-Legierungen, was für eine hervorragende Bildsamkeit nicht nur der γ-Phase, sondern auch der α- und insbesondere β-Phase spricht. (Vielleicht erstreckt sich auch der γ-Bereich etwas breiter als im Diagramm angegeben.)

Die mechanischen Eigenschaften bei Raumtemperatur und 1200 °C sind in Abb. 141 und 142 dargestellt. Zirkoniumzusätze erhöhen die Festigkeit bei Raumtemperatur stark bis zu einem Maximum bei etwa

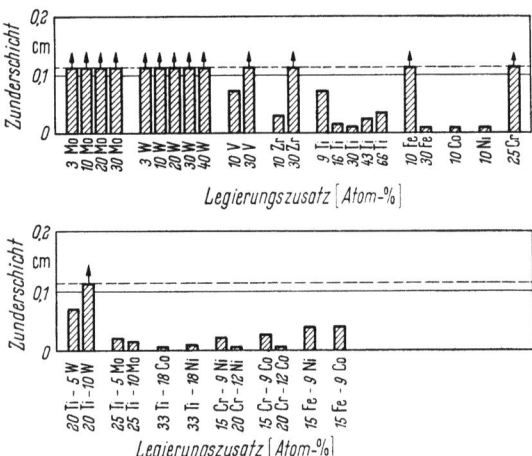

Abb. 143. Zunderverhalten von binären und ternären Tantallegierungen nach 16 Stunden Erhitzung auf 1100 °C in Luft (nach MICHAEL)

20% Zr, während ein Maximum bei 1200 °C schon bei 10% Zirkonium auftritt. Höhere Zirkoniumgehalte setzen, ähnlich wie Titan, die Warmfestigkeit wieder herab.

Die Zunderfestigkeit von Tantal wird durch 10% Zr verbessert, jedoch durch höhere Gehalte wiederum verschlechtert (s. Abb. 143).[3]

c) Tantal-Hafnium. Tantal ist mit β-Hafnium nach ELLIOTT vollkommen mischbar.[4] Hafnium erhöht im Gegensatz zu Titan und Zirkonium die Kalt- und Warmfestigkeit konstant bis 30% Hf. Die Bild-

---

[1] LUNDIN, C. E., u. D. T. KLODT: Trans. ASM 53 (1960) 935.

[2] EMELYANOV, V. S., YA. G. GODIN u. A. I. EVSTYUKLIN: Atomnaya Energiya 2 (1957) 42 — J. nucl. Energ. II/5 (1957) 247. — WILLIAMS, D. E., R. J. JACKSON u. W. L. LARSEN: Trans. AIME 224 (1962) 751.

[3] MICHAEL, A. B.: in W. R. CLOUGH (Hrsg.): Reactive Metals. New York/London: Intersc. Publ. 1959, 487.

[4] ELLIOTT, R. P.: Armour Research Foundation, Techn. Rep. 1, OSR Techn. Note 247 (Aug. 1954) 23.

samkeit der Legierungen ist sehr gut bis 10% Hf und noch recht gut bis etwa 20% Hf[1] (vgl. Abb. 141 und 142). Hafnium stellt ein wirkungsvolles Legierungsmetall für ternäre und quaternäre Legierungen dar (siehe die Tantal-Hafnium-Wolfram-Legierungen S. 249ff.).

d) Tantal-Vanadin. Die Tantal-Vanadin-Legierungen zeigen ebenso wie die Niob-Vanadin-Legierungen ein flaches Schmelzpunktsminimum[2], aber im Gegensatz zu den Niob-Vanadin-Legierungen tritt eine Mischungslücke im festen Zustand unterhalb 900 °C etwa bei der Zusammensetzung TaV_2 auf. Diese kubisch flächenzentrierte LAVES-Phase hatten schon ROSTOKER und YAMAMOTO[3] angegeben. Die Mischungslücke erstreckt sich von etwa 12,5 bis 87,5 Gew.-% V; der Zerfall der Ta-V-Mischkristalle im festen Zustand dürfte neben der schlechten Oxydationsbeständigkeit hochvanadinhaltiger Legierungen auch der Grund sein, warum die mechanischen Eigenschaften von Tantal-Vanadin-Legierungen nicht über den ganzen Bereich 0 bis 100 untersucht worden sind.

Binäre Ta-V-Legierungen zeigen bei 20% V ein Maximum der Zugfestigkeit, verbunden mit einem starken Abfall der Dehnung. Betrachtet man die Zugfestigkeitskurven bei erhöhten Temperaturen, so sieht man, wie das Maximum der Festigkeit mit steigender Temperatur zu tieferen V-Gehalten wandert (Abbildungen 141 und 142). Gleichen Verlauf, allerdings mit höheren Werten, zeigen Ta-30 Nb-V-Legierungen.[1]

e) Tantal-Niob siehe Niob-Tantal, S. 201.

f) Tantal-Chrom. Tantal-Chrom-Legierungen haben bis jetzt wenig Beachtung gefunden. Das Zustandsdiagramm mit dem Auftreten der spröden Verbindung $TaCr_2$[4] sowie der hohe Chromdampfdruck lassen auch ver-

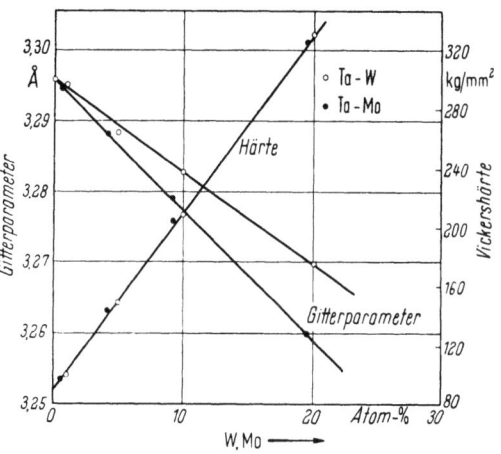

Abb. 144. Härte und Gitterparameter von Ta-Mo- und Ta-W-Legierungen (nach MYERS)

---

[1] SCHMIDT, F. F.: DMIC Rep. 133, Juli 1960.
[2] USAEC, Rep. No. ISC-759 (1956) (Ames Laboratory). — CARLSON, O. N., D. T. EASH u. A. L. EUSTICE: in W. R. CLOUGH (Hrsg.): Reactive Metals 2. New York/London: Intersc. Publ. 1959, 277.
[3] ROSTOKER, W., u. A. YAMAMOTO: Trans. ASM 46 (1954) 1136.
[4] KUBASCHEWSKI, O., u. H. SPEIDEL: J. Inst. Met. 75 (1948/49) 417. — DUWEZ, P., u. H. MARTENS: J. Metals 4 (1952) 72. — ELLIOTT, R. P.: Project B. 079 Armour Research Foundation, Illinois Inst. of Technology, 1956.

muten, daß Chrom wahrscheinlich nur eine bescheidene Rolle in Mehrstofflegierungen (oder in Deckschichten auf Tantallegierungen) spielen wird.

Chromzusätze erhöhen die Zunderfestigkeit in binären Tantallegierungen nicht.[1] In Verbindung mit Nickel-Kobalt-Eisen ergeben

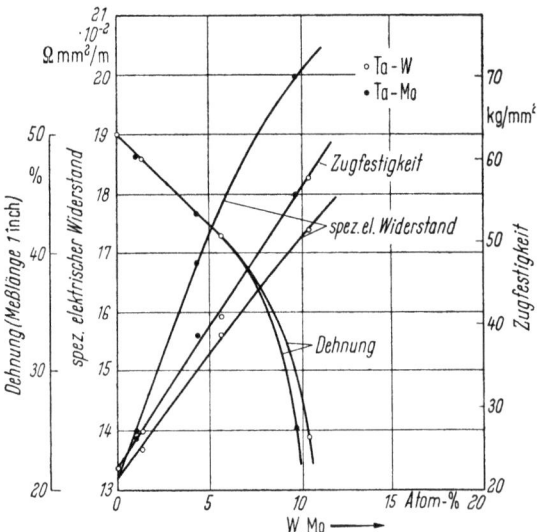

Abb. 145. Die Festigkeitseigenschaften und der spezifische elektrische Widerstand von Ta-Mo- und Ta-W-Legierungen (nach MYERS)

sich jedoch spröde, stellitartige Mehrstofflegierungen mit zum Teil sehr guter Zunderfestigkeit.[2]

g) Tantal-Molybdän. Nachdem BÜCKLE[3], GEACH[4] und MYERS[5] die von W. v. BOLTON[6] vermutete vollkommene Mischbarkeit von Tantal

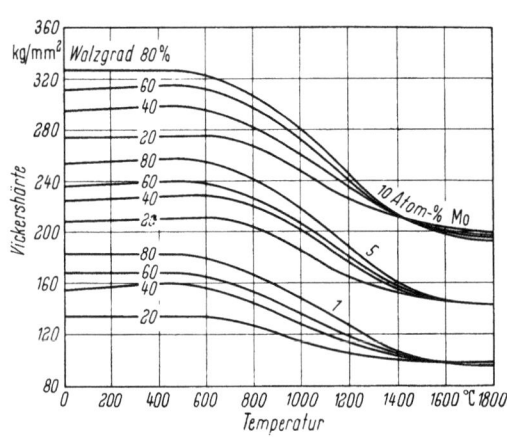

Abb. 146
Härteverlauf bei kaltverformten Ta-Mo-Legierungen in Abhängigkeit von Glühtemperatur und Walzgrad (nach MYERS)

---

[1] MICHAEL, A. B.: in W. R. CLOUGH (Hrsg.): Reactive Metals 2. New York/London: Intersc. Publ. 1959, 487.

[2] LOOMIS, B. A., u. O. N. CARLSON: in W. R. CLOUGH (Hrsg.): Reactive Metals 2. New York/London: Intersc. Publ. 1959, 227.

[3] BÜCKLE, H.: Metallforschung 1 (1946) 53.

[4] GEACH, G. A., u. D. SUMMERS-SMITH: J. Inst. Met. 80 (1951/52) 143.

[5] MYERS, R. H.: Metallurgia 42 (1950) 3.

[6] VON BOLTON, W.: Z. Elektrochem. 11 (1905) 51.

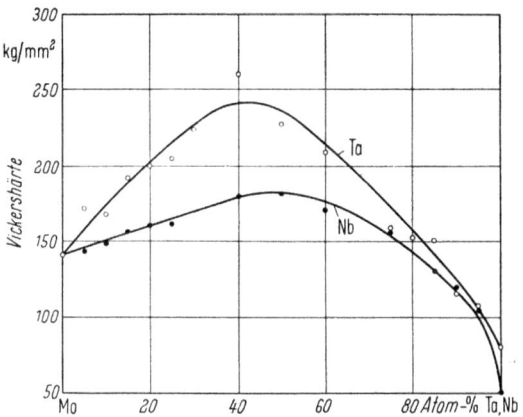

Abb. 147. Der Härteverlauf in Ta-Mo- und Nb-Mo-Legierungen (nach KIEFFER JR.)

×80

Abb. 148a. Dendritisches Primärgefüge einer 40 Mo/60 Ta-Schmelzlegierung. Ätzung 1 Tl. HNO_3, 1 Tl. H_2SO_4, 1 Tl. HF (nach KIEFFER JR.)

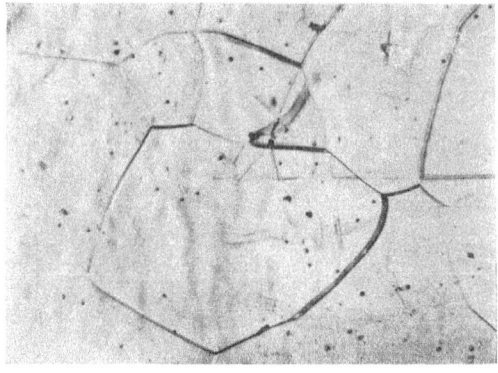

×80

Abb. 148b. 40 Mo/60 Ta-Legierung nach einer Homogenisierungsglühung 2 Stunden, 2200 °C, geätzt wie a), Schräglicht (nach KIEFFER JR.)

Tabelle 63. *Ergebnisse der Verformungsversuche an Tantal-Molybdän-Legierungen* (nach B. F. KIEFFER)

Ta %	Probenform mm	Ver- formungs- temperatur °C	Atmo- sphäre	Ver- formungs- art*	Walz- grad %	Verformbarkeit (Bemerkungen)
5	10×10×70	1400	H$_2$	A	90	sehr gut
		1600	H$_2$	A	90	sehr gut
		1800	H$_2$	C	—	sehr gut
	⌀ 20×8	1400	H$_2$	A	40	sehr gut
		1600	H$_2$	A	40	sehr gut
		1450	H$_2$	B	50	sehr gut
		1740	Ar	B	50	sehr gut
10	10×10×70	1400	H$_2$	A	25	feine Oberflächenrisse
		1600	H$_2$	A	50	sehr gut
		1800	H$_2$	C	—	sehr gut
	⌀ 20×8	1400	H$_2$	A	50	sehr gut
		1600	H$_2$	A	50	sehr gut
		1600	H$_2$	B	30	feine Randrisse
		1740	Ar	B	30	feine Randrisse
15	10×10×70	1400	H$_2$	A	25	starke Rand- und Oberflächenrisse
		1600	H$_2$	A	25	starke Rand- und Oberflächenrisse
		1800	H$_2$	C	—	sehr gut
	⌀ 20×8	1600	H$_2$	A	40	sehr gut
		1720	H$_2$	B	30	feine Rand- und Oberflächenrisse
		1740	Ar	B	25	feine Randrisse
20	10×10×70	1400	H$_2$	A	25	Bruch
		1600	H$_2$	A	25	Bruch
		1800	H$_2$	C	—	starke Oberflächenrisse
	⌀ 20×8	1600	H$_2$	A	25	Bruch
		1770	H$_2$	B	15	starke Rand- und Oberflächenrisse
		1740	Ar	B	25	starke Randrisse, keine Oberflächenrisse
25	10×10×70	1400	H$_2$	A	25	Bruch
		1600	H$_2$	A	25	Bruch
		1800	H$_2$	C	—	Bruch
	⌀ 20×8	1600	H$_2$	A	25	Bruch
		1770	H$_2$	B	25	starke Rand- und Oberflächenrisse

* A = Walzen auf Blech; B = Flachschmieden; C = Gesenkschmieden.

Tabelle 63 (Fortsetzung)

Ta %	Probenform mm	Verformungstemperatur °C	Atmosphäre	Verformungsart*	Walzgrad %	Verformbarkeit (Bemerkungen)
30	10×10×70 ⌀ 20×8	1600	H₂	A	25	Bruch
40		1800	H₂	C	—	Bruch
50		1770	H₂	B	25	starke Rand- und Oberflächenrisse
60		1740	Ar	B	25	starke Rand- und Oberflächenrisse
75						
80	10×10×70	300	Luft	A	25	starke Rand- und Oberflächenrisse
		R. T.		A	25	Doppelung
	⌀ 20×8	1770	H₂	B	30	Randrisse
		R. T.		A	50	schwache Randrisse
85	10×10×70	300	Luft	A	25	Doppelung
		R. T.		A	25	Doppelung
	⌀ 20×8	R. T.		A	50	sehr gut
		1740	Ar	B	30	sehr gut
90	10×10×70	300	Luft	A	90	sehr gut
		R. T.		A	90	sehr gut
	⌀ 20×8	300	Luft	A	70	sehr gut
		R. T.		A	70	sehr gut
		1770	H₂	B	50	sehr gut
		1740	Ar	B	50	sehr gut

* A = Walzen auf Blech; B = Flachschmieden; C = Gesenkschmieden.

und Niob mit Molybdän und Wolfram bestätigt haben, untersuchte KIEFFER[1] die Eigenschaften von gesinterten und vakuumgeschmolzenen Tantal-Molybdän-Legierungen über den ganzen Bereich 0 bis 100. Die Ergebnisse stimmen auf der Ta-Seite gut mit den von MYERS[2] untersuchten gesinterten Legierungen mit 1 bis 10 At.-% Mo überein (Abb. 144 bis 146).

Die Dichte gesinterter Tantal-Molybdän-Legierungen erreichte nach KIEFFER[1] durchgehend 90 bis 97% der theoretischen Dichte. Ein Härtemaximum mit etwa 250 Vickers wurde bei etwa 40% Ta gefunden (Abb. 147). Die Härte der geschmolzenen und anschließend im Vakuum geglühten dichten Proben zeigt ein Maximum von etwa 375 kg/mm² bei 40% Ta.

Abb. 148a und b zeigen das Gefüge einer 40 Mo/60 Ta-Schmelzlegierung im Gußzustand und nach einer Vakuumglühung von 2 Stunden bei 2200 °C.

---

[1] KIEFFER, B. F.: Diplomarbeit Mont.-Hochschule Leoben 1960.
[2] MYERS, R. H.: Metallurgia 42 (1950) 3.

Tab. 63 zeigt die Ergebnisse der Verformungsversuche an gesinterten Tantal-Molybdän-Proben. Die Tantallegierungen mit 5 bis 15% Mo sind kalt verformbar (selbstverständlich auch warmverformbar unter Argon). Die Mo-reichen Legierungen mit 0 bis 15% Ta sind nach Aufwärmung unter Wasserstoff wie reines Molybdän walz- und schmiedbar. Die Festigkeitseigenschaften Ta-reicher Ta-Mo-Drähte (1 mm Durchmesser) gehen aus Tab. 64 hervor.[1] Die Werte sind

Tabelle 64. *Festigkeitseigenschaften tantalreicher Tantal-Molybdän-Legierungen* (nach KIEFFER JR.)

Ta %	ziehhart, Draht 1 mm		geglüht, 1500 °C/1 Stunde		
	Zugfestigkeit σ_B kg/mm²	Bruchdehnung ϑ %	σ_B kg/mm²	σ_S kg/mm²	ϑ %
99,5	66,3	8	36,0	21,5	44
	63,7	8	36,2	21,5	45
99,0	72,2	8	44,3	31,9	36
	71,8	8	51,0	40,7	27
98,0	71,4	7	44,6	27,0	40
	68,9	6	46,7	27,8	33
97,0	82,7	6	55,3	36,0	19
	84,6	6	53,7	35,0	24
95,0	95,2	6	75,8	54,0	24
	94,2	6	74,9	53,6	17

in guter Übereinstimmung mit MYERS[2]. Die Leitfähigkeit von Tantal-Molybdän-Legierungen zeigt das zu erwartende Minimum bei etwa 60% Ta.

Die Verarbeitbarkeit von lichtbogengeschmolzenen grobkörnigeren Ta-Mo-Legierungen blieb hinter den von vakuumgesinterten zurück. Sie dürfte sich jedoch bei elektronenstrahlgeschmolzenen Proben erheblich verbessern und eventuell die Bildsamkeit von vakuumgesinterten Materialien übertreffen.

Das Zunderverhalten von Tantal-Molybdän-Legierungen (3 bis 30% Mo) ist, wie zu erwarten, schlecht.[3]

h) Tantal-Wolfram. Tantal und Wolfram sind nach BÜCKLE[4] lückenlos mischbar. AGTE und BECKER[5] sowie MYERS[2] untersuchten die Eigenschaften von Legierungen aus den Randgebieten. BÜCKLE[4] sowie

---

[1] KIEFFER, B. F.: Diplomarbeit Mont. Hochschule Leoben 1960.
[2] MYERS, R. H.: Metallurgia 42 (1950) 3.
[3] MICHAEL, A. B.: in W. R. CLOUGH (Hrsg.): Reactive Metals 2. New York/London: Intersc. Publ. 1959, 487.
[4] BÜCKLE, H.: Z. Metallkde. 37 (1946) 53.
[5] AGTE, C., u. K. BECKER: Phys. Z. 32 (1931) 65.

SCHRAMM und Mitarbeiter[1] bestimmten die Mikrohärte bzw. Gitterkonstanten über den ganzen Bereich.

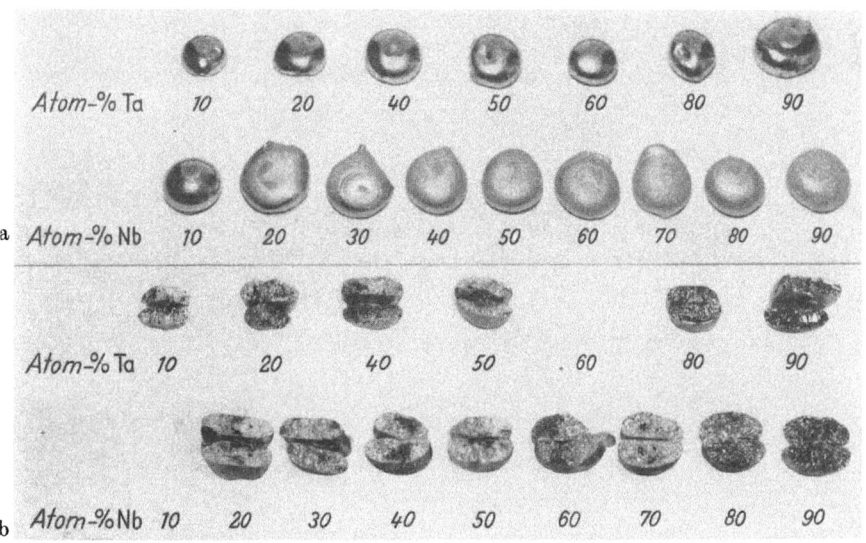

Abb. 149a u. b
a) Schmelzknöpfe aus Ta-W- und Nb-W-Legierungen; b) Bruchgefüge der Schmelzknöpfe (mit einer gewissen Kornvergröberung in Richtung Ta–Nb) (nach BRAUN)

BRAUN, KIEFFER und SEDLATSCHEK[2] untersuchten eingehend gesinterte und vakuumgeschmolzene Legierungen (0 bis 100% Ta) und ermittelten folgende Eigenschaften: Dichte, Härte, Warmhärte, Festigkeit und Dehnung, E-Modul, spezifische elektrische Leitfähigkeit, Thermokraft gegenüber Wolfram, Korrosionsbeständigkeit gegen Alka-

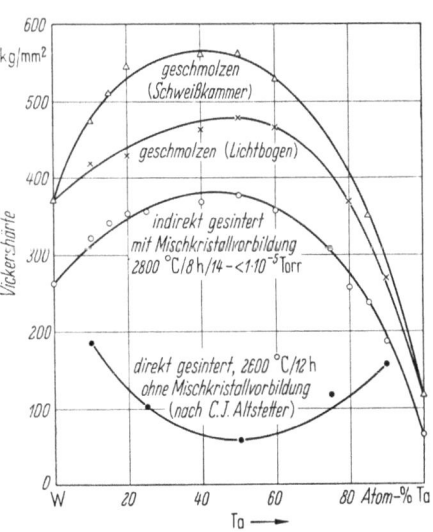

[1] SCHRAMM, C. H., P. GORDON u. A. R. KAUFMANN: J. Metals 188 (1950) 195.
[2] BRAUN, H., R. KIEFFER u. K. SEDLATSCHEK: in F. BENESOVSKY (Hrsg.): Hochschmelzende Metalle, 3. Plansee Seminar, Juni 1958, Reutte/Tirol. Wien: Springer 1959, 264. — BRAUN, H.: Dissertation Mont. Hochschule Leoben 1959.

Abb. 150. Härte gesinterter und geschmolzener Ta-W-Legierungen als Funktion von der Herstellungsart (nach BRAUN u. a.)

244   Legierungen der Va-Metalle

lien und Säuren, Hydrierbarkeit, Zunder- und Formierverhalten (anodische Oxydation).[1]

Abb. 149 zeigt Schmelzknöpfe (KROLL-Ofen) aus Tantal-Wolfram- und Niob-Wolfram-Legierungen sowie das relativ feinkörnige Bruch-

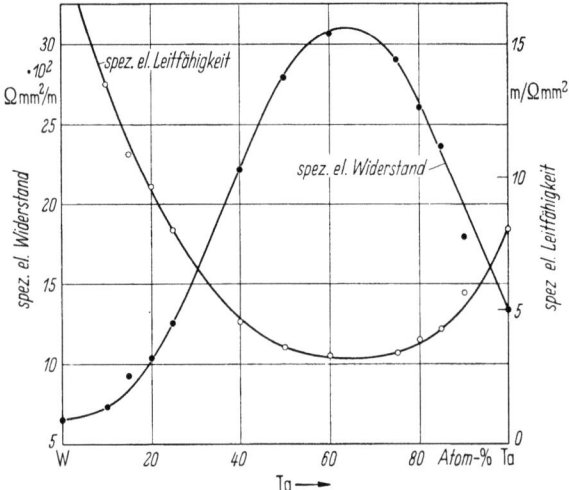

Abb. 151. Spezifischer elektrischer Widerstand und Leitfähigkeit von Ta-W-Legierungen (nach BRAUN u. a.)

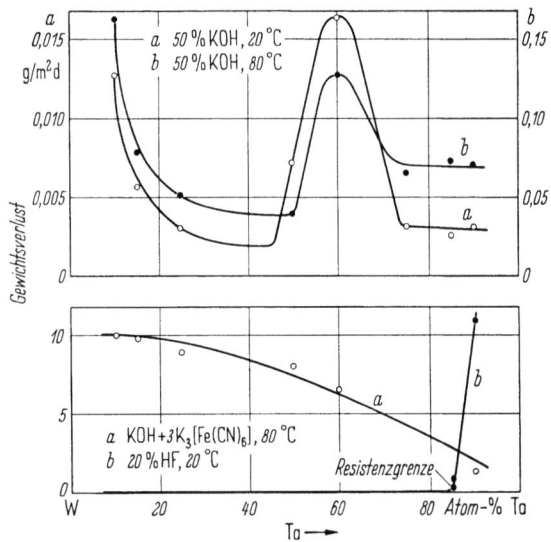

Abb. 152. Korrosionsverhalten von Ta-W-Legierungen in typischen sauren und alkalischen Medien (nach BRAUN u. a.)

---

[1] Vgl. auch A. A. MACHONIS: in R. F. BUNSHAW (Hrsg.): Trans. Vac. Met. Conf. 1960. New York/London: Intersc. Publ. 1961, 339. — TORTI, M. L.: Forschungsbericht, National Research Corp., Contract Nord 18787 (1960).

gefüge. (Die Proben mit 60 At.-% Ta und 10 At.-% Nb zerbrachen beim Teilen in viele kleine Stücke.) Die Härte gesinterter und geschmolzener Ta-W-Legierungen nebst ihrer Vorgeschichte geht aus Abb. 150 hervor.[1]

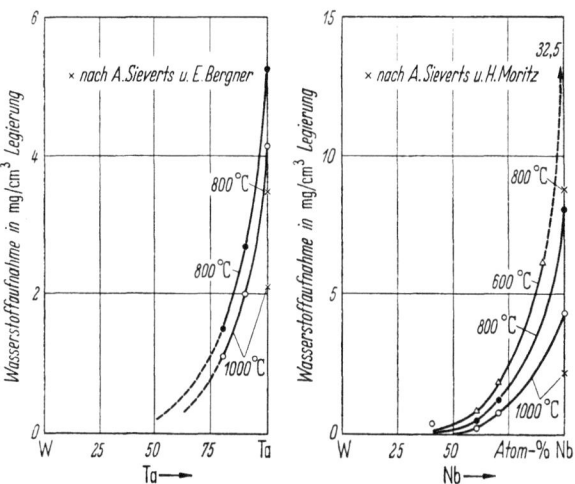

Abb. 153. Hydrierbarkeit von Ta-W- und Nb-W-Legierungen bei verschiedenen Temperaturen (nach BRAUN u. a.)

Die Warmhärte über das gesamte System bestimmten WILSON und MCKINSEY[2], ihre Untersuchungen zeigen denselben Verlauf.

Der E-Modul ergibt vermittelnde Werte zwischen 40000 kg/mm² (W) und 20000 kg/mm² (Ta), während der spezifisch elektrische Widerstand und die Leitfähigkeit (Abb. 151) die charakteristischen Maxima und Minima aufweisen. Abb. 152 und 153 zeigen das Korrosionsverhalten und die Wasserstofflöslichkeit von Tantal-Wolfram-Legierungen. Durch etwa 20 At.-% W ist Tantal praktisch flußsäurebeständig[1,3] und durch 40 bis 60 At.-% W praktisch wasserstoffresistent geworden.[1]

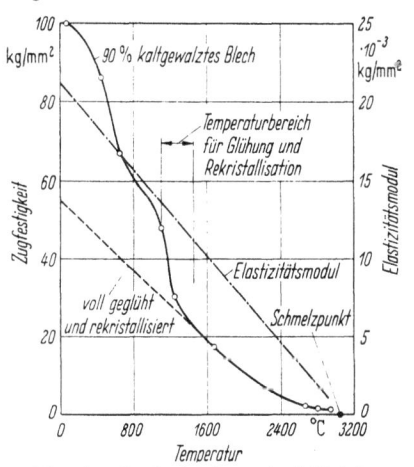

Abb. 154. Zugfestigkeit und E-Modul von Tantal-10 W-Legierungen in Abhängigkeit von der Temperatur (nach SMITH u. a.)

---

[1] BRAUN, H., R. KIEFFER u. K. SEDLATSCHEK: in F. BENESOVSKY (Hrsg.): Hochschmelzende Metalle, 3. Plansee Seminar, Juni 1958, Reutte/Tirol. Wien: Springer 1959, 264. — BRAUN, H.: Dissertation Mont. Hochschule Leoben 1959.
[2] WILSON, J. L., u. C. R. MCKINSEY: J. Metals, Juli 1961, 494.
[3] Ö. P. 207576 (1958).

Tabelle 65
Festigkeitseigenschaften tantalreicher Ta-W-Legierungen in Draht- und Bandform
(nach BRAUN)

At.-% W in Tantal	Dimension mm	Zustand	Härte HV 1 kg/mm²	Streck-grenze kg/mm²	Zugfestigkeit kg/mm²	Bruchdehnung %	Meßlänge mm
0,5	1,67 × 1,76	walzhart	218		59,8 61,9	4,0 5,0	100
	1,69 × 1,75	1140°/35′	161	22,7 22,7	28,3 28,4	44,0 44,0	100
	0,48 × 10	walzhart	211		49,4	3,3	30
	0,43				48,3	3,0	30
	0,47				49,2	3,0	30
	0,49 × 10	1150°/35′	107		31,6	26,6	30
	0,48			20,8	29,8	28,3	30
	0,48			21,4	31,1	31,8	30
1,0	1,68 × 1,76	walzhart	234		66,4 73,1	3,2	100
	1,67 × 1,77	1140°/35′	162	22,7 23,4	30,9 31,6	40,0 40,0	100
	0,48 × 10	walzhart	204		50,4	1,5	30
	0,48				49,4	2,5	30
	0,485				50,7	1,5	30
	0,50 × 10	1150°/35′	89	23,2	33,6	25,6	30
	0,49			23,7	32,5	27,4	30
	0,50			21,8	31,8	28,3	30
2,0	1,68 × 1,73	walzhart	242		75,0 80,2	4,0 6,0	100
	1,67 × 1,71	1140°/35′	167	33,9 30,7	43,1 44,8	27,0 26,0	100
	0,51 × 10	walzhart	218		60,2	2,5	30
	0,49				61,5	2,5	30
	0,48				61,0	2,5	30
	0,50	1150°/35′	114	27,0	35,4	26,6	30
	0,50			27,2	35,6	28,4	30
3,0	1,68 × 1,76	walzhart	269		82,8 82,8	4,0 4,5	100
	1,61 × 1,77	1140°/35′	170	50,1 50,1	58,0 58,0	20,0 20,0	100
	0,50 × 10	walzhart	237		72,5	1,6	30
	0,50				70,4	1,0	30
	0,50 × 10	1150°/35′	127	32,0	39,4	26,8	30
	0,50			32,2	39,8	22,3	30
5,0	1,45 × 1,45	walzhart	n. b.		102,0	2,5 3,0	100
	1,74 × 1,82	walzhart	264		83,1 83,1	5,0 5,5	100
	1,74 × 1,80	1140°/35′	173	47,3 47,3	52,7 53,7	18,0 20,0	100
	0,49 × 10	walzhart	247		75,7	3,0	30
	0,49				74,3	3,0	30
	0,50 × 10	1150°/35′	120	31,6	40,0	29,3	30
	0,49			31,3	39,2	25,0	30
	0,24	1150°/35′			100,0	17,0 23,0	100
	1,45 × 1,45	walzhart	n. b.		102,5 102,7	n. b.	
	0,25 × 10	walzhart	332				
			337				
10,0	0,25 × 10	1800°/30′	262	66,5 70,0	70,0 71,4	11,7 15,0	30

Tabelle 66. *Zugfestigkeit von Ta-W-Legierungen bei verschiedenen Temperaturen* (nach SMITH JR., HUM, DONLEVY und D'A. HUNT)

Legierung	Zustand	Temperatur °C	Zugfestigkeit kg/mm²
90 Ta-10 W	1,5 mm Blech walzhart (90% Verformung)	870	57,0*
		870	53,0*
		980	50,7*
		980	53,0*
		1100	41,4*
		1100	42,8*
90 Ta-10 W	nicht angegeben	1100	29,1
		1320	30,9
		1430	26,3
		1540	24,7
		1600	18,8
90 Ta-10 W	geschmiedeter Stab	2930	1,34
		2780	1,73
		2685	2,16
		2680	2,16
		RT	102,3 (20% Dehnung)
85 Ta-15 W	geschmiedeter Stab	2930	1,43
		2790	2,61
		2790	2,52
		2690	2,83

* Alle Brüche außerhalb der Meßlänge, geschätzte Dehnung etwa 6 bis 10%.

Die Festigkeitseigenschaften von gesinterten tantalreichen Legierungen (walzhart und geglüht) gehen aus Tab. 65 hervor. Die Werte sind in guter Übereinstimmung mit den Werten von MYERS[1] und SMITH[2]. SMITH untersuchte besonders die Warmfestigkeit von elektronenstrahlgeschmolzenen Tantal-Wolfram-Legierungen mit 10 und 15% W. Die Ergebnisse sind in Tab. 66 und in Abb. 154 wiedergegeben.

[1] MYERS, R. H.: Metallurgia 42 (1950) 3.
[2] SMITH, R. H. JR., J. Y. K. HUM, A. DONLEVY u. CH. D'A. HUNT: J. Less-Common Metals 2 (1960) 69.

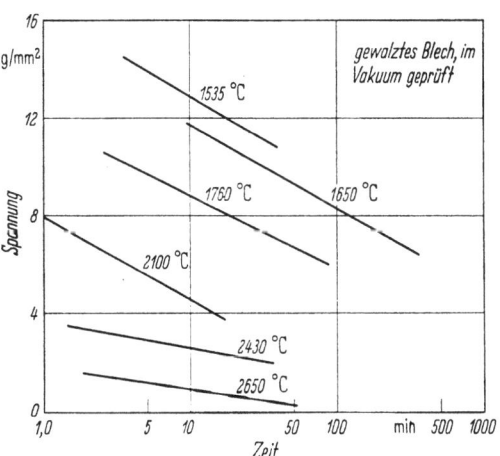

Abb. 155. Zeitstandfestigkeit von Ta-10 W-Legierungen bei Temperaturen zwischen 1535 und 2650 °C (nach DONLEVY und HUM)

Die Zeitstandfestigkeit von Ta-10 W bei Temperaturen zwischen 1300 und 2700 °C wurden von DONLEVY und HUM untersucht.[1] Abb. 155 zeigt Zeitstandkurven für das Gebiet von 1540 bis 2650 °C, Tab. 67 einige Zeitstandwerte.

Tabelle 67. *Zeitstandfestigkeit der Ta-10 W-Legierung bei hohen Temperaturen**
(nach DONLEVY und HUM)

Prüftemperatur °C	Blechdicke mm	Zeit bis zum Bruch min	Spannung kg/mm²	Dehnung (Meßlänge 50 mm) %
1540	0,7	3,6	14,5	9,5
	0,7	7,1	13,6	14,0
	0,7	8,5	13,3	16,0
	0,7	26,0	11,5	14,5
1650	1,5	10,8	11,7	12,2
	1,5	24,7	10,25	14,8
	1,5	32,5	9,9	12,6
	1,5	280,0	6,9	8,7
1760	0,575	3,6	10,5	11,5
	0,575	7,1	9,05	16,0
	0,575	78,9	6,3	12,5
2090	0,975	1,0	7,9	14,0
	0,975	3,0	6,4	18,5
	1,375	5,8	5,4	18,5
	1,375	13,3	3,9	19,5
2425	1,425	1,6	3,4	24,0
	1,425	8,7	2,7	24,0
	1,425	22,8	2,2	23,5
2650	1,475	2,5	1,4	10,4
	1,525	23,5	0,7	14,0
	1,475	41,0	0,35	22,5

* Eine modifizierte Legierung Mark II (Ta-10 W-2 Mo-1 Zr) erweist sich bei den gewählten Temperaturen im Zeitstandversuch bis 100 Minuten um etwa 25% kriechfester.

Das Ansteigen der Übergangstemperatur spröd-duktil mit zunehmendem W-Gehalt in Ta wird von FERRIES und Mitarbeitern[2] in Zusammenhang mit der normalen Mischkristallverfestigung gebracht und nicht mit einer grundlegenden Änderung des Verformungsmechanismus.

---

[1] DONLEVY, A., u. J. Y. K. HUM: SAE National Aeronautical Meeting, Paper 354 D, New York 1961.
[2] FERRIES, D. P., R. M. ROSE u. J. WULFF: AIME Fall Meeting 1961.

i) **Tantal-Uran.** Tantal und Uran sind praktisch unlöslich ineinander.[1] Reaktortechnisch kommt Tantal vielleicht als Hüllwerkstoff bei alkalimetallgekühlten Reaktoren in Frage.

SEDLATSCHEK und KIEFFER[2] konnten durch Tränkung von Tantalskelettkörpern mit Uran oder durch Einbetten von Drähten, Netzen und Spiralen aus Tantal in Uran interessante Verbundkörper hoher Stabilität herstellen.

3. Tantal-Mehrstofflegierungen

Tantal-Drei- und Mehrstofflegierungen sind bis jetzt nur oberflächlich untersucht worden. Die Legierungsverhältnisse in ternären Ta-Legierungen mit den benachbarten Übergangsmetallen werden voraussichtlich ähnlich wie in der Darstellung von GOLDSCHMIDT[3] für Nioblegierungen (s. Abb. 127) sein, wenn man die beschränkte Mischbarkeit von Tantal und Zirkonium oberhalb 800 °C und die Mischungslücke im System Tantal–Vanadin unterhalb 1300 °C berücksichtigt.

ROSTOKER[4] stellte eine Reihe vorläufiger ternärer Zustandsdiagramme des Tantals mit den Metallen Hafnium, Chrom, Molybdän, Wolfram, Vanadin, Tantal, Osmium und Rhenium zusammen, die in Abb. 156 wiedergegeben sind. Die Darstellung läßt qualitativ erkennen, wo größere technisch nutzbare Einphasengebiete zu erwarten sind.

Die Festigkeitseigenschaften einiger von SCHMIDT und Mitarbeitern[5] untersuchten ternären Tantallegierungen bei Raumtemperatur gehen aus Tab. 68, die Eigenschaften bei 1200 °C aus Tab. 69 hervor.

Die Legierungen vom (IV-V-VI) a-Typ wurden bei Tantal noch nicht so eingehend untersucht wie beim Niob, doch zeigt z. B. eine Tantal-10 Hafnium-5 Wolframlegierung (s. Tab. 70) bei noch guter Kaltbildsamkeit beachtliche Werte der Warmfestigkeit bei 1200 bis 1700 °C (s. Abb. 157)[5,6]. Ein intensiveres Studium der Mehrstoffsysteme der Va-Metalle V, Nb, Ta mit den Metallen Ti, Zr, Hf (IVa) und Cr, Mo, W (VIa) erscheint angezeigt.

---

[1] SCHRAMM, G. H., P. GORDON u. A. R. KAUFMANN: J. Metals 188 (1950) 195.

[2] SEDLATSCHEK, K., u. R. KIEFFER: in F. BENESOVSKY (Hrsg.): Hochschmelzende Metalle, 3. Plansee Seminar, Juni 1958, Reutte/Tirol. Wien: Springer 1959, 120.

[3] GOLDSCHMIDT, H. J.: J. Less-Common Metals 2 (1960) 138.

[4] ROSTOKER, W.: WADC Techn. Rep. 59-492, Juni 1959. — Siehe auch J. J. ENGLISH: DMIC Rep. 152 (April 1961).

[5] SCHMIDT, F. F. u. Mitarbeiter: WADD Techn. Rep. No. 59-13, Dez. 1959, 805.

[6] LEMENT, B. S., u. I. PERLMUTTER: J. Less-Common Metals 2 (1960) 253.

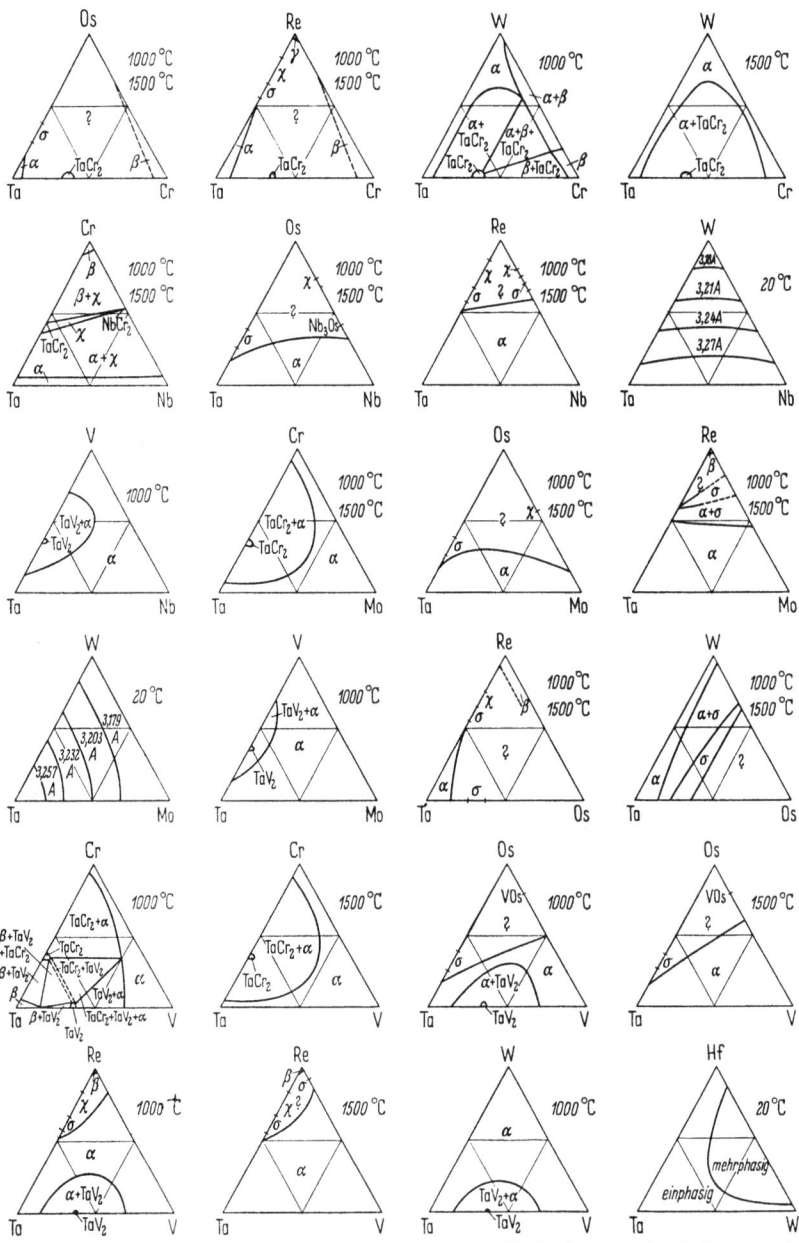

Abb. 156. Vorläufige Zustandsschaubilder von ternären Ta-Legierungen (nach ROSTOKER)

Vergleicht man nach SCHMIDT und Mitarbeitern[1] die Zugfestigkeit von Tantal-10 Hf-5 W-Legierungen und von Tantal-10 W-Legierungen mit

---

[1] SCHMIDT, F. F., W. D. KLOPP, W. M. ALBRECHT, F. C. HOLDEN, H. R. OGDEN u. R. I. JAFFEE: WADD Techn. Rep. No. 59-13, Dez. 1959, 805.

Tabelle 68. *Festigkeitseigenschaften von ternären Tantallegierungen im rekristallisierten Zustand* (nach SCHMIDT u. a.)

Legierungszusammensetzung Gew.-%	Legierungs-typ	Zugfestigkeit kg/mm²	Streckgrenze kg/mm²	Dehnung %
Ta-1 Ti + C (2300 ppm)	IV-V	69,6	32,1	17
Ta-1 Zr + C (1400 ppm)	IV-V	56,3	31,8	17
Ta-10 Nb-20 Ti	IV-V(V)	54,9	53,1	15
Ta-20 Nb-10 Ti	IV-V(V)	52,7	47,8	24
Ta-30 Nb-5 V	V(V)(V)	67,0	54,6	22
Ta-30 Nb-5 Zr	IV-V(V)	51,6	42,1	(a)
Ta-30 Nb-10 Hf	IV-V(V)	45,6	37,1	(a)
Ta-30 Nb-10 Ti	IV-V(V)	48,5	43,0	25
Ta-30 Nb-10 W	V(V)-VI	45,5	45,3	2

(a) = gebrochen außerhalb der Meßlänge.

Tabelle 69. *Festigkeitseigenschaften von ternären Tantallegierungen bei 1200 °C im rekristallisierten und geschmiedeten Zustand* (nach SCHMIDT u. a.)

Legierungszusammensetzung Gew.-%	Legierungs-Typ	rekristallisiert		geschmiedet	
		Zugfestigkeit kg/mm²	Dehnung %	Zugfestigkeit kg/mm²	Dehnung %
Ta-1 Hf + C (700 ppm)	IV-V	—	—	33,6	16
Ta-1 Ti + C (2300 ppm)	IV-V	20,3	33	17,2	29
Ta-1 Zr + C (1400 ppm)	IV-V	31,5	20	—	—
Ta-5 Nb-10 Ti	IV-V(V)	—	—	19,8	23
Ta-5 Nb-20 Ti	IV-V(V)	—	—	13,7	35
Ta-10 Nb 20 Ti	IV-V(V)	7,5	8	6,4	11
Ta-20 Nb-10 Ti	IV-V(V)	8,35	7	12,8	14
Ta-30 Nb-5 V	V(V)(V)	28,3	53	—	—
Ta-30 Nb-5 Zr	IV-V(V)	26,4	4	—	—
Ta-30 Nb-10 Cr	V(V)-VI	16,8	37	—	—
Ta-30 Nb-10 Hf	IV-V(V)	26,5	30	—	—
Ta-30 Nb-10 Mo	V(V)-VI	22,7	4	—	—
Ta-30 Nb-10 Ti	IV-V(V)	9,8	22	10,8	7
Ta-30 Nb-10 W	V(V)-VI	19,4	22	30,1	7
Ta-20 Ti-5 Al	III-IV-V	—	—	12,7	7
Ta-20 Ti-5 V	IV-V(V)	—	—	10,1	9

Tabelle 70. *Festigkeitseigenschaften von Tantallegierungen vom* $(IV\text{-}V\text{-}VI)a$-*Typ*

Legierungszusammensetzung Gew.-%	Lit.	Temperatur °C	Zustand	Zugfestigkeit kg/mm²	Streckgrenze kg/mm²	Dehnung %
Ta-10 Hf-5 W	[1]	R. T.	rekristallisiert	80,7	73,5	23
Ta-10 Hf-5 W	[2]	1200	verformt	50,6	—	28
			rekristallisiert	44,6	—	6
Ta-20 Ti-5 Cr	[2]	1200	verformt	12,3	—	12
Ta-10 Ti-5 W	[2]	1200	verformt	34,5	—	18

[1] SCHMIDT, F. F. u. Mitarbeiter: WADD Techn. Rep. No. 59-13 (1959). —
[2] LEMENT, B. S., u. I. PERLMUTTER: J. Less-Common Metals 2 (1960) 253.

den reinen Metallen Mo, W, Nb, Ta und einigen bekannten Niob- und Molybdänlegierungen, so ergibt sich das in Abb. 158 wiedergegebene Bild, das zeigt, daß bei Temperaturen über 1600 °C neben den reinen

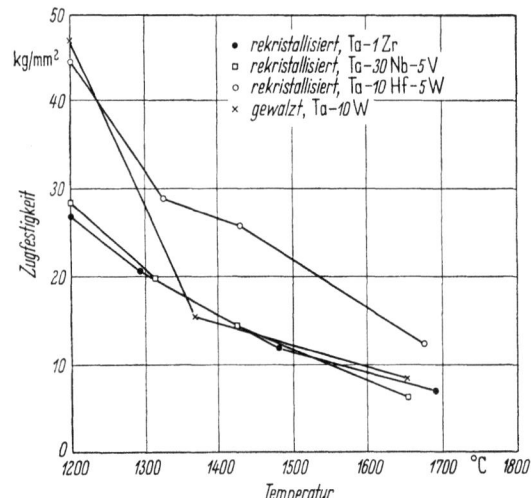

Abb. 157. Warmfestigkeit einiger binärer und ternärer Ta-Legierungen (nach SCHMIDT u. a.)

Metallen Wolfram und eventuell Tantal nur noch Legierungen dieser beiden Metalle in Frage kommen.

Von der Crucible Steel Co. wurden weitere höchstwarmfeste Tantallegierungen folgender Zusammensetzungen hergestellt und ihre Warmfestigkeit im stranggepreßten Zustand bei 1635 °C bestimmt[1]:

Zusammensetzung %	Legierungstyp	Zugfestigkeit bei 1635 °C kg/mm²
44 Ta-12 Nb-44 W	V(V)-VI	37,8
75 Ta-25 W	V-VI	27,0
88 Ta-12 Mo	V-VI	20,3
68 Ta-20 W-12 Mo	V-VI(VI)	38,5

Der Wert von 20,3 kg/mm² für die Legierung 88 Ta-12 Mo entspricht den für die Ta-8 W-4 Hf-Legierung der Westinghouse Electric Co. ermittelten Werten.[1]

Die Härte von lichtbogengeschmolzenen Tantal-Wolfram-Hafnium- und Tantal-Wolfram-Rhenium-Legierungen geht nach FRANCE[2] aus

---

[1] BARTLETT, E. S., u. F. F. SCHMIDT: DMIC Memorandum 130, Okt. 1961. — Siehe auch: DMIC Rev. Rec. Dev., 20. Juli 1962.

[2] FRANCE, L. L.: Westinghouse Research Laboratories, Contract NOas 58852-c, Rep. No. 6 (1. Aug. 1959).

Abb. 159 hervor. Kaltverformbare Legierungen lassen sich unterhalb der HV 200 bis 300-,,Isohärtenlinie", warmverformbare Legierungen zwischen HV 300 bis 400, allfällig noch bis zur 500 HV-Linie erwarten.

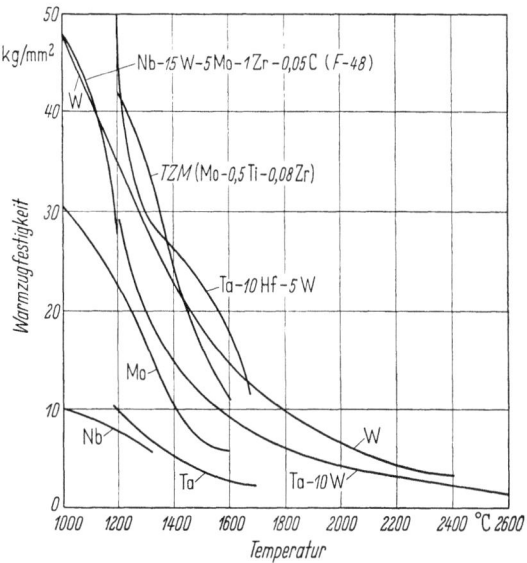

Abb. 158. Warmfestigkeit von Ta und Ta-Legierungen im Vergleich zu Nb, Mo und W sowie zu Nb- und Mo-Legierungen (nach SCHMIDT u. a.)

Über weitere Härtemessungen an stellitartigen Tantal-Nickel-Chrom-Legierungen sowie an ähnlichen Mehrstofflegierungen vergleiche Fußnoten 1 und 2.

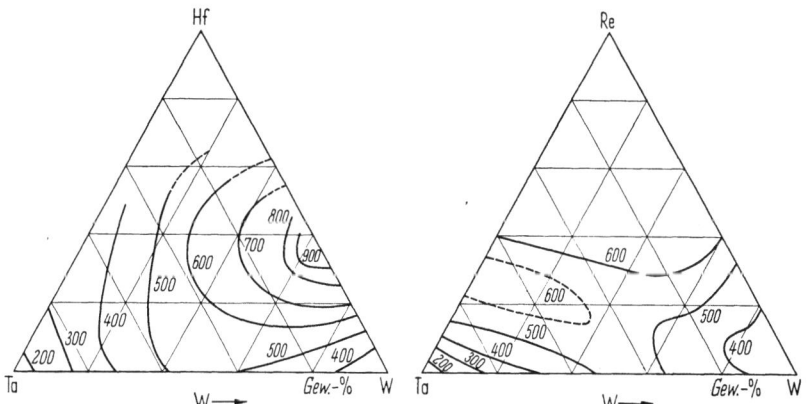

Abb. 159. Härte von geschmolzenen Ta-W-Hf- und Ta-W-Re-Legierungen (nach FRANCE)

[1] SCHMIDT, F. F., W. D. KLOPP, W. M. ALBRECHT, F. C. HOLDEN, H. R. OGDEN u. R. I. JAFFEE: WADD Techn. Rep. No. 59-13, Dez. 1959, 805.
[2] SCHMIDT, F. F.: DMIC Rep. 133 (Juli 1960). — KUBASCHEWSKI, O. u. H. SPEIDEL: J. Inst. Met. 75 (1948/49) 417.

4. Verbesserung der Zunderfestigkeit von Tantal durch Legieren

Die geringe Zunderfestigkeit von Tantal kann durch verschiedene Zusätze erheblich verbessert werden. Es sind hier zuerst die Ergebnisse von Arbeiten von KUBASCHEWSKI und Mitarbeitern[1] mit hohen Nickel- und Chromzusätzen zu erwähnen. In gleicher Richtung gehen die Arbeiten von MICHAEL[2] (Abb. 143) mit Nickel-Kobalt-Chrom-Titan-Zusätzen (etwa 10 bis 50%). Die Zunderfestigkeit wird — wie schon KUBASCHEWSKI[1] gezeigt hatte — auf Kosten der Duktilität erheblich verbessert.

Eingehende Zunderversuche an 2- und 3-Stoff-Tantallegierungen verdanken wir SCHMIDT und Mitarbeitern[3], FRANCE[4] sowie KLOPP und Mitarbeitern[5]. Die Ergebnisse sind in Tab. 71 und 72 auszugsweise

Tabelle 71. *Zunderung von Tantal und Tantallegierungen an Luft bei 1200 °C*

Legierungs-zusammensetzung Gew.-%	Gewichts-zunahme mg/cm²/h	Aussehen der Zunderschicht	Lit.
100 Ta	105,5	voluminös, porös	[1, 2]
Ta-30 Hf	28,0	festhaftend, gelbbräunlich	[2]
Ta-50 Hf	18,0	dünn, festhaftend, gelbbräunlich	[1]
Ta-10 Ti	21,5	dünn, schwarz	[1]
Ta-27 Ti	21,5	dünn, festhaftend, weiß	[1]
Ta-50 W	12,0	dünn, weiß	[1]
Ta-20 Ti-5 Al	16,7	dünn, gelblichweiß, festhaftend	[3]
Ta-20 Ti-5 Cr	15,5	dünn, gelblichweiß, festhaftend	[3]
Ta-20 Ti-5 V	19,3	dünn, dunkelgrau, festhaftend	[3]
Ta-8 W-2 Hf	24,0	Abblätterungen, weißlich, sehr festhaftend	[2]
Ta-33 W-33 Hf	18,0	dünn, weißlich, sehr festhaftend	[2]

[1] SCHMIDT, F. F. u. Mitarbeiter: WADD Techn. Rep. No. 59-13 (31. Dez. 1959). — [2] FRANCE, L. L.: Westinghouse Research Laboratories, Contract NOas 58852-c Rep. No. 6 (1. Aug. 1959). — [3] Battelle Memorial Inst., Contract No. AF 33 (616)-5668 (1960).

---

[1] KUBASCHEWSKI, O., u. H. SPEIDEL: J. Inst. Met. 75 (1948/49) 417. — KUBASCHEWSKI, O., u. A. SCHNEIDER: J. Inst. Met. 75 (1949) 403. — KUBASCHEWSKI, O., u. B. E. HOPKINS: Oxidation of Metals and Alloys. London: Butterworths Scient. Publ. 1953.

[2] MICHAEL, A. B.: AIME, Reactive Metals Conference, Buffalo, New York (Mai 1958).

[3] SCHMIDT, F. F., W. D. KLOPP, W. M. ALBRECHT, F. C. HOLDEN, H. R. OGDEN u. R. I. JAFFEE: WADD Techn. Rep. No. 59-13, Dez. 1959 — Battelle Memorial Inst., Contract No. AF 33(616)-5668 (1960).

[4] FRANCE, L. L.: Westinghouse Research Laboratories, Contract NOas 58852-c Rep. No. 6 (1. Aug. 1959).

[5] KLOPP, W. D., D. J. MAYKUTH u. R. I. JAFFEE: Trans. ASM 53 (1961) 637.

Tabelle 72. *Gewichtszunahme von Tantal und Tantallegierungen beim Zundern an Luft bei 1000 °C und 1200 °C* (nach KLOPP, MAYKUTH und JAFFEE)

Legierungs-zusammensetzung Gew.-%	Gewichtszunahme in mg/cm² bei 1000°						Gewichtszunahme in mg/cm² bei 1200°					
	1 h	2 h	3 h	4 h	5 h	6 h	1 h	2 h	3 h	4 h	5 h	6 h
100 Ta	38,8	62,8	(79)	(94)	(107)	(119)	106,0	167,0	211,0	254,0	302,0	—
Ta-5 Nb	26,2	45,4	63,8	—	—	—	51,3	76,8	95,8	—	—	—
Ta-10 Nb	18,6	27,0	34,1	40,7	46,6	52,4	61,0	90,0	110,0	—	—	—
Ta-20 Nb	23,5	34,5	43,0	51,0	—	—	89,0	110,0	119,0	—	—	—
Ta-5 Ti	20,3	38,3	53,8	—	—	—	69,0	99,0	120,0	—	—	—
Ta-10 Ti	15,2	23,6	30,4	36,2	41,4	46,7	36,1	53,0	67,9	82,7	96,8	106,0
Ta-20 Ti	7,9	12,5	16,0	19,0	21,7	24,4	11,6	16,7	20,8	24,8	29,0	33,2
Ta-30 Ti	4,5	11,1	16,8	21,2	25,1	28,6	9,8	21,8	33,8	44,8	54,8	—
Ta-40 Ti	2,1	4,3	6,2	7,1	7,9	8,7	10,0	18,0	28,0	38,0	47,0	56,0
Ta-20 Hf	—	—	—	—	—	—	36,4	53,7	67,0	77,8	—	—
Ta-30 Hf	—	—	—	—	—	—	43,9	61,3	74,8	86,3	96,9	106,7
Ta-10 V	27,5	43,7	57,5	69,7	—	—	59,6	80,5	97,5	114,6	131,0	—
Ta-10 W	—	—	—	—	—	—	95,5	122,3	125,1	—	—	—
Ta-5 Zr	—	—	—	—	—	—	50,3	74,0	93,1	111,3	131,9	139,7
Ta-40 Zr	—	—	—	—	—	—	47,2	67,0	77,2	83,8	88,5	90,8
Ta-10 Nb-20 Ti	7,6	11,2	14,0	16,3	18,3	20,1	17,9	28,3	37,3	45,5	53,0	59,8
Ta-30 Nb-5 V	11,4	18,0	23,7	29,5	34,9	39,8	—	—	—	—	—	—
Ta-30 Nb-10 Cr	37,6	51,1	60,2	65,8	69,4	71,7	—	—	—	—	—	—

zusammengestellt. Im Gegensatz zu den Nioblegierungen bringen ternäre Kombinationen keine entscheidende Verbesserung der Oxydationsbeständigkeit gegenüber binären Legierungen.

Für Langzeitverwendungen von Tantallegierungen bei hohen Temperaturen in oxydierender Atmosphäre dürften Schutzschichten unentbehrlich sein.

5. Schutzüberzüge und Deckschichten

Untersuchungen von geeigneten, schützenden Deckschichten auf Tantallegierungen liegen im Gegensatz zu zahlreichen Arbeiten bei Niob[1,3] und Molybdänlegierungen[2,3] nur in geringem Umfang vor.

So konnte gezeigt werden, daß Aluminid-[3] und Beryllidüberzüge[4] Ta bis zu 10 Stunden bei 1360 °C schützen können, allerdings eine unbefriedigende Temperaturwechselbeständigkeit besitzen. Eine Deckschicht aus 50 Al-50 Sn ergab einen Schutz für Ta und Ta-10 W von

---

[1] WLODEK, S. T.: J. electrochem. Soc. 108 (1961) 177.
[2] BARTLETT, E. S., H. R. OGDEN u. R. I. JAFFEE: DMIC Rep. 109 (1959).
[3] KRIER, C. A.: DMIC Rep. 162 (1961).
[4] STONHOUSE, A. J.: Mat. in Des. Engng., Febr. 1962, 84.

10 Stunden bei 1360 bis 1635 °C; Silizidschutzschichten des Battelle Memorial Inst., Columbus, Ohio, USA, welche nach dem Zementationsverfahren aufgebracht werden, schützen Tantal 6 Stunden bei 1360 °C, 2 bis 4 Stunden bei 1470 °C. Sie erweisen sich bei einer Basislegierung Ta-30 Nb-(5 bis 10) V als sehr beständig (8 Stunden bei 1470 °C). Für extrem hohe Temperaturen scheinen Cermets als Schutzüberzüge in Frage zu kommen (Cr-ZrO_2, Cr-ZrB_2).[1, 2, 3, 4]

Von einer guten Deckschicht werden von SCHMIDT und Mitarbeitern[5] gefordert:

Gute Oxydationsbeständigkeit, Duktilität, Fähigkeit zur Selbstheilung bei Verletzungen, gute Temperaturwechselbeständigkeit, Übereinstimmung der Ausdehnungskoeffizienten der Deckschicht und des Metalls (oder der Legierung) und eine geringe Reaktionsfreudigkeit mit der Grundlegierung, niedrige, unter der Rekristallisationstemperatur der Tantallegierungen liegende Aufbringtemperatur der Deckschicht, gute Schlagfestigkeit und allfällig hoher Erosionswiderstand gegenüber feinen Festkörperteilchen.

Alle diese Forderungen sind sicher nicht immer gleichzeitig zu erfüllen, sie werden den jeweiligen Anforderungen des Anwendungsfalles anzupassen sein.

KLOPP und OGDEN[3, 1] trugen die von ihnen untersuchten Al-, Cr-, Hf-, Si-, Ti-, Zn-, Al_2O_3-haltigen Schichten durch *Spritzen*, *Tauchen* und *Zementieren* auf. Si-reiche Si-Al-coatings ergaben nicht nur den besten Schutz von mehr als 8 Stunden bei 1480 °C an Luft, sondern erwiesen sich auch als selbstheilend.

E. Vanadin, Niob, Tantal und Kohlenstoff, Stickstoff, Bor und Silizium

(Hartstoffe der Va-Metalle: Karbide, Nitride, Boride und Silizide)

Die Hartstoffe der Va-Metalle mit den kleinatomigen Elementen C, N, B und Si seien hier nur kurz gestreift. Wegen Einzelheiten sei auf das Fachschrifttum, insbesondere die Monographie von KIEFFER und BENESOVSKY[6] verwiesen.

Die Karbide der Va-Metalle und deren Mischkristalle mit den Karbiden der IVa- und VIa-Metalle spielen in Hartmetallen (s. S. 271) eine wichtige Rolle.

---

[1] KRIER, C. A.: DMIC Rep. 162, Nov. 1961.
[2] KLOPP, W. D.: DMIC Memorandum 102, April 1961.
[3] KLOPP, W. D., u. H. R. OGDEN: AIME Fall Meeting 1961.
[4] In W. A. GIBEAUT u. J. J. ENGLISH: DMIC Rep. Rec. Dev., 25. 1. 1963.
[5] SCHMIDT, F. F., W. D. KLOPP, W. M. ALBRECHT, F. C. HOLDEN, H. R. OGDEN u. R. I. JAFFEE: WADD Techn. Rep. No. 59-13 (31. Dez. 1959).
[6] KIEFFER, R., u. F. BENESOVSKY: Hartstoffe. Wien: Springer 1963.

Tabelle 73. *Stellung der Hartstoffe der Va-Metalle neben den entsprechenden Phasen der IVa- und VIa-Metalle*

	IVa	Va	VIa	IVa	Va	VIa	IVa	Va	VIa	IVa	Va	VIa
	TiC A1	**VC** A1	**Cr₃C₂** D5₁₀	**TiN** A1	**VN** A1	**Cr₂N** A1	**TiB₂** A3	**VB₂** A3	**CrB₂** A3	**TiSi₂** rhombisch	**VSi₂** A3	**CrSi₂** A3
Fp	3160	2830	1895 zersetzt	2950	2050	1500 zersetzt	2900	2400	2200	1540	1650	1550
R	68	60	—	11,1	86		9	38	56	18	66,5	>250
H	3200	2950	2280	2450	+9?		3480	2080	2250	620	960	1100
	ZrC A1	**NbC** A1	**Mo₂C** A3	**ZrN** A1	**NbN** A1	**Mo₂N** A1	**ZrB₂** A3	**NbB₂** A3	**MoB₂** A3	**ZrSi₂** rhombisch zersetzt	**NbSi₂** A3	**MoSi₂** tetragonal
Fp	3530	3500	2400 zersetzt	2980	2300	zersetzt	2990	3000	2100	1520	1950	2050
R	42	35	133	13,6	~200		7	12	30	75	50,4	21,5
H	2560	2400	1950	1990	+8		2200	2600	~3000	1030	700	1290
	HfC A1	**TaC** A1	**WC** A3	**HfN** A1	**TaN** A1 A3	**W₂N** A1	**HfB₂** A3	**TaB₂** A3	**W₂B₅** A3	**HfSi₂** rhombisch zersetzt	**TaSi₂** A3	**WSi₂** tetragonal
Fp	3890	3780	2600 zersetzt	2700	3090	zersetzt	3250	3150	~2300	~2000	2200	2160
R	37	25	22	<26	135		15,8	21	21	—	46	12,5
H	2700	1790	2080	>2000	3240		2900	2200	2700	870	1200	1090

A 1 = kubisch flächenzentriert, A 3 = hexagonal dichteste Kugelpackung, Fp = Schmelzpunkt in °C, R = spezifischer elektrischer Widerstand in Mikroohm · cm, H = Härte (Mikrohärte kg/mm² bzw. MOHS-Härtezahl im Falle von VN und NbN).

Die Kenntnis der Karbid-Nitrid-Phasen ist von großer Bedeutung bei der Herstellung von duktilen reinen Va-Metallen sowie von Vana-

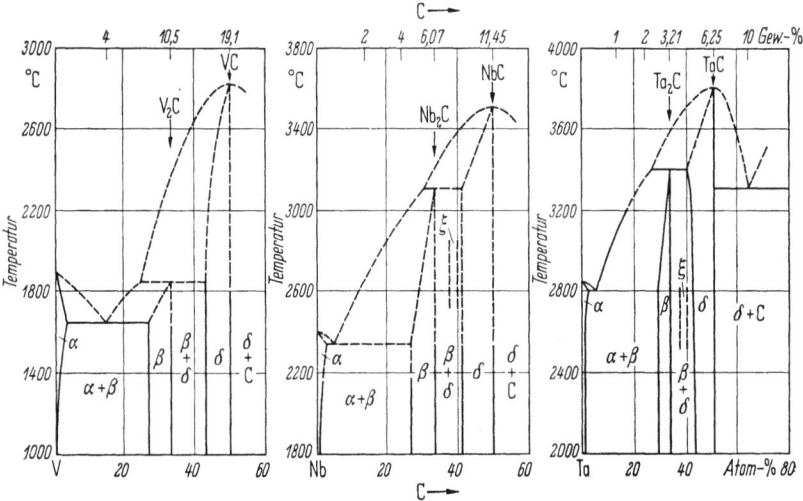

Abb. 160. Die Systeme der Va-Metalle mit Kohlenstoff (V–C, Nb–C, Ta–C)

din-, Niob- und Tantallegierungen mit Metallen der IVa- und VIa-Gruppe, die stets als Verunreinigungen neben Sauerstoff bekanntlich Kohlenstoff und Stickstoff in Mengen von 0,01 bis 0,05 und als absichtlichen Legierungszusatz in Höhe von 0,05 bis 1,0% enthalten können.

Tab. 73 zeigt die Stellung der Hartstoffe der Va-Metalle neben den entsprechenden Phasen der IVa- bis VIa-Metalle. Es sind nur die technisch wichtigen *Monokarbide, Mononitride, Diboride* und *Disilizide* zusammengestellt.

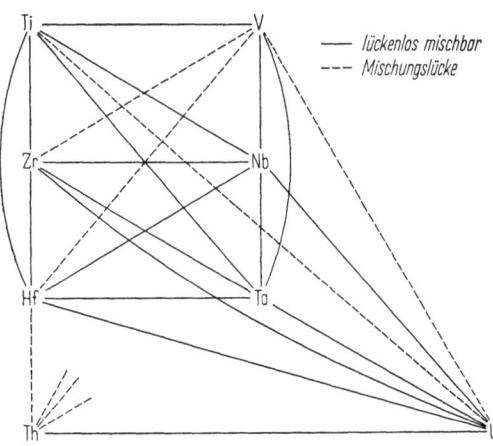

Abb. 161. Die Mischbarkeit isotyper Monokarbide der IVa- und Va-Metalle untereinander und mit ThC und UC (nach NOWOTNY und KIEFFER)

In den Karbidsystemen (s. Abb. 160) treten vornehmlich die Me_2C-Phasen (V_2C, Nb_2C und Ta_2C) und die MeC-Phasen (VC, NbC und TaC) auf, die alle verhältnismäßig breite Existenzbereiche aufweisen. Hartmetalltechnisches Interesse haben jedoch nur die *Monokarbide*

Hartstoffe der Va-Metalle: Karbide, Nitride, Boride und Silizide 259

wegen ihrer hohen Schmelzpunkte, hohen Härte, ihrer Stabilität gegen Kohlenstoff und flüssige Metalle sowie wegen ihrer Mischbarkeit mit anderen Karbiden gefunden.[1] Man vergleiche die hohen Schmelzpunkte

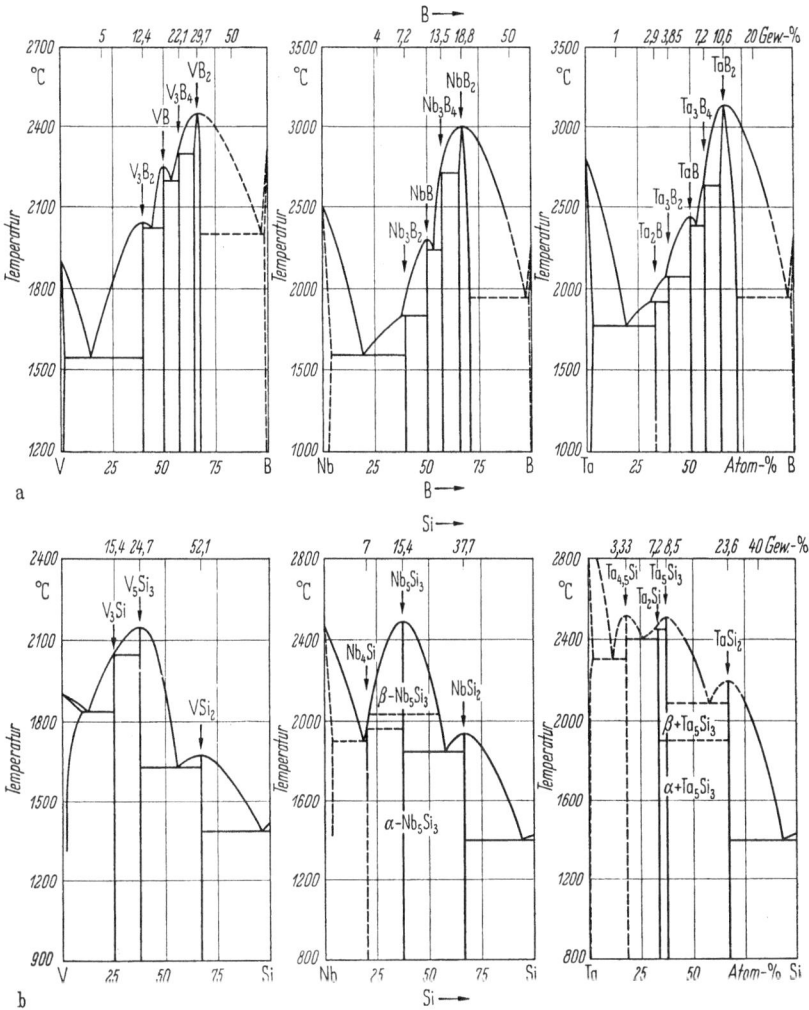

Abb. 162a u. b. Die Zustandsdiagramme der Va-Metalle mit Bor (a) und Silizium (b)

von NbC und insbesondere TaC, das neben HfC den höchsten Schmelzpunkt aller anorganischen binären Verbindungen aufweist sowie die Mischbarkeit isotyper Karbidpaare[2] (Abb. 161).

---

[1] KIEFFER, R., u. F. BENESOVSKY: Hartstoffe. Wien: Springer 1963.
[2] NOWOTNY, H., u. R. KIEFFER: Metallforschung 2 (1947) 257.

In Hartmetallen spielen besonders die TiC-TaC-NbC-Mischkristalle als Zusätze zu WC-Co-Schneidlegierungen eine hervorragende Rolle.[1,2]

Für den Reaktorbau wurden neuerdings von KIEFFER, NOWOTNY und BENESOVSKY Mischkristalle von NbC, TaC und ZrC mit UC vorgeschlagen und näher untersucht[3] (Abb. 161).

Wegen der Systeme Me–C–N, Me–C–B, Me–C–Si, Me–N–B, Me–B–Si sowie Me_1–Me_2–C, Me_1–Me_2–N, Me_1–Me_2–B, Me_1–Me_2–Si sei auf die Fachliteratur[2] verwiesen (Me, Me_1, Me_2 = Metalle der Va-Gruppe).

Die technische Bedeutung der Boride und Silizide der Va-Metalle tritt noch stark hinter diejenige der Karbide zurück.[1,2]

Abb. 162 zeigt die Zustandsdiagramme der Boride und Silizide. Die Diboride zeichnen sich durch hohe Härte und Schmelzpunkte, die Disilizide durch eine relativ gute Zunderfestigkeit zwischen 1200 und 1500 °C aus.

F. Vanadin, Niob und Tantal als Legierungsmetalle

1. Allgemeines

Da in diesem Buche vornehmlich die Metallurgie der *reinen* Va-Metalle und der Legierungen, die die Va-Metalle im Überschuß enthalten, behandelt wird, soll nachfolgend die Verwendung von Vanadin, Niob und Tantal als Legierungszusatz in Ferrolegierungen, Stählen und Speziallegierungen, wie Superlegierungen, Magnetwerkstoffen, Titanlegierungen und Hartmetallen, nur kurz gestreift werden, obwohl noch heute die überwiegende Menge der Va-Metalle, ähnlich wie dies auch bei den Metallen Molybdän, Wolfram und Titan der Fall ist, in Form ihrer Ferrolegierungen in die Stahl- und Eisenindustrie eingeht. Es sei zum Sonderstudium auf folgende Fachbücher verwiesen:

Edelstähle und Ferrolegierungen

1. RAPATZ, F.: Die Edelstähle, 5. Aufl. Berlin/Göttingen/Heidelberg: Springer 1962.
2. HOUDREMONT, E.: Sonderstahlkunde Bd. II, 4. Aufl. Berlin/Göttingen/Heidelberg: Springer 1960.
3. HOUGARDY, E.: Die Vanadinstähle, Aufbau, Eigenschaften und Verwendung vanadinlegierter Stähle. Berlin: Gärtner 1934.
4. DURRER, R., u. O. VOLKERT (Hrsg.): Die Metallurgie der Ferrolegierungen. Berlin/Göttingen/Heidelberg: Springer 1953.
5. Metals Handbook American Society for Metals, 1961.

---

[1] KIEFFER, R., u. P. SCHWARZKOPF: Hartstoffe und Hartmetalle. Wien: Springer 1953, 481ff.

[2] KIEFFER, R., u. F. BENESOVSKY: I. Teil, Hartstoffe. Wien: Springer 1963; II. Teil, Hartmetalle (im Druck).

[3] KIEFFER, R., F. BENESOVSKY u. H. NOWOTNY: Plansee-Ber. Pulvermetallurgie 5 (1957) 33. — NOWOTNY, H., R. KIEFFER u. F. BENESOVSKY: Rev. Métall. 55 (1958) 453.

Vanadinenthaltende Titanlegierungen
6. McQuillan, A. D., u. M. K. McQuillan: Titanium. London: Butterworths Scient. Publ. 1956.
7. Abkowitz, St., J. J. Burke u. R. H. Hiltz: Titanium in Industry. New York: van Nostrand 1955.

Hartmetalle
8. Becker, K.: Hochschmelzende Hartstoffe. Berlin: Verlag Chemie 1935.
9. Kieffer, R., u. P. Schwarzkopf: Hartstoffe und Hartmetalle. Wien: Springer 1953.
10. Schwarzkopf, P., u. R. Kieffer: Cemented Carbides. New York: Macmillan 1960.
11. Kieffer, R., u. F. Benesovsky: Hartstoffe. Wien: Springer 1963.
12. Kieffer, R., u. F. Benesovsky: Hartmetalle. Wien: Springer (Neuauflage im Druck).
13. Dawihl, W.: Handbuch der Hartmetallwerkzeuge 2 Bde. Berlin/Göttingen/Heidelberg: Springer 1953 u. 1956.
14. Samsonow-Umanski: Hartstoffe. Moskau 1959.

2. Verwendung von Vanadin in Stählen, Sonderlegierungen und Gußeisen

Die Wirkung des Vanadins als Legierungselement im Eisen ist ausgezeichnet durch

1. die starke Abschnürung des γ-Gebietes,
2. das Auftreten der ε-Phase,
3. den Verlauf der Curie-Temperatur.

Diese Erscheinungen sind qualitativ dieselben wie im System Eisen–Chrom, weshalb sich V als Legierungselement vielfach ähnlich wie Cr verhält.[1]

V bildet in Stählen aller Art nur das kubische Karbid VC_{1-x}. Die hohe Stabilität des Monokarbids ist weitgehend für die Umwandlungskinetik V-haltiger Stähle bestimmend.

Perlit und Zwischenstufe sind bei etwa 500 °C durch ein umwandlungsträges Gebiet getrennt. Zusammen mit dem unveränderten Martensitpunkt ergibt dies ein besonders starkes Auftreten der Zwischenstufe in den ZTU-Schaubildern von V-Stählen.

Die technische Bedeutung des Vanadins liegt in seinem Einfluß auf die Härtbarkeit und die Anlaßbeständigkeit der Stähle.

In *Baustählen* wirkt Vanadin in erster Linie in Richtung einer verminderten Überhitzungsempfindlichkeit. Vanadinzusätze von 0,04 bis 0,08 % machen den Stahl unempfindlicher gegen den Einfluß der Endwalztemperatur. Bei der Schweißung härtet der V-haltige Stahl weniger auf und versprödet weniger leicht wegen der bleibenden Feinkörnigkeit in den überhitzten Teilen.

---
[1] Houdremont, E.: Sonderstahlkunde Bd. II, 4. Aufl. Berlin/Göttingen/Heidelberg: Springer 1960. — Hougardy, E.: Die Vanadinstähle, Aufbau, Eigenschaften und Verwendung vanadinlegierter Stähle. Berlin: Gärtner 1934.

In *warmfesten Stählen* erhöht Vanadin die Warmfestigkeit und Anlaßbeständigkeit. Die Beständigkeit des Vanadinkarbids gegen Wasserstoff bei hohen Temperaturen führte zur Verwendung von Vanadin in druckwasserstoffbeständigen Stählen.

Besonders starken Einsatz findet das Vanadin in *Werkzeugstählen*. Es trägt entscheidend zur Erhöhung der Warmbeständigkeit des Härtegefüges bei und bringt auf Grund der großen Menge unlöslichen Karbids die notwendigen Verschleiß- und Schneideigenschaften mit. In der Regel werden für Zerspanungszwecke Cr-Mo, Cr-W und Cr-W-Mo-Stähle mit V-Zusatz verwendet.

In den *Schnellstählen* lassen sich durch zugleich hohe C- und V-Gehalte hohe Verschleißhärten erzielen, in *Warmarbeitsstählen* ist Vanadin um so mehr geeignet, als die Beständigkeit mit steigender Härtetemperatur zunimmt und hohe Härtetemperaturen ohne Überhitzungsgefahr zulässig sind.

V wirkt überdies schwach desoxydierend und denitrierend. Da auch das Primärkorn durch V-Zusätze etwas verfeinert wird, findet es in hochwertigem Stahlguß Verwendung.

In Stählen mit besonderen physikalischen Eigenschaften ist die Wirkung des V auf die dauermagnetischen Eigenschaften ähnlich der von Cr, Mo und W. Es erhöht bis zu 18% den Curiepunkt und erniedrigt die magnetische Sättigung. Kleine V-Gehalte erhöhen die Permeabilität. Von V-haltigen walzbaren *Magnetlegierungen* sind Permandur (49 Fe, 49 Co, 2 V), Vicalloy (53 W, 9,5 V, 0,6 Ti und 37 Fe) und Vicalloy II (32 bis 54 Co, 8 bis 14 V, 34 bis 38 Fe) zu erwähnen.[1]

Im *Gußeisen* wirken 0,2 bis 0,5% V hauptsächlich als karbidstabilisierendes Element im Hartguß, wo es die Dicke der Härteschicht erhöht. Außerdem wirkt es gefügeverfeinernd und verhindert die Bildung grober nadeliger Härtegefüge.[2]

3. Vanadin in Titan-Legierungen

Die wachsende Titanindustrie[3] ist ein interessanter Bedarfsträger für Vanadin. Es zählt zu den Elementen, welche eine starke Festigkeitssteigerung im Titan hervorrufen, und übertrifft hierin seine Nachbarn Nb und Ta beträchtlich.[4]

---

[1] Iron Age 190 (1962) 74.
[2] PIWOWARSKY, E.: Hochwertiges Gußeisen (Grauguß), 2. Aufl. Berlin/Göttingen/Heidelberg: Springer 1958, 764ff.
[3] McQUILLAN, A. D., u. M. K. McQUILLAN: Titanium. London: Butterworths Scient. Publ. 1956. — ABKOWITZ, ST., J. J. BURKE u. R. H. HILTZ: Titanium in Industry. New York: VAN NOSTRAND 1955.
[4] WEIGAND, H. H.: Stahl und Eisen 80 (1960) Nr. 3, 174.

Das Zustandsschaubild Ti-V (s. Abb. 93a) zeigt die im Gleichgewichtszustand vorhandenen Phasen.

Nachdem die neueste Legierungsentwicklung vor allem zur Verwendung β-stabilisierender Legierungselemente geht, welche keine intermetallischen Verbindungen bilden, hat sich dem Vanadin (und neuerdings auch dem Niob) ein entsprechendes Anwendungsgebiet eröffnet.

Neben reinen Ti-V-Legierungen haben vor allem V-Al-haltige Ti-Legierungen technisches Interesse gefunden; deshalb kann V meist als aluminothermisch erzeugtes Produkt (85 V, bis 15 Al) verwendet werden.

Die wichtigsten V-haltigen Ti-Legierungen sind in Tab. 74 zusammengestellt. Die Legierung Ti 6 Al 4 V ist die derzeit am meisten verwendete Zusammensetzung. Zwei Gruppen von Legierungen gewinnen in jüngster Zeit an Bedeutung, und zwar die α-Legierungen 1, 3 und 4, welche in USA auf ihre Verarbeitbarkeit zu Blechen geprüft werden, und die $\alpha + \beta$-Legierungen Ti 7 Al 4 Mo (16), Ti 8 Al 2 Nb 1 Ta (17) und Ti 8 Al 1 Mo 1 V (18), welche besonders für geschmiedete Teile geeignet sind, sowie Ti-(15 bis 17,5) Nb-(10 bis 15) Al.

Tabelle 74
Chemische Zusammensetzung technischer Titanlegierungen (nach WEIGAND[1])

Legierungs-Nr.	Legierungsart	Al %	Cr %	Fe %	Mn %	Mo %	Sn %	V %	Sonstiges %
1	α	2,75	—	—	—	—	13,0	—	—
2	α	4,0	—	—	—	—	—	—	12 Zr
3	α	5,0	—	—	—	—	2,5	—	—
4	α	8,0	—	—	—	—	—	—	8 Zr, 1 Nb/Ta
5	$\alpha + \beta$	—	—	—	8,0	—	—	—	—
6	$\alpha + \beta$	—	2,0	2,0	—	2,0	—	—	—
7	$\alpha + \beta$	2,25	—	—	3,25	—	—	—	—
8	$\alpha + \beta$	2,5	—	—	—	—	—	16,0	—
9	$\alpha + \beta$	3,0	—	—	—	—	—	2,5	—
10	$\alpha + \beta$	3,0	5,0	—	—	—	—	—	—
11	$\alpha + \beta$	4,0	—	—	4,0	—	—	—	—
12	$\alpha + \beta$	4,0	—	—	—	3,0	—	1,0	—
13	$\alpha + \beta$	5,0	2,75	1,25	—	—	—	—	—
14	$\alpha + \beta$	5,0	1,5	1,5	—	1,2	—	—	—
15	$\alpha + \beta$	6,0	—	—	—	—	—	4,0	—
16	$\alpha + \beta$	7,0	—	—	—	4,0	—	—	—
17	$\alpha + \beta$	8,0	—	—	—	—	—	—	2 Nb, 1 Ta
18	$\alpha + \beta$	8,0	—	—	—	1,0	—	1,0	—
19	β	—	—	—	—	30,0	—	—	—
20	β	4,0	11,0	—	—	—	—	13,0	—
21	β	1,3	—	5,0	—	—	—	8,0	—

[1] WEIGAND, H. H.: Stahl und Eisen 80 (1960) Nr. 3, 174. 301.

Tabelle 75
Mechanische Eigenschaften technischer Titanlegierungen (nach WEIGAND)

Legierungs-Nr. nach Tab. 74	Glühung	0,2-Grenze kg/mm²	Zugfestigkeit kg/mm²	Bruchdehnung %	Brucheinschnürung %	Kerbschlagzähigkeit[4] kgm/cm²
1	1 Stunde 800 °C/Luft	89,0	104,5	17,0[1]	20,5	—
2	1 Stunde 850 °C/Luft	—	73,0	16,0[2]	47,5	—
3	30 Minuten 815 °C/Luft	84,5	88,0	18,0[3]	40,0	3,5
4	4 Stunden 870 °C/Ofen	88,0	102,0	16,0[3]	29,0	—
5	1 Stunde 675 °C/Ofen	84,5	91,5	15,0[3]	32,0	—
6	2 Stunden 650 °C/Luft	90,0	93,5	26,0[3]	55,0	—
7	—	84,5	93,0	16,0[3]	—	—
8	20 Minuten 760 °C/Wasser	39,0	78,0	18,0[3]	36,0	—
9	1 Stunde 705 °C/Luft	56,0	58,5	21,5[3]	—	—
10	1 Stunde 705 °C/Luft	102,0	109,0	13,5[3]	40,0	2,5
11	1 Stunde 705 °C/Luft	95,0	102,0	18,0[3]	40,0	5,0
12	20 Minuten 845 °C/Wasser	64,5	102,5	12,0[3]	27,0	—
13	1 Stunde 790 °C/Luft	110,0	115,5	16,0[3]	40,0	2,5
14	24 Stunden 650 °C/Luft	98,5	109,0	15,0[3]	35,0	2,5
15	30 Minuten 815 °C/Luft	91,5	98,5	13,0[3]	40,0	3,5
16	1 Stunde 790 °C/Luft	108,5	114,0	17,0[3]	42,5	2,5
17	1 Stunde 900 °C/Luft	91,5	95,5	18,0[1]	45,0	4,0
18	24 Stunden 760 °C/Luft	93,0	96,5	18,0[3]	47,0	—
19	1 Stunde 650 °C/Luft	91,0	92,0	16,0[3]	—	—
20	30 Minuten 760 °C/Luft	95,0	98,0	15,0[3]	40,0	—
21	30 Minuten 675 °C/Ofen	118,0	125,0	11,5	—	—

[1] $L_0 = 25{,}4$ mm, [2] $L_0 = 2\,d_0$, [3] $L_0 = 50{,}8$ mm, [4] An Charpy-Spitzkerbproben.

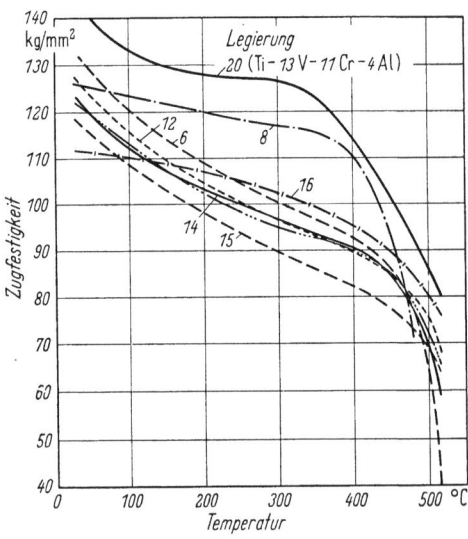

Abb. 163. Die Warmfestigkeit vanadinhaltiger und vanadinfreier Ti-Legierungen in Abhängigkeit von der Temperatur (Bezeichnung der Legierungen s. Tab. 74) (nach WEIGAND)

Tab. 75 zeigt einige mechanische Eigenschaften V-haltiger Ti-Legierungen. Durch besondere Festigkeitseigenschaften und Kaltverformbar-

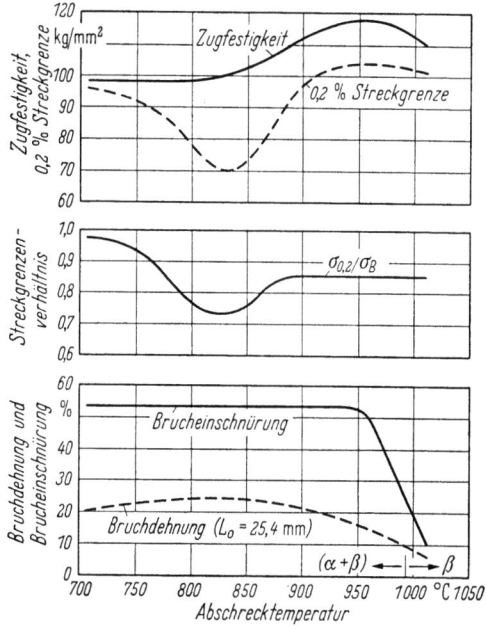

Abb. 164. Die Festigkeitseigenschaften einer Ti 11 Cr 13 V-Legierung nach Aushärtung (nach WEIGAND)

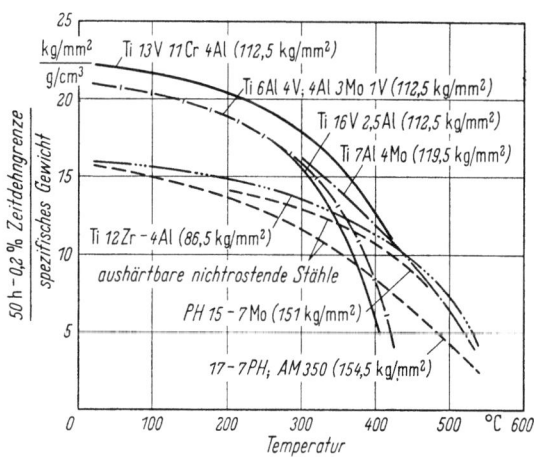

Abb. 165. Die Festigkeitseigenschaften von vanadinfreien und vanadinhaltigen Ti-Legierungen unter Berücksichtigung des spezifischen Gewichtes im Vergleich zu aushärtbaren rostfreien Stählen (nach WEIGAND)

keit zeichnet sich die Legierung Ti 4 Al 11 Cr 13 V (20 in Tab. 74) aus. Sie kann durch Aushärtung auf Festigkeiten von etwa 170 kg/mm² vergütet werden (s. Tab. 76 und Abb. 163 und 164).

266 Legierungen der Va-Metalle

Wie günstig V-haltige Titanlegierungen unter Berücksichtigung des besonders im Flugzeugbau wichtigen Verhältnisses Festigkeit : spez. Gewicht bei Temperaturen von 100 bis 500 °C gegenüber anderen Werkstoffen liegen, geht nach WEIGAND aus Abb. 165 hervor.

Tabelle 76. *Festigkeitseigenschaften von Ti 4 Al 11 Cr 13 V*
(Legierung 20 nach Tab. 74) (nach WEIGAND)

Wärmebehandlungszustand	0,2-Grenze kg/mm²	Zugfestigkeit kg/mm²	Bruchdehnung ($L_0 = 50{,}8$ mm) %	Brucheinschnürung %
lösungsgeglüht	95	98	15	40
ausgehärtet	120	134	6	—
	127	141	5	—
	134	148	4	—
	141	155	3	—
	155	169	2	—

Die Bewährung der hoch-Nb(Al)-haltigen Ti-Legierungen steht noch aus.

4. Niob (Tantal) in Edelstählen, hochwarmfesten Legierungen usw.

Niob wird nach MILLER[1] in Kombination mit Vanadin und Molybdän mit Erfolg in *ferritischen 12%igen Chromstählen* eingesetzt. Nach RAPATZ[2] trägt es in diesen Stählen zur Erhöhung der Warmfestigkeit und zur Verbesserung der Schweißbarkeit bei. Die Verbesserung der Hochtemperatureigenschaften durch Legieren der 12%igen Chromstähle mit Molybdän, Vanadin und Niob gehen nach SYKES[3] aus Abb. 166 hervor. Bei der Kohlenstoffstabilisierung (Verhinderung interkristalliner Korrosion durch Bildung stabiler Karbide in den

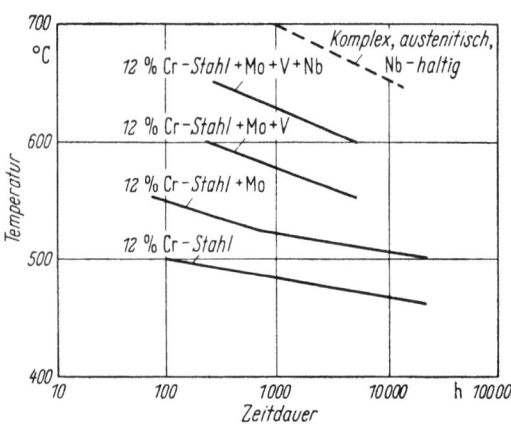

Abb. 166. Warmfestigkeit von 12% Cr-Stählen mit Mo-, V- und Nb-Zusätzen (nach SYKES)

---

[1] MILLER, G. L.: Tantalum and Niobium. London: Butterworths Scient. Publ. 1959.
[2] RAPATZ, E.: Die Edelstähle, 5. Aufl. Berlin/Göttingen/Heidelberg: Springer 1962.
[3] SYKES, C.: The Special Steel-Maker and Power Generation. Cleveland Scientific and Technical Institution, Middlesborough, England, 1956.

Korngrenzen) von rostfreien 18/8-Stählen und ähnlichen austenitischen Chrom-Nickel-Stählen haben sich Titan und Niob (Tantal) hervorragend bewährt. Es kommt gewöhnlich bei Titan der 5fache und bei Niob der 10fache Gehalt des in der Legierung verbleibenden Kohlenstoffes zum Einsatz. Mit dem Jahrzehnte alten Wettstreit des in Europa bevorzugten Titans gegenüber dem in USA bevorzugten Niob befaßt sich MILLER[1] eingehend in seinem Buch (S. 22/24). Für Titan spricht vor allem der billige Preis im Ferrotitan und für Niob u. a. die besseren Gießeigenschaften des 18/8-Stahles sowie eine bessere Qualität und Blechausbeute wegen Fehlens der typischen störenden Titankarbid-(nitrid)-Einschlüsse. Ein Zug nach verstärktem Einsatz von Niob (Ta) ist auch in Europa deutlich zu spüren, wofür beispielsweise auch englische Vergleichsdaten (s. Abb. 167) und Untersuchungen von BAILEY u. a.[2] an 16 verschiedenen niobhaltigen Stählen (0,06 bis 0,16 C, 0,4 bis 1,6 Mangan, 0,3 bis 0,8 Si, 17,5 bis 19,2 Cr, 11 bis 14,5 Ni, 0,9 bis 1,8 Nb) sprechen.

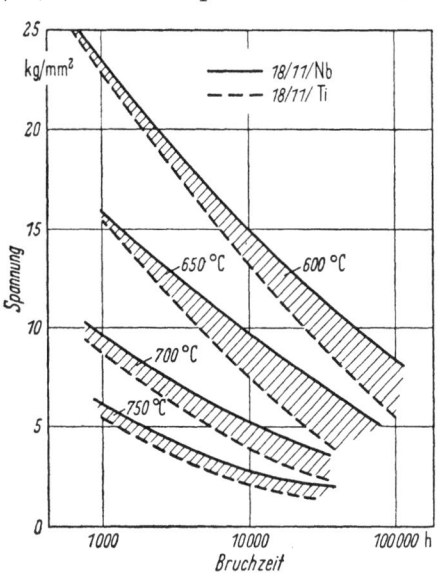

Abb. 167. Zeitstandverhalten von Ti- und Nb-stabilisierten 18/11 Cr-Ni-Stählen (nach BAILEY u. a.)

In hochwarmfesten Stählen und Legierungen, besonders auf Kobalt- und Nickelbasis, finden wir heute bereits Niob in Mengen bis etwa 5%, wobei besonders die gute Temperaturwechselbeständigkeit und Schlagfestigkeit hochniobhaltiger Legierungen bei höheren Temperaturen hervorgehoben wird.[1, 3]

Abb. 168 zeigt nach BUNGARDT[3] die Zusammensetzungsgrenzen hochwarmfester Stähle und Legierungen, eingeteilt in 4 Hauptgruppen, wobei höhere Niobgehalte besonders in den ersten 2 Legierungsgruppen auftreten. Abb. 168 zeigt ferner[3] die 1000 Stunden-Zeitstandfestigkeit ausgewählter Legierungen aus den 4 Gruppen, die für sich selbst spricht.

Für Hochtemperaturanwendungen entwickelte HEYNES[4] eine gegossene, Nb-haltige Ni-Cr-Legierung unter der Bezeichnung BPE 10

---

[1] MILLER, G. L.: Tantalum and Niobium. London: Butterworths Scient. Publ. 1959.
[2] BAILEY, W. H. u. a.: Institution of Mechanical Engineers, 20. Nov. 1957.
[3] BUNGARDT, K.: Stahl und Eisen 75 (1955) Nr. 21, 1383.
[4] HEYNES, F. G.: J. Inst. Met., April 1962, 311.

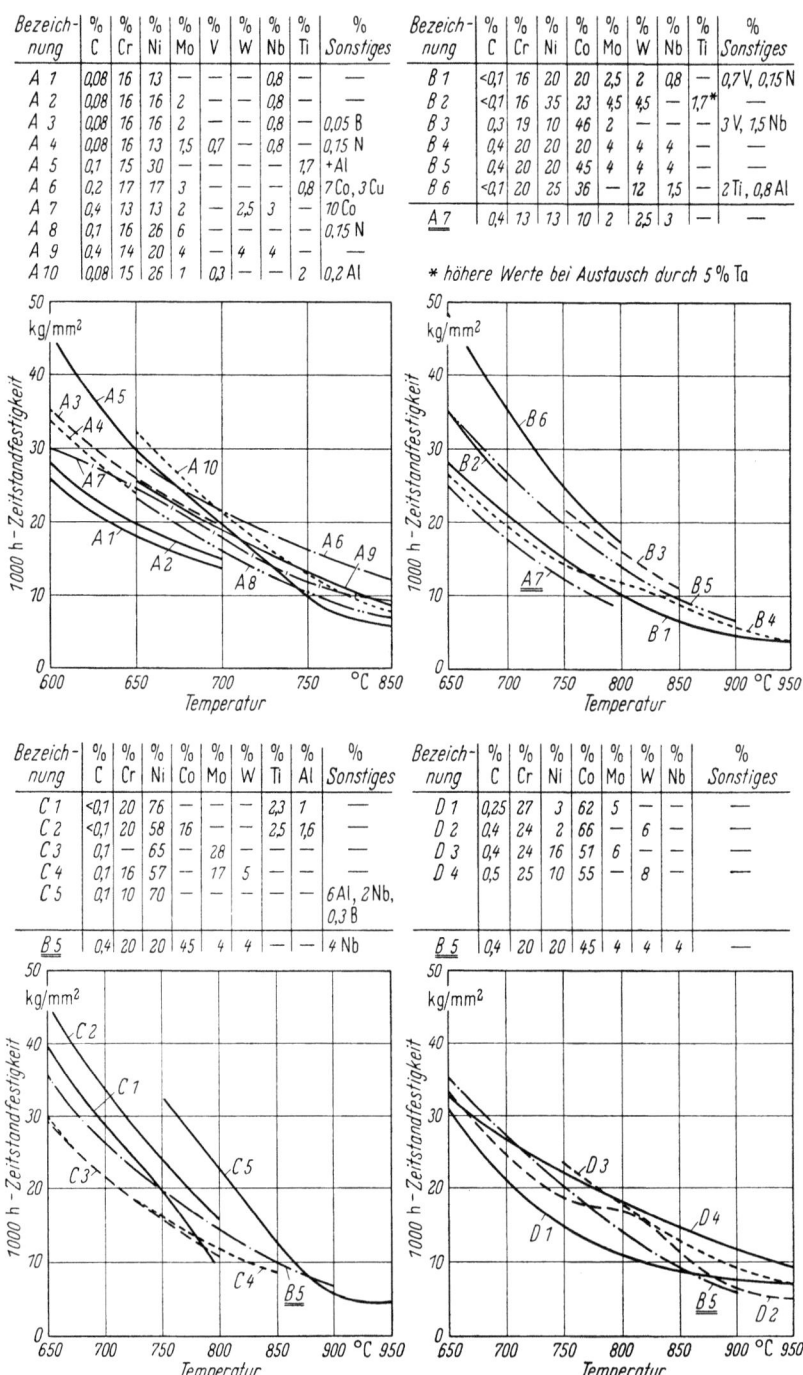

Abb. 168. 1000 Stunden-Zeitstandfestigkeit hochwarmfester Stähle und Legierungen (nach BUNGARDT)

(Analyse: maximal 0,05 C, 0,25 Si, 0,25 Mn, maximal 4 Fe, 20,0 Cr, 2,5 W, 6,0 Mo, 6,5 Nb, Rest Ni), die sich beim Gießen an Luft besser als die aluminium-titanhaltigen Nickel-Chrom-Legierungen vom Typus Nimonic 90 bewährt haben soll.

In Legierungen auf Nickel-Molybdän- bzw. Nickel-Molybdän-Chrom-Basis haben sich Niobzusätze ebenfalls bewährt[1], desgleichen Zusätze von 1% Nb zu 18 Cr-13 Ni-Stählen für reaktortechnische Zwecke.[2]

Diese niobstabilisierten Chrom-Nickel-Stähle finden entsprechend auch als Schweißelektrodenwerkstoffe weitgehend Anwendung.[3] Etwa 4% des in USA verbrauchten Niobs gehen in niobhaltige, austenitische Nickel-Chrom-Legierungen für Schweißdrähte ein[4] (s. auch Tab. 1).

5. Vanadin, Niob und Tantal in Ferrolegierungen und aluminothermischen Speziallegierungen

Ferrovanadin wird in Europa aluminothermisch aus technisch reinem V_2O_5 gewonnen, während in USA auch silikothermische und elektrothermische Reduktion mit Kohlenstoff (eventuell eine Kombination von Si und C) zumindest bei den dortigen niedrigvanadinhaltigen Qualitäten in Gebrauch sind. Typische Analysen von europäischen und amerikanischen Legierungen gehen aus Tab. 77[5] hervor.[6]

Ferro-Niob (*Tantal*) und *Ferro-Tantal* (*Niob*) werden heute fast ausschließlich aluminothermisch gewonnen.[7] Kleine Zuschläge von Magnesium, Kaliumchlorat und BaO_2 haben sich, ebenso wie ein Vorwärmen der Charge, bewährt, nicht jedoch ein teilweiser Ersatz des Aluminiums durch Silizium. Typische Ferro-Niob-Tantal- und Ferro-Tantal-Niob-Analysen gehen aus Tab. 78 hervor. Ferro-Tantal-(Niob) wird gewöhnlich nur für Sonderstähle und die Hartmetallindustrie erzeugt.

---

[1] PREECE, A., u. G. LUCAS: J. Inst. Met. 81 (1952/53) 219.

[2] MCINTOSH, A. B.: Chem. and Ind. (Rev.) June 1957, No. 22, 687. — HOWELL, G. R.: Brit. Chem. Engng. 1/1 (1956) 8. — HOGG, I. H.: Welding & Metal Fabrication 22/1 (1954). — Siehe auch F. RAPATZ: Die Edelstähle, 5. Aufl. Berlin/Göttingen/Heidelberg: Springer 1962.

[3] RENO, T. H.: Bull. U. S. Bur. Min. 556 (1955).

[4] CARMICHAEL, R. L.: in B. W. GONSER u. E. M. SHERWOOD (Hrsg.): Technology of Columbium (Niobium). New York: Wiley & Sons 1958.

[5] SMETANA, O.: in R. DURRER u. G. VOLKERT (Hrsg.): Die Metallurgie der Ferrolegierungen. Berlin/Göttingen/Heidelberg: Springer 1953, 381.

[6] STRAUSS, J.: Encyclopedia of Chemical Technology 14 (1955) 583. — Gesellschaft für Elektrometallurgie m. b. H., GfE-Informationsdienst, I. Speziallegierungen (1961).

[7] BURCHELL, T.: Proceedings of a Symposium, Juli 1949, The Institute of Mining and Metallurgy, London, 1950.

270 Legierungen der Va-Metalle

Tabelle 77
Analysenvorschriften für europäische und amerikanische Ferrovanadinsorten
(nach MATUSCHKA)

	Europa			Amerika		
	1	2	3	4	5	6*
V %	35 bis 55	60	80	30 bis 40	35 bis 45	35 bis 45
C %	0,50	0,10	0,10	3,50	0,50	0,20
Si %	2,00	1,00	1,00	12,00	3,50	1,25
Al %	2,00	1,00	1,00	1,50	1,50	1 bis 2
P %	0,15	0,05	0,05	0,25	0,10	n. b.
S %	0,10	0,05	0,05	0,40	0,20	n. b.

* Es werden in USA auch ähnliche hochvanadinhaltige Legierungen wie 2 und 3 erzeugt.

Tabelle 78. *Ferro-Niob-Tantal- und Ferro-Tantal-Niob-Analysen*
(nach RÖSNER[1], ergänzt)

Nr.	Bezeichnung	Nb %	Ta %	Ti %	Mn %	Al %	Si %	Sn %	Fe %	C %
1		35	25	2	10	2	2	0,2	Rest	n. b.
2	deutsch	67,7	8,8	n. b.	4,87	0,10	1,54	n. b.	15,6	n. b.
3	Fe-Nb-Ta	62,44	2,35	5,90	6,17	2,53	n. b.	n. b.	Rest	n. b.
4		60		2—4	>3	>2	3—5	n. b.	Rest	0,2
5		57,7		n. b.	8,6	0,2	n. b.	0,14	Rest	n. b.
6	deutsch	25,8	34,1	0,71	n. b.	1,44	2,85	3,10	Rest	n. b.
7	Fe-Ta-Nb		45	0,1	1,0	0,1	0,25	0,1	Rest	n. b.
		23 bis 8	bis 60	bis 0,5	bis 1,5	bis 0,5	bis 0,45	bis 0,3		
8	amerikanisch Fe-Nb-Ta	70,63		n. b.	n. b.	1,50	4,66	0,51	Rest	n. b.
9		75		n. b.	n. b.	5	0,1	n. b.	19,2	0,1
10	englisch Fe-Nb-Ta	52,8		1,92	1,87	2,86	1,0	Sp.	Rest	0,05
11		63,1	5,5	0,42	2,00	1,55	0,39	0,16	25,75	0,10

[1] RÖSNER, O.: in R. DURRER u. G. VOLKERT (Hrsg.): Die Metallurgie der Ferrolegierungen. Berlin/Göttingen/Heidelberg: Springer 1953, 316.

Für hochwarmfeste, eisenfreie Sonderlegierungen und Titan-Vanadin-Aluminium-Legierungen wurden von der Ferrolegierungsindustrie unter anderem auch *vanadin-niob- und tantalhaltige Spezialvorlegierungen* entwickelt, die sich — zum Teil in vakuumentgaster Form — besonders gut zur Erzeugung dieser hochlegierten Werkstoffe eignen. Tab. 79 bringt einen Auszug aus einer auch Chrom-, Molybdän-, Wolfram-, Nikkel-, Kobalt-, Aluminium-, Silizium- und Borvorlegierungen enthaltenden Zusammenstellung der GfE[1] mit entsprechenden Richtanalysen.

[1] Gesellschaft für Elektrometallurgie m. b. H., GfE-Informationsdienst, I. Speziallegierungen (1961).

Abb. 169 zeigt den Abstich der Korundschlacke bei der metallothermischen Gewinnung von vanadin-, niob- und tantalhaltigen Sonder-

Abb. 169. Korundschlackenabstich bei der metallothermischen Gewinnung von Sonderlegierungen der Va-Metalle (Gesellschaft für Elektrometallurgie)

legierungen. Der perforierte Stahlbehälter enthält eine Magnesitausmauerung. Darüber befindet sich eine Rutsche zur Einführung des Oxyd-Aluminium-Gemenges.

G. Vanadin, Niob und Tantal in Hartmetallen

1. Allgemeines

Der wichtige Einsatz von Vanadin, Niob und Tantal, vorzugsweise als VC, NbC, TaC und WC-TiC-haltige Karbidmischkristalle in Hartmetallen, kann hier nur vom metallurgischen Standpunkt aus gedrängt behandelt werden. Es sei auf die umfassenden Fachbücher (s. S. 261) verwiesen.

Die nichtkarbidischen Hartstoffe der Va-Metalle, wie Nitride[1,2], Boride[2] und Silizide[2], haben bislang noch keine besondere technische Bedeutung erlangt[3] (s. S. 260).

---

[1] BRAUER, G.: J. Less-Common Metals 2 (1960) 131.
[2] KIEFFER, R., u. F. BENESOVSKY: Hartstoffe. Wien: Springer 1963.
[3] KIEFFER, R., u. F. BENESOVSKY: Hartmetalle. Wien: Springer (Neuauflage im Druck).

Tabelle 79. *Analysen von metallothermisch*

Speziallegierungen	Verhältnis der Komponenten	V	Nb	Ta	Al	Cr	Co
Al-Nb-Ta	9:4:2	—	etwa 27	etwa 14	etwa 57	—	—
Cr-Nb(Ta)	35:65	—	60 bis 63	0,5 bis 2	max. 1	33 bis 35	—
Cr-Nb(Ta)	1:4	—	77 bis 80	etwa 1	max. 1	17 bis 20	—
Co-Nb-Ta	2:3	—	55 bis 65	55 bis 65	max. 1	—	30 bis 45
Ni-Nb	7:3	—	28 bis 35	max. 1	max. 1	—	—
Ni-Nb	2:3	—	54 bis 57	max. 1	max. 1	—	—
Ti-Al-Nb-Ta	10:8:2:1	—	7 bis 10	4 bis 5	35 bis 40	—	—
Co-W-Mo-Cr-V vakuumentgast	—	6,5 bis 7,5	—	—	—	9 bis 10	16 bis 18
Ni-V	1:1	49 bis 50	—	—	max. 0,75	—	—
V-Al	85:15	etwa 85	—	—	etwa 15	—	—
V-Al	55:44	etwa 55	—	—	etwa 44	—	—
V-Al	45:55	44 bis 45	—	—	54	—	—
V-Cr-Al vakuumentgast	13:11:3	47 bis 49	—	—	10 bis 12	39 bis 41	—

Zusätze von Tantal- und Niob-Karbid, besonders in WC-Co- und WC-TiC-Co-Standardhartmetallen bewirken eine Kornverfeinerung und ferner eine geringfügige Härtesteigerung, die nicht, wie meist üblich, auf Kosten der Zähigkeit geht. VC findet man in kleinen Mengen (<1%) in Sonderqualitäten zur Hartgußbearbeitung und insbesondere in WC-freien Hartmetallen auf TiC-VC-Basis (10 bis 50% VC).

2. TaC(NbC) und VC in WC–Co-Hartmetallen

Tab. 80 zeigt die Eigenschaften einiger druckgesinterter und normalgesinterter Metallkarbide der IVa-, Va- und VIa-Metalle mit 10% Co

gewonnenen Sonderlegierungen (GfE)

Richtanalyse in %

Ni	Mo	W	Ti	Fe	Si	C	S, P, O, H
—	—	—	—	max. 1	max. 0,5	max. 0,05	—
—	—	—	—	max. 1	max. 0,2	max. 0,05	O max. 0,3; H max. 0,002
—	—	—	—	etwa 1	max. 1	max. 0,05	O etwa 1; H/100 g etwa 50 ml
—	—	—	—	max. 2	max. 0,5	max. 0,05	P max. 0,05; S max. 0,10; O max. 0,4; H/100 g max. 70 ml
65 bis 72	—	—	max. 0,3	max. 1	max. 0,5	max. 0,05	P max. 0,05; S max. 0,10
41 bis 42	—	—	—	max. 2	—	max. 0,2	—
—	—	—	46 bis 50	max. 1	—	max. 0,3	—
—	12 bis 14	16 bis 18,5	—	26 bis 30	max. 0,8	2,8 bis 3,2	—
49 bis 50	—	—	—	max. 0,3	max. 0,2	max. 0,10	P max. 0,02; S max. 0,02
—	—	—	—	etwa 0,5	etwa 0,4	—	—
—	—	—	—	0,2 bis 0,4	0,1 bis 0,2	—	—
—	—	—	—	max. 0,3	max. 0,1	—	—
—	—	—	—	max. 0,2	max. 0,2	max. 0,06	—

und Tab. 81 die Wirkung von VC und TaC-NbC-Mischkristallen in handelsüblichen WC-TaC-(NbC)-Co-Hartmetallen. Die graphische Auswertung von systematischen Reihenuntersuchungen ist nach KIEFFER in Abb. 170 wiedergegeben.

TaC und TaC-NbC-Mischkristalle in größeren Mengen setzen — im Gegensatz zu TiC- und TiC-TaC(NbC)-Mischkristallen (Abb. 170 und 171) — die Härte von WC-Co-Hartmetallen herab.

Die Ergebnisse einer Legierungsstudie mit 1 bis 10% VC und 1 bis 20% NbC gehen aus Tab. 82 hervor. VC wirkt in Mengen über 1 bis 2% stark versprödend, während reines NbC sich wie TaC-NbC-Mischkristalle bei der Zerspanung von Stahl auswirkt.

Tabelle 80. *Eigenschaften druckgesinterter Metallkarbide mit 10% Kobalthilfsmetall*
(nach KIEFFER, BENESOVSKY u. MESSMER)

Gruppe	Zusammensetzung Gew.-%	Rockwellhärte HRa	Biegebruchfestigkeit kg/mm² *	Dichte g/cm³	Färbung des Bruches
IV a	90 TiC 10 Co	91 bis 92	80 bis 90	4,96	mausgrau
	90 ZrC 10 Co	90 bis 91	70 bis 80	6,83	hellgrau
	90 HfC 10 Co	89 bis 90	90 bis 100	11,58	hellgrau, glänzend
V a	90 VC 10 Co	87 bis 89	60 bis 80	5,45	silbrig, glänzend
	90 NbC 10 Co	88 bis 89	90 bis 110	7,74	braunviolett
	90 TaC 10 Co	85 bis 87	70 bis 90	13,00	goldgelb, glänzend
VI a	90 Cr₃C₂ 10 Co	84 bis 86	50 bis 70	6,73	hellgrau, glänzend
	90 Mo₂C 10 Co	86 bis 87	50 bis 70	9,06	hellgrau
	90 WC 10 Co	89 bis 91	160 bis 180	14,41	blaugrau

* Ermittelt an vakuumgesinterten Proben.

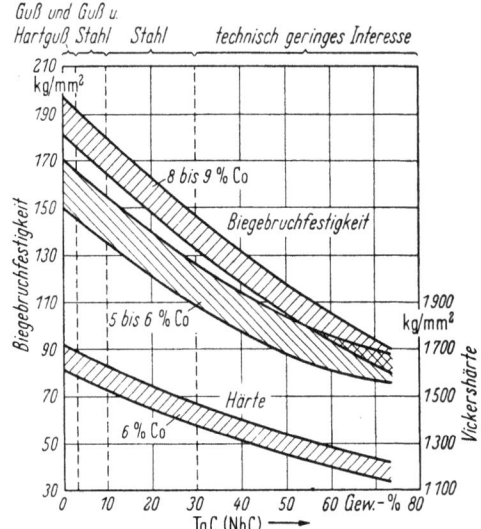

Abb. 170. Die Wirkung von TaC(NbC)-Zusätzen auf die Biegebruchfestigkeit und Härte von WC-Co-Hartmetallen (nach KIEFFER)

3. TaC(NbC) in WC-TiC-Co-Hartmetallen

Von COMSTOCK[1] wurde der Vorschlag gemacht, an Stelle von WC-TaC-Co- und WC-TiC-Co-Hartmetallen Mehrstoffkarbidlegierungen auf der Basis WC-TiC-TaC-Co einzuführen. Diese Legierungen, die in weiteren Grenzen 35 bis 80% WC, 5 bis 45% TaC, 0,5 bis 30% TiC und 1

---

[1] A. P. 1973428 (1932); DRP 662058 (1932).

Tabelle 81. *Zusammensetzung, Eigenschaften und Anwendungsgebiete von WC-TaC(NbC)-Co-Hartmetallen* (nach KIEFFER)

\multicolumn{3}{c	}{Zusammensetzung % Sollanalyse}	Dichte g/cm³	Rockwellhärte HRa	Vickershärte kg/mm²	Biegebruchfestigkeit kg/mm²	Anwendungsgebiete
WC	TaC(NbC)	Co					
93	0,7 + (0,3 VC)	6	14,6 bis 14,8	91 bis 91,5	1600 bis 1700	140 bis 160	Bearbeitung von Spezialhartguß
91,5	1 + (0,5 VC)	7	14,5 bis 14,7	91,5 bis 92	1650 bis 1750	135 bis 150	
92	2,5	5,5	14,8 bis 15,0	91 bis 92	1600 bis 1700	140 bis 160	Hartgußbearbeitung
75	5	20	13,1 bis 13,3	84 bis 86	1100 bis 1200	210 bis 240	Verschleißteile
70	5	25	12,8 bis 13,0	82 bis 84	950 bis 1050	200 bis 230	
84	10	6	14,5 bis 14,7	89 bis 90	1500 bis 1600	140 bis 160	Bearbeitung von Guß und weichen bis mittelharten Stählen
81	10	9	14,3 bis 14,5	88 bis 90	1400 bis 1500	160 bis 180	
74	20	6	14,4 bis 14,6	88 bis 89	1450 bis 155	150 bis 170	Bearbeitung von weichen und mittelharten Stählen
60	27	13	13,7 bis 13,9	86 bis 88	1200 bis 1300	180 bis 210	

Tabelle 82. *Ergebnisse einer Legierungsstudie mit 1 bis 15% VC und 1 bis 20% NbC* (nach KIEFFER)

Zusammensetzung in %				Rockwell-härte HRa	Biegebruch-festigkeit kg/mm²	Bemerkung
WC	VC	NbC	Co			
94	1	—	5	91,5	140 bis 160	für Guß- und Hartgußbearbeitung
89	5	—	5	92	120 bis 140	für Guß, Versprödung
79	10	—	5	92	100 bis 120	für Guß, zunehmende Versprödung
94	—	1	5	91,5	160 bis 180	Guß- und Hartgußbearbeitung
93	—	2	5	91,5	155 bis 175	Guß- und Hartgußbearbeitung
90	—	5	5	91	145 bis 170	Guß und harte Stähle
85	—	10	5	90,5	140 bis 160	Guß und Stahl
75	—	20	5	bis 90	120 bis 140	für weiche Stähle

bis 30% Hilfsmetalle der Eisengruppe, in engeren Grenzen 50 bis 70% WC, 10 bis 35% TaC, 3 bis 10% TiC und 5 bis 15% Hilfsmetalle enthalten sollen, weisen etwas größere Zähigkeit als reine WC-TiC-Co-Legierungen und größere Schneidhaltigkeit als WC-TaC-Co-Legierungen auf. Von COMSTOCK wird noch die geringe Auskolkung (Kolkverschleiß) dieser Legierungen bei der Bearbeitung von Stahl hervorgehoben. Die WC-TiC-TaC-Co-Legierungen haben in Amerika große Verbreitung gefunden und die WC-TiC-Co- und WC-TaC-Co-Legierungen fast vollkommen verdrängt; sie sind nach dem 2. Weltkrieg auch in Europa mit Erfolg eingeführt worden. Die WC-TiC-TaC(NbC)-Co-Hartmetalle sind allerdings rohstoffmäßig etwas teurer als reine WC-TiC-Co-Legierungen, was insbesondere für die hoch-TaC-haltigen Sorten zutrifft.

Bei einer Gegenüberstellung von TaC-freien und TaC-haltigen WC-TiC-Co-Hartmetallen (Tab. 83) — wobei als Faustregel unterstellt wurde, daß 1% TaC in der Schneidleistung etwa 0,5% TiC entspricht — sieht man, daß die TaC(NbC)-haltigen Hartlegierungen bei sonst gleicher Analyse den TaC(NbC)-freien Legierungen um etwa 5 bis 15% in der Biegebruchfestigkeit überlegen sind. KIEFFER[1] führt dies auf die Fähigkeit des TaC, reine Mischkristalle zu bilden, sowie auf dessen kornwachstumshemmende Wirkung in der Karbidphase zurück. Diese Wirkung wurde schon bei dem ersten Auftreten der WC-TaC-Hart-

---
[1] KIEFFER, R.: Powder Met. Bull. 6 (1951) 22.

Tabelle 83. *Gegenüberstellung von TaC-freien und TaC-haltigen
WC-TiC-Co-Hartmetallen* (nach KIEFFER)

TiC %	TaC-NbC %	WC %	Co %	Härte HRa	Biegebruchfestigkeit kg/mm²
40,5	0	Rest	6,5	92 bis 93	80 bis 90
38	5	Rest	6,5	92	95 bis 105
20,5	0	Rest	7,5	91,5	115 bis 125
18	5	Rest	7,5	91	130 bis 140
15	0	Rest	8,5	90	130 bis 145
13	4	Rest	8,5	90	155 bis 165
7,5	0	Rest	9	89	150 bis 160
5	5	Rest	9	89	175 bis 190
7	0	Rest	6,5	91	130 bis 140
4	6	Rest	6,5	91,5	150 bis 170

metalle und später bei den WC-Co-Legierungen für Spezialhartguß mit Zusätzen von 1 bis 2% TaC-TiC- bzw. TaC-VC-Mischkristallen erkannt. Eine höhere Schneidleistung konnte bei gleicher Grundanalyse — abgesehen von der günstigeren Auswirkung einer größeren Zähigkeit — nicht beobachtet werden. Höhere Schneidleistungen lassen sich nur erzielen, wenn man auf Kosten der erzielten höheren Biegebruchfestigkeit den Gehalt an TiC + + TaC entsprechend erhöht. Es muß ferner festgehalten werden, daß die komplexen

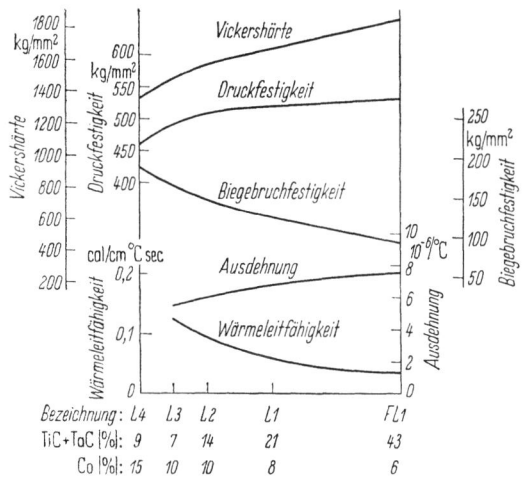

Abb. 171. Wirkung steigender TiC-TaC(NbC)-Zusätze auf WC-(6—15)Co-Hartmetalle (nach AMMANN und HINNÜBER)

WC-TiC-TaC-Co-Legierungen in ihrer Zerspanungsleistung nur dann an diejenige der WC-TiC-Hartmetalle — aufgebaut auf WC-TiC-Mischkristallen in einer WC-Co-Grundmasse — herankommen oder sie übertreffen, wenn die Zusatzkarbide TiC und TaC in Form von möglichst bei 1500° gesättigten oder bei höheren Temperaturen übersättigten WC-TiC-TaC-Mischkristallen vorliegen.

AMMANN und HINNÜBER[1] verweisen darauf, daß WC-TiC-TaC-Co-Hartmetalle im Vergleich zu reinen WC-TiC-Co-Sorten eine um etwa

---

[1] AMMANN, E., u. J. HINNÜBER: Stahl u. Eisen 71 (1951) 1081.

50 bis 100 Vickers-Einheiten höhere Warmhärte haben. Diese Verbesserung kann selbst bei erhöhten Kobaltgehalten erreicht werden.

Eine graphische Auswertung der Wirkung steigender TiC-TaC-(NbC)-Zusätze auf eine WC-Co-Grundmasse mit Kobaltgehalten zwischen 6 und 15% zeigt Abb. 171. Die Darstellung umfaßt praktisch alle heutigen europäischen und amerikanischen Standardqualitäten.

4. NbC(TaC) in warmfesten Hartlegierungen auf TiC-Basis

Bei der Erzeugung von warm- und zunderfesten Hartmetallen auf TiC-Hilfsmetallbasis wurden zwei Arbeitsrichtungen[1] verfolgt: Einerseits die Änderung des Co- oder Ni-Binders in eine an sich warmfeste

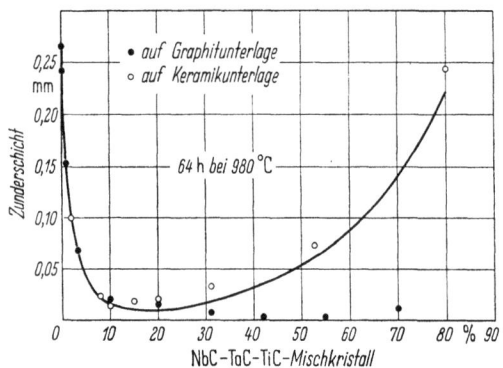

Abb. 172. Einfluß von NbC-TaC-TiC-Mischkristallen (etwa 90% NbC-Gehalt) auf das Zunderverhalten von TiC-Co-Hartmetallen (nach REDMOND und SMITH)

Tabelle 84. *Zusammensetzung warmfester Titankarbidwerkstoffe*

Bezeichnung[1]	TiC %	NbC %	Ni %	Co %	Cr %	Mo %	Al %
K 152 B	64	6	30	—	—	—	—
K 162 B	64	6	25	—	—	5	—
K 175 B 3	34	6	40,5	—	—	15,25	4,25
FS-8	61,6	—	22,2	7,4	7,4	1,4	—
FS-12	33,6	—	39	13	13	1,4	—
FS-26	55,1	—	40	—	4,9	—	—
WZ-12a	75	—	15	5	5	—	—
WZ-12b	60	—	24	8	8	—	—
WZ-12c	50	—	30	10	10	—	—
WZ-12d	35	—	39	13	13	—	—
WZ-3	50	10	32	—	8	—	—

[1] Die mit K bezeichneten Legierungen werden von der Kenna Metal Inc., USA, die mit FS bezeichneten von der Firth Sterling Inc., USA, und die mit WZ gekennzeichneten Legierungen von der Metallwerk Plansee AG., Reutte/Tirol, erzeugt.

---

[1] KIEFFER, R., u. F. BENESOVSKY: Hartmetalle. Wien: Springer (Neuauflage im Druck).

Ni-Cr- bzw. Co-Cr-Legierung[1] und andererseits die Änderung der Karbidphase unter Zusatz von NbC(TaC)[2] und allfällig Cr_3C_2[3]. Tab. 84 gibt die Zusammensetzung dieser untersuchten Titankarbidwerkstoffe wieder. Abb. 172 zeigt den günstigen Einfluß von NbC-TaC-TiC-Mischkristallen auf das Zunderverhalten von TiC-Co-Hartmetallen.[2]

5. WC-freie Hartmetalle

Wolframkarbidfreie Hartmetalle auf TiC-VC-Basis haben im zweiten Weltkrieg wegen Wolframmangels — ebenso wie TiC-Mo_2C-Hartmetalle in den dreißiger Jahren aus Patentgründen — eine gewisse Bedeutung erlangt.

In Konkurrenz zu den an Interesse gewinnenden Oxyd- und Oxyd-Karbid-Schneidkeramiken[4] finden die WC-freien Hartmetalle wiederum steigende Anwendung für die Stahlbearbeitung bei hohen Drehgeschwindigkeiten.

Tab. 85 zeigt die Eigenschaften einer Reihe von TiC-VC-Hartmetallen. Die Ergebnisse sind in guter Übereinstimmung mit Untersuchungen von HOLZBERGER und KRAINER[5], die unterstöchiometrisches VC mit Nickel-Eisenbindern verwendeten.

KIEFFER und KÖLBL[6] haben ferner TiC-NbC-, TiC-TaC-, TaC-Mo_2C- und TiC-NbC-TaC-Legierungen untersucht und fanden besonders gute Zerspanungsergebnisse mit TiC-VC-NbC(Mo_2C)-Mehrkarbidlegierungen mit Eisen-Nickel-Kobalt(Chrom)-Bindern.

Tabelle 85. *Eigenschaften von TiC-VC-Hartmetallen* (nach KIEFFER und KÖLBL)

Nr.	TiC %	VC %	Ni %	Rockwellhärte HRa	Biegebruchfestigkeit kg/mm^2	Dichte g/cm^3
1	90	—	10	92,5	70 bis 80	4,8
2	—	90	10	89	60 bis 70	5,45
3	65	25	10	93,5	90 bis 100	5,05
4	45	45	10	92,5	90 bis 100	5,15
5	25	65	10	92	70 bis 80	5,25

---

[1] KIEFFER, R., u. F. KÖLBL: Z. anorg. Chem. 262 (1950) 229.
[2] REDMOND, J. C., u. E. N. SMITH: Trans. AIME 185 (1949) 987.
[3] TRENT, E. M., A. CARTER u. J. BATEMAN: Metallurgia 42 (1950) 111. — HINNÜBER, J., O. RÜDIGER u. W. KINNA: in F. BENESOVSKY (Hrsg.): 2. Plansee Seminar, Juni 1955, Reutte/Tirol. Wien: Springer 1956, 130.
[4] AGTE, C., R. KOHLERMANN u. E. HEYMEL: Schneidkeramik. Herstellung, Eigenschaften und Anwendung. Berlin: Akademie-Verlag 1959. — KIEFFER, R., u. P. SCHWARZKOPF: Hartstoffe und Hartmetalle. Wien: Springer 1953, 682ff. — KIEFFER, R., u. F. BENESOVSKY: Hartmetalle. Wien: Springer (Neubearb. in Druck).
[5] HOLZBERGER, J., u. H. KRAINER: Diskussionsvortrag IPT, Graz, 1948.
[6] KIEFFER, R., u. F. KÖLBL: Powder Met. Bull. 4 (1949) 4.

VIII. Metallographie der Va-Metalle und ihrer Legierungen

Die Metallographie des Vanadins einerseits und die des Niobs und Tantals andererseits einschließlich ihrer Legierungen wurde in verschiedenen Arbeiten eingehend behandelt[1], wobei die Schliffherstellung weiche Werkstoffe (elektronenstrahlgeschmolzene Reinmetalle mit HV 40 bis 60), mittelharte bis harte Werkstoffe (technisch reine Metalle und Legierungen mit HV 150 bis 600) und härteste Materialien (Hartstoffe und Hartlegierungen mit HV 1000 bis 2800) umfaßt.

Wegen Vanadin und Vanadinlegierungen sei besonders auf die ins einzelne gehenden Ausführungen von ROSTOKER und KLIMEK[2], wegen Reintantal auf die ausgezeichneten Untersuchungen von BAKISH[3], die sich vornehmlich mit der Sichtbarmachung von Versetzungen durch Ätzgrübchen usw. befassen, und wegen vanadin-niob-tantalhaltiger Hartstoffe und Hartmetalle auf KIEFFER-BENESOVSKY[4] verwiesen.

Niob schließt sich in seinem metallographischen Verhalten dem Tantal an; bei binären und ternären Legierungen (s. Ta-W, Nb-W[5], Nb-Mo, Ta-Mo[6], Nb-Mo-Ti[7], Nb-Mo-Re[8]) muß jedoch beim Ätzverhalten und bei der Wahl des geeigneten spezifischen Ätzmittels die zweite und dritte Komponente berücksichtigt werden.

Die besonders säurebeständigen Reinmetalle Niob und Tantal sprechen z. B. nur auf flußsäurehaltige Ätzmittel an, während bei höheren Legierungsgehalten, z. B. an Molybdän und Wolfram, für diese Metalle spezifische Ätzmittel, wie alkalische Ferricyankalilösungen, den Vorzug verdienen.

Das Abtrennen der Muster geschieht je nach Härte der Werkstoffe mit Stahlsägen, Siliziumkarbidtrennscheiben bzw. Diamanttrennscheiben mit reichlicher Zufuhr von Kühlmitteln. Der maschinelle Grob- und Feinschliff (Handschliff bei Einzelproben) erfolgt vor oder nach der Einbettung in reines oder Cu-haltiges, also elektrisch leitendes Kunst-

---

[1] ROSTOKER, W.: The Metallurgy of Vanadium. New York: Wiley & Sons 1958. — MILLER, G. L.: Tantalum and Niobium. London: Butterworths Scient. Publ. 1959.

[2] KLIMEK, E. J.: in W. ROSTOKER: The Metallurgy of Vanadium. New York: Wiley & Sons 1958, 140 ff.

[3] BAKISH, R.: in G. L. MILLER: Tantalum and Niobium. London: Butterworths Scient. Publ. 1959, 717 ff.

[4] KIEFFER, R., u. F. BENESOVSKY: Hartmetalle. Wien: Springer (Neubearbeitung im Druck) — Hartstoffe. Wien: Springer 1963.

[5] BRAUN, H.: Dissertation Mont. Hochschule Leoben 1959.

[6] KIEFFER, B. F.: Diplomarbeit Mont. Hochschule Leoben 1959.

[7] STECHER, P.: Diplomarbeit Mont. Hochschule Leoben 1960.

[8] KIEFFER, B. F.: Dissertation Mont. Hochschule Leoben 1962.

harz mit Karborundum- oder Korundscheiben, Schmirgelbändern bzw. den üblichen Schleifscheiben mit Schleifpapierbeklebung.

Der Läppschliff verläuft wie üblich unter Verwendung der verschiedenen Korund- bzw. Karborundpapiersorten. Mechanische Läppeinrichtungen sind dem Handschliff vorzuziehen. Das Grobpolieren kann mit 8 bis 10 μ, das Feinpolieren mit 2 bis 3 μ Diamantboart und die Feinstpolitur mit 0,3 μ Diamantschleifpaste erfolgen. Für weichere Proben genügen Tonerde und Chromoxydaufschlämmungen und zum Schluß erst die Anwendung von feinster Diamantpaste.

Da auch das mechanische Polieren, wie ROSTOKER und KLIMEK[1] ausführen, „mehr eine Kunst als eine Wissenschaft" ist, wird heute

Tabelle 86. *Zusammensetzung und Wirkungsweise einiger Lösungen zum Elektropolieren von Vanadin* (nach KLIMEK)

Elektrolyt auf Raumtemperatur	Stromdichte	Anwendungen
60 cm³ Perchlorsäure 350 cm³ Butylalkohol 590 cm³ Methylalkohol	1,5 A/cm²	Alle Legierungen, Ätzpolitur
10% H_2SO_4 in H_2O	2,5 A/cm²	Alle Legierungen
20% Oxalsäure in H_2O	2,5 A/cm²	Niedrig legiertes Vanadin, schlecht für Gußgefüge
10% NaCN + 10% NaOH in H_2O	1,5 A/cm²	Schlechte Ergebnisse bei Schmelzproben
1 Teil HNO_3 1 Teil Methylacetat (eisgekühlt)	1,5 A/cm²	Für niedrig legiertes Vanadin, schlechte Ergebnisse bei Schmelzproben

sowohl für Vanadin als auch für Niob und Tantal dem elektrolytischen Polieren der Vorzug gegeben. Die Polier- und Ätzbedingungen für Vanadin und Vanadinlegierungen gehen aus den Tab. 86 und 87 hervor. Für Reinvanadin werden von KINZEL[2] und DUNN[3] auch noch Eisessig mit 5 bis 10% Perchlorsäurezusatz angegeben.

Für das Fertigätzen der Vanadinschliffe werden von

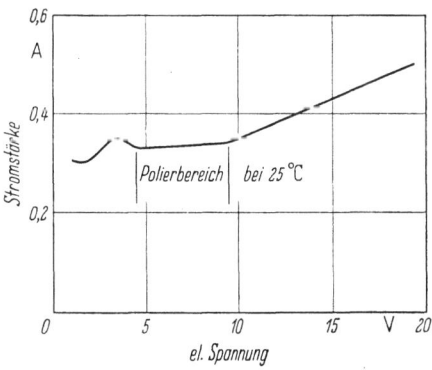

Abb. 173. Typische Stromstärke-Spannungskurve für das Elektropolieren von Ta (nach BAKISH)

[1] KLIMEK, E. J.: in W. ROSTOKER: The Metallurgy of Vanadium. New York: Wiley & Sons 1958, 140ff.
[2] KINZEL, A. B.: Metal Progr. 58 (1950) 315.
[3] DUNN, H. E.: Rare Metals Handbook. New York: Reinhold 1954, 600.

Tabelle 87. *Verschiedene Ätzmittel für Vanadin und Vanadinlegierungen und ihre Anwendungsweise*

Ätzmittel	Angriff	Ätzweise
5% H_2SO_4 in H_2O	schnell	elektrolytisch, 1 bis 5 Sekunden
5% Oxalsäure in H_2O	mittel	elektrolytisch, 5 bis 10 Sekunden
5% NaCN + NaOH in H_2O	mittel	elektrolytisch, 5 bis 10 Sekunden
1 Teil HNO_3 1 Teil Eisessig 1 Teil H_2O	mittel	Schwabbern oder Tauchen, 3 bis 7 Sekunden
10 g $FeCl_3$ 10 cm³ HCl konz. 90 cm³ H_2O	mittel	Tauchen, 7 bis 10 Sekunden
1 Teil HNO_3 1 Teil HF konz. 3 Teile Glyzerin	sehr langsam	Schwabbern, 15 bis 45 Sekunden

ROSTOKER und KLIMEK[1] verschiedene, vor allem saure Ätzmittel verwendet, wobei unter verschiedenen Autoren heute Einigkeit herrscht, daß die elektrolytische Ätzung die zuverlässigsten Ergebnisse zeitigt.[2] ROSTOKER und KLIMEK verwendeten Elektroden aus rostfreiem Stahl.

Für Tantal und Niob sind verschiedene elektrolytische Poliertechniken angewendet worden[3], wobei BAKISH[4] folgende Bedingungen bei Tantal als besonders günstig bestätigte:

90 cm³ H_2SO_4, 95%ig,
10 cm³ HF, 48%ig,
35 bis 45 °C, Pt-Kathode, Stromdichte 0,1 A/cm².

Abb. 173 zeigt nach BAKISH, daß dieses Bad bezüglich Stromdichte und Spannung nicht sehr empfindlich ist.

Für Tantal und Tantallegierungen bringt MILLER[5] ferner eine sehr detaillierte Zusammenstellung verschiedener Elektropolier- und Ätztechniken, die auch auf Niob und Nioblegierungen sinngemäß übertragbar sind (auszugsweise in Tab. 88 wiedergegeben) (vgl. auch die Abb. 173).

---

[1] KLIMEK, G. L.: in W. ROSTOKER: The Metallurgy of Vanadium. New York: Wiley & Sons 1958, 140ff.

[2] Siehe auch H. BRAUN: Dissertation Mont. Hochschule Leoben 1959.

[3] GALL, J. F., u. H. C. MILLER: A. P. 2466095 (1949). — CORTES, F. R.: Metal Progr., Aug. 1961, 97.

[4] BAKISH, R.: in G. L. MILLER: Tantalum and Niobium. London: Butterworths Scient. Publ. 1959, 726.

[5] MILLER, G. L.: Tantalum and Niobium. London: Butterworths Scient. Publ. 1959.

Tabelle 88. *Einige Elektropolier- und Ätzmethoden für Tantal, Niob* und ihre Legierungen* (nach MILLER)

Zweck	Ätzlösung	Dauer	Temperatur °C	Bemerkungen
Chemisches Polieren	5 Teile 95% H_2SO_4 2 Teile 70% HNO_3 2 Teile 48% HF	2 bis 50 Sekunden je nach Temperatur	25 bis 40	Entfernt Kratzer und ergibt eine Oberfläche wie beim Elektropolieren. Zweckmäßige Oberflächenvorbereitung vor dem Formieren
Elektropolieren	90 cm³ 95% H_2SO_4 10 cm³ 48% HF	5 bis 10 Minuten	35 bis 45	Stromdichte 0,1 A/cm², 0,02 A/cm² für Ätzen. Pt oder Kohlekathode, Kühlung bei Ansteigen der Badtemperatur
Elektropolieren	15 cm³ 48% HF 85 cm³ HCl konz.	5 bis 10 Minuten	25	1 A/cm²
Ätzen	1 Teil 20% NH_4F 1 Teil 30% HF	1 Minute	50 bis 60	Ätzt Tantal, aber nicht Ta_2O_5-Einschlüsse
Ätzen	1 Teil H_2SO_4 konz. 1 Teil HNO_3 konz. 1 Teil HF 48%	20 bis 60 Sekunden	25	Vielseitig anwendbar
Ätzen (Ta-Mo-Legierung)	a) 3% HF in HNO_3 konz. anschließend b) 10% $K_3Fe(CN)_6$ + 10% KOH in H_2O	20 bis 60 Sekunden 1 bis 5 Minuten	25 bis 45 25 bis 45	Den Komponenten angepaßte Ätzlösungen

* Bei Niob sind vergleichsweise kürzere Ätzzeiten und niedrigere Temperaturen anzuwenden.

Von den besonderen Ätzmethoden ist noch das thermische Ätzen zu erwähnen (Erhitzen der vorher elektrolytisch polierten Proben im Vakuum auf 1700 bis 2200 °C), das besonders gute Ergebnisse bei grobkristallinem Material ergibt.[1]

BRAUN, KIEFFER und SEDLATSCHEK[2] wendeten die anodische Oxydation bei gesinterten, grobkörnigen Wolfram-Tantal-Legierungen, WOLFF[3] bei Niob- und Wolframlegierungen mit Erfolg an. BRAUN und Mitarbeiter wählten folgende Arbeitsbedingungen: Elektrolyt 0,1 n H_3PO_4, Temperatur 20 ± 2 °C, 240 V, Behandlungsdauer 4 Minuten. Tantal sowie tantalreiche Mischkristalle werden hierbei blau bzw.

---

[1] Vgl. R. BAKISH in G. L. MILLER: Tantalum and Niobium. London: Butterworths Scient. Publ. 1959, 725.
[2] BRAUN, H., R. KIEFFER u. K. SEDLATSCHEK: Plansee-Berichte für Pulvermetallurgie 6 (1958) 104.
[3] WOLFF, U. E.: Trans. Quart. ASM 55 (1962) 363.

blauviolett angefärbt, während Wolfram und wolframreiche Mischkristalle gelblichbraun anlaufen. Die Wolfram-Anlaufschicht kann leicht abpoliert werden, so daß sehr kontrastreiche, farbige Mikroaufnahmen entstehen (s. G. L. MILLER).

IX. Chemische Analyse der Va-Metalle
Bearbeitet von Dr. W. ROCKENBAUER, Basel

In diesem Abschnitt werden die klassischen und modernen Vanadin-, Niob- und Tantal-Bestimmungsverfahren nicht im einzelnen besprochen, sondern nur wichtige Literaturstellen und Quellenangaben neben grundsätzlichen Hinweisen gebracht. Prinzipiell soll zwischen der Bestimmung von Vanadin, Niob und Tantal neben größeren Mengen anderer Elemente (wie z. B. in Erzen, Legierungen usw.) und der Prüfung der Reinmetalle auf Verunreinigungen sowohl metallischer als auch nichtmetallischer Art (C, H, O, N) unterschieden werden.

Als Einführungen bzw. Nachschlagewerke sind zu nennen:

1. Analyse der Metalle Bd. I, Schiedsverfahren, 2. Aufl.; Bd. II, Betriebsanalysen, 2. Aufl. Berlin/Göttingen/Heidelberg: Springer 1949 u. 1961.
2. SCHOELLER, W. R.: The Analytical Chemistry of Tantalum and Niobium. London: Chapman & Hall 1937.
3. SCHOELLER, W. R., u. A. R. POWELL: Analysis of Minerals and Ores of the Rarer Elements, 3. Aufl. London: Griffin 1955.
4 MILLER, G. L.: Tantalum and Niobium. London: Butterworths Scient. Publ. 1959.
5. Handbuch der analytischen Chemie, 3. Teil: Quantitative Bestimmungs- und Trennungsmethoden. Bd. Vb, Elemente der fünften Nebengruppe. Vanadin, Niob, Tantal. Berlin/Göttingen/Heidelberg: Springer 1957.

A. Die Bestimmung der Elemente Vanadin, Niob und Tantal in Erzen, Zwischenprodukten und Legierungen

Vanadinbestimmungen erfolgen in der Praxis meist durch eine Redoxtitration mit zweckmäßig potentiometrischer Endpunktanzeige. Man benutzt den Umstand, daß sich 5wertiges Vanadin leicht, z. B. mit Ferrosulfat zu 4wertigem Vanadin, reduzieren und — beispielsweise mit Kaliumpermanganat — wieder zu 5wertigem zurückoxydieren läßt.[1] Wegen eines bequemen photometrischen Verfahrens für kleine Vanadingehalte sei ferner auf MARTINES und CASTRO[2] und SCHWARZ[3] verwiesen.

---

[1] FLASCHKA, H., u. H. ABDINE: Chemist Analyst 43 (1956) 58. — LASSNER, E., u. R. SCHARF: Plansee-Berichte für Pulvermetallurgie 9 (1961) 51.
[2] MARTINES, F. B., u. M. CASTRO: Chemist Analyst 48 (1959) 2; 9 (1961) 51.
[3] SCHWARZ, H.: Z. anal. Chem. 176 (1960) 241.

Bei Niob- und Tantalanalysen besteht wegen der engen Vergesellschaftung dieser Metalle stets das Problem der Trennung vor einer Einzelbestimmung oder das Problem der Bestimmung nebeneinander. Man kennt einige sehr gute Übersichtsreferate über die analytischen Methoden zur Niob- und Tantalbestimmung, wie z. B. die von ATKINSON, STEIGMAN und HISKEY[1], von ELWELL und WOOD[2], die Bibliographie der analytischen Chemie von Niob und Tantal von CUTTITTA[3] sowie die Arbeiten von SCHÄFER[4] und MÜNCHOW[5].

Es lassen sich folgende Möglichkeiten einer Bestimmung dieser Elemente unterscheiden, wobei es jedoch unmöglich ist, mehr als einige wichtige Arbeiten und Übersichtsreferate zu zitieren:

1. Bestimmung der Elemente mit konventionellen Methoden nach vorausgegangener Trennung durch:
   1.1 Ionenaustauscher
   1.2 Extraktionsverfahren
   1.3 Chromatographische Verfahren
   1.4 Chlorierung und fraktionierte Destillation.
2. Bestimmung der Elemente ohne vorherige Trennung durch:
   2.1 Emissionsspektrographie
   2.2 Röntgenfluoreszenzspektrographie
   2.3 Chelometrische Methoden
   2.4 Photometrische Methoden
   2.5 Organische Fällungsreagenzien
   2.6 Polarographie (für Niob)
   2.7 Radiochemische Methoden.

In der Gruppe 1 überwiegen die Methoden 1.1 bis 1.3 in ihrer Bedeutung; hingegen wird die fraktionierte Trennung der Chloride im analytischen Maßstab kaum mehr durchgeführt.

Bei den Ionenaustauscherverfahren ist neben einer ASTM-Publikation[6] und dem Buch von SAMUELSON[7], die als Überblick gut geeignet sind, speziell auf die Arbeiten von KRAUS und MOORE[8] über die Trennung mittels Anionenaustauscher und von HEADRIDGE[9] über die Analyse komplexer Legierungen mittels Ionenaustauscher hinzuweisen;

---

[1] ATKINSON, R. H., J. STEIGMAN u. C. F. HISKEY: Analyt. Chem. 24 (1952) 477.
[2] ELWELL, W. T., u. D. F. WOOD: Anal. Chim. Acta 26 (1962) 1.
[3] CUTTITTA, F.: Geol. Surv. Bull. 1029-A (1957) 1.
[4] SCHÄFER, H.: Angew. Chem. 71 (1959) 153.
[5] MÜNCHOW, P.: Chemiker-Ztg. 84 (1960) 490.
[6] Symposion on Ion Exchange and Chromatography in Analytical Chemistry. ASTM Spec. Techn. Publ. No. 195 (1956).
[7] SAMUELSON, O.: Ion Exchangers in Analytical Chemistry. New York: Wiley & Sons 1957.
[8] KRAUS, K. A., u. G. E. MOORE: J. Amer. chem. Soc. 73 (1951) 13; 71 (1949) 3855.
[9] HEADRIDGE, J. B. u. Mitarbeiter: Analyst 87 (1962) 32.

aus dem Labor des National Bureau of Standards[1] erschienen Arbeiten über Erzanalysen mittels Anionenaustauscher.

Ebenso gibt das Buch von MORRISON und FREISER[2] und eine ASTM-Publikation[3] einen guten Überblick über die Extraktionsverfahren zur Trennung dieser Elemente; die Arbeiten von SENISE[4], STEVENSON und HICKS[5] sowie TARASEVICH[6] seien hier nur zitiert.

Die chromatographische Trennung an Cellulosesäulen beschreibt WILLIAMS[7], wie auch WIRTZ[8] in seinem Vorschlag für Schiedsverfahren zur Bestimmung von Niob und Tantal in Erzen und Ferrolegierungen dieses Verfahren unter anderem empfiehlt.

In der Gruppe 2 kann auf die umfangreiche Literatur über *emissionsspektralanalytische Methoden* zur Niob- und Tantalbestimmung nicht näher eingegangen werden; der ,,Index of the Spectrochemical Literature''[9] gibt einen vollständigen Überblick über alle diese Methoden. In letzter Zeit hat die Emissionsspektrographie, obwohl sie noch immer für Spurenanalysen in Reinstmetallen die beste Methode darstellt, in ihrer Anwendung für die Analyse von Legierungen, Erzen usw. gegenüber der *Röntgenfluoreszenzanalyse* an Bedeutung verloren. Auch diese Literatur ist in einer Sammelpublikation referiert[10]; neben dem Buch von LIEBHAFSKY, PFEIFFER, WINSLOW und ZEMANY[11] soll noch auf die Arbeiten von CAMPBELL und CARL[12], die Erze analysieren, einer Arbeit von PETERSON[13] über die Röntgenfluoreszenzanalyse von Hartmetallen in Lösungen, von ROTHMANN u. a.[14] über die Bestimmung von Tantal und Niob in verschiedenen Produkten sowie von MIT-

---

[1] HAGUE, J. L., E. D. BROWN u. H. BRIGHT: J. Res. Nat. Bur. Stand. 53 (1954) 261.
[2] MORRISON, G. H., u. H. FREISER: Solvent Extraction in Analytical Chemistry. New York: Wiley & Sons 1957.
[3] Solvent Extraction in the Analysis of Metals. ASTM Spec. Techn. Publ. No. 238 (1958).
[4] SENISE, P. u. a.: Anal. chim. Acta (Amsterdam) 22 (1960) 296.
[5] STEVENSON, P. C., u. H. G. HICKS: Analyt. Chem. 25 (1953) 1517.
[6] TARASEVICH, N. I., u. M. P. VOLYNETS: J. Analyt. Chem. USSR 14 (1959) 777.
[7] WILLIAMS, A. F.: J. chem. Soc. (1952) 3155.
[8] WIRTZ, H.: Erzmetall XI (1958) 465.
[9] Index to the Literature on Spectrochemical Analysis. American Society for Testing Materials (5 Bde.).
[10] Index to the Literature on X-ray Spectrographic Analysis, Teil I, 1913—1957. ASTM Spec. Techn. Publ. No. 292 (1961).
[11] LIEBHAFSKY, H. A., H. G. PFEIFFER, E. H. WINSLOW u. P. D. ZEMANY: X-ray Absorbtion and Emission in Analytical Chemistry. New York: Wiley & Sons 1960.
[12] CAMPBELL, W. J., u. H. F. CARL: Analyt. Chem. 26 (1954) 800.
[13] PETERSON, I.: Jernkont. Ann. 142 (1958) 203 — Analyt. Abstr. 6 (1959) Nr. 571.
[14] ROTHMANN, H., H. SCHNEIDER, J. NIEBUHR u. C. POTHMANN: Arch. Eisenhüttenw. 33 (1962) 17.

CHELL[1] über die Analyse von Oxydgemischen von Niob, Tantal, Eisen und Titan unter Zuhilfenahme einfacher Korrekturen für den Interelementeffekt verwiesen werden. Neben Lösungen können auch Boraxschmelzen analysiert werden (FUCHS[2]); außerdem diente die Röntgenfluoreszenzanalyse zur Ermittlung der Homogenität von Nioblegierungen.[3]

Mit der *photometrischen und chelometrischen* Bestimmung des Titans neben Niob und Tantal beschäftigten sich besonders LASSNER und Mitarbeiter[4]. Diese Arbeiten sind von Wichtigkeit für die Analyse der Ferrolegierungen von (IV-V-VI)a-Legierungen und von Hartmetallen[5], die meist auf eine Bestimmung der Elemente Titan, Niob und Tantal neben Wolfram, Eisen, Kobalt und Kohlenstoff hinausläuft.

Weitere Methoden, die eine UV-spektralphotometrische Bestimmung von Niob in salzsaurer Lösung[6], eine Bestimmung von Vanadin in Nb-V-Legierungen[7] sowie eine Tantalbestimmung mit Pyrogallol[8] beschreiben, seien hier noch genannt. In den bereits genannten Standardwerken wie auch im Buch von SANDELL[9] sind noch viele weitere Methoden zu finden.

Die in der Gruppe der *organischen Fällungsmittel* bereits länger bekannten Verfahren, die sich der Trennung mit Tannin, Oxychinolin, Kupferron usw. bedienten, wurden in neuerer Zeit durch solche mittels N-benzyl-N-phenylhydroxylamin (MAJUMDAR u. a.[10], LANGMYHR[11], MOSHIER und SCHWARBERG[12]), Phenylarsinsäure (SAINT-JAMES u. a.[13], MAJUMDAR und MUKHERJEE[14]) sowie substituierter Hydroxamsäuren (MAJUMDAR[15]) ergänzt.

---

[1] MITCHELL, B. J. u. a.: X. Annual Symposium on Spectroscopy, Chicago, IU. (Juni 1959).

[2] FUCHS, A.: Freundliche Mitteilung 1961.

[3] MOROZ, D., D. E. FORNWALT, S. ACONSKY, J. DOYLE u. W. R. CLOUGH: Advances in X-Ray Analysis. New York: Plenum Press 1961, 495.

[4] LASSNER, E., R. PÜSCHEL u. R. SCHARF: Z. anal. Chem. 179 (1961) 345. — LASSNER, E., u. R. SCHARF: Talanta 7 (1960) 12.

[5] LASSNER, E., u. R. SCHARF: Chemist Analyst, Sept. 1961.

[6] KANZELMEYER, J. H., u. H. FREUND: Analyt. Chem. 25 (1953) 1807.

[7] ARTICOLO, O. J.: USAEC Rep. No. KAPL-M-OJA-1 (26. 6. 1959).

[8] DINNIN, J. I.: Anal. Chem. 25 (1953) 1803.

[9] SANDELL, E. B.: Colorimetric Determination of Traces of Metals, 3. Aufl. New York/London: Intersc. Publ. 1959.

[10] MAJUMDAR, A. K., u. A. K. MUKHERJEE: Anal. Chim. Acta 19 (1958) 23.

[11] LANGMYHR, F. J.: Anal. Chim. Acta 22 (1960) 301.

[12] MOSHIER, R. W., u. J. E. SCHWARBERG: PB 121819 (Juni 1956).

[13] SAINT-JAMES, R., u. T. LECOMTE: Anal. Chim. Acta 24 (1961) 155 — Z. anal. Chem. 185 (1962) 460.

[14] MAJUMDAR, A. K., u. A. K. MUKHERJEE: Anal. Chim. Acta 21 (1959) 330.

[15] MAJUMDAR, A. K., u. K. PAL BIJOLI: Anal. Chim. Acta 27 (1962) 356 — Z. anal. Chem. 184 (1961) 115. — MAJUMDAR, A. K., u. A. K. MUKHERJEE: Anal. Chim. Acta 22 (1960) 514.

Die *polarographische* Niobbestimmung neben Tantal in Erzen haben VIVARELLI und COZZI[1] beschrieben; ebenso geben BUNCAK[2] und KURBATOV[3] Verfahren bekannt.

Für *radiochemische* Methoden gibt es ein gutes Übersichtsreferat von STEINBERG[4]; neutronenaktivierungsanalytische Verfahren zur Tantalbestimmung in Erzen und Gemischen kennt man von LONG[5] sowie von ATKINS und SMALES[6].

B. Die Analyse der Rein- und Reinstmetalle

Allgemein ist festzustellen, daß man mangels entsprechender Standardwerke und Übersichtsreferate hier weitgehend gezwungen ist, auf die in der Literatur verstreuten und teilweise schwer zugänglichen Einzelpublikationen zurückzugreifen.

Für die Bestimmung der *metallischen Verunreinigungen* bedient man sich heute meist emissionsspektrographischer und spektralphotometrischer Verfahren, jedoch sind auch hier z. B. Extraktionsmethoden, Aktivierungsanalysen und selbst Massenspektrometrie angewendet worden.

Tab. 89 soll über die wichtigsten Veröffentlichungen orientieren:

Bestimmung von C, N, O und H in Va-Metallen. Die Bedeutung der kleinatomigen Elemente N, O, H und C in den Va-Metallen, sei es als Standardverunreinigungen, sei es als gewollte, festigkeitserhöhende Legierungszusätze, wurde schon mehrfach erwähnt.

Wegen der Bestimmungsmethoden für O, N, H und C in hochschmelzenden Metallen (Nb, Ta, Mo und W) sei auf folgende neuere Literaturzusammenstellungen verwiesen:

1. TUROVTSEVA, Z. M., u. L. L. KUNIN: Analysis of Gases in Metals. Consultants Bureau, New York 1961.
2. Symposium on Determination of Gases in Metals. ASTM Spec. Techn. Publ. No. 222 (1958).
3. MALLET, M. W.: Talanta 9 (1962) 133.
4. GULDNER, W. G.: Talanta 8 (1961) 191.
5. DMIC Memorandum 49 (März 1961).
6. ELWELL, W. T.: in: The Determination of Gases in Metals. Iron & Steel Inst., 1960, 19.
7. HOBSON, J. D.: in: The Determination of Gases in Metals. Iron & Steel Inst., 1960, 151.
8. LASSNER, E., u. E. WÖLFEL: Mikrochimica acta 1960, 394.
9. WÖLFEL, E.: Dissertation TH Graz 1961.
10. KOCH, W., u. H. MALISSA: Arch. Eisenhüttenw. 27 (1956) 695.

---

[1] VIVARELLI, S., u. D. COZZI: Chimica e industria (Milan) 35 (1953) 637.
[2] BUNCAK, P.: Chem. Prumysl 11 (1961) 634 — Analyt. Abstr. 9 (1962) Nr. 4157.
[3] KURBATOV, D. I.: J. Analyt. Chem. USSR 14 (1959) 67.
[4] STEINBERG, E. P.: USAEC Rep. NAS-NS-3039 (1961).
[5] LONG, J. V.: The Analyst 76 (1951) 644.
[6] ATKINS, D. H. F., u. A. A. SMALES: Anal. Chim. Acta 22 (1960) 462.

Tabelle 89
Chemische Analyse von Verunreinigungen in Va-Metallen

Metall	analysiert auf	Methode*	Lit. (s. S. 290)
V, Nb	Bi, Pb, Cd	Ph	[1]
Nb	B, Al, Cd, Cr, Co, Fe, Mn, Mo, Ni, Si, Ti, Ta, Zr	Sp	[2]
	B, Cd, Al, Be, Co, Cr, Ce, Li, Mg, Mn, Mo, Ni, Pb, Si, Sn, Ta, Ti, V, W, Yb, Zn, Zr	Sp	[3]
	Fe, Si, Ti, Ta, Pb	Sp	[4]
	Cr, Co, Fe, Li, Mg, Mn, Ni, Si, Sn, Zn, Al, Be, Cd, Cu, Mo, Pb, Ta, Ti, V, W, Yb, Zr	Sp	[5]
	Ta, Ti, Zr	Sp	[6]
Nb	Al, Si	Sp	[7]
	W	Sp	[8]
	Ta	Sp	[9]
Nb, Ta, (W)	Bi, Cd, Sb, Sn, Pb	Sp (Anreicherung)	[10]
Nb	Ta, Zr, Fe, Co, Cr, Mn, Ni, Ti, V	Rö	[11]
	Ta	Extraktion/Ph	[12]
	Mo, W	Ph	[13]
	Pb, Bi, Sn, Cd	Pol/Ph	[14]
Nb/Ta	Al, Sb, Ba, Be, Bi, B, Cd, Cr, Co, Cu, Fe, Pb, Li, Mg, Mn, Ni, P, K, Si, Ag, Na, Ta, Sn, Ti, W, V, Sn, Zr	Sp/Rö	[15]
Nb	Mn	Ph	[16]
	Cu	Ph	[17]
	Fe	Ph	[18]
	Zr	Sp	[19]
	Fe, Ti, Zr	Ph	[20]
	W	Ph	[21]
	Cd, Co, B, Fe, Si, Ta, Mn, Hf, Pb, Zr, Ni, Ti, Mo, V, W, Cr	Sp/Rö/Ph	[22]
Nb	Pb, Bi, Sn, Cd	Pol/Ph	[23]
Ta	Al, Cr, Cu, Fe, Mg, Mn, Mo, Ni, Pb, Si, Sn, Ti, V	Sp	[24]
	Bi, Cd, Sn, Pb, Sb	Sp	[25]
	unbekannt	Sp	[26]
	Mo, Nb, Zr, W, Th, Y	Rö	[27]
	W	Ph	[28]
	Fe, Ti, Cu	Ph	[29]
	Nb	Ph	[30]
	Nb, Ti, Fe	Pol	[31]

* Ph = Photometrisch; Sp = Emissionsspektrographisch; Rö = Röntgenfluoreszenz; Pol = Polarographisch.

Literatur zu Tab. 89

[1] NAZARENKO, V. A., u. E. A. BIRYUK: Zavods. Lab. 25 (1959) 28. — [2] FORNWALT, D. E. u. a.: Appl. Spectroscopy 13 (1959) 38. — [3] FEATHERINGHAM, J. A., D. F. LENTZ u. R. M. JACOBS: Rep. WAPD-CTA(GLA)-631-1. — [4] BASKIN, A. A., E. I. ZAZHAROV, K. I. PETROV u. E. I. RZHEKHINA: Z. anal. Chem. USSR 16 (1961) 618. — [5] BROOKS, L. S., L. R. HOIDAL u. T. D. MCKINLEY: Vortrag XI. Pittsburgh-Conf. 1959. — [6] FEATHERINGHAM, J. A., C. F. LENTZ u. R. M. JACOBS: Rep. WAPD-CTA(GLA)-631-2, 18. Aug. 1958. — [7] MOROSKINA, T. M., u. G. F. MALININ: Z. anal. Chim. 16 (1961) 245. — [8] FEATHERINGHAM, J. A., C. F. LENTZ u. R. M. JACOBS: Rep. WAPD-CTA(GLA)-631-5, 19. Aug. 1958. — [9] TARASEVICH, N. I., A. A. ZHELEZNOVA u. K. A. SEMENENKO: Vest. Moskow, Univ. Ser. Mat. Meskh. Astron. Fiz. i Khim. 12 (1957) 156. — [10] RYABECHIKOV, D. I., E. E. VAINSHTEIN, L. V. BORISOVA, M. P. VOLYNETS, V. V. KOROLEV u. YU. I. KUTSENKO: Trudy Komiss. Anal. Khim., Akad. Nauk SSSR 12 (1960) 82. — [11] HEINRICH, K. F. J., u. T. D. M. MCKINLEY: Vortrag XI. Pittsburgh-Conf. 1959. — [12] THEODORE, M. L.: Anal. Chem. 30 (1958) 465. — [13] REED, D. V., H. R. WILSON u. G. W. GOWARD: USAEC Rep. WAPD-CTA(GLA)-620 (1958). — [14] MUKHINA, Z. S., A. A. TIKHONOVA u. I. A. ZHEMCHUZHNAYA: Trudy Komiss. Anal. Khim., Akad. Nauk SSSR 12 (1960) 71 — Analyt. Abstr. 8 (1961) Nr. 4142. — [15] BELOW, J. F.: Stauffer Chemical Co., Rep. Januar 1962. — [16] REED, D. V., u. G. W. GOWARD: Rep. WAPD-CTA(GLA)-500 (31. Dez. 1957). — [17] REED, D. V.: Rep. WAPD-CTA(GLA)-506 (7. Jan. 1958). — [18] BROWN, E. N., u. D. V. REED: Rep. WAPD-CTA(GLA)-511 (16. Jan. 1958). — [19] NACHTRIEB, N. H., u. J. TOBIN: Rep. Metallurgical Laboratory CC/1105 (13. Dez. 1943). — [20] REED, J. F.: Research Laboratories, Westinghouse Electric Corp., Pittsburgh. — [21] SCHLEWITZ, J. H., u. R. T. VAN SANTEN: Wah Chang Corp.-Report (1961). — [22] AEC Research and Development Rep. UC-4, Chemistry TID-4500, Pratt & Whitney Aircraft. — [23] YAKOVLEV, P. YA., G. P. RAZUMOVA u. R. D. MALININA: J. Analyt. Chem. USSR 17 (1962) 89. — [24] LAIB, R. D.: 11th Annual Symposium on Spectroscopy, Chicago, Ill., 23. Juni 1960. — [25] ZAKHAROV, E. J., L. V. LIPIS u. K. J. PETROV: Zhur. Anal. Khim. 14 (1959) 135. — [26] ANDRYCHUK, D., u. J. MASSENGALE: 10th Annual Symposium on Spectroscopy, Chicago, Ill., 1.—4. Juni 1959. — [27] HAKKILA, E. A., u. G. R. WATERBURY: Talanta 6 (1960) 46. — [28] GREENBERG, P.: Anal. Chem. 29 (1957) 896. — [29] HASTINGS, J., T. A. MCCLARITY u. E. J. BRODERICK: Analyt. Chem. 26 (1954) 379. — [30] HASTINGS, J., u. T. A. MCCLARITY: Analyt. Chem. 26 (1954) 683. — [31] KURBATOV, D. I.: J. Analyt. Chem. USSR 16 (1961) 35.

Die wichtigsten Veröffentlichungen über die Bestimmung von C, H, O und N in Vanadin, Niob und Tantal sind in Tab. 90 zusammengestellt (s. auch LASSNER und WÖLFEL).

Zusammenfassend kann man sagen, daß sich eignen und bewähren:

für Sauerstoff: a) die Vakuumentgasung aus einem geeigneten Schmelzbad (Eisen, Platin, Zinn usw.), b) das Trägergasverfahren (s. obige Referate),

für Stickstoff: das klassische, eventuell modifizierte Kjeldahl-Verfahren. Die Schmelzverfahren sind weniger geeignet,

Tabelle 90. *Bestimmung von O_2, N_2 und H_2 in den Va-Metallen*

Metall	bestimmt wurde	Methode	Lit.
V	H_2, O_2	Vakuumschmelzverfahren	[1]
	O_2	Emissionsspektrographisch	[2]
	O_2	Bromierung	[3]
Nb/Ta	H_2, O_2, N_2	Vakuumschmelzverfahren u. a.	[4]
Nb	H_2, O_2, N_2	Vakuumschmelzverfahren	[5]
	O_2	Verschiedene Verfahren	[6]
	O_2	Vakuumschmelzverfahren	[7]
	O_2	Vakuumschmelzverfahren	[8]
	O_2	Vakuumschmelzverfahren	[9]
	N_2	Kolorimetrisch	
	O_2	Vakuumschmelzverfahren (Kontrolle mit Isotopen)	[10]
	O_2	Vakuumheißextraktion	[11]
Ta	H_2, O_2, N_2	Vakuumschmelzanalyse	[12]
	H_2, O_2, N_2	Vakuumschmelzanalyse	[13]
	H_2, O_2, N_2	Vakuumheißextraktion	[14]
Nb	N_2	Kolorimetrisch	[15]
Nb/Ta	O_2	Trägergasverfahren	[16]
	N_2	Kolorimetrisch	
	C	Konduktometrisch	
Ta	C	Verbrennung/Druckmessung	[17]

[1] SLOMAN, H. A., u. C. A. HARVEY: J. Inst. Metals 80 (1952) 391. — [2] FASSEL, V. A., u. L. L. ALTPETER: Spectrochim. Acta 16 (1960) 443. — [3] CODELL, M., u.a.: Anal. Chem. 28 (1956) 2006. — [4] MALLETT, M. W.: Battelle Memorial Inst., Rep. DMIC Mem. 49 PB 161199 (31. 3. 1960). — [5] ASCHEHOUG, H., P. KOFSTAD, J. L. LAURITZEN u. S. BAKSTAD: Report Central Institute for Industrial Research, Blindern, Oslo, August 1962. — [6] Report ASTM, Division M, Committee E-3, August 1959. — [7] MIKHAILOVA, G. V., Z. M. TUROVTSEVA u. R. SH. KHALITOV: J. Analyt. Chem. USSR 12 (1957) 351. — [8] AEC Research and Development Report Contract AT(11-1)-229, Pratt & Whitney Aircraft, Canel, 30. Juni 1961. — [9] HARRIS, W. F.: Research Laboratories, Westinghouse Electric Corp., Pittsburgh. — [10] HARRIS, W. F., W. M. HICKAM, M. H. LOEFFLER u. D. H. SHAFFER: Trans. Metallurg. Soc. AIME 218 (1960) 625. — [11] HANSEN, W. R., u. M. W. MALLETT: Analyt. Chem. 29 (1957) 1868. — [12] BEACH, A. L., u. W. G. GULDNER: ASTM Spec. Techn. Publ. No. 222 (1958) 15. — [13] ALBRECHT, W. M., u. M. W. MALLETT: Analyt. Chem. 26 (1954) 401. — [14] FAGEL, J. E., R. F. WITBECK u. N. A. SMITH: Analyt. Chem. 31 (1959) 1115. — [15] GOWARD, G. W., u. a.: Report WAPD-CTA(GLA)-203. — [16] BELOW, J. F.: Stauffer Chemical Co., Report Januar 1962. — [17] TORRISI, A. F., J. L. KERNAHAN u. R. E. FRYXELL: Anal. Chem. 26 (1954) 733.

für Wasserstoff: a) die Bestimmung zusammen mit O_2 im Vakuum, b) die gravimetrische Bestimmung als Wasser nach einer vorausgegangenen Sauerstoffverbrennung der Proben und

für Kohlenstoff: die Bestimmung über CO_2 (volumetrisch, gravimetrisch, coulometrisch oder Leitfähigkeitsdifferenzmessung nach vorausgegangener Sauerstoffverbrennung der Proben).

X. Anwendung der Va-Metalle

A. Allgemeines

Die Anwendung der Va-Metalle soll in der Reihenfolge Tantal-Niob-Vanadin, d. h. in der Reihenfolge ihrer technischen Bedeutung als *Reinmetalle*, besprochen werden. Während die auf Ferrolegierungen verarbeiteten Mengen dieser Metalle sich 1961 etwa wie 100 (Ta) : 1500 (Nb) : 7000 (V) verhielten (s. Tab. 1), liegt der heutige Bedarf an Reinmetallen — wozu wir auch den Bedarf der Hartmetallindustrie rechnen — etwa bei 300 (Ta) : 200 (Nb) : 100 (V). (Der Reinvanadinbedarf liegt nach anderen Schätzungen nur bei 50 bis 75 t.)

Diejenigen Eigenschaften der Va-Metalle, die für die heutigen und auch zukünftigen Anwendungen von besonderer Bedeutung sind, wurden in Tab. 91 nochmals zusammengestellt.

Tantal ist in der chemischen Industrie im Apparate- und Gerätebau, in der elektrischen und elektronischen Industrie, insbesondere bei der Herstellung von Elektrolytkondensatoren und in der Hartmetallindustrie bereits ein Gebrauchsmetall geworden.

Vanadin wird umgekehrt zu über 95% in Edelstählen verwendet. Dem duktilen Vanadin und dem Vanadinrohmetall ist der Durchbruch nur in der Atomenergie und in der Titanindustrie gelungen. Man sagt, daß Reinvanadin viele gute, aber wenig hervorragende spezifische Eigenschaften besitzt, so daß man vorerst für dieses Metall nur eine steigende Verwendung in Nichteisenmetallwerkstoffen und in Legierungen mit anderen hochschmelzenden Metallen (Titan, Zirkonium, Niob, Tantal, Molybdän, Wolfram und Rhenium) voraussagen kann; es läßt sich aber kaum absehen, inwieweit sich Reinvanadin und Vanadinbasislegierungen neben den immer stärker aufkommenden Titan-, Zirkonium- und Nioblegierungen behaupten werden.

Niob nimmt eine vermittelnde Stellung ein. Die Verwendung von Ferro-Niob in rostfreien Edelstählen und warmfesten Sonderlegierungen steigt gleichmäßig an, so daß der Einsatz von Niob wahrscheinlich die Erzeugung von Vanadin in den nächsten 5 bis 10 Jahren erreichen und eventuell überflügeln wird. Aber auch der Einsatz von Reinniob ist wachsend (s. Tab. 1), wenn dem Niob auch noch die großen Anwendungsgebiete des Tantals, wie die chemische Industrie und die Massenfertigung von Kondensatoren, fehlen. Dafür scheint Niob auf dem Gebiet der Atomenergie, bei der Hartmetallerzeugung und insbesondere bei den Werkstoffproblemen der Luft- und Raumschiffahrt stark an Bedeutung zu gewinnen. Es darf zwar nicht übersehen werden, daß große Mengen von Niob (Hunderte von Tonnen) in den letzten Jahren in die metallurgische Forschung und Legierungsentwicklung (Großblöcke und

Tabelle 91. *Eigenschaften der Va-Metalle, die im Zusammenhang mit ihren Anwendungen von Wichtigkeit sind*

Vanadin	Niob	Tantal
Niedriges spezifisches Gewicht 6,11 gegenüber Stahl etwa 8	Hoher Schmelzpunkt (etwa 2400 °C)	Sehr hoher Schmelzpunkt (etwa 3000 °C)
Verhältnis E-Modul: Dichte günstig	Niedriger Dampfdruck	Niedriger Dampfdruck
Relativ hoher Schmelzpunkt (etwa 1900 °C)	Gute Warmfestigkeit	Gute Warmfestigkeit
Gute Korrosionsbeständigkeit gegenüber verdünnten, nichtoxydierenden Säuren (HCl und H_2SO_4)	Relativ niedriges spezifisches Gewicht (8,66), vgl. mit Ta, Mo und W	Hohes spezifisches Gewicht (16,6) z. B. für korrosionsfeste Schwungmassen
Gute Salzwasserbeständigkeit	Sehr gute Korrosionsbeständigkeit	Hervorragende Korrosionsbeständigkeit, stabile Ta_2O_5-Schichten (Dielektrikum) bei anodischer Oxydation
Sehr kleine magnetische Suszeptibilität	Günstiger Neutroneneinfangquerschnitt (wasserdampfbeständige Nb-U, Nb-Zr-U-Legierungen)	Noch tragbarer Neutroneneinfangquerschnitt, Beständigkeit gegen flüssige Alkalimetalle und Erdalkalimetalle
Gute spanlose Verformbarkeit	Beständigkeit gegen flüssige Alkalimetalle	Ausgezeichnete Gettereigenschaften
Gute Schweißbarkeit	Ausgezeichnete Gettereigenschaften (Bindung von C, N, O, H und Kohlenwasserstoffen)	Gute spanlose Verformbarkeit
Ausgezeichnete Gettereigenschaften	Gute spanlose Verformbarkeit	Gute Schweißbarkeit
Vanadinlegierungen haben gute Warmfestigkeit bei maximal 800 °C und gute reaktortechnische Eigenschaften (verhältnismäßig geringer Neutroneneinfangquerschnitt)	Gute Schweißbarkeit	Vorhandensein warmfester und relativ zunderfester Legierungen
Vanadin- und Vanadin-Niob-Legierungen haben gute Beständigkeit gegen flüssige Alkalimetalle	Gute Wärmeleitfähigkeit	Fähigkeit zur Bildung hochschmelzender Hartstoffe (Karbide, Nitride usw.)
Vanadin bildet keine spröden Legierungen mit Uran	Vorhandensein warmfester und relativ zunderfester Legierungen	Hydrierbarkeit (Pulvererzeugung, Abfallaufarbeitung usw.)
Fähigkeit zur Bildung hochschmelzender Hartstoffe (Karbide, Nitride usw.)	Fähigkeit zur Bildung supraleitender Legierungen bzw. Verbindungen (Nb–Sn, Nb–Zr)	Leichte Entgasbarkeit
Hydrierbarkeit (Pulvererzeugung, Abfallaufarbeitung usw.)	Fähigkeit zur Bildung hochschmelzender Hartstoffe (Karbide, Nitride usw.)	
	Hydrierbarkeit (Pulvererzeugung, Abfallaufarbeitung usw.)	
	Leichte Entgasbarkeit	

Bleche), jedoch nicht in gesicherte Endverwendungen gegangen sind. Ähnlich wie in den Anfängen der jungen Titan- und Zirkoniumindustrie übersteigen die Schrottmengen weit die Ausbeuten und die Mengen, die zu einer endgültigen Verwendung oder einem Versuchseinsatz kamen. Man kann jedoch dem Metall Niob, gestützt auf große neu aufgeschlossene Erzvorkommen[1], auf den steigenden Bedarf der Edelstahl- und Hartmetallindustrie und gestützt auch auf den Sektor korrosions- und warmfeste Niobbasislegierungen, große Zukunftsaussichten einräumen.

B. Tantal
1. Elektronische Industrie

Die älteste, die Tantalmetallurgie begründende Anwendung, war der Einsatz von Tantalglühdrähten in der Tantallampe. Die Entwicklungslinie von der Kohlenfadenlampe (EDISON u. a.) über die Osmiumlampe (AUER VON WELSBACH) und Tantallampe (VON BOLTON, Siemens & Halske) zur Wolframlampe (COOLIDGE u. a.) läßt erkennen, daß die Tantallampe nur ein Zwischenglied auf dem Gebiet der von AUER VON WELSBACH erfolgreich eingeführten Metallfadenlampe war.

Heute wird Tantal vorzugsweise in Form von Blech und Draht im Vakuumröhrenbau (Verstärker- und Senderöhren) eingesetzt[2]. Abb. 174 zeigt eine Reihe von Formstücken und Konstruktionselementen aus dem Röhrenbau. Die bestimmenden Eigenschaften des Tantals für diese Anwendungen sind sein hoher Schmelzpunkt und niedriger Dampfdruck, seine sehr gute Bildsamkeit, gute Schweißbarkeit, leichte Entgasbarkeit, seine hervorragenden Gettereigenschaften gegenüber Sauerstoff, Stickstoff, CO, CO_2, Kohlenstoff und Kohlenwasserstoffen und allfällig Wasserstoff. Während Mo- und W-Bleche bei hohen Entgasungstemperaturen (um und über 1100 °C) durch Rekristallisation verspröden, behält Tantal selbst nach Entgasung auf 1500 bis 2000 °C seine Duktilität bei. (Bei der Massenfertigung billiger Röhrentypen wird Molybdän oft auf Grund seines geringeren Preises bei zusätzlicher Verwendung von Verdampfungsgettern eingesetzt.)

Bei Röntgenröhren mit Drehanoden wird z. B. in USA die Welle, die den Wolframteller trägt, gerne aus Tantal, in Europa fast ausschließlich aus Molybdän gefertigt. Nach ESPE[2] rechtfertigt sich der Einsatz des relativ teuren Tantals mit seinen vakuumtechnisch unübertroffen günstigen Eigenschaften in allen Fällen extremer Beanspruchung durch

---

[1] SIMS, C. T.: J. Metals, April 1961, 316. — LI, K. C.: J. Metals, Juni 1960, 485. — Anonym: J. Metals, März 1961, 186. — KIEFFER, R., u. B. F. KIEFFER: Metall 1961, H. 5, 394.

[2] ESPE, W.: Werkstoffe der Hochvakuumtechnik Bd. 1. Berlin: VEB Deutscher Verlag der Wissenschaften 1959.

hohe Temperatur, Spannungsstöße und hohe Wattbelastungen bei
kleinsten Elektrodenflächen, d. h. bei Impuls- und UKW-Senderöhren
und für spezielle Getterzwecke (Tantalfolien, Getterträger in Ganz-
metall-Rundfunkröhren, Getterbanderolen aus Tantalband, Getterbri-
ketts aus Tantalpulver)[1]. Den neuentwickelten warmfesten Tantallegierungen mit 0 bis 25% Mo und/oder W, bis 15% Ti, Zr, Hf und 0 bis 50%

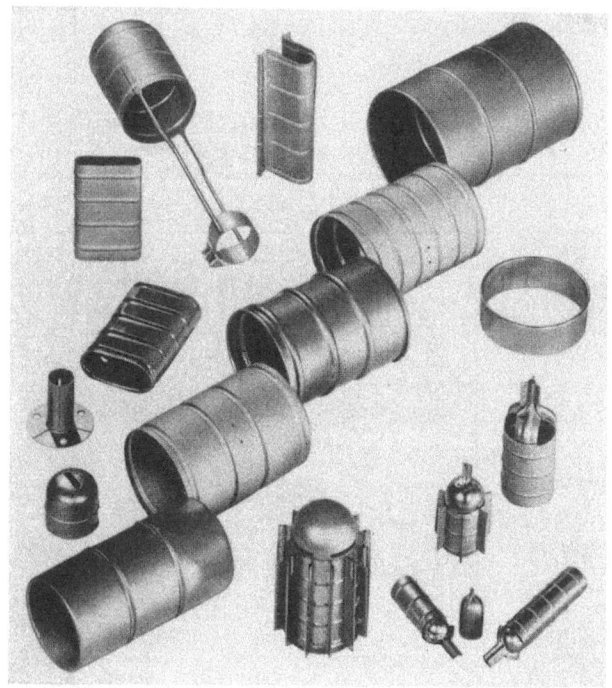

Abb. 174. Formstücke und Konstruktionselemente aus Ta für den Röhrenbau
(Fansteel Metall. Corp.)

Nb (s. S. 249 bis 253) wird auch in der elektronischen Industrie steigende
Bedeutung, insbesondere bei fallenden Rohstoffpreisen, zukommen.

So wird z. B. die von der Fansteel Metall. Corp.[2] entwickelte Tantal-
7,5 W-Legierung bereits seit 1948 als Konstruktionswerkstoff für
Federn, die ihre Elastizität auch bei erhöhter Temperatur beibehalten
sollen, mit Erfolg in Vakuumröhren eingesetzt.

2. Elektroindustrie

a) **Ofenbau.** Als Heizleiter für Hochtemperaturöfen über 1300 °C
finden wir nichtmetallische Werkstoffe, wie SiC, MoSi$_2$, Kohle und Gra-

---

[1] Metallwerk Plansee AG., Prospekt Tantal, 1962.
[2] Fansteel Metall. Corp.: The Metal Tantalum, 2. Aufl. North Chicago 1948.

phit in Konkurrenz mit metallischen Werkstoffen wie Platin, Platinlegierungen, Molybdän, Wolfram, Niob, Tantal und Legierungen der hochschmelzenden Metalle der Va- und VIa-Gruppe des Periodensystems.[1,2] Oberhalb 1700 °C spielen nur noch die vier letztgenannten hochschmelzenden Metalle und ihre Legierungen eine Rolle. Die reinen Va-Metalle können nur unter Edelgas bzw. im Hochvakuum verwendet werden, während die VIa-Metalle und hochlegierte Va-Metalle zusätzlich noch unter Wasserstoff oder unter einem Wasserstoffunterdruck verwendet werden können.

Tabelle 92. *Eigenschaften von Hochtemperaturheizleiterwerkstoffen*
(nach KIEFFER und BENESOVSKY)

Eigenschaft		Maßeinheit	Molybdän	Wolfram	Tantal	Molybdändisilizid
Schmelzpunkt		°C	2620	3410	3000	2030
Spez. Wärme bei	20°	cal/g · °C	0,065	0,033	0,036	0,14
Wärmeausdehnungskoeffizient bei	20°	$\alpha \cdot 10^{-6}$	5,0	4,4	6,6	8 bis 9
Wärmeleitfähigkeit bei	20°	cal/cm · °C sec	0,37	0,31	0,13	0,15
Verdampfungsgeschwindigkeit bei:	1530°	mg/cm² · Std.	$3,1 \cdot 10^{-4}$	$1,3 \cdot 10^{-10}$		
	1730°		$3,6 \cdot 10^{-2}$	$5,3 \cdot 10^{-8}$	$5,9 \cdot 10^{-6}$	
	1930°		180	$7,5 \cdot 10^{-6}$	$3,5 \cdot 10^{-4}$	
	2130°		für tech-	$4,6 \cdot 10^{-4}$	$1,1 \cdot 10^{-2}$	
	2330°		nische	$1,4 \cdot 10^{-2}$	$2 \cdot 10^{-1}$	
	2530°		Zwecke zu hoch	$2,7 \cdot 10^{-1}$	2,5	
Verformbarkeit			sehr gut	gut	ausgezeichnet	nicht verformbar
Spez. elektr. Widerstand bei:	20°	$\mu \Omega \cdot cm$	5	5,5	12,5	22
	1000°		27	33	54	60
	1500°		43	50	72	70
	2000°		60	66	87	—
Oberflächenbelastbarkeit bei: Temp. <1800° im Dauerbetrieb		Watt/cm²	10 bis 20	10 bis 20	10 bis 20	5 bis 10
Temp. >1800° im Kurzbetrieb			20 bis 40	20 bis 40	20 bis 40	

In Tab. 92 sind die für Hochtemperaturöfen wichtigen physikalischen Eigenschaften der reinen Metalle Tantal, Molybdän und Wolfram — neben $MoSi_2$ — zusammengestellt.[1,2] Die reinen Metalle sind durch ihre gute elektrische Leitfähigkeit und durch ihren großen Temperaturkoeffizienten des elektrischen Widerstandes gekennzeichnet. Diese

---

[1] KIEFFER, R., u. F. BENESOVSKY: Metallurgia 58 (1958).
[2] KIEFFER, R., u. F. BENESOVSKY: Elektrowärme 1957, 217.

Eigenschaften und die in der Praxis notwendigen großen Heizleiterquerschnitte machen daher stets stufenlose oder feinstufig regelbare Transformatoren notwendig. Tantal- und Nioblegierungen mit ihrem vergleichsweise höheren Widerstand und ihrem guten Rekristallisationsverhalten kommt in Zukunft steigende Bedeutung als Heizleiterwerkstoffe[1] zu.

Wegen seiner hervorragenden Duktilität und besonderen Gettereigenschaften hat sich Tantal auch für Abschirmbleche (Strahlbleche), Glühtaschen für empfindliches Glühgut und als Anschlußstücke für Wolframrohröfen bewährt. Abb. 41 zeigt die Heizleiteranordnung eines Tantalblech-Hochvakuumofens und Abbildung 175 einen Vakuuminduktionsofen mit Suszeptoren aus Ta oder Wolfram (vgl. auch Abb. 40). Aus Abb. 176 ist die Anordnung von Tantalanschlußstücken und der Einsatz von Tantalstrahlblechen zu ersehen.

Viele technische Einzelheiten von bewährten Hochtemperaturöfen auf Molybdän- und Wolframheizleiterbasis lassen sich auch auf Öfen mit Heizleitern auf Tantal- und Niobbasis übertragen, so daß auf die diesbezügliche Fachliteratur[2] verwiesen werden kann.

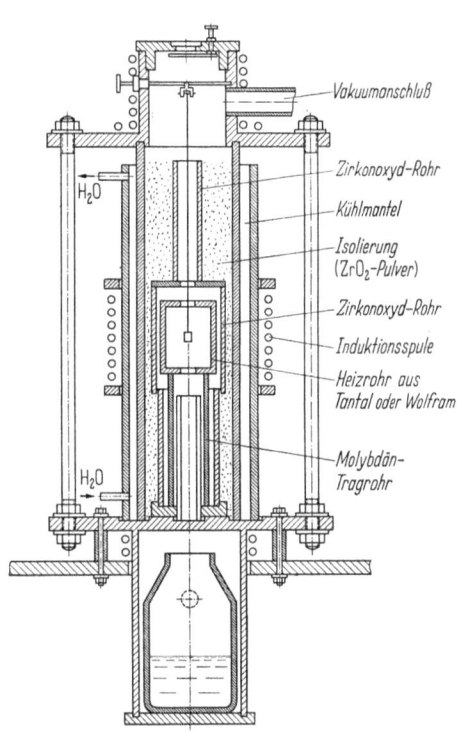

Abb. 175. Vakuuminduktionsofen mit Suszeptoren aus Ta oder W mit Abschreckvorrichtung (nach EVERLY und LAMBERTSON)

b) **Elektrolytkondensatoren.** α) *Allgemeines.* Für alle Elektrolytkondensatoren ist charakteristisch, daß die Oberfläche eines als Anode dienenden Trägermetalls eine elektrolytisch erzeugte, dünne, festhaftende Oxydschicht von etwa 10^{-5} cm Stärke als Dielektrikum

---

[1] BRAUN, H.: Dissertation Mont. Hochschule Leoben 1959. — BRAUN, H. K. SEDLATSCHEK u. R. KIEFFER: J. Less-Common Metals 1 (1959) 413.
[2] KIEFFER, R., u. F. BENESOVSKY: Metallurgia 58 (1958) 119. — Elektrowärme 1957, 217. — MCRITCHIE, F. M., u. N. N. AULT: J. Amer. ceram. Soc. 33 (1950) 25.

(s. Abb. 180b) trägt.[1] Als Kathode dient ein flüssiger Elektrolyt oder ein fester Halbleiter. Ein geeignetes Dielektrikum ergibt sich durch anodische Oxydation („Formierung") von Al, Ta, Nb, V, Mg, Bi, Sb usw., wobei sich in der Praxis nur Al und Ta eingeführt haben. Diese Metalle kommen in Form von Folien (Stärke 0,005 bis 0,0125 mm), Al auch als Spritzschicht, Ta ferner in Form von Sinteranoden und aufgerauhten Drähten zum Einsatz. Auf die Qualitätsanforderungen an Ta-Pulver für Kondensatoren weist BELZ[2] besonders hin (s. Tab. 93).

Tantal hat als Trägermetall gegenüber Aluminium folgende Vorteile:

1. Tantalmetall und Ta_2O_5 sind erheblich beständiger gegenüber Elektrolyten als Al und Al_2O_3. Die Ta_2O_5-Schicht wird auch bei Kondensatoren mit *nassen* Elektrolyten bei langzeitiger Lagerung nicht angegriffen. Tantalkondensatoren haben daher eine erheblich größere Lagerfähigkeit und erlauben eine größere Vielfalt der zu verwendenden Elektrolyten.

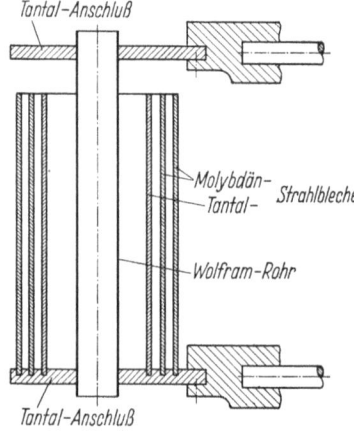

Abb. 176. Hochtemperaturofen mit Anschlußstücken und Strahlblechen aus Ta (nach EVERLY und LAMBERTSON)

2. Die Tantalpentoxydschicht hat mit $\varepsilon = 27{,}3$ gegenüber Al_2O_3 mit $\varepsilon = 6{,}87$ eine beträchtlich größere Dielektrizitätskonstante.

(Eingehende Untersuchungen der dielektrischen Eigenschaften von Ta_2O_5 stammen von MOHLER und HIRST[3]).

3. Im Gegensatz zu Aluminium können aus Tantal Sinteranoden mit erheblich größerer spezifischer Oberfläche hergestellt werden. Tantalkondensatoren ergeben daher größere Kapazitäten je Volumeneit, bzw. sie sind bei gleicher Kapazität bedeutend kleiner.

4. Bei Tantalkondensatoren kann man den flüssigen Elektrolyten mit seinen schwierigen Dichtungsproblemen durch feste Elektrolyten (Halbleiter) ersetzen.

---

[1] MOSEBACH, W.: Elektron. Rdsch. 9 (1960) 371. — MILLER, G. L.: Tantalum and Niobium. London: Butterworths Scient. Publ. 1959. — DUMMER, G. W., u. H. M. NORDENBERG: Fixed and Variable Capacitors. New York: McGraw Hill 1960. — WIEGAND, O.: Siemens-Z., April 1962, H. 4, 352. — MEYLL, H., u. H. SPEIDEL: in: Heraeus Festschrift, 60 Jahre Quarzglas, 25 Jahre Hochvakuumtechnik. Hanau 1961, 323.

[2] BELZ, L. H.: J. electrochem. Soc. 108 (1961) 229.

[3] MOHLER, D., u. R. G. HIRST: J. electrochem. Soc. 108 (1961) 347.

Vom Standpunkt des Anodenwerkstoffes unterscheidet man heute dreierlei Tantalkondensatoren[1]:

1. Sinteranoden aus Pulver,
2. Anoden aus glatten bzw. aufgerauhten Drähten oder
3. Anoden aus glatten bzw. aufgerauhten Folien.

Da man wahlweise mit *flüssigen oder festen Elektrolyten* arbeiten kann, ergeben sich Tantalkondensatoren mit einem weiten Bereich von Eigenschaften und Anwendungen.

β) *Kondensatoren mit Sinteranoden und flüssigen Elektrolyten.* Die Sinteranoden, Durchmesser etwa 2 bis 20 mm, werden durch Pressen eines meist monodispersen Tantalpulvers (Korngröße etwa 6 bis 10 μ) auf automatischen Pressen hergestellt und oft ein Tantaldraht (etwa 0,5 bis 1 mm Stärke) — zentrisch durch den Oberstempel eingeführt — mit eingepreßt. Bei kleineren Anoden (Durchmesser < 2 mm) kommen auch Mehrfachmatrizen und hydraulische Pressen zur Anwendung.

Die Anoden werden dann im Hochvakuum (besser als 10^{-4} Torr) bei etwa 2000 bis 2200 °C gesintert. Schleifenheizleiter aus Wolfram, Tantal oder Tantal-Wolfram-Legierungen und Sinterbehälter aus Tantal (aus Gettergründen) sind im Einsatz. Zu hohe Sintertemperaturen und zu große

[1] DUMMER, G. W., u. H. M. NORDENBERG: Fixed and Variable Capacitors. New York: McGraw Hill 1960. — MILLER, G. L.: Tantalum and Niobium. London: Butterworths Scient. Publ. 1959, 210. — WIEGAND, O.: Siemens-Z., April 1962, H. 4, 352. — MOSEBACH, W.: Elektron. Rdsch. 9 (1960) 371.

Tabelle 93. *Qualitätsanforderungen an Ta-Pulver für Elektrolytkondensatoren* (nach BELZ)

Type	Dichte g/cm³	Mittlere Korngröße μ	%-Anteil unter 44 μ	Kohlenstoff %	Sauerstoff %	Kapazität $\frac{\mu F \cdot V}{g}$	Verlustfaktor %	ESR (Kapazitiver Scheinwiderstand) in Ohm	Schrumpfung %
C	3,27 bis 4,22	6,0 bis 8,5	50 bis 65	0,005 bis 0,012	0,09 bis 0,15	2000 bis 2600	15 bis 28	10 bis 17	8 bis 10
D	3,84 bis 4,48	7,0 bis 9,0	50 bis 65	0,005 bis 0,012	0,09 bis 0,15	2100 bis 2500	16 bis 24	10 bis 14	6 bis 8
T	3,84 bis 5,12	7,0 bis 8,5	50 bis 65	0,005 bis 0,012	0,05 bis 0,12	2000 bis 2400	14 bis 24	9 bis 12	6 bis 8
Y	3,84 bis 4,80	8,5 bis 11	40 bis 55	0,005 bis 0,012	0,04 bis 0,10	1800 bis 2200	9 bis 20	5 bis 9	3 bis 6
K	4,48 bis 5,75	7 bis 14	65 bis 75	0,005 bis 0,012	0,03 bis 0,10	1700 bis 2100	11 bis 17	7 bis 10	4 bis 7
E	5,75 bis 6,46	16 bis 24	10 bis 20	0,02 bis 0,08	0,04 bis 0,11	1000 bis 1400	7 bis 12	4 bis 7	1 bis 3
L	6,40+	30+	0 bis 10	0,02 bis 0,06	0,04 bis 0,09	400 bis 1000	—	—	1

Feinpulveranteile ergeben zu dichte Sinterkörper mit zu kleiner Oberfläche. Zu geringe Sintertemperaturen lassen Verunreinigungen, wie z. B. Sauerstoff, Kohlenstoff und Eisen, im Sinterkörper zurück, wodurch der Reststrom des Kondensators erhöht und seine Lebensdauer herabgesetzt wird.[1]

Die Abnahme der Verunreinigungen mit steigender Sintertemperatur geht aus Tab. 94 hervor. Der Einsatz von vakuumentgastem Tantalpulver ist vorteilhaft.

Tabelle 94. *Änderung der Gehalte an Verunreinigungen* von Tantalsinterkörpern bei verschiedenen Sintertemperaturen* (nach BELZ)

	Pulver %	1600 °C %	1750 °C %	1975 °C %	2100 °C %
Nb	<0,01	<0,01	<0,01	<0,01	<0,01
Fe	0,005	0,003	<0,001	<0,001	<0,001
Si	0,03	0,002	0,002	0,001	0,003
Ni	0,002	0,002	<0,001	<0,001	<0,001
C	0,008	0,0075	0,0051	0,0047	0,0045
O_2	0,094	0,076	0,063	0,047	0,028

* Das Niveau an Spurenelementen (<0,005%: Ti, Sn, Mn, Cr, Ca, Na, Al) bleibt praktisch unverändert.

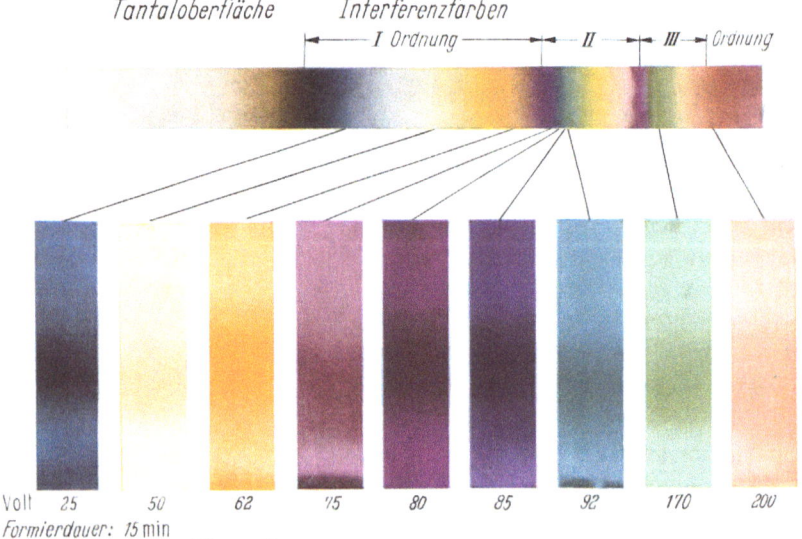

Abb. 177. Interferenzfarben von anodisch oxydiertem (formiertem) Tantal (nach MEYLL und SPEIDEL)

---

[1] BELZ, L. H.: J. electrochem. Soc. 108 (1961) 229.

Die innere spezifische Oberfläche der Tantalsinteranoden liegt gewöhnlich bei den vorgenannten Pulverkorngrößen und Sinterbedingungen bei 200 bis 300 cm^2/g (1000 bis 2000 cm^2/cm^3 Ta).

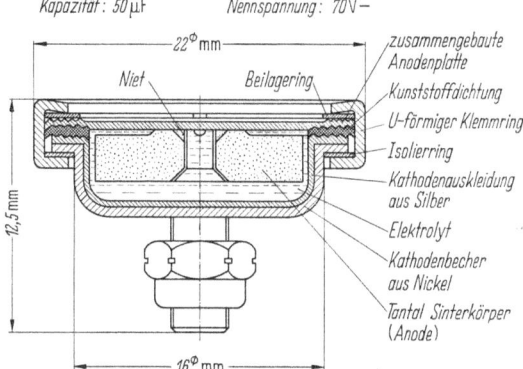

Abb. 178. Aufbau eines Plessey-Castanet-Kondensators

Die gesinterten Anoden werden in einem Schwefelsäure- oder Phosphorsäurebad bei etwa 100 bis 200 V „formiert", d. h. die gesamte

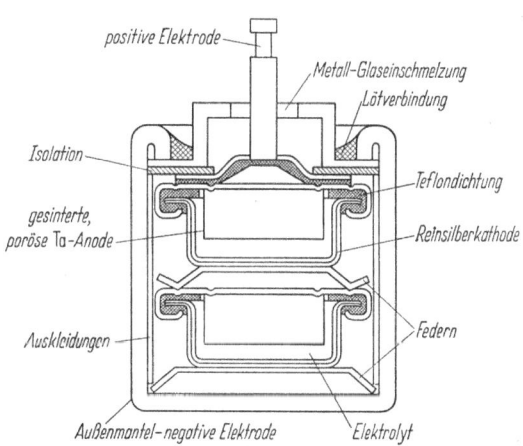

Abb. 179. Zwei- oder mehrteiliger Mallory-Kondensator

freie Oberfläche anodisch oxydiert und dann in einen Silbernapf zentrisch, eventuell durch Stumpfschweißen an eine Tantalverschlußplatte, montiert. Als Elektrolyt dient gewöhnlich Schwefelsäure und/oder eine Lithiumchloridlösung. Der weiche Silbernapf kann durch einen ihn umhüllenden Edelstahlnapf stoßfester gemacht werden.

Abb. 177 zeigt die Interferenzfarben formierter, d. h. anodisch oxydierter Tantalfolien. Die Anwendung gelenkt aufgebrachter Oxydschichten zum erhöhten Korrosionsschutz haben nach MEYLL und SPEIDEL[1] noch nicht zur Entwicklung produktionsreifer Verfahren geführt.

Wegen der schwierigen Dichtungsprobleme haben sich in Europa und insbesondere in Deutschland die in den nächsten Kapiteln besprochenen Kondensatoren mit festem Elektrolyt bzw. mit Tantalfolien und imprägniertem Kondensatorpapier besser eingeführt.

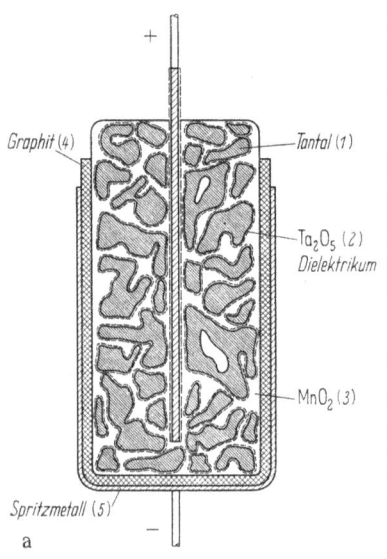

Abb. 180a u. b. Tantalkondensator mit Sinteranode und festem Elektroyt (nach MOSEBACH)
a) Aufbau des Kondensators; b) Aufeinanderfolge der Schichten

Abb. 178 zeigt einen englischen Kondensator der Fa. Plessey in seinem Aufbau, Abb. 179 eine ähnliche Konstruktion eines zwei- oder mehrzelligen Kondensators der Fa. Mallory, USA, der hermetisch verlötet ist.

Wegen der technischen Daten der verschiedenen Kondensatoren sei auf das zahlreiche Fachschrifttum (siehe S. 298 u. ff.), insbesondere auf das Buch von DUMMER und NORDENBERG[2], verwiesen.

γ) *Kondensatoren mit Sinteranoden und festem Elektrolyt.* Die Herstellung der Sinteranoden verläuft ähnlich wie im vorhergehenden Kapitel beschrieben. An die Formierung schließt sich jetzt jedoch die Imprägnierung mit MnO_2 nach Vorschlägen der Bell Laboratorien an.[3]

Die formierten Anoden werden mit einem Mangansalz, z. B. Mangannitrat, getränkt, das sich durch thermische Behandlung zu MnO_2 und nitrosen Gasen umsetzt. Dieser Prozeß läßt sich wiederholen, so daß

---

[1] MEYLL, H., u. H. SPEIDEL: in: Heraeus Festschrift, 60 Jahre Quarzglas, 25 Jahre Hochvakuumtechnik. Hanau 1961, 323.

[2] DUMMER, G. W., u. H. M. NORDENBERG: Fixed and Variable Capacitors. New York: McGraw Hill 1960.

[3] TAYLOR, R. L., u. H. E. HARING: J. electrochem. Soc. 103 (1956) 611. — POWER, F. S.: Bell Labor. Rec. 35/10 (1957) 419. — MCLEAN, D. A., u. F. S. POWER: Proc. IRE Bd. 44 (1956) 872. — MCLEAN, D. A.: J. electrochem. Soc. 108 (1961) 48.

alle Hohlräume praktisch mit MnO_2 ausgekleidet bzw. ausgefüllt sind. Das den flüssigen Elektrolyten ersetzende MnO_2 ist ein elektronenleitender Halbleiter mit einem spezifischen Widerstand von 50 bis 100 $\Omega \cdot$ cm bei Raumtemperatur. Auf den Tantal-Ta_2O_5-MnO_2-Verbundkörper wird nun eine Graphitschicht aufgetragen und auf dieser zum Schluß eine Metallspritz- oder Aufdampfschicht (aus einer Kupfer- oder Bleilegierung), die als Kathodenzuleitung dient.[1,2] Abb. 180a zeigt schematisch nach MOSEBACH[1] den Aufbau eines solchen Kondensators und

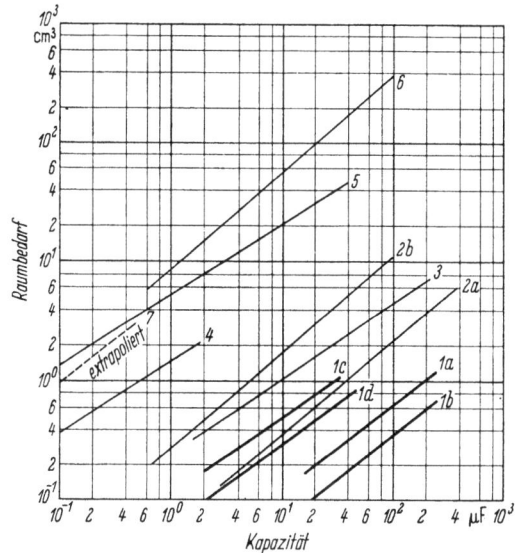

Abb. 181. Raumbedarf trockener und nasser Elektrolytkondensatoren im Vergleich zu anderen Kondensatortypen (nach MOSEBACH)
1 Ta-Sinterkondensator mit festem Elektrolyten: a 6 V, hermetisch verlötet, b 6 V, lackiert, c 35 V, hermetisch verlötet, d 35 V, lackiert; 2 Ta-Folienkondensator mit flüssigem Elektrolyten: a 6 V, b 50 V; 3 Al-Kondensator (Miniaturausführung); 4 Lackfolienkondensator, 60 V; 5 Kunststoffolienkondensator, 200 V; 6 Metallpapierkondensator, 160 V; 7 Keramikkondensator

Abb. 180b die Aufeinanderfolge der Schichten. Die sehr schockfesten Tantalkondensatoren mit festem Elektrolyten müssen — da keine Leckgefahr vorliegt — nicht unbedingt hermetisch abgeschlossen in Gehäuse verlötet werden. Es genügen bei nicht zu hohen Anforderungen an die Klimafestigkeit Schutzlackierungen oder ein Umpressen mit Kunststoff.

Abb. 181 zeigt den Raumbedarf „trockener" und „nasser" Elektrolytkondensatoren im Vergleich zu anderen handelsüblichen Elektrolytkondensatortypen und Abb. 182 die Temperaturabhängigkeit der Kapazität und des Verlustfaktors von trockenen und nassen Tantal-Elektrolytkondensatoren im Vergleich zu kleineren Al-Kondensatoren.

---

[1] MOSEBACH, W.: Elektron. Rdsch. 9 (1960) 371.
[2] WIEGAND, O.: Siemens-Z., April 1962, H. 4, 352.

δ) *Kondensatoren mit Drahtanoden und festem Elektrolyten.* Dieser Kondensatortyp ist im Aufbau demjenigen im vorhergehenden Kapitel sehr ähnlich. An Stelle der Tantalsinteranode tritt eine mehrschichtige Tantaldrahtwicklung oder eine schlanke Tantalsinteranode, auf der der Tantaldraht in mehreren Lagen aufgewickelt wird. Diese Anordnung hat an Bedeutung in letzter Zeit gewonnen, nachdem es gelungen ist, die Tantaldrahtoberfläche durch geeignete Ätzverfahren[1] auf das 5- bis 10fache zu erhöhen (glatter Draht — kleine Kapazität, aufgerauhter Draht — große Kapazität) (Abb. 183c). Die Ätzung bewirkt auch die Entfernung schädlicher, vom Ziehprozeß herrührender Verunreinigungen an der Drahtoberfläche.

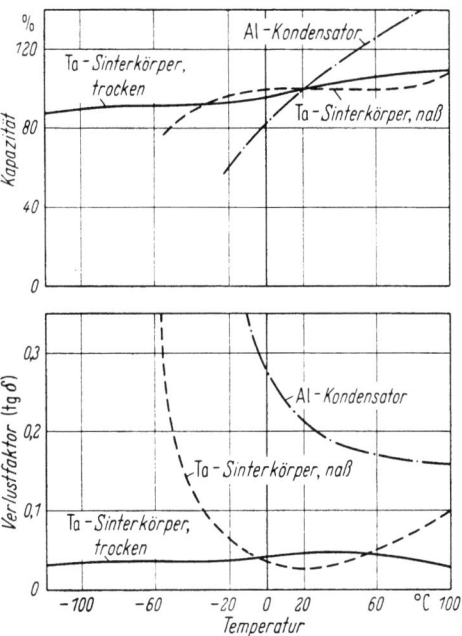

Abb. 182. Kapazität und Verlustfaktor verschiedener Kondensatortypen in Abhängigkeit von der Temperatur (nach MOSEBACH)

Wird das Dielektrikum durch nitrose Gase bei der MnO_2-Bildung aus Mangannitrat verletzt, so ist ein Nachformieren der Drahtwicklung notwendig.

ε) *Kondensatoren mit Elektroden aus Tantalfolien.* Die Erzeugung dieser Kondensatoren schließt sich im wesentlichen an diejenige der bekannten Al-Folien-Kondensatoren an. Abb. 184 zeigt den schematischen Aufbau eines solchen Wickelkondensators unter Verwendung von 0,012 mm starken Tantalfolien, deren Herstellung auf Mehrrollenwalzwerken mit Arbeitswalzen aus Hartmetall vorgenommen wird. Auf dem Markt befinden sich endlose Ta-Folien in Breiten von 50 bis 80 mm und in Stärken von 0,005 bis 0,015 mm.

An die glatten oder aufgerauhten Ta-Folien werden Ta-Drähte als elektrische Zuführungen geschweißt.[1] Die Folien selbst werden gewöhnlich durch zwei 0,012 mm starke feste, poröse Papierstreifen voneinander getrennt, die mit dem Elektrolyten (Lithiumchlorid bei niedrigen, Borsäure bei hohen Spannungen) getränkt sind. Die Gehäuse bestehen in USA aus silberplattiertem Messing oder Kupfer.

---

[1] JENNY, A. L., u. R. A. RUSCETTA: J. elektrochem. Soc. 108 (1961) 442.

Tantal

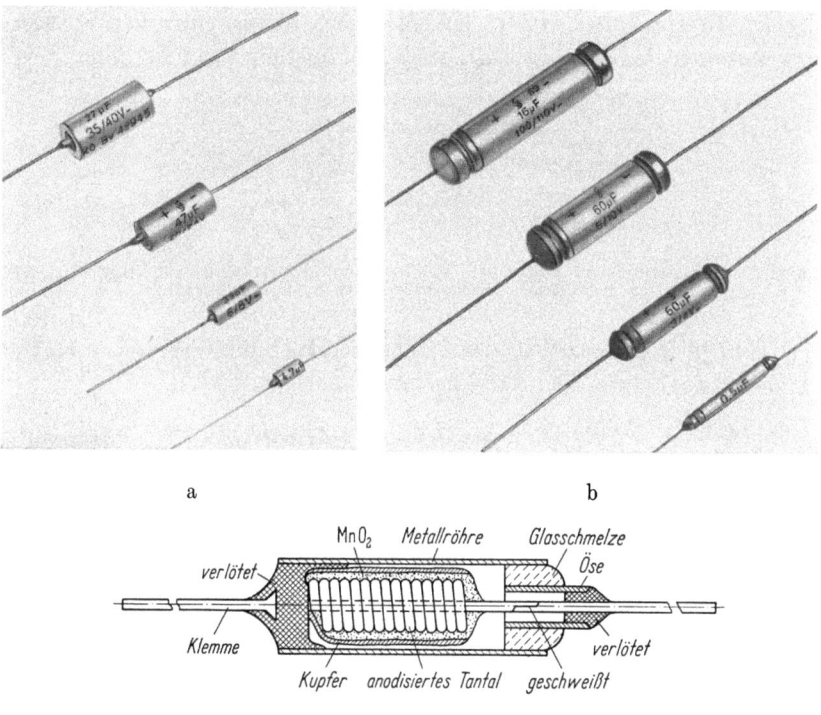

Abb. 183a—c. Tantalkondensatoren verschiedener Ausführung
a) Trockensinterkondensatoren, b) Folienkondensatoren (nach WIEGAND); c) Kondensator mit Drahtanode (nach MILLARD u. a.)

Die Ta-Folienkondensatoren werden in polarisierter oder unpolarisierter Form geliefert. Ein Vergleich der Abmessung von typischen Ta-Folienkondensatoren zu anderen Kondensatortypen mit unterschiedlichen Dielektrika geht aus Abb. 185 hervor (Arbeitsspannung 100 V).

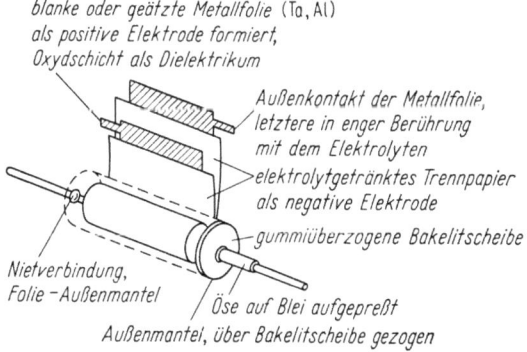

Abb. 184. Aufbau eines Folienkondensators mit Tantal- bzw. Aluminiumfolie
(nach DUMMER und NORDENBERG)

Die Eigenschaften von Ta-Folienkondensatoren werden von FOSTER[1] im einzelnen beschrieben (vgl. auch die Ausführungen in Fußn. 2).

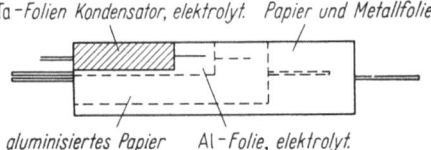

Abb. 185. Abmessung und Rauminhalt von Tantalfolienkondensatoren im Vergleich zu anderen zylindrischen Typen (nach DUMMER und NORDENBERG)

Tab. 95 zeigt nach WIEGAND[3] einen Vergleich der technischen Kenngrößen von Folien- und Trockensinterkondensatortypen.

Tabelle 95. *Elektrische Daten verschiedener Kondensatortypen* (nach WIEGAND)

Elektrische Daten	Maßeinheit	Folientyp	Trockensintertyp
Nennspannung	V—	3 bis 150	6 bis 35*
Nennkapazität	µF	0,25 bis 240	0,25 bis 330
Kapazitätstoleranz	%	±20	±20
Abmessungen	mm	3,2 Dmr. · 25 bis 10 Dmr. · 45	2,5 Dmr. · 6 bis 8,7 Dmr. · 19,1
Spezifische Kapazität	µF/cm³	1,2 bis 50	2 bis 200
Betriebstemperaturbereich	°C	—60 bis +85	—60 bis +80 (+125)**
Verlustfaktor	tan δ (bei +20 °C und 50 Hz)	<0,1 bis 0,06	<0,06
Reststrom	µA/V · µF	≦0,02	≦0,02
Kapazitätsabfall bei 60 °C, bezogen auf +20 °C, 50 Hz	%	30***	15***
Kapazitätsabfall bei 10 kHz, bezogen auf +20 °C, 50 Hz	%	35***	25***

* Nach F. SCHAUFELBERGER ist heute die obere Grenze der Nennspannung mit 75 (bis 100) V in sämtlichen Spezifikationen enthalten.
** Mit Spannungsherabsetzung.
*** Richtwert, abhängig von Spannungsbereich und Kapazitätswert.

3. Tiegelmaterial

Bei der Herstellung der seltenen Erdmetalle wurden Tantaltiegel mit gutem Erfolg sowohl für die Reduktion von Chloriden (z. B. Gadolinium-Chlorid) mit Ca als auch für das Schmelzen der seltenen Metalle

---

[1] FOSTER, L. W.: General Electric Rev., Okt. 1951, 30.
[2] DUMMER, G. W., u. H. M. NORDENBERG: Fixed and Variable Capacitors. New York: McGraw Book 1960.
[3] WIEGAND, O.: Siemens-Z., April 1962, H. 4, 352.

selbst unter Argon oder im Vakuum eingesetzt.[1] Abb. 186 zeigt eine mit einem tiefgezogenen Tantaltiegel ausgestattete Reduktionsbombe, wobei der Tiegel durch Kalziumoxyd vom Stahlmantel isoliert ist.

Auch in der Uran- und Plutoniummetallurgie werden Tantaltiegel mit wachsendem Erfolg eingesetzt[2]. Man kann annehmen, daß sich hierfür eine Tantallegierung mit etwa 15 bis 25% W noch besser eignet.

Bei der Herstellung von Hartstoffen, Siliziden usw. verwendete BREWER Tantal- und Molybdäntiegel.[3] Auch bei der Herstellung dünner Aufdampfschichten werden nach AUWÄRTER[4] Tantalschiffchen und -tiegel neben Molybdän und Wolfram laufend verwendet. Abb. 187 zeigt schematisch eine Aufdampfanlage und den im direkten Stromdurchgang erhitzten Tiegel.

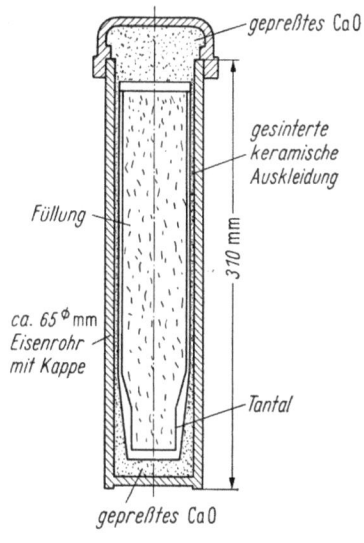

Abb. 186. Reduktionsbombe mit Tantaltiegel (nach SPEDDING und DAANE)

4. Geräte- und Apparatebau für die chemische Industrie

Die hervorragende Korrosionsbeständigkeit von Tantal (s. Tab. 41, 44 u. 45) in Verbindung mit seiner guten Wärmeleitfähigkeit, seiner ausgezeichneten Kaltverformbarkeit und seiner guten Schweißbarkeit unter Edelgasen machen Tantal zu einem vielseitig angewendeten Sonderwerkstoff im chemischen Apparatebau.[5] Es werden komplette Apparaturen, z. B. Salzsäureabsorber[6] aus Tantal gebaut oder mit Tantal-

---

[1] SPEDDING, F. H., u. A. H. DAANE: J. electrochem. Soc. 100 (1953) 442. — DAANE, A. H., u. F. H. SPEDDING: Process Chemistry, Bd. I. London: Pergamon Press 1956, 322.

[2] WINCH, I. O., u. L. BURRIS JR.: J. Nucl. Engg. and Sci. Conf. ASME, März 1957. — Anonym: Los Alamos Sci. Lab. LA-2112 (1957).

[3] BREWER, L., u. O. KRIKORIAN: Heats of Formation of Refractory Silicides UCRL-3352, Chem. Distribution, März 1956, US AEC. — BREWER, L., A. W. SEARCY, D. H. TEMPLETON u. C. H. DAUBEN: J. Amer. ceram. Soc. 33 (1950) No. 10, 291.

[4] AUWÄRTER, M.: in F. BENESOVSKY (Hrsg.): Hochschmelzende Metalle, 3. Plansee Seminar, Juni 1958, Reutte/Tirol. Wien: Springer 1959, 135.

[5] KIEFFER, R., u. K. SEDLATSCHEK: Österr. Chem.-Ztg. 61 (1960) 217. — BOYD, W. K., J. D. JACKSON u. F. W. FINK: in: Short course on processing Industr. Cont., Natl. Ass. Corros. Engin. 1960, 193.

[6] Fansteel Metallurgical Corp.: Fansteel Metallurgy, Okt. 1961.

blechen ausgekleidet.[1,2] Einen in der fotografischen Industrie verwendeten tantalarmierten Säureabsorber mit einem Ta-Bajonett und aufgeschweißten Prallblechen gibt Abb. 188 wieder.

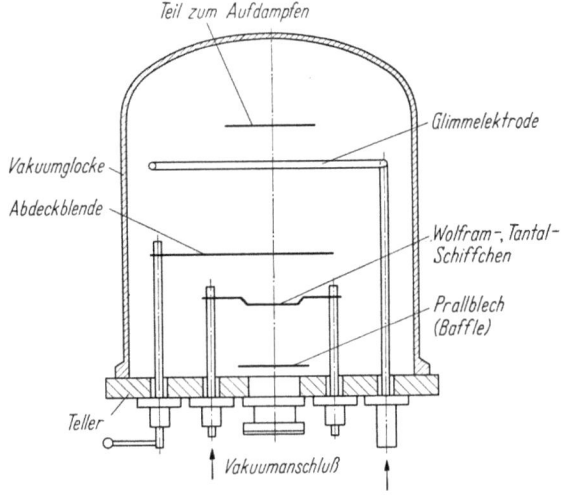

Abb. 187. Aufdampfanlage mit Tantal- oder Wolframschiffchen (Schema)

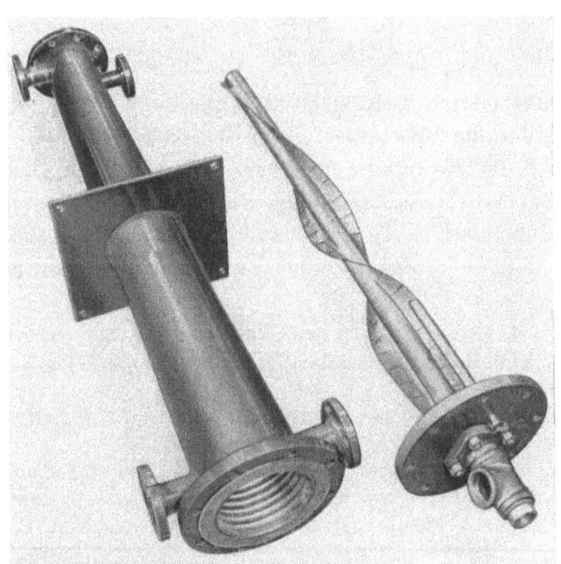

Abb. 188. Säureadsorber aus der fotografischen Industrie (Fansteel Metall. Corp.)

---

[1] ERBEN, E., u. R. LESSER: Metall 15 (1961) 679.
[2] MEYLL, H., u. H. SPEIDEL: in: Heraeus Festschrift, 60 Jahre Quarzglas, 25 Jahre Hochvakuumtechnik. Hanau 1961, 323.

Ein großes Anwendungsgebiet bildet die Herstellung von Tantalheizkörpern oder -kerzen zur Wärmezu- und -abfuhr in Behältern mit besonders aggressiven Lösungen[1, 2]. Es kommen tauchsiederartige, ein-

Abb. 189. Mehrfachheizkerzen aus Tantal zur Beheizung gummierter oder ausgemauerter Behälter (W. C. Heraeus)

fache Heizkerzen zur Anwendung, die aus einem Tantalrohr mit angeschweißtem Boden und Bordscheibe bestehen. Mit Hilfe eines Flan-

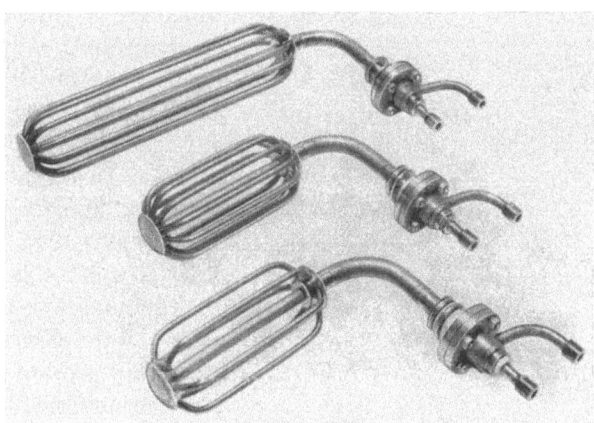

Abb. 190. Heizelemente aus Tantal, Oberfläche 0,2 bis 0,1 m² zur Beheizung von Glaskolonnen (W. C. Heraeus)

sches werden die Heizkerzen in die Behälter eingesetzt (Abb. 189 und 190). Einen großen Bajonettheizkörper (52 Ta-Rohre, Länge 1800 mm) zum

---

[1] ERBEN, E., u. R. LESSER: Metall 15 (1961) 679.
[2] MEYLL, H., u. H. SPEIDEL: in: Heraeus Festschrift, 60 Jahre Quarzglas, 25 Jahre Hochvakuumtechnik. Hanau 1961, 323.

Beheizen eines Stahlreaktors, der innen einen Glas-Emaille-Überzug trägt, zeigt Abb. 191. Die Heizfläche beträgt etwa 11 m². Neben der schon erwähnten guten Wärmeleitfähigkeit bzw. Wärmeübertragung haben solche metallische Heizelemente gegenüber keramischen vor allem den Vorteil der Unzerbrechlichkeit und der hohen Lebensdauer, denen nur der einmalige relativ hohe Anschaffungspreis störend gegenübersteht.

Abb. 192 und 193 zeigen zwei Konstruktionsarten von Wärmeaustauschern. Bei der einen (Abb. 192) sind z. B. 178 nahtlose durchlaufende Ta-Rohre auf beiden Seiten des kunstharzüberzogenen Stahlbehälters in Ta-Rohrböden eingeschweißt. Bei der zweiten (Abb. 193) sind 11 U-förmige lange Rohre auf einer Seite in rechteckige Ta-Bleche eingeschweißt. Die aggressiven Lösungen werden auf einer Seite zu- und abgeführt.

Abb. 191. Bajonettheizkörper aus 52 Tantalrohren mit einer Länge von je 1800 mm (Pfaudler Permutit Inc.)

Tantalheizkörper werden ferner beim Konzentrieren von Schwefelsäure, in Säurerückgewinnungsanlagen, bei Beizbehältern und Verdampfungsanlagen verwendet. Auch die pharmazeutische Industrie verwendet, ebenso wie die organische-chemisch Großindustrie, Apparaturen, Autoklaven usw. mit Tantalauskleidungen sowie Tantalheizschlangen bei aggressiven oder hochreinen Produkten.[1]

---

[1] MEYLL, H., u. H. SPEIDEL: in: Heraeus Festschrift, 60 Jahre Quarzglas, 25 Jahre Hochvakuumtechnik. Hanau 1961, 323.

Den Zusammenbau eines tantalausgekleideten Hochdruckreaktionsgefäßes (Durchmesser 250 mm, Länge 4250 mm, 110 atü) mit einem Einsatz von 390 kg Ta-Halbzeug gibt die Abb. 194 wieder.

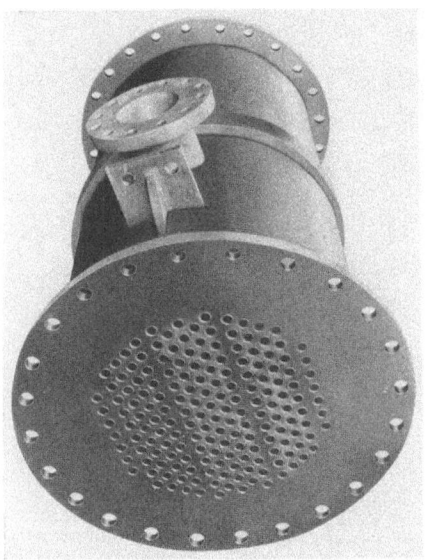

Abb. 192. Wärmeaustauscher mit 178 nahtlosen Tantalrohren, an beiden Enden an Tantalblechplatten angeschweißt (Fansteel Metall. Corp.)

Von der Fansteel Metallurgical Corp. wurden Ta-Pumpen mit einer Minutenleistung bis 400 Liter entwickelt.[1]

Abb. 193. Wärmeaustauscher mit 11 U-förmigen, in 2 Tantalblechrohrböden eingeschweißten Tantalrohren (Fansteel Metall. Corp.)

[1] Chem. Eng. News 39 (1961) 79.

Abb. 194. Hochdruckreaktionsgefäß (Durchmesser 250 mm, Länge 4250 mm, für 110 atm mit Tantalrohren und Tantalauskleidungen (W. C. Heraeus)

5. Kernindustrie

Wegen seines relativ hohen Neutroneneinfangquerschnittes ist Tantal als Werkstoff in der Kernindustrie noch nicht stark in Erscheinung getreten.

Der LAMPRE-Reaktor, der mit flüssigem Plutonium arbeitet, wurde von den Los Alamos Laboratorien 1957 mit einem Tantalbehälter geplant.[1] In dem Behälter waren 547 eingeschweißte Tantalkühlrohre (4,5 mm Außendurchmesser und 0,125 mm Wandstärke) vorgesehen. Über die Bewährung eines in Europa gebauten Behälters sind noch keine Einzelheiten veröffentlicht worden.

6. Spinndüsen

Spinndüsen aus Tantal wurden schon 1928 für die Herstellung von Kunststoffasern vorgeschlagen.[2] Sie müssen in der Viskose einer warmen,

---

[1] LAMPRE: A molten plutonium fueled reactor concept. Los Alamos Scient. Laboratory, LA-2112 (1957).

[2] MEYLL, H., u. H. SPEIDEL: Chem. Ing. Techn. 40 (1958) 337. — Fansteel Metallurgical Corp.: Fansteel Metallurgy, Okt. 1961. — ERBEN, E., u. R. Lesser: Metall 15 (1961) 679. — MEYLL, H., u. H. SPEIDEL: in: Heraeus Festschrift, 60 Jahre Quarzglas, 25 Jahre Hochvakuumtechnik. Hanau 1961, 323.

stark alkalischen Lösung, im Spinnbad einer warmen schwefelsauren Lösung mit Natrium- und Zinksulfatzusatz und in einem Reinigungsbad einer Chrom-Schwefelsäure bei 100 °C widerstehen. Tantal entspricht in seinem chemischen Verhalten voll diesen Beanspruchungen und behauptet sich in Europa weiterhin neben den stark verbesserten ausscheidungshärtbaren Platin-Gold-Legierungen.

Durch praktische Versuche konnte KIEFFER[1] nachweisen, daß sich fertig bearbeitete Tantaldüsen durch Behandeln in Sauerstoff, Stickstoff bzw. Luft unter kontrollierten Bedingungen oberflächenhärten lassen (Oxyd- bzw. Nitridbildung!).

Trotz der guten Korrosions- und Verschleißeigenschaften der Tantaldüsen und des relativ billigen Einstandspreises dominieren weiterhin die Edelmetall-

Abb. 195. Tantalspinndüsen verschiedener Größe (W. C. Heraeus)

düsen, weil sie ihren Edelmetallwert auch als Abfall voll beibehalten, während der Tantalschrottwert bedeutend geringer ist.

Abb. 195 zeigt eine Reihe von Tantalspinndüsen.[2]

7. Tantal in der Chirurgie

Die ausgezeichnete Verträglichkeit von Tantal mit lebendem menschlichem Gewebe und die gute Verformbarkeit von Tantaldraht und -blechen haben Tantal besonders in USA eine weite Anwendung in der Knochenchirurgie gesichert. Bei Knochennagelungen und Schädelverschlußplatten (Gehirnoperationen) steht Tantal in Europa in Konkurrenz zu rostfreiem Stahl, Silber und neuerdings Zirkonium. Ta-Drahtgewebe wurden auch bei Brüchen zu Gewebeverstärkungen, feinste Drähte und Folien bei unterbrochenen Nervensträngen verwendet.

---

[1] KIEFFER, R., u. W. HOTOP: Pulvermetallurgie und Sinterwerkstoffe, 2. Aufl. Berlin/Göttingen/Heidelberg: Springer 1948, 264.
[2] ERBEN, E., u. R. LESSER: Metall 15 (1961) 679.

8. Tantal als Tief- und Hochtemperaturwerkstoff (Raumschiffahrt)

OGDEN und PERLMUTTER[1] weisen auf die Verwendungsmöglichkeiten von Ta-Legierungen bei sehr tiefen Temperaturen hin. Sie zeigten, daß in Legierungen vom Typ Ta-Nb-V (0 bis 30 Nb, 0 bis 10 V) Werkstoffe zur Verfügung stehen, die mit einer ausgezeichneten Tieftemperaturzähigkeit hohe Warmfestigkeit vereinigen und deshalb für Raketen mit flüssigem Treibstoff näher untersucht werden.

Bei Düsen für Feststoffraketen hat sich in den letzten Jahren eine gewisse Entwicklungsrichtung von Graphit und reinem Molybdän über Molybdän-Wolfram- und Wolfram-Silber-Legierungen zu reinem Wolfram, dem Metall mit dem höchsten Schmelzpunkt, angekündigt. Da

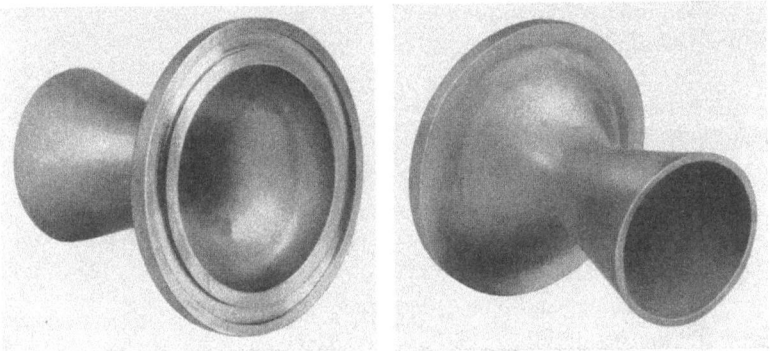

Abb. 196. Raketendüseneinsatz aus einer 90 Ta-10 W-Legierung (Supertemp Eng. and Mfg., Inc.)

Wolfram nur eine Kaltdehnung <1% hat, wurden auch Tantal bzw. die warmfesteren Tantal-Wolfram-Legierungen mit ihren guten Dehnungswerten und ihrer noch ausgezeichneten Schweißbarkeit für Düsen vorgesehen.

Abb. 196 zeigt einen Düseneinsatz aus einer 90 Ta-10 W-Legierung, der aus zwei Hälften zusammengeschweißt wurde. Als Zusatzschweißelektrode für die gedrückten Bleche (Stärke etwa 2 mm) wurde die gleiche Legierung verwendet.[2]

Abb. 197a bis c zeigt die beiden Hälften einer gebogenen Düse aus 4 mm starkem, warmgedrücktem Blech aus Rein-Wolfram. In der Mitte des Bildes ist die elektronenstrahlgeschweißte Düse zu sehen, auf der nach dem Ausglühen eine etwa 0,05 mm starke Ta-Schicht mit einem Plasmabrenner aufgespritzt wurde. Diese Zwischen- oder Sperrschicht hat den Zweck, die Bildung eutektischer, niedrigschmelzender W-C-Phasen,

---

[1] OGDEN, H., u. I. PERLMUTTER: Metal Progr., Nov. 1961, 97.
[2] Prospekt: High Temperature Metals. Supertemp Corp., Santa Fe Springs, Calif. (1961).

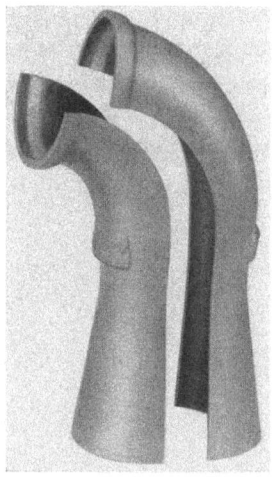

a

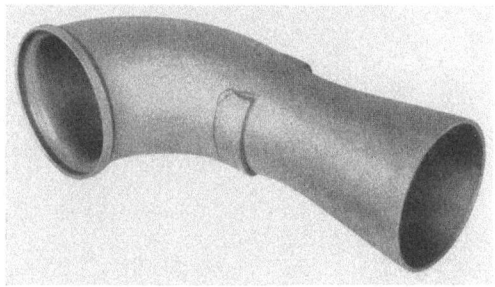

b

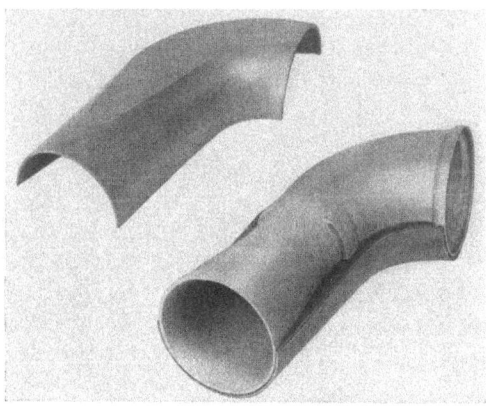

c

Abb. 197a–c. Gebogene W-Düse mit Tantalspritzschicht zwischen Düse und Graphitmantel (Supertemp Eng. and Mfg., Inc.)

a) Zweiteilige ellenbogenförmige W-Düse; b) mit Elektronenstrahl zusammengeschweißte Düse mit einer 0,15 mm, mit Hilfe eines Plasmabrenners aufgebrachten Tantalspritzschicht; c) Einbau in den Graphitmantel (Wärmefalle)

die sich mit dem Ummantelungsgraphit im Hochtemperaturbetrieb bilden könnten, durch allfällige Erzeugung von TaC (Schmelzpunkt etwa 3800 °C) zu verhindern (s. untere Bildhälfte).

In Abb. 198a und b ist oben eine aus 3 Teilen geschweißte W-Düse, unten dieselbe Düse nach dem Einbau in den Graphitmantel, der als

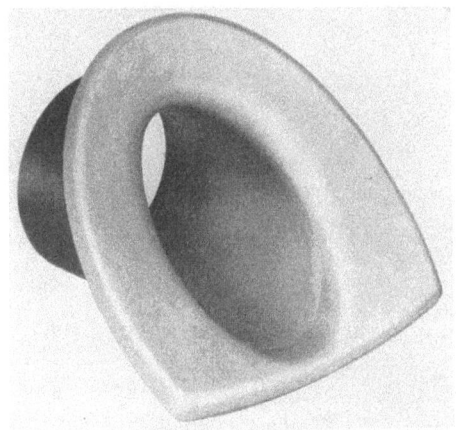

a

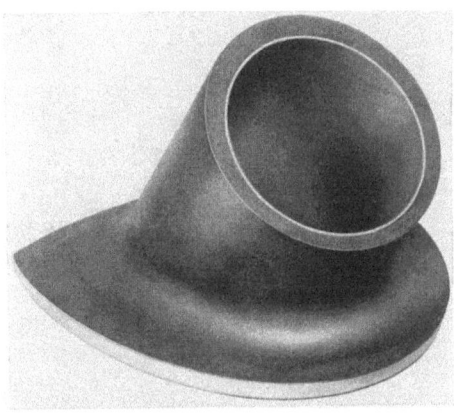

b

Abb. 198a u. b. Aus 3 Teilen zusammengeschweißte Düse aus Wolfram oder einer Ta-W-Legierung mit oder ohne Tantalsperrschicht (Supertemp Eng. and Mfg., Inc.)
a) Unteransicht; b) Oberansicht mit Graphitmantel

Wärmefalle dient, zu sehen. Auch hier ist als Blechwerkstoff eine Ta-W-Legierung möglich bzw. der Einsatz der vorerwähnten Ta- bzw. TaC-Sperrschicht.

Um das Bild über die Verarbeitung hochschmelzender Metalle (hier Wolfram, Sm 3400 °C), ihre Verarbeitbarkeit durch Drücken, Prägen und Schweißen sowie über die Werkstoffwahl abzurunden, sei zum Schluß noch ein Verteilerkranz aus Wolfram gezeigt, der aus 5 Teilen zusam-

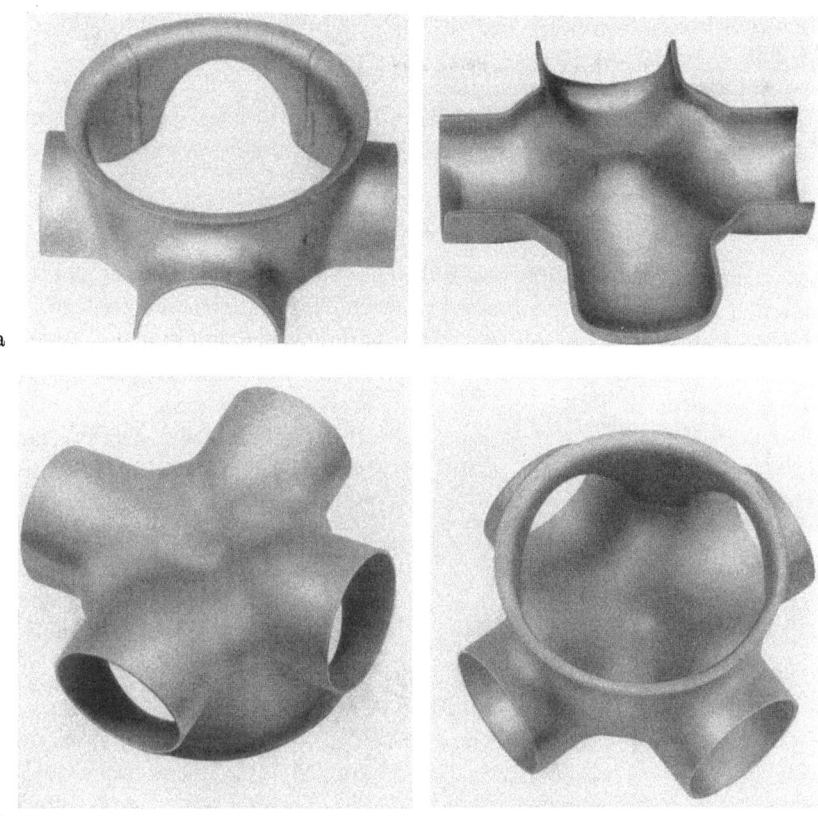

Abb. 199a u. b. Aus 5 Teilen elektronenstrahlgeschweißte Düse aus hochschmelzenden Metallen oder Legierungen (Supertemp Eng. and Mfg., Inc.)
a) Vier zusammengeschweißte Halbbögen und einteilige Platte; b) fertige Düse in Ober- und Unteransicht

mengebaut wurde (Abb. 199a und b). Die obere Bildhälfte (links) zeigt eine 4teilige Schweißkonstruktion, rechts ist die geprägte Deckplatte zu sehen. Die untere Bildhälfte gibt den fertigen Verteiler in zwei Ansichten wieder.[1]

C. Niob

1. Stähle und Legierungen

Über die Hauptanwendungen von Niob in Form von Ferroniob, -tantal und technisch reinem Niobmetall als Legierungselement in der Edelstahlindustrie, in Nichteisenmetallegierungen (Superlegierungen),

---

[1] Prospekt: High Temperature Metals. Supertemp Corp., Santa Fe Springs, Calif. (1961).

Schweißstäben, Magneten, Hartmetallen usw. vgl. man Abschn. VII. F. 4, S. 266.

Bei all diesen Anwendungsfällen kommt Niob nicht in reiner, duktiler Form zum Einsatz, es sei denn, daß hochreine Niobmetall- und -legierungsabfälle (Edelschrott) aus Qualitätsgründen verwendet werden.

2. Elektronische Industrie

Die älteste Anwendung von duktilem Niob ergab sich in der elektronischen Industrie, wo Niob aus Preisgründen im allgemeinen auf große, teure Röhren, Senderöhren, Hochspannungsgleichrichter, Röntgenröhren beschränkt blieb. Die Eigenerzeuger von Tantal und Niob in Pulver-, Draht- und Blechform, wie z. B. die Firmen Siemens & Halske und Fansteel, leisteten hierbei hervorragende Pionierarbeit. Die in der Elektroindustrie handelsüblichen Formen und Verwendungszwecke von Niob gehen nach ESPE[1] aus Tab. 96 hervor.

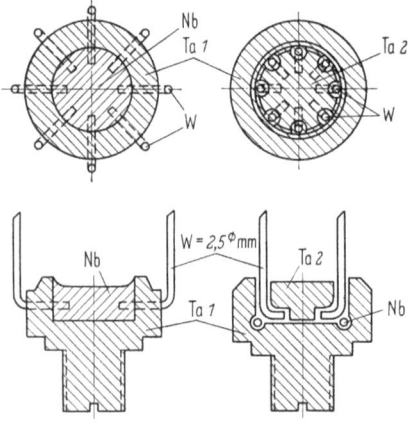

Abb. 200. Verwendung von Niob als Hochtemperaturlot in der Vakuumtechnik (nach GANSWINDT)

Die interessante Anwendung von Niob als Hochtemperaturlot zur Verbindung von Wolframglühdrähten mit Stromanschlußkörpern aus Tantal bei der Herstellung von Vakuumstrahlungsöfen für Temperaturen bis 2350° geht nach GANSWINDT[2] aus Abb. 200 hervor.

Da Niob in den letzten 10 Jahren vom doppelten auf einen Preis unter dem von Tantal abgesunken ist, wird bei der relativ niedrigen Dichte von Niob und Nioblegierungen in Zukunft mit einem stärkeren Einsatz (wert- aber nicht gewichtsmäßig bedeutend) in der Hochvakuumtechnik zu rechnen sein. Anzeichen dafür finden sich in der Empfehlung von Legierungen wie Nb-0,75 Zr und Nb-40 Ta für Elektronenröhren auf Grund ihres spezifischen elektrischen Widerstandes und ihrer Sekundäremission.[3]

---

[1] ESPE, W.: Werkstoffe der Hochvakuumtechnik Bd. 1. Berlin: VEB Deutscher Verlag der Wissenschaften 1959.

[2] GANSWINDT, S., u. W. KIEFFER: B. I. O. S.-Report No. 1844. London 1946, 36.

[3] MAYKUTH, D. J., J. B. BAKER, G. S. ROOT u. G. B. GAINES: in: Advances in Electron Tube Techniques. New York: Pergamon Press 1960, 10.

Tabelle 96. *Handelsübliche Formen und Verwendungszwecke von Niob* (nach ESPE)

Form	Abmessungen	Hauptsächliche Verwendungszwecke
Stäbe	8 bis 12 mm Dmr.	Haltestäbe
Drähte	0,025 bis 6 mm Dmr.	Getterglühdrähte
Bleche	0,025 bis 0,5 mm Stärke	Anoden
		Abschirmschalen
Bänder	0,025 bis 0,5 mm Stärke	Getterbanderolen
nahtlose Rohre	1,5 bis 25 mm Dmr.	halbindirekt geheizte Kathoden
Blöcke	—	Lotmaterial
Briketts aus Pulver	—	Getterpelletts („Bulk getter")

3. Chemische Industrie (Apparate- und Gerätebau)

Niob ist zwar dem Tantal gegenüber in der Kälte nur geringfügig, aber bei höheren Temperaturen deutlich in seinem Korrosionsverhalten unterlegen. Es hat sich daher trotz seiner guten Korrosionseigenschaften bei Raumtemperatur noch nicht im Apparate- und Gerätebau für die chemische Industrie durchsetzen können.[1]

Zwei- oder Mehrstofflegierungen des Niobs, mit z. B. Vanadin, Tantal, Molybdän, Wolfram, Chrom, Titan, Zirkonium und Hafnium, zeigen jedoch eine deutliche Verbesserung der chemischen Beständigkeit in spezifischen Medien, so daß den eingeführten Spezialwerkstoffen Tantal, Titan und Zirkonium ein nicht zu unterschätzender Konkurrent in diesen Nioblegierungen erwächst. Niob-Wolfram, Niob-Molybdän, und Niob-Tantal-Wolfram-Legierungen zeigen z. B. neben guter Schweißbarkeit bereits eine verhältnismäßig gute Flußsäure- und Wasserstoffbeständigkeit.[2,3]

4. Spinndüsen

Reinniob kann weder mit Tantal noch mit Edelmetalldüsen wirksam konkurrieren. Durch Versuche von BRAUN, SEDLATSCHEK und KIEFFER[3] konnte jedoch gezeigt werden, daß Zusätze von 5 bis 15% Nb zu Ta ohne wesentlichen Qualitätsabfall möglich sind. Andere Niob-Basis-Legierungen wurden noch nicht geprüft.

5. Ofenbau

Niob und Nioblegierungen sind als Heizleiter im Temperaturbereich 1400 bis 2000 °C im Vakuum oder unter Edelgas sehr gut verwendbar.

---

[1] Anonym: Engineering 191 (1961) 646.
[2] KIEFFER, R., K. SEDLATSCHEK u. H. BRAUN: Ö. P. 207576 (1958).
[3] BRAUN, H., K. SEDLATSCHEK u. R. KIEFFER: J. Less-Common Metals 1 (1959) 413.

Für einen Wasserstoffschutzgasbetrieb oder eine Kombination von Wasserstoff und Vakuum kommen auch (IV-V-V)a-Legierungen mit z. B. 15 bis 30% W oder 10 bis 20% Mo in Frage.[1] Wegen seiner hervorragenden Gettereigenschaften bieten sich Niobbleche auch als Strahlungsschirme in Hochtemperaturvakuumöfen und als Glühtaschen für empfindliches Glühgut an.

6. Niob in der Chirurgie

Niob und Nioblegierungen kommen hier in Konkurrenz zu Ta, Edelstählen und Zr auf Grund der guten Korrosionseigenschaften bei Raumtemperatur in Frage. Ergebnisse aus der Praxis liegen noch nicht vor.

7. Kondensatoren

Elektrolytkondensatoren mit gesinterten Niobanoden haben sich gegenüber Ta-Kondensatoren noch nicht wirksam durchsetzen können[2], werden aber als aussichtsreich erachtet. Tantal erlaubt höhere Betriebsspannungen und zeigt einen kleineren Reststrom.

Nach SHTASEL und KNIGHT[3] und LING und KOLSKI[4] kommt bei festen und flüssigen Elektrolyten auch Niob in Betracht, während bei nuklearen Anwendungen Niobkondensatoren mit festen Elektrolyten gegenüber Ta-Kondensatoren den Vorzug verdienen.[5]

Untersuchungen von BRAUN, SEDLATSCHEK und KIEFFER[6] zeigten auch, daß Niob-Tantal-Legierungen mit 5 bis 15% Nb an Stelle reiner Ta-Kondensatoren treten können.

8. Kernindustrie

Die Kernindustrie bietet dem Niob wegen seiner guten Korrosionseigenschaften[7], auch gegenüber flüssigem Natrium, wegen seiner guten Duktilität und Schweißbarkeit, seiner Verträglichkeit mit Uran, Uranoxyd[8] und Plutonium bei hohen Temperaturen und wegen seines relativ

---

[1] BRAUN, H.: Diss. Mont. Hochschule Leoben 1959. — KIEFFER, B. F.: Diplomarbeit Mont. Hochschule Leoben 1960.

[2] HAND, R. B., H. W. LING u. T. L. KOLSKI: J. electrochem. Soc. 108 (1961) 1023.

[3] SHTASEL, A., u. H. T. KNIGHT: J. electrochem. Soc. 108 (1961) 343.

[4] LING, H. W., u. T. L. KOLSKI: J. electrochem. Soc. 109 (1962) 69.

[5] SCHWARTZ, N., M. GRESH u. S. KARLIK: J. electrochem. Soc. 108 (1961) 750 — Ind. Engin. Chem. 54 (1962) 9.

[6] BRAUN, H., K. SEDLATSCHEK u. R. KIEFFER: J. Less-Common Metals 1 (1959) 413.

[7] DIMPEL, D.: Metall 16 (1962) 214.

[8] BYERLEY, J. J.: US AEC-L-1126, Proj. CRFD-971 (Okt. 1960).

günstigen Neutroneneinfangquerschnittes ein breites Anwendungsfeld.[1] In Abb. 201 sind die Brennelemente des schnellen plutoniumbetriebenen Dounreay-Reaktors gezeigt, dessen äußere Hüllrohre aus Niob und dessen innere Rohre aus reinem Vanadin bestehen.[2]

Auch als Legierungszusatz zu Uran wird Niob neben Zirkonium eingesetzt. Uranlegierungen mit 0,6, 1,6 und 7% Nb bzw.[3] 1,5% Nb und 3 bis 5% Zr[4] werden in der Literatur eingehend beschrieben. Die Niobzusätze verbessern die Korrosionsbeständigkeit des Urans gegenüber Wasserdampf von etwa 300 °C an und seine thermische Stabilität.

Eine Nioblegierung mit 20% Uran wird von SHOBER und DICKERSON[5] beschrieben.

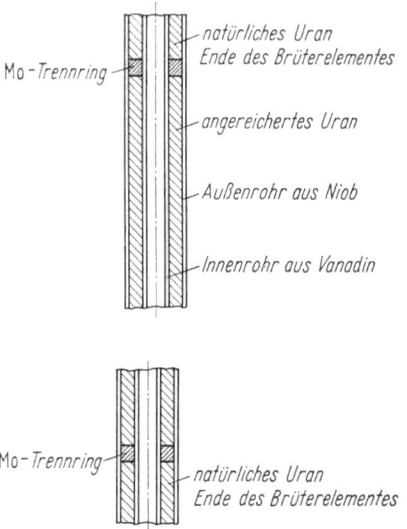

Abb. 201. Brennelement des Dounreay-Reaktors mit Vanadin- und Niobrohren

Die US-Atomic Energy Commission verbrauchte 1957 15000 Pfund ($\sim$7 t) Niobmetall, während der mögliche USA-Bedarf von CARMICHAEL[6] auf maximal 30 t geschätzt wird.

9. Luft- und Raumschiffahrt

Nioblegierungen kommen auf Grund ihrer hohen Warmfestigkeit und ihrer günstigen Verarbeitungseigenschaften für verschiedenste Konstruktionsteile im Flugzeug- und Raumfahrzeugbau in Betracht. Abb. 202 zeigt ein typisches Flügelsegment, das zugleich besonders geeignet ist, das Nebeneinander der Werkstoffe W, Mo und Nb

---

[1] DeMastry, J. A., u. R. F. Dickerson: Nucleonics 18 (1960) 87.

[2] Miller, G. L.: Tantalum and Niobium. London: Butterworths Scient. Publ. 1959.

[3] Foote, A. H.: Second United Nations International Conference on the Peaceful Uses of Atomic Energy, Genf, 1955, Paper No. A/CONF. 8/P/558.

[4] Kittel, J. H., u. S. H. Paine: Proc. 2. Nucl. Engng. Sci. Conf., März 1957, Teil 2, 260.

[5] Shober, F. R., u. R. F. Dickerson: Nucl. Sci. Engng. 9 (1961) 299.

[6] Carmichael, R. L.: in: Technology of Columbium. New York: Wiley & Sons 1958.

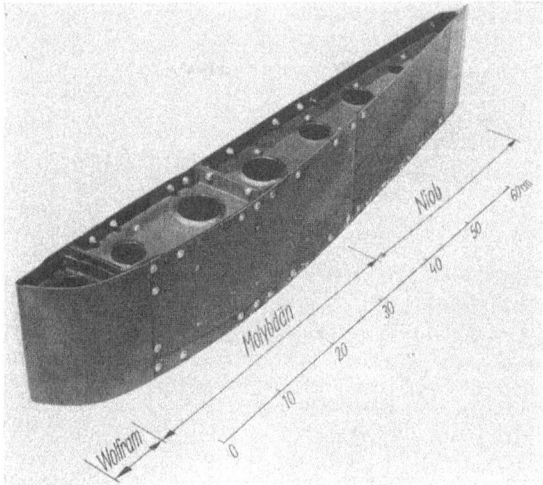

Abb. 202. Flügelsegment mit Teilen aus Niob- und Molybdänlegierungen sowie aus Wolfram (Republic Aviation Corp.)

Abb. 203. Geschweißtes Rudersegment aus einer (IV-V-VI) a-Nb-Legierung (Fansteel Metall. Corp.)

Abb. 204. Mit einer Siliziddeckschicht versehenes, geschweißtes und genietetes Flügelsegment nach einem Zunderversuch bei etwa 1300 °C an Luft (s. Abb. 203) (Fansteel Metall. Corp.)

Abb. 205. Gesenkschmiedestück (etwa 500 kg Gewicht) aus einer Nb-1 Zr-Legierung (Wyman-Gordon Co.)

in Beziehung zu ihren optimalen Arbeitsbereichen zu veranschaulichen.[1,2]

---

[1] PECKNER, D.: Materials in Design. Engng., Dez. 1961, 107ff.
[2] Fansteel Metallurgy, Okt. 1961.

Für zur Rückkehr bestimmte Raumfahrzeuge (reentry guided missiles) wurden in den Jahren 1959 bis 1961 in USA eingehende Versuche mit verschiedenen Werkstoffen auf Niob- und Molybdänbasis im Rahmen des „dyna-soar" (X-20)-Programms durchgeführt. Die Wahl fiel neben der Mo-Legierung TZM (Mo-0,5 Ti-0,08 Zr) auf zwei Nioblegierungen: F 48 (Nb-15 W-5 Mo-1 Zr) der General Electric Company und Fansteel 82 (Nb-33 Ta-0,7 Zr), wobei letztere Legierung besonders bei den Schweißverbindungen eingesetzt wurde. Alle Teile, inklusive den Nieten, wurden mit verschiedenen zunderfesten Deckschichten versehen.[1,2]

Die fertigen Rudersegmente (Abb. 203 und 204) wurden in einem Großraumofen unter Belastung bei Temperaturen von 200 bis 1290 °C an Luft, und zwar bei 1040° 30 Minuten und bei 1290° 15 Minuten geprüft. Bis auf sehr geringe lokale Zerstörungen der Deckschicht traten keine Mängel am Grundwerkstoff auf, so daß Nioblegierungen ihre „Feuertaufe" für Raumschiffahrtszwecke bestanden haben dürften.[2]

Abb. 205 gibt ein gesenkgeschmiedetes Formstück (Durchmesser etwa 900 mm) aus einer Niob-1 Zr-Legierung wieder. Das Formstück wurde aus einem zylindrischen, etwa 500 kg schweren Block herausgeschmiedet. Über die Endverwendung in der Raumschiffahrt werden keine genaueren Angaben gemacht.

10. Supraleiter und Tieftemperaturmagnete

Unter den supraleitenden Hartstoffen[3] tritt das NbN mit einem Sprungpunkt von 12,5 °K hervor. Den höchsten Sprungpunkt aller bekannten metallischen Werkstoffe haben Mischkristalle aus NbN und NbC mit 17,8 °K.

Supraleitende Niob-Zirkonium-Legierungen mit 25 bis 35% Zr haben neuerdings — ähnlich wie die intermediäre Phase Nb_3Sn — Interesse für Tieftemperatur-Höchstleistungsmagnete gefunden (s. S. 196 und 211). Während es verhältnismäßig leicht ist, die Niob-Zirkonium-Legierungen in die benötigten Feindrähte überzuführen, muß die pulverförmige spröde Nb_3Sn-Legierung satt in ein kaltduktiles Niobrohr eingefüllt werden, das sich dann nach hermetischem Abschluß hämmern, walzen und auf Feindrähte (0,1 bis 0,3 mm) herunterziehen läßt.

Von verschiedenen Stellen wird der Verwendung von Niob für supraleitende Werkstoffe das größte Zukunftpotential eingeräumt, und die dafür wahrscheinlich einmal verbrauchte Niobmenge über diejenige

---

[1] PECKNER, D.: Materials in Design. Engng., Dez. 1961, 107ff.
[2] Fansteel Metallurgy, Okt. 1961.
[3] KIEFFER, R., u. F. BENESOVSKY: Hartstoffe, 2. Aufl. Wien: Springer 1963.

gestellt, die für hochwarmfeste Nioblegierungen verbraucht werden wird.[1] Heute sind bereits Tieftemperaturmagnetsysteme im Handel, die insbesondere auf Nb-Zr-Legierungen aufbauen.

D. Vanadin

Für reines Vanadin und seine Legierungen gibt es — wie schon früher mehrfach ausgeführt — nur wenige bestehende Anwendungen.

1. Kernindustrie

Ein interessantes Feld scheint sich in der Kernenergiegewinnung anzubahnen. Abb. 201 zeigt das Brennelement des schnellen Dounreay Reaktors.[2, 3] Das Innenrohr wurde aus Vanadin, das Außenrohr aus Niob gewählt, beides reaktortechnisch günstige Metalle (s. Tab. 36). Beim eventuellen Hochlaufen und Durchgehen des Reaktors soll das Vanadinrohr vor dem Niob zum Schmelzen kommen, da der Schmelzpunktsunterschied etwa 500 °C beträgt, und dabei samt dem geschmolzenen Uran durch Schwerkraft entfernt werden.

2. Legierungszusätze

Vanadin kommt als Legierungszusatz zu anderen hochschmelzenden Metallen in Frage, so z. B. zu Niob- (S. 198), Tantal-, (S. 237), Molybdän-, Zirkonium-, Hafnium-, Titan- (S. 262) Legierungen.

Technische Bedeutung haben in größerem Umfang bis jetzt nur Titan-Aluminium-Vanadin-Legierungen erlangt; in Abb. 206 wird ein

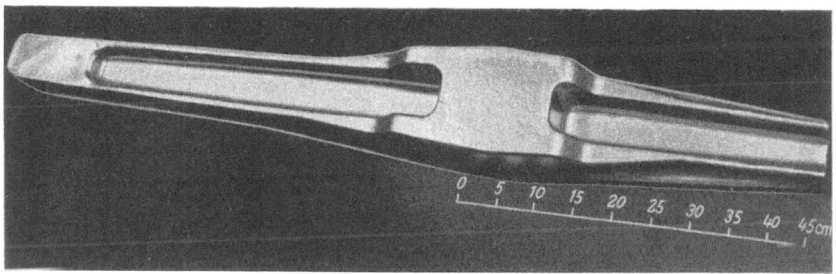

Abb. 206. 1300 mm langes Schmiedestuck aus einer vanadinhaltigen Titanlegierung
(Wyman-Gordon Co.)

etwa 1300 mm langes Schmiedestück aus einer Ti-6 Al-6 V-2 Sn-Legierung gezeigt, da dieses für diesen Einsatz von Vanadin und einen wahrscheinlich steigenden Einsatz von V in Titan-, Niob- und eventuell Vanadinbasislegierungen (s. S. 174 ff.) charakteristisch ist.

---

[1] BECHTOLD, J. H.: in Metal Progress, Januar 1963.
[2] MILLER, G. L.: Tantalum and Niobium. London: Butterworths Scient. Publ. 1959, 61.
[3] Nucl. Power 2/16 (1957) 329.

3. Hochtemperaturlot und Zwischenschicht für Plattierungen

Da Vanadin mit Niob, Molybdän und Wolfram vollkommen mischbar ist, d. h. keine spröden, intermetallischen Phasen bildet, kommt es als Hochtemperaturlot für hochschmelzende Metalle in Frage. Es dürfte hierbei das schon mit Erfolg angewendete Titan übertreffen.

Beim Plattieren von Titan- und Zirkoniumlegierungen auf Stahl oder hochschmelzende Metalle sind auch schon Reinvanadin- bzw. Vanadin-Titan-Folien vorgeschlagen und mit Erfolg angewendet worden.[1]

4. Verschiedene Anwendungen

Auf Grund seiner verhältnismäßig guten Korrosions- und Salzwasserbeständigkeit, seiner relativ niedrigen Dichte, seines günstigen Dichte-Festigkeitsverhältnisses ist schon an den Einsatz von Vanadin und Vanadinlegierungen in der Schiffahrt, in der Flugzeugindustrie und in der chemischen Industrie, ähnlich wie heute Titan, gedacht worden. Es fehlt jedoch noch der zwingende Einsatz von Vanadin auf Grund einiger spezifischer Eigenschaften; am meisten steht noch der derzeitige hohe Vanadinpreis seinem schnelleren Durchbruch entgegen.

Ausblick

Die Metalle Vanadin, Niob und Tantal zeigen trotz ihrer Zugehörigkeit zur selben Gruppe des Periodensystems (Va) und trotz vielfach enger Verwandtschaft in ihrer Verhüttung und Metallurgie wenig Gemeinsames in den derzeitigen Hauptanwendungen: *Vanadin* ist noch immer nicht entscheidend über seine Rolle als Legierungselement in Stählen und Legierungen hinausgelangt. *Niob* beginnt hingegen über seine Hauptverwendung als Stahlveredler hinaus als Reinmetall und Legierungsbasismetall eine bedeutende Stellung in der Metallwirtschaft einzunehmen, eine Stellung, wie sie *Tantal* schon seit langem in der elektronischen Industrie, im Geräte- und Apparatebau und in der Hartmetalltechnik einnimmt.

In auffallender Weise lassen sich hier Parallelen zu den Metallen der VIa-Gruppe des Periodensystems ziehen: *Chrom* ist das wichtigste Legierungselement in korrosionsbeständigen und warmfesten Stählen sowie in Werkzeugstählen aller Art. Als reines duktiles Metall hat es sich wie das an sich bildsamere *Vanadin* noch nicht durchsetzen können, wenn man von seinem Einsatz bei Verchromungen absieht. Die reinen

---

[1] HAMPEL, C. A.: Rare Metals Handbook, 2. Aufl. New York: Reinhold 1961. — Siehe auch: Metall 16 (1962) 779.

Metalle *Molybdän und Wolfram* haben sich ebenso wie *Niob und Tantal* in der Glühlampen- und Radioröhrenindustrie als unentbehrliche Vakuumwerkstoffe eingeführt, um sich erst in den letzten Jahren neue Märkte zu erobern (z. B. Molybdän-Glasschmelzelektroden, Molybdän-Spritzdraht und Wolfram-Raketendüsen). In sinnvoller Ergänzung der VIa-Metalle werden Niob und Tantal, gegebenenfalls auch ihre hochschmelzenden Legierungen mit den VIa-Metallen, an der Ausweitung dieser und anderer Anwendungen mithelfen. Die „Großen 4" aus der Reihe der höchstschmelzenden Metalle sind bereits eine wichtige Werkstoff-Familie geworden.

Die konventionellen Verwendungen der Metalle Vanadin, Niob und Tantal schienen entwicklungsmäßig schon vor Jahren zu einem gewissen Abschluß gekommen zu sein, als Tantal in jüngerer Zeit einen starken Impuls aus dem Apparatebau der chemischen Industrie und als Kondensatorwerkstoff in der Elektroindustrie erhielt.

Die großen technischen Umwälzungen des letzten Jahrzehnts: die Atomkraftindustrie (friedliche Kernenergiegewinnung) und die Raumfahrttechnik haben den hochschmelzenden Metallen und unter ihnen den Va-Metallen neue interessante Anwendungsgebiete erschlossen. Hier sollte auch das duktile Vanadin einen seinen Eigenschaften entsprechenden Platz finden.

Das in diesem Buch zusammengestellte umfassende Tatsachenmaterial sowie die Fülle der in den letzten Jahren erarbeiteten technologischen und metallurgischen Forschungsergebnisse in Verbindung mit den Va-Metallen mögen dem modernen Werkstoff-Fachmann, dem Hochvakuumtechniker und allen mit hochschmelzenden Metallen verbundenen Wissenschaftlern und Technikern ein nützlicher Leitfaden sein.

Namenverzeichnis

Abdine, H. 284
Abkowitz, St. 93, 161, 261, 262
Aconsky, S. 287
Adams, M. A. 136, 140
Adenstedt, H. K. 132
Aebi, F. 168
Agte, C. 242, 279
Albrecht, M. 167
Albrecht, W. M. 152, 155, 158, 250, 253, 254, 256, 291
Allen, B. C. 81
Allen, N. P. 140, 158, 168
Allio, R. J. 139
van Alphen, P. M. 133
Altpeter, L. L. 291
Alvarez, L. V. 132
Amateau, M. F. 151
Amirova, S. A. 12, 22
Ammann, E. 277
Anable, W. E. 20
Anderko, K. 196
Anders jr., F. J. 139
Anderson, G. 168
Andrew, K. F. 152
Andrieux, J. L. 168
Andrychuk, D. 290
Aqua, E. N. 139
Argent, B. B. 140, 167, 193, 208, 211, 227
Arkharov, V. I. 157
van Arkel, A. E. 42, 54, 55, 56, 66, 126, 133
Armstrong, H. H. 74
Arp, V. D. 211
Artikolo, O. J. 287
Arzhany, P. M. 231
Asai, G. 199, 200
Ascheoug, H. 291
Atkins, D. F. 196, 210, 288
Atkinson, R. H. 285
Auer v. Welsbach, C. 10

Ault, N. N. 297
Auwärter, M. 307
Aylmore, D. W. 159

Babezova, V. I. 174
Babitzke, H. R. 199, 200
Bagley, K. Q. 151, 152
Bainbridge, D. W. 140
Baker, D. H. 56, 73
Baker, J. B. 318
Baker, J. S. 16
Bakish, R. 157, 280, 282, 283
Bakstad, S. 291
Baldwin, W. M. 139
Balke, C. W. 23, 24, 28, 31, 32, 43, 44, 58, 66, 68, 77, 80, 146, 152
Ballou, N. E. 32
Bamring, L. H. 20
Bank, S. 119
Banus, M. D. 211
Barrett, C. A. 208
Barrett, C. H. 194
Barrett, C. S. 132
Barrett, P. 142
Barth, V. D. 168
Bartlett, E. S. 115, 140, 190, 215, 222, 230, 252, 255
Basart, J. C. M. 66, 67
Baskin, A. A. 290
Bateman, J. 279
Baun, W. L. 168
Bayer, L. 31, 32
Bayley, W. H. 267
Beach, A. L. 291
Beach, J. G. 122
Beard, A. P. 48, 49, 51
Bechtold, J. H. 132, 133, 134, 136, 137, 138, 139, 140, 190, 195, 196, 198, 201, 204, 207, 209, 221, 325

Beck, C. J. 77, 79, 116, 132, 139
Beck, P. A. 168
Becker, K. 242, 261
Begley, R. T. 77, 110, 133, 136, 140, 141, 143, 144, 156, 190, 195, 196, 198, 200, 201, 204, 207, 209, 211, 215
Beeskow, H. 167
Below, J. F. 290, 291
Belz, L. H. 298, 299
Benesovsky, F. 1, 6, 8, 58, 81, 87, 94, 132, 161, 177, 218, 222, 256, 258, 260, 261, 271, 278, 279, 280, 296, 297, 324
Bergner, E. 152
Berkenblit, M. 168
Berlincourt, T. G. 211
Bernard, W. 119
Berry, B. E. 24, 25, 28, 31, 32, 64, 87, 116
Berry, M. 168
Berry, W. E. 200, 225
Berzelius, J. J. 8, 10, 63
Betterton, J. O. 211
Bhattacharya, H. 24
Bichkov, Y. F. 196
Biltz, W. 168, 169
Birnbrauer, E. 98
Biryuk, E. A. 290
Bishop, C. R. 155
Blackburn, P. E. 132
Bleiberg, M. L. 210
Block, F. E. 25, 27, 54
Blumenthal, H. 232
v. Bolton, W. 10, 41, 46, 58, 63, 74, 75, 77, 92, 152, 208, 238
Boom, R. W. 211
Borisova, L. V. 290
Bornemann, A. 139
Boulger, F. W. 124

Boyd, W. K. 307
Bradford, S. A. 140
Brand, J. A. 203
Brasunas, A. 151
Brauer, G. 152, 154, 157, 167, 168, 271
Braun, H. 82, 107, 146, 155, 173, 201, 202, 205, 209, 220, 233, 234, 243, 245, 280, 282, 283, 297, 319, 320
Bredin, H. W. 114
Brewer, L. 132, 133, 151, 307
Bridge, J. R. 154, 167
Bridgeman, P. W. 133, 139, 140
Bright, H. 286
Brinson, G. 140
Broadley, J. S. 25, 27, 31, 38, 66
Broderick, E. J. 290
Brooks, L. S. 290
Brotzen, O. 168, 174
Brown, B. F. 230
Brown, C. M. 136, 140, 144, 195
Brown, E. D. 286
Brown, E. N. 290
Browne, J. D. 210
Brüning, H. 152
Brunhouse, J. S. 138
Bryant, R. T. 156
Budberg, P. B. 193
Budnick, J. I. 133, 211
Bückle, H. 6, 201, 204, 206, 208, 230, 233, 238, 242
Buehler, E. 211
Buncak, P. 288
Bungart, K. 267
Burchell, T. 269
Burgers, W. G. 66, 67
Burke, J. J. 93, 161, 261, 262
Burova, N. N. 227
Burris jr., L. 307
Burrows, C. 119, 122
Burwell, B. 12, 18, 19, 20, 21
Busto, A. F. 119
Butler, T. E. 99
Butters, R. G. 77
Byerley, J. J. 173, 320

Bystrom, A. 168
Bytschin, A. J. 22

Calverley, A. 98, 108
Calvert, E. D. 107
Campbell, I. E. 67, 68, 132, 140, 143
Campbell, W. J. 286
Canal, J. R. 114
Carl, H. F. 286
Carlson, C. W. 25, 26, 31, 32, 33, 34
Carlson, O. N. 55, 132, 136, 137, 139, 140, 144, 169, 199, 201, 237, 238
Carlson, R. G. 230
Carmichael, R. L. 269, 321
Carrington, W. E. 140
Carter, A. 279
Carver, M. D. 140
Cashmore, C. J. C. 116
Castleman, L. S. 132
Castro, M. 284
Cathcart, J. V. 157
Cattoir, F. R. 56, 73
Chakravarti, B. N. 25, 27
Cheve, M. 168
Chiotti, P. 169
Chiswik, H. H. 173
Chochlow, D. G. 22
Christian, J. W. 168
Chusnojarow, K. B. 22
Clark, F. W. 4
Clark, J. W. 119, 160, 223
Clites, P. G. 107
Clough, W. R. 136, 141, 287
Codell, M. 291
Cody, G. P. 211
Collins, J. F. 151
Comenetz, J. 77
Cometto, D. J. 196
Connolly, A. 132
Corak, W. S. 132
Corenzwit, E. 169
Cortes, F. R. 211
Cost, J. R. 158
Cottrell, W. B. 152
Cowgill, M. G. 157
Cox, F. G. 87, 118, 120, 124, 174, 194, 195, 200, 229

Cox, J. W. 160
Cozzi, D. 288
Crabtree, E. H. 11, 12, 18, 19, 20, 21, 22
Crooks, D. D. 48, 49, 51
Cunningham, J. E. 151
Cuttitta, F. 285

Daane, A. H. 307
Dahwihl, W. 261
Darnell, J. R. 132
Dauben, C. H. 307
Davis, M. 98, 108
Deans, T. 15
Deem, H. W. 133
Descotils, C. 8
Dickerson, R. F. 190, 321
Dickinson, F. S. 151, 152
Dickinson, J. M. 169, 199
Dickson, G. K. 24, 29, 31, 32, 64
Dietrich, I. 198
Dimpel, D. 320
Dinnin, J. I. 287
Döring, Th. 54
Donlevy, A. 233, 235, 247, 248
Dotson, C. L. 136
Douglass, D. L. 140, 200
Douglass, R. W. 141, 142
Downey, J. W. 168
Doyle, J. 287
Dracey, J. E. 173
Drake, E. J. 64
Driggs, F. H. 44, 68, 70
Drossbach, P. 68
Dürrschnabel, W. 157
Dukes, J. A. 24, 29, 31, 32, 64
Dummer, G. W. 298, 299, 302, 305
Dunham, J. T. 140
Dunn, H. E. 8, 11, 132, 281
Durrer, R. 10, 12, 18, 155, 260
Durtschi, R. E. 140, 143
Duwez, P. 132, 193, 198, 237
Dwight, A. E. 163, 166, 192, 210
Dyson, B. F. 134, 136

Eash, D. T. 237
Eaton, N. V. 99, 100, 106, 108, 109
Edlund, D. L. 132
Edmond, D. L. 8, 11
Edwards, J. W. 132
Eggert, J. 132
Ekeberg 9
Ellenburg, J. T. E. 31, 32
Elliot, R. P. 157, 167, 168, 236, 237
Elwell, W. T. 285, 288
Emelyanov, V. S. 169, 236
England, P. G. 22, 54, 66
English, J. J. 166, 249, 256
Enrietto, J. G. 136, 140
Erben, E. 140, 308, 309, 312, 313
Eremenko, V. N. 203, 205
Espe, W. 79, 119, 132, 133, 294, 318
Esselborn, R. 157
Estulin, G. V. 227
Eustice, A. L. 137, 201, 237
Evans, E. B. 142
Evans, E. L. 132
Evans, P. R. V. 156
Evans, R. M. 119, 151
Evers, D. 77, 111
Evstyuklin, A. I. 169, 236

Fagel, J. E. 291
Farrell, J. W. 52, 77, 95, 115, 123, 136, 141
Fassel, V. A. 291
Faust, C. L. 123
Faye, G. H. 31, 33
Featheringham, J. A. 290
Fedin, B. V. 42
Feild, A. L. 211
Ferguson, W. H. 168
Ferrante, M. J. 54
Ferries, D. P. 248
Fetkenheuer, B. 146
Fink, C. G. 24
Fink, F. W. 307
Fisher, D. W. 168
Fitzgerald, L. M. 136
Flaschka, H. 284
Foldes, S. 231
Foley, E. 52

Fontana, M. G. 146
Foote, H. A. 173, 321
Fornwalt, D. E. 287, 290
Foster, E. L. 218, 219
Foster, L. W. 306
Fountain, R. W. 140, 195
Fowler, R. M. 25
France, L. L. 77, 110, 133, 134, 136, 137, 138, 139, 140, 143, 156, 200, 221, 252, 254
Francis, H. T. 146
Frank, R. G. 226, 213, 215
Frank, V. 133
Franklin 11
Freiser, H. 286
Freund, H. 287
Frevel, L. K. 168
Friedrich, H. J. 68, 70
Fritzsche, W. 168
Fromm, E. 157
Fryxell, R. E. 291
Fuchs, A. 35, 287
Fuchs, E. O. 211

Gadd, J. D. 232
Gagola, L. J. 119, 121
Gaines, G. B. 318
Gall, J. F. 282
Galvskaya, L. A. 203, 205
Gangler, J. J. 151
Ganswindt, S. 318
Gatos, H. C. 211
Geach, G. A. 107, 173, 238
Geballe, T. H. 169
Gebhardt, E. 132, 140, 157
Gel'd, P. V. 63
Geldart, D. 27, 39
Geller, S. 168, 169
Gemmell, G. D. 190, 195, 196, 209, 223
Gerasimov, A. F. 157
Gibeaut, W. A. 230, 256
Giessen, B. C. 168
Gilbert, A. 140
Gilbert, H. L. 32
Gilbert, R. S. 31, 32
van Gilder, R. D. 122
Giler, R. R. 132
Gill, L. L. 211
Glasser, S. 66
Godin, V. G. 169, 236

v. Goldbeck, O. 158, 168
Goldschmidt, H. J. 166, 168, 203, 213, 227, 249
Goldschmidt, V. M. 4
Goldstein, R. 168, 169
Gonser, B. W. 31, 42, 67, 68
Gontscharenko, A. S. 57
Goode, R. J. 230
Goode, W. D. 152, 155, 167
Goodman, B. B. 132
Goosey, R. E. 167
Gordon, P. 243, 249
Goroscenko, J. G. 31
Gotha, A. 152
Gourd, L. M. 119
Goward, G. W. 290, 291
Grace, J. T. 31, 32
Graham, C. R. 3
Grala, E. M. 85
Grant, C. K. 132
Grant, N. J. 168
Grassi, R. C. 140
Greenberg, P. 290
Greenberg, S. 173
Greenfield, P. 168
Greenwood, J. N. 23, 24, 31
Greggs, S. J. 159
Gregory, D. P. 140, 141
Gregory, E. D. 47, 51
Grenagle, J. B. 74
Gresh, M. 320
Griffin, T. G. 132
Gripshover, P. S. 120
Grözinger, U. 32
Gruber, H. 93, 94, 95, 96, 98, 99, 106, 111, 218
Gulbransen, E. A. 152
Guldner, W. G. 288, 291
Gurin, V. N. 122

Haas, W. J. de 133
Haberstadt, S. 152
Hablanian, M. 119
Hägg, G. 159, 168, 169
Hagen, H. 152
Hague, J. L. 286
Hahn, R. 168, 211
Hake, R. R. 211
Hakkila, E. A. 290

Ham, J. L. 77, 93, 95, 107
Hamilton, C. B. 63
Hammel, R. L. 140
Hampel, C. A. 4, 8, 10, 42, 43, 63, 66, 71, 77, 132, 133, 140, 326
Hand, R. B. 320
Hanks, Ch. W. 77, 98, 218
Hansen, M. 140, 144, 153, 161, 165, 166, 175, 177, 179, 183, 192, 291
Hare, R. 92
Haring, H. E. 302
Harman, J. W. 140
Harmon, E. L. 174
Harper, A. G. 116
Harries, D. R. 120
Harris, W. F. 291
Harris, W. J. 218
Harrison, A. D. R. 132
Hartley, C. S. 166, 168
Harvey, C. A. 291
Harwood, J. S. 173, 230, 256
Hastings, J. 290
Hatchett 9
Hattree, O. P. 145
Havak, J. J. 211
Haworth, C. W. 166
Hazelton, W. S. 141
Headridge, J. B. 285
Heal, T. J. 132, 136, 140, 144
Hehemann, R. F. 196
Heinerth, H. 168
Heinrich, K. F. J. 290
Hellawell, A. 168
Hermann, R. 154, 167
Heymel, E. 279
Heynes, F. G. 267
He Yu Liang 167
Hibbard jr., W. R. 144
Hickam, W. M. 291
Hicks, H. G. 31, 32, 286
Hidnert, P. 132
Higbie, K. B. 16, 31, 32, 36
Highriter, H. W. 119
Hildebrand, J. H. 164
Hillmann, H. 77, 108, 109
Hiltz, R. H. 93, 161, 261, 262

Hinnüber, J. 277, 279
Hinrichs, C. H. 211
Hirst, R. G. 298
Hiskey, C. F. 285
Hoare, F. E. 133
Hobson, J. D. 288
Hock, A. L. 52
Hock, J. 132
Hodge, E. S. 120
Hodge, W. 116, 151
Hofmann, U. 1
Hogg, I. H. 269
Hoidal, L. R. 290
Holden, F. C. 140, 250, 253, 254
Holdt, G. 32
Holser, W. T. 168
Holtzberg, F. 168
Holzberger, J. 279
Hopkins, B. E. 254
Horn, F. H. 152, 154, 167
Horne, W. P. 25
Hornell, C. A. 95, 98
Hoskins, A. F. 151
Hotop, W. 153, 159, 313
Houck, J. A. 190, 222
Houdremont, E. 260, 261
Hougardy, E. 260, 261
Houze, G. L. 196
Howell, G. R. 269
Hoyt, E. W. 151
Hsu, F. S. L. 211
Huber, K. 68, 72
Huer, W. B. 133
Huggins, R. A. 140
Hughes, J. R. 173
Hull, D. 140
Hum, J. K. 233, 235, 247, 248
Hume-Rothery, W. 164, 168
Humphrey, G. L. 133
Hunt, C. d'A. 77, 98, 218, 233, 235, 247
Hunter, W. L. 32
Hurlen, T. 157
Hyvonen, L. J. 153, 154

Ianucci, A. 140
Imgram, A. G. 112, 140, 141
Ingles, T. A. 25, 27

Inman, W. R. 31, 33
Irving, R. R. 119
Isaza, J. P. 66
Ito, A. 168
Iuchi, T. 70

Jack, R. F. 211
Jackson, J. D. 307
Jackson, R. J. 236
Jaeger, F. M. 132
Jaffee, R. I. 59, 137, 140, 141, 142, 158, 168, 173, 193, 194, 200, 208, 218, 226, 230, 250, 253, 254, 255, 256
Jahnke, L. P. 213, 226
Jakobs, R. M. 290
Jander, G. 1, 4
Jansen, H. G. 211
Jantsch, G. 43, 54
Jarmula, J. 153
Jeffries, R. A. 232
Jelkin, S. A. 22
Jenness, L. G. 24
Jenny, A. L. 304
Jepson, W. B. 159
Jesseman, D. S. 151
Johansen, H. A. 66
Johnson, A. A. 139
Johnson, W. H. 107, 108
Johnston, H. L. 132
Johnstone, S. J. 14, 16
Joly, M. F. 42, 43, 46, 47, 48, 50, 52, 77, 78, 91, 144
Jones, D. W. 155
Jones, E. S. 119, 122
Jones, L. J. 210
Jones, R. B. 134, 136
Jones, R. L. 132, 222
Jordan, C. B. 132
Josteen, G. G. 25

Kachin, V. I. 43, 46, 77, 78
Kafalas, J. A. 211
Kamen, E. L. 192
Kanzelmeyer, J. H. 287
Karassaev, R. A. 43, 46, 77, 78
Karlik, S. 320
Kato, H. 140, 176, 199, 200
Kattus, J. R. 136
Kaufmann, A. R. 168, 173, 243, 249

Kearns, W. H. 119
Keil, H. 132, 157
Kelley, K. K. 131
Kelly, J. C. R. 22
Kenahan, C. B. 146
Kernahan, J. L. 291
Kessler, H. D. 174, 192
Khalitov, R. Sh. 291
Kieffer, B. F. 31, 61, 173, 205, 206, 213, 220, 241, 242, 280, 294, 320
Kieffer, R. 1, 8, 31, 33, 58, 61, 79, 80, 81, 87, 93, 94, 117, 133, 146, 153, 155, 159, 161, 173, 177, 201, 202, 206, 209, 210, 213, 218, 220, 222, 223, 230, 233, 234, 243, 245, 249, 256, 258, 260, 261, 271, 276, 278, 279, 280, 283, 294, 296, 297, 307, 313, 319, 320, 324
Kieffer, W. 318
Kimura, H. 168, 211
Kinna, W. 279
Kinzel, A. B. 48, 51, 132, 144, 146, 281
Kirkpatrick, M. E. 210
Kirschfeld, L. 167
Kittel, J. H. 173, 321
Kjöllesdal, H. 157
Klimek, E. J. 280, 281, 282
Klodt, D. T. 169, 178, 236
Klopp, W. D. 59, 116, 140, 158, 168, 193, 194, 200, 208, 225, 226, 230, 250, 253, 254, 256
Knapton, A. G. 107, 162, 164, 166, 168
Kneip, G. D. 211
Knight, H. T. 320
Knowles, D. R. 154, 167, 168
Koch, W. 288
Köcher, A. 169
Koehl, B. G. 154, 158
Kölbl, F. 279
Köster, W. 141, 142
Kofstad, P. 153, 154, 157, 291
Kohlermann, R. 279

Kolk, A. J. 56, 58, 66, 68, 70, 72, 73, 74
Kolski, T. L. 157, 193, 195, 320
Komjathy, S. 153, 154, 157, 165, 175, 179
Konstantinow, W. S. 31, 33, 42, 132, 133
Koo, R. C. 141
Kopetskii, Ch. V. 168
Kornilov, I. I. 162, 213, 224, 326
Korolev, V. V. 290
Krainer, H. 279
Kraus, K. A. 31, 285
Krier, C. A. 230, 232, 255, 256
Kriessmann, C. J. 133
Krikorian, O. 307
Kroll, W. J. 25, 27, 43, 46, 59, 77, 78, 92, 106
Kropschot, R. H. 211
Krudtaa, O. J. 157
Kubaschewski, O. 132, 158, 168, 203, 237, 253, 254
Kühner, G. 157
Kuhn, W. E. 77
Kunin, L. L. 288
Kunkler jr., W. G. 114
Kunzler, J. E. 211
Kurbatov, D. I. 288, 290
Kusenko, F. G. 63
Kushima, I. 33
Kutsenko, Yu. I. 290

Lacy, C. E. 77, 79, 116, 132, 139
Laib, R. D. 290
Lakatos, B. 7
Lampré 312
Lang, H. 65
Langmuir, O. 132, 133
Langmyhr, F. J. 287
Larsen, W. L. 169, 236
Lassner, E. 284, 287, 288
Latra, J. D. 174
Lauritzen, J. L. 291
Laverty, D. P. 142
Laves, F. 132
Lavine, M. C. 211
Lavrenko, V. A. 203
Lawthers, D. D. 136, 140

Leatherman, A. F. 77, 111
Leblanc, M. A. R. 211
Lecomte, T. 287
Leddicotte, G. W. 31, 32
Leeser, D. O. 139
Lehl, L. 154, 168
Lekontsev, A. N. 12, 22
Lement, B. S. 140, 213, 249, 251
Lenel, F. V. 157
Lentz, D. F. 260
Lepkowski, W. J. 119
Leslie, D. H. 211
Lesser, D. O. 139
Lesser, R. 308, 309, 312, 313
Lever, R. F. 98, 108
Levinson, D. W. 98, 100
Lewis, A. I. 198, 211, 215
Lewis, J. R. 174
Li, K. C. 77, 294
Liebermann, W. 140
Liebhafsky, H. A. 286
Lilliendahl, W. C. 44, 47, 51, 68, 70
Lincoln, R. L. 176
Lind, R. 25, 27
Ling, H. W. 320
Lipis, L. V. 290
Little, W. A. 211
Livesey, D. J. 141
Lloyd, E. D. 151
Loeffler, M. H. 291
Long, J. R. 48, 50
Long, J. V. 288
Loomis, B. A. 132, 136, 139, 238
Lorenz, R. H. 230
Loue, W. F. 211
Lucas, G. 269
Lucks, C. F. 133
Lundin, C. E. 169, 178, 236
Lupton, T. C. 230
Lustmann, B. 34, 161, 210

Machonis, A. A. 209, 244
Ma Chuk-Ching 68, 70
Maddin, R. 139, 140
Magnusson, A. W. 139
Majorov 31
Majumdar, A. K. 287
Makin, M. J. 139

Makunin, M. S. 43, 46, 77, 78
Malinin, G. F. 290
Malinina, R. D. 290
Malissa, H. 288
Mallett, M. W. 152, 154, 155, 167, 288, 291
Malter, L. 132, 133
Mann, L. A. 152
Manthos, E. J. 210
Marden, J. W. 10, 41, 47, 66, 131
De Marignac, J. C. 28, 29, 31
Martens, H. 237
Martin, D. R. 55
Martin, W. 45
Martinel, C. H. 119
Martines, F. B. 284
Mason, B. 4, 5
Massengale, J. 290
De Mastry, J. A. 190, 210, 218, 219, 321
Mateeva, N. M. 162, 326
Matthias, B. T. 133, 167, 168, 169
May, S. L. 66
Maykuth, D. I. 141, 142, 200, 225, 226, 230, 254, 318
Mayo, G. T. J. 204, 227
McClarity, T. A. 290
McCouville, G. D. 211
McCoy, H. E. 140
McCullough, H. M. 113
McGeary, R. K. 210
McHargue, C. M. 140, 141
McIntosh, A. B. 25, 27, 31, 38, 66, 151, 152, 269
McKechnie, R. K. 48, 51
McKinley, T. D. 152, 290
McKinsey, C. R. 202, 209, 245
McLafferty, J. J. 23, 25, 26, 28, 31, 32, 35, 71, 80, 83
McLean, D. A. 302
McMasters, O. D. 169
McNutt, J. E. 141, 223
McPherson, D. J. 77, 90, 140, 144, 161, 165, 175, 177, 179, 183, 192, 210

McQuillan, A. D. 93, 151, 161, 261, 262
McQuillan, M. K. 93, 161, 261, 262
McRitchie, F. M. 297
McG. Tegart, W. J. 134, 136, 141
Mendelsohn, K. 132
Menzel, D. 167
Merrill, T. W. 42, 51, 52, 55, 77, 115, 118, 124, 144
Meussner, R. A. 230
Meyll, H. 120, 298, 302, 308, 309, 310, 312
Michael, A. B. 136, 139, 203, 227, 230, 235, 236, 238, 242, 254
Mikhailova, G. V. 291
Mikheev, V. S. 208
Miller, G. L. 1, 10, 14, 23, 24, 25, 28, 29, 31, 32, 34, 42, 55, 58, 64, 67, 77, 80, 81, 86, 87, 89, 93, 94, 115, 116, 122, 132, 133, 153, 161, 166, 167, 168, 174, 194, 195, 200, 229, 266, 267, 280, 282, 284, 298, 299, 321, 325
Miller, H. C. 282
Milner, E. W. 31, 32
Mincher, A. L. 134, 136, 140
Minter, F. J. 139
Mishler, H. W. 119
Mitchell, B. J. 287
Moers, K. 66, 67
Mohler, D. 298
Moissan, H. 58
Monroe, R. E. 119
Moore, F. L. 31, 32
Moore, G. E. 31, 285
Mordike, B. L. 136, 142
Morette, A. 46, 52
Morgan, R. P. 99
Moritz, H. 152, 155
Moriyama 33
Moroskina, T. M. 290
Moroz, D. 287
Morrison, G. H. 286
Mosebach, W. 298, 299, 303
Moshier, R. W. 287

Moss, A. R. 95
Motta, E. E. 132
Mueller, M. H. 210
Müller, H. 146, 152, 154, 157, 168, 169
Müller, P. 99
Münchow, P. 285
Mukherjee, A. K. 287
Mukhina, Z. S. 290
Myamoto, S. 24
Myers, R. H. 23, 24, 31, 68, 70, 81, 82, 85, 232, 238, 241, 242, 247

Nachtigall, E. 230
Nachtrieb, N. H. 290
Nash, J. W. 140, 143
Natter, B. 117
Nazarenko, V. A. 290
Nedumov, N. A. 174
Neuburger, M. C. 132
Neuenschwander, E. 72
Nevitt, M. V. 168
Newbegin, R. L. 230
Nieberlein, V. A. 25, 27, 31
Niebuhr, J. 286
Nielsen, R. H. 25, 26, 31, 32, 33, 34
Nishimura, J. 33
Noesen, S. J. 98, 140, 143
Nordenberg, H. M. 298, 299, 302, 305
Norman, N. 157
Northcott, L. 189
Norton, D. R. 157
Norton, J. T. 6
Novick, D. T. 211
Nowicki, D. H. 67, 68
Nowotny, H. 6, 258

O'Brien, W. L. 140
Obuchov, A. P. 122
O'Connell, J. R. 17
O'Driscoll, W. G. 80, 89, 161
Ogden, H. R. 137, 140, 141, 144, 218, 230, 250, 253, 254, 255, 256, 314
Ogiermann, G. 90, 98, 100, 101, 140, 143, 218
Oka, Y. 24
Olofson, C. T. 124
Olsen, K. M. 211

Ono, K. 70
Ormont, B. F. 169
Ostermann, F. 112
Owen, C. V. 55, 132, 144
Owen, E. R. 80, 87, 116
Owen, W. S. 140

Padilla, V. E. 18, 19, 20, 21, 22
Paine, S. H. 173, 321
Pal Bijoli, K. 287
Pallagi, S. 22
Palmer, P. E. 169
Palmer, R. B. 67
Pan, V. M. 203
Paprocki, S. J. 120
Parke, R. M. 93, 98
Parr, J. G. 77, 108, 109
Pastuchow, A. J. 22
Pattee, H. E. 119
Pauling, L. 164
Pavlovic, A. S. 136, 141
Paxton, H. W. 155, 167
Pearson, W. B. 168
Pechin, W. E. 201
Pechkovskij, 12, 22
Peckner, D. 198, 211, 215, 323, 324
Pemsler, J. P. 160
Pequinof, J. R. 132
Perlmutter, I. 140, 213, 249, 251, 314
Pessall, N. 155
Petersen, N. L. 166
Peterson, I. 286
Petrick, P. 68
Petrov, K. I. 290
Pevtsov, D. M. 208
Pfann, W. G. 77, 108, 109
Pfeiffer, H. G. 286
Pfeil, P. C. L. 164, 210
Phelan, R. 211
Phelps, B. 193, 208, 227
Pierret, J. A. 23, 25, 26, 28, 31, 32, 35, 71, 80, 83
Pietruck, C. 31, 32
Pietsch, E. 154, 168
Pirani, M. v. 66, 67, 152
Piwowarsky, E. 262
Pizzolato, P. J. 55
Placek, C. 31, 66, 71, 80, 116
Platte, W. N. 110, 119, 136, 141, 190

Ploakov, A. 46
Pollard, A. J. 230
Pollock, W. I. 139, 222
Polonis, D. H. 77
Polotnayanslichikova, M. I. 12, 22
Polyakova, R. S. 213, 224
Popow, J. A. 42
Porembka, S. W. 195
Pothmann, C. 286
Powell, A. R. 284
Powell, C. F. 67, 68
Power, F. S. 302
Preece, A. 269
Preisendanz, H. 157
Preston, J. B. 136
Preston-Thomas, H. 133
Prince, A. T. 25, 27
Prokoshin, D. A. 203, 231
Promisel, N. E. 218, 230
Püschel, R. 287
Pugh, J. W. 136, 139, 144

Quarrell, A. G. 140

Raine, T. 161
Rajala, B. R. 165, 175, 176, 179, 183, 185, 189
Ramsdell, J. D. 56, 73
Rapatz, F. 260, 266, 269
Rapperport, E. J. 166, 168, 173
Rasmussen, R. T. C. 20
Raub, E. 96, 100, 101, 136, 140, 144, 145, 167, 168
Rausch, J. J. 77, 90
Rawson, J. D. W. 141
Raymer, J. M. 132
Raynor, G. V. 164
Razumova, G. P. 290
Redden, T. K. 213, 219, 222, 226, 230
Redmond, J. C. 279
Reed, D. V. 290
Reed, E. L. 151
Reed, T. B. 211
Regitz, L. J. 157
Reid, C. N. 140
Reimann, A. L. 132
Reinecke, A. 168
Reisman, A. 168
Reno, T. H. 269
Resnick, R. 132

Reynolds, M. B. 141
Rhude, H. V. 151
Rich, M. 10, 41, 47, 131
Richards, D. T. 95
Richter, H. 196
Rieppel, D. J. 119, 123
Riley, R. E. 136, 165, 175, 183
Rinn, H. W. 168
Rio, A. M. del 8, 9
Roberts, A. C. 136, 141
Roberts, B. W. 139
Robertson, A. H. 77, 107
Robin, G. D. 151
Roe, W. P. 136
Röschel, E. 96, 100, 101, 136, 140, 144, 145
Rösner, O. 25, 28, 31, 32
Rogers, B. A. 196, 210
Rogers, H. C. 139
Roos, C. E. 211
Root, G. S. 318
Roscoe, H. 10
Rose, H. 63, 66
Rose, R. G. 136
Rose, R. M. 248
Rosenbaum, R. B. 67
Rosenberg, H. M. 132
Rosi, F. D. 211
Rossini, F. D. 168
Rostoker, W. 1, 8, 42, 44, 52, 77, 91, 115, 116, 118, 121, 122, 123, 133, 136, 140, 143, 144, 158, 161, 165, 166, 167, 168, 174, 175, 177, 179, 183, 189, 237, 249, 280
Rothmann, H. 286
Rough, F. A. 210
Rowe, D. H. 140, 141
Rowe, G. H. 140
Roy, R. 168
Rozanov, A. N. 196
Rozenfeld, B. 153
Rüdiger, O. 279
Rüdorff, W. 1
Ruff, O. 31, 45, 168
Ruscetta, R. A. 304
Ruther, W. E. 173
Rutschkin, I. J. 22
Ryabechikov, D. I. 290
Rzhekhina, E. I. 290

Sagel, K. 132
Saint-James, R. 287
Salatka, J. W. 77
Saller, H. A. 195, 210
Samsonow, G. W. 31, 42, 132, 133, 261
Samuelson, O. 285
Sanbestre, E. B. 123
Sandell, E. B. 287
Sandoz, G. 230
Sandulova, A. V. 167
Sargent, G. A. 139
Sasaki, Y. 211
Satterthwaite, C. B. 132
Saur, E. J. 211
Savchenko, S. 29, 31
Savitskij, E. M. 168, 178, 208
Sawarin, A. M. 43, 46, 77, 78
Sawyer, B. 210
Scadden, E. M. 32
Schäfer, H. 29, 31, 32
Schafer, M. W. 168
Schamarin, W. A. 22
Scharf, R. 284, 287
Schaufelberger, F. 66
Schaufuss, H. S. 113, 118
Scheibe, W. 96, 98, 100, 101, 140, 143, 218
Schiller, E. 31
Schippereit, G. H. 77, 111
Schlain, D. 146
Schlechten, A. W. 43, 46, 59
Schlewitz, J. H. 290
Schmidt, F. F. 115, 136, 140, 146, 166, 215, 222, 233, 235, 237, 249, 250, 251, 252, 253, 254, 256
Schneider, A. 203, 254
Schneider, H. 286
Schnitzel, R. H. 132
Schnyler, D. R. 140
Schoeller, W. R. 24, 31, 284
Schönberg, N. 168, 169
Schofield, T. H. 132
Schramm, C. H. 243, 249
Schulze, R. 133
Schussler, M. 138
Schwab, G. M. 132
Schwarberg, J. E. 287

Schwartz, C. M. 157
Schwartz, M. M. 119, 121, 122
Schwartz, N. 320
Schwartzberg, F. R. 137, 140
Schwarz, H. 284
Schwarzkopf, P. 1, 8, 58, 177, 222, 260, 261, 279
Scott, A. G. 222
Scott, R. L. 164
Searcy, A. W. 307
Sedlatschek, K. 81, 87, 117, 146, 155, 173, 201, 202, 205, 209, 210, 220, 223, 230, 233, 234, 243, 245, 249, 283, 297, 307, 319, 320
Sefström 8, 9
Segall, R. L. 141
Seghezzi, H.-D. 132, 140, 157
Semenenko, K. A. 290
Semenko, K. N. 168
Senise, P. 286
Seraphin, D. P. 133, 211
Seybolt, A. U. 48, 51, 142, 144, 158, 168
Shaffer, D. H. 291
Shakova, K. I. 193
Shaler, A. J. 66
Sharples, J. T. 94
Sheehan, J. M. 155, 167
Sheely, W. F. 134, 136, 140, 218, 220, 221, 223, 230
Shepherd, W. H. 204, 227
Sherman, R. G. 174
Sherwood, E. M. 10, 31
Shober, F. R. 190, 321
Shtasel, A. 320
Shveikin, H. P. 63
Sibert, M. E. 56, 58, 66, 68, 70, 72, 73, 74
Sibley, C. M. 95
Sieverts, A. 152. 155, 167
Simanov, Y. P. 168
Simpson, A. G. 64, 84, 123
Sims, C. T. 4, 59, 168, 173, 193, 194, 200, 208, 226, 294
Sinclair, G. M. 136, 140

Skaupy, F. 83
Skorov, D. M. 196
Sloman, H. A. 291
Smales, A. A. 288
Smallmann, R. E. 136, 141
Smetana, O. 10, 12, 13, 18, 22, 269
Smith, E. N. 279
Smith, F. L. 11, 12
Smith jr., H. R. 77, 98, 218, 233, 235, 247
Smith, K. F. 132, 151, 161, 175, 179
Smith, N. A. 291
Smith, R. 227, 228
Smithells, C. J. 64, 132, 133, 152
Snavely, C. A. 123
Soisson, D. L. 23, 25, 26, 31, 32, 35, 71, 80, 83
Sordahl, L. O. 132
Spandau, H. 1, 4
Spedding, F. H. 307
Speece, B. F. 31, 32
Speidel, H. 120, 237, 253, 254, 298, 302, 308, 309, 310, 312
Speiser, R. 132
Sperner, F. 77, 95, 115, 118, 119, 140
Stacy, J. T. 195
Stadler, H.-J. 230
Stecher, P. 224, 280
Steele, B. R. 27, 39
Steigman, J. 285
Steinberg, E. P. 288
Steinberg, M. A. 56, 58, 66, 68, 70, 72, 73, 74
Stern, M. 155
Stevenson, P. C. 31, 32, 286
Stewart, J. R. 140
Stewart, O. M. 157
Stohr, J. A. 119
Stonhouse, A. J. 174, 255
Stoop, J. 195
Strauss, J. 269
Stringer, J. 157
Stuckenbruch, L. C. 119
Summers-Smith, D. 107, 167, 238
Sumsion, H. T. 144, 158, 168

Suvarova, O. A. 57
Svechnikov, V. M. 203
Svenson, C. A. 211
Sykes, C. 266
Szabó, Z. G. 7

Tananaev, J. V. 29,31
Tankins, E. S. 139, 140
Tarasevich, N. I. 286, 290
Taylor, D. F. 31, 66, 71, 80, 116
Taylor, R. L. 302
Teitz, T. E. 141
Templeton, D. H. 307
Theodore, M. L. 290
Thomas, A. G. 204, 227
van Thyne, R. J. 85, 151, 161, 165, 175, 176, 179, 183, 185, 189, 210
Tiede, E. 98
Tikhonova, A. A. 290
Titterington, R. 64, 80, 84, 123
Tobin, J. 290
Torgerson, R. T. 215
Torrisi, A. F. 291
Torti, M. L. 95, 98, 244
Tottle, C. R. 132, 134, 136, 140
Tougarinoff, B. 100, 101
Trabold, A. F. 119
Trent, E. M. 279
Troiano, A. R. 174
Trojka, D. 12, 22
Turovtseva, Z. M. 288, 291
Tutov, A. G. 168
Tyzack, C. 22, 54, 66, 161

Übrig, R. E. 140
Ullmann, F. 8, 42, 45
Umanski, Y. S. 152, 167, 261
Ushkova, T. V. 157

Vaaler, L. E. 123
Vacek, J. 81, 82, 85
Vagi, J. J. 119
Vainshteln, E. E. 290
Van Santen, R. T. 290
Vaughan, D. A. 157
Vaughn, H. G. 136
Veenstra, W. A. 132
Vivarelli, S. 288

Voitovich, R. F. 203, 227, 235
Volkert, G. 10, 12, 18, 155, 260
Volkova, R. M. 231
Volynets, M. P. 286, 290

Wahlin, H. B. 133
Wainwright, C. 167
Wallace, W. E. 153, 154
Wallbaum, H. J. 167, 168
Walling, J. C. 133
Ward, M. 52
Wasilewski, R. I. 168
Waterbury, G. R. 290
Waterhouse, D. F. 116
Waterstrat, R. M. 168
Weeks, J. L. 132
Weigand, H. H. 174, 262, 263
Weinmann, W. 119
Weintraub, E. 44, 66
Werner, R. W. 160
Wernick, J. H. 211
Werning, J. R. 31, 32, 36
Wert, C. A. 140, 158
Wesolowski, J. 153
Wessel, E. T. 132, 134, 136, 137, 138, 139, 221
Wessel, F. W. 17
Wexler, A. 132
Weyl, R. 198
Whittingham, J. F. 118
Wiechmann, F. 168
Wiegand, O. 298, 299, 303, 305
Wilcox, B. A. 140, 141
Wilhelm, H. A. 48, 50, 63, 169, 199
Wilhelmi, K. A. 168
Wilkinson, W. D. 151
Williams, A. F. 286
Williams, D. E. 236
Williams, L. R. 81, 86, 87
Williams, R. E. 201
Williams, S. V. 24, 25, 28, 31, 32, 64, 116
Williamson, G. K. 210
Wilson, H. R. 290
Wilson, J. H. 211
Wilson, J. L. 202, 209, 220, 221, 223, 230, 245

Wilson, J. W. 141
Winch, I. O. 307
Wincierz, P. 196
Winkler, O. 90
Winslow, E. H. 286
Winston, J. S. 140
Wirth, W. 93, 94, 218
Wirtz, H. 286
Witbeck, R. F. 291
Witte, A. 122
Wlodek, S. T. 223, 227, 228, 231, 255
Wöhler, F. 8, 9
Wölfel, E. 288
Wolff, U. E. 283
Wollaston, W. H. 9
Wood, A. J. 31, 32
Wood, D. F. 285
Wood, E. A. 167
Wood, G. A. 31
Wood, W. D. 133
Worsham, R. E. 211
Worthing, A. G. 132
Wroughton, D. M. 47, 51
Wulff, J. 66, 248
Wyatt, L. M. 151, 152

Yakovlev, P. Ya 290
Yamamoto, A. S. 136, 140, 158, 161, 165, 167, 168, 175, 177, 179, 183, 237
Yao, Y. J. 164
Yarembash, E. I. 168
Yntema, L. F. 132
Young, W. R. 119, 122

Zachariasen, W. H. 168
Zacharova, G. V. 42, 133
Zakarova, M. I. 203
Zaslavskii, A. I. 168
Zazharov, E. J. 290
Zegler, S. T. 173
Zemany, P. D. 286
Zemek, F. 43
Zheleznova, A. A. 290
Zhemchuzhnaya, A. I. 290
Ziegler, J. 152, 159, 167
Zorova, L. P. 42
Zudilova, G. V. 203, 205
Zumbusch, M. 168
Zvinchuk, R. A. 168
Zwicker, U. 196, 198

Sachverzeichnis

Die durch *kursive* Schrift hervorgehobenen Seitenzahlen bezeichnen die Stelle, an der das Stichwort ausführlich behandelt wird.

Abschmelzelektrode 6, 52, 74, 75, *92*, 93, 96, 98, 100, 107, 218
Abschmelzgeschwindigkeit 94
Adsorptionsvorgänge 157
Ätzgrübchen 280
Ätzmittel 280
Ätzverhalten 280
Aktiniden 165
Aktivierungsanalyse 288
Aktivierungsenergie des Kriechens 223
Aldico-Verfahren 230
Alkali-doppelfluoride 68
— -fluoridbad 68, 71
— -halogenidbad 68
— -metalle 146
— -reduktion 57
— -vanadate 18, 21
Alterung 141
Aluminidüberzüge 230, 255
Aluminium 166, 174, 230
— -elektrolyse 68
Aluminothermie 42, *44*
Aluminothermische Sonderlegierungen *269*, 270
Aluminothermisches Vanadin 183, 263
Ammonium-metavanadat 22, 49
— -polyvanadat 20
— -vanadat 18
Analyse der Va-Metalle *284*
— von elektrolytisch gereinigtem Vanadin 57
— von elektronenstrahlgeschmolzenem Tantal und Niob 105
— von Nb(Ta)-Pentoxyden 35
— von Ta(Nb)-Großstäben 86
— von Vanadin-Metall 50, 52
— von Vanadin-Mineralien 12
— von Vanadin-Schwamm 54

Anlaßbeständigkeit 261
Anode 56, 71
Anodeneffekt 69, 71, 73
Anodische Oxydation s. Formierung
Anwendung der Va-Metalle *292*
Apparatebau 3, 119, 190, 202, 207, 223, 292, *307*, 319
Argonarc-schweißkammer 96
— -verfahren 116, 119
Armcoeisen 113, 118
Asphaltite 11
Atom-energie 3, 292
— -gewicht 7
— -radius 6
Aufdampfen 68
Aufdampfschichten 307
Aufschlußverfahren *23*, 25, 33
Ausdehnungskoeffizient 256
—, linearer 6
—, thermischer 125
Ausgangshärte 50, 113, 144
Ausgasen 84
Aushärtung 265
Auskolkung (Kolkverschleiß) 276
Ausscheidung 135, 144
Ausscheidungserscheinungen 222
Ausscheidungshärtung 112, 235
Ausscheidungsphänomene 138
Autoklaven 310
Azidität der Pentoxyde 146

Baustähle 261
Bauxit 12, 18
Beizbehälter 310
Beizen *122*
Beryllide 174
Beryllidüberzüge 255
Beryllium 4, 56, 166, 174

Berylliumoxydtiegel 90
Betriebsspannung 320
Biegebruchfestigkeit 207, 277
Bildsamkeit 212, 294
Blech-hemdverfahren 80, 176
— -schlaufen 89
— -walzprogramm 218
Bogen-spannung 96
— -strom 96
Bor 4
— und die Va-Metalle *256*
Borax 79
— -glas 220, 230
Boride s. Hartstoffe
Brasilien 3
Brennelemente 200, 321, 325
Bruch-dehnung 207
— -gefüge 244
Brüterreaktoren 175, 179

Calciothermie 74, 78
Calciothermisches Vanadin 183
Calzium-niobat 15
— -oxydtiegel 91
— -reduktion 10, 42, *47*
— -vanadat 18
Carnotit s. Vanadinerze
Cellulosesäulen 286
Cer 4, 15, 178
— -sulfidtiegel 91
Cermets 256
Chargenbetrieb 66
Chelometrische Methoden 285
Chemische Beständigkeit 146
— Industrie 3, 88, 190, *307*, 319
Chirurgie *313*, 320
Chlorierung 27, 28, 40, 285
— von V_2O_5 54
Chrom 4, 10, 122, 142
— in binären Legierungen 172
— in Nioblegierungen 203
— in Tantallegierungen 237
Chromatographische Verfahren 285
Columbit (Niobit) s. Nioberze
Columbium 9, 10
Coolidge-Verfahren 81, 90
Coulsonit s. Vanadinerze
— -temperatur 261
Curiepunkt 262
Cyclohexanon 33

Dampfdruck 294
Dauerstandfestigkeit 141

Deckschichten 44, 122, 159, 228, *230*, 231, 232, 238, 255, 324
— -erzeugung 174
Dehnung 133, 134, 179, 191, 195, 200, 201, 207, 210, 233, 237, 243
—, anomales Verhalten 177
Dehnungsgeschwindigkeit 141
Dehnungswerte 138, 198
Descloizit 21
Desoxydation 98
Desoxydationsmittel 183
Destillation 71
—, fraktionierte 27, *38*, 39, 40, 285
Diamantziehsteine 115
Diboride 257
Dichte 224, 243, 326
Dichtsintern 84
Dielektrikum 304, 305
Dielektrizitätskonstante 298
Diffusionsgeschwindigkeit 120
Diffusionsglühung 122
Diffusionskoeffizienten 158
Diffusionskonstante der Selbstdiffusion 166
Diffusionspumpen 116
Diffusionsverbindungen 120
Diffusionsverfahren 231
Diffusionsverhalten 166
Dihydrid 155
Disilizide 257
Doppelschmelze 94
Doppelsintern 59, 87
Dounreay Reaktor 321, 325
Draht-ziehen 113
— -zug 115
Drehrohrofen 19
Drittschmelze 97, 104
Druckwasser 200
Druckwasserstoffbeständige Stähle 262
Drücken *118*
Düsen 314
— -flugzeuge 3
Duktilität 49, 133, 162, 165, 179, 196, 201, 254, 256, 297, 320
Dynapac 114

Edelgasdruckschweißen s. Pressure Bonding
Edelgase 106, 307
Edelmetallspinndüsen 319
Edelschrott 75, 99, 153, 189, 318
Edelstähle 266, 292
Edelstahlindustrie 317

Sachverzeichnis

Eigenschaften 1, *125*
—, elastische *141*
—, mechanische *133*, 134, 174, 176, 195, 198, 200, 201, 202, 209, 210, 213, 225, 233, 236, 265
—, physikalische *132*
Einkristalle 108
Einlagerungselemente 166
Einlagerungsmischkristalle 142, 164
Einschnürung 133, 134, 138, 190, 191
—, anomales Verhalten 177
Eisen-metalle 173
— -vanadat 18
Elastische Eigenschaften s. Eigenschaften
Elastizitätsmodul 125
Elektrische Industrie 3, 292, *295*, 318
Elektroden
— -fläche 295
Elektrolyse 41, 63, 71
—, Schmelzfluß 44, 57, 64, *68*
— wäßriger Lösungen *57*, 74
Elektrolysentemperatur 56
Elektrolyt 68, 298, 320
Elektrolytische Salzbadreinigung 41, 44, *56*, 73
— Überzüge *122*
— Zelle 56, 71
Elektrolytisches Ätzen 282
— Polieren 118, 281, 282
Elektromagnetisches Kraftfeld 110
Elektronegativität 164
Elektronen-anordnung 6
— -kanonen 100
— -raum 100
— -röhren 318
— -schalen 7
Elektronenstrahl-ofen 6, 96, 175, 218, 235
— -schmelzen 53, 75, *98*, 132, 133
— -schweißkammer 96
Elektronische Industrie 190, 292, *294*, 318
Elektrothermische Reduktion 269
Emissionsspektrographie 285, 288
Endglühung 112
Endsintertemperatur 85
Endsinterung 59
Entdeckung der V a-Metalle 8
Entgasbarkeit 294
Entgasungsglühen 116
Entgasungstemperatur 294
Entmischungserscheinungen 199

Entmischungstendenz 165
Entspannungsglühen 116
Entzundern *122*
Erdöl 11
— -rückstände 18
Erdsäuren 40
Erosionswiderstand 256
Erstschmelze 94, 96, 100, 101, 103
Erythronium 8
Erzvorkommen 294
Eutektoides Netzwerk 211
Euxenit s. Nioberze
Explosions-Formgebungsverfahren 119
Extraktionsflüssigkeiten 34
Extraktionssäulen 36
Extraktionsverfahren 285, 288

Fällungsverfahren 29
Federn, hochwarmelastische 295
Feinbleche 115
Feinschliff 280
Fernkathoden 96, 99, 100, 108
Ferrolegierungen 3, 27, 260, *269*
Ferro-Niob 174
Ferro-Niob-Tantal 29, *269*, 317
Ferro-Phosphor 20
Ferro-Tantal 174
Ferro-Tantal-Niob 28, *269*
Ferro-Titan 267
Ferro-Vanadin 1, 18, 21, 53, 153, 174, 269
Festigkeit 195, 198, 201, 243, 266
Festigkeitseigenschaften 162, 177, 191, 242
Festigkeitswerte 196
Feststoffraketen 314
Flammenherdofen 19
Fließprobe 108
Flüssige Metalle *152*, 258
Fluor 15
Fluoridschmelzen 68
Fluortantalsäure 36
Flußsäure 19, 146
— -aufschluß 19
— -beständigkeit 146
— -empfindlichkeit 146
— -konzentration 29
— -kreislauf 34
Folien 115
Formiate 54
Formieren 115, 152, 283, 298, 301
Formierungsverhalten 244
Fotografische Industrie 308

22*

Freya 8
Frischschlacke 8

Gasausbrüche 84, 99
— -entwicklung 59
Germanium 4
Geschichte der Va-Metalle 8
Getter-banderolen 295
— -briketts 295
— -eigenschaften 100, 294, 297, 320
— -träger 295
Getterung 209
Gewichtsverlust 85
Gitter-aufweitung 157
— -konstante 125, 243
— -parameter 157, 164, 193, 198
— -reibungskräfte 135
Gleichstromlichtbogen 92
Glimmentladungen 94
Glühbehandlungen 141
Glühen *116*
Glühtaschen 117, 297, 320
Glühtemperatur 145
Glühzeit 116
Granalien 75
Graphit-düsen 68
— -rohr-Vakuumofen 58
— -tiegel 91
Grobbleche 115
Gründichte 84
Grünfestigkeit 84
Gußeisen *261*, 262
Gußkörper 105

Hämmern 106, *113*
Härtbarkeit 261
Härte 6, 7, 11, *142*, 201, 207, 209, 224, 241, 243, 252, 259, 260
— -abfall 101, 176, 223
— -änderung 223
— -anstieg 176, 223
— -messung 120
— von Vanadinlegierungen 175
— -werte 199
Häufigkeit der Va-Metalle 4
Hafnium 55, 56, 94, 122, 142, 152, 161
— in binären Legierungen 171
— in Nioblegierungen 198
— in Tantallegierungen 236
Halbleiter 298, 303
Hartguß 262
Hartlöten 121
Hartmetall 115, 256, 260, *271*, 318

Hartmetall-erzeugung 292
— -industrie 292
— -technik 190
Hartstoffe 1, 8, 56, 161, 163, *256*, 307
—, Boride 8, 256
—, Karbide 256
—, Nitride 256
—, Silizide 8, 230, 256, 307
Heizleiter 295, 319
— -legierungen 202
Heliarc-schweißkammer 96
— -verfahren 119
Hewetit s. Vanadinerze
Hilfselektrode (Permanentelektrode) 77, 92, 105, *106*
Hilfsmetalle 276
Hochfrequenz-schmelzen im gekühlten, geteilten Tiegel 77, 105, *111*
— -spulen 108, 110
Hochleistungsmagnete 198, 211, 324
Hochschmelzende Metalle 3
Hochsintern 87
Hochspannungsgleichrichter 318
Hochtemperatur-lot 318, 326
— -ofen 295
— -werkstoff *314*
Hochvakuum-sintern 74
— -technik 318
Hochwarmfeste Legierungen *206*, 267
— Stähle 267
Hüllwerkstoffe 179
Hydratsäuren 25
Hydraulische Pressen s. Pressen
Hydrid 152
— -bildung 146
— -pulver 75, 201
Hydrierbarkeit 153, 205, 209, 244
Hydrierung 47, 59, 63, 80
Hydrostatisches Pressen 83
Hypalon 34

Ilmenit 21
Impulsröhren 295
Indirektes Sintern 81, 87, 88, 89, 90
INFAB-Anlage 122, 206, *220*
— -Technik 113
Ingot 6, 26
Initialzündung 45
Innere spezifische Oberfläche 301
Interelementeffekt 287
Interferenzfarben 302
Interkristalline Korrosion 266
Intermediäre Phasen 162, 166, 233

Investitionskosten 99
Ionenaustauscher 19, 285
Ionisation 99
Isobare 153
Isothermen 153

Jod 48
Joulesche Wärme 90

Kalilauge 146
Kalium-Niobfluorid 64
— -Oxyfluorid 64
Kaltbildsamkeit 90, 165
Kaltdehnung 125, 314
Kaltduktil 112, 142
Kalthärte 125
Kaltschmiedbarkeit 235
Kaltverfestigung 113, 141
Kaltverformbarkeit 24, 307
Kaltverformung 59, 112, 113, 133, 135, 143
Kaltverformungsgrad 145
Kaltwalzbarkeit 50
Kanada 3
Kapazität 298
Karbid 8, 112, *256*
— -mischkristalle 4, 256, *271*
Katastrophale Oxydation 160, 230
Kathode 71
Keramische Tiegel 90
Kerbwirkung 141
Kernenergiegewinnung 173, 190
Kernindustrie 312, 320
Keton 29, *32*
Kinetik des Oxydationsvorganges 157
Kjeldahl-Verfahren 290
Klimafestigkeit 303
Knochennagelungen 313
Knüppelwalzen 115
Kohlelichtbogen 119
Kohlenstoff-stabilisierung 266
— und die Va-Metalle *256*
Kokille, Abzugs- 98
—, kalte 92
—, Kupfer- 92
Komplexbildung 40
Kompressibilität 141, 164
Kondensation 27
Kondensatoren, Elektrolyt- 3, 17, 152, 202, 292, *297*, 320
Kongo 7
Kontaktbrücke 81
Korngröße 69, 141, 145

Korn-vergröberung 222
— -wachstum 87
Korrosionsbeständigkeit 243, 307, 321
Korrosionseigenschaften 320
Korrosionsverhalten *146*, 162, 209, 245, 319
Kriechfestigkeit 141
Kriechverhalten 222
Kristallisationsverfahren 29
Kristall-erholung 222
— -struktur 6, 7
KROLL-Ofen 92, 106, 224
Kunststoffe 26
Kunststoffasern 312
Kupfererze 18

Labor-sinterglocken 82
— -verfahren 55
Läppschliff 281
Lagerfähigkeit 298
Lamellenrohre 116
Lampenruß 58
LAMPRÉ-Reaktor 312
LAVES-Phasen 165, 208, 237
Lebensdauer 310
Legierungen der Va-Metalle *161*
Legierungsmetalle, V, Nb, Ta als *260*
Legierungssysteme 166
Legierungsverhalten 1, *164*, 177
Legierungsverwandtschaft 164
Legierungszusätze 96, 100, 141
Leitfähigkeit 242
—, elektrische 6, 125, 132, 209, 224, 296
—, spezifische, elektrische — 202, 243
—, Wärme- 125, 307, 310
Lichtbogen-länge 94
— -schmelzen 53, 209, 213, 226
Lignit 11
Lineare Oxydation 160
Lithium 4
Lithosphäre 10
Löslichkeitsfaktoren 164
Löslichkeitsparameter 164
Lösungsmittelextraktion 19, 26, 29, *32*, 189
Luft-fahrt 114
— -schiffahrt 188, 292, 321
— und die Va-Metalle *155*

Mäander 89
Magnesiumreduktion 52
Magnete 318
Magnetlegierungen 262

Magnetwerkstoffe 4, 162, 260
Magnetische Aufbereitung 21
Magnetische Sättigung 262
MARIGNAC-Verfahren s. Trennungsverfahren
Martensitpunkt 261
Massenspektrometrie 288
Mechanische Eigenschaften s. Eigenschaften
Mehrstoff-legierungen 169, 170, 179, 195
— — des Niobs *24*
— — des Tantals *249*
Metallfadenlampe 43
Metallographie der Va-Metalle 280
Metall-hydride 152
— -pulver 5
Methylisobutylketon 33
Mikrohärte 157, 243
— -messung 158, 204, 208
Minetteerz 12, 21
Mischbarkeit 170, 192, 201, 208, 238, 259
Mischkristall 113
— -bereiche 213
— -verfestigung 176, 248
Mischsalzschmelze 64
Mischungslücke 198, 210, 237
Modifikation, allotrope 112, 154
Molybdän 4, 10, 94, 107, 122, 142, 314
— -büchsen 219
— -heizleiter 117, 219
— in binären Legierungen 172
— -industrie 81
— in Nioblegierungen 203
— in Tantallegierungen 238
— -legierungen 113, 189, 220, 222, 223, 226, 228, 252
— -metallurgie 91
— -strahlbleche 88
— -tiegel 307
— -Wolfram-Legierungen 314
Monelbeilagen 113, 115, 118
Monohydrid 154
Monokarbide 177, 257, 261
Mononitride 177, 257
Monoxyde 177
Mutterlauge 26, 28

Nachformieren 304
Nachreinigung 56, 144
Nachsintern 87
Nahkathoden 98, 100
Natrium 25

Natrium-kühlung 179
— -metavanadat 21
— -niobat 25
— -polyvanadat 19
— -tantalat 25
— -vanadat 16, 22
Neutronen-absorption 125
— -bestrahlung 141
— -einfangquerschnitt 312, 321
Nichtstende Stähle 8
Nickel 10
Nieten *118*, 324
Niob-blech (Herstellung) 115, 199
— -blöcke 94
— -flachsinterstäbe 113
— -folien (Herstellung) 115
— -großstäbe 85, 86
— in Tantallegierungen 237
— -legierungen 75, 103, 106, 119, *189*
— -oxyhydrat 33
— -pentoxyd 58
— -pulver 199, 210
— -rohre 116
— -rundblöcke 89, 113
— -säure 28, 31, 61
— -schwamm 42
— -späne 210
— -stäbe 86, 89, 94, 108
— -trichlorid 52
— -vierkantstäbe 113
Niobat s. Natrium
Niob-(Tantal-)erze 3
—, Columbit (Niobit) 5, 15, 25, 27, 28, 33
—, Euxenit 27
—, Pyrochlor 4, 5, 15, 27
—, Tantalit s. Tantalerze
Nitridschichten 112, 113

Oberflächenhärten 313
Öldiffusionspumpen 81
Ofenbau 319
Oklahoma 11
Ordnungszahl 7
Organische Fällungsreagenzien 285
Osmiumlampe 10
Oststaaten 12
Oxokarbid 46
Oxychloride 28
Oxyd-Karbid-Schneidkeramik 279
— -schichten 113, 195
— -schneidkeramik 279
— -überschuß 59

Oxydverbindungen 227
Oxydation 159
Oxydationsbeständigkeit 162, 193, 194, 200, 203, 226, 235, 256
Oxydationsgeschwindigkeit 195
Oxydationsschutz 114
Oxydationsverhalten 155
Oxydationsversuche 195

Paketwalzen 115
Patronit s. Vanadinerze
Pentachloride 27, *38*, 39, 43, 67
Pentafluoride 43
Penton 34
Pentoxyde 5
Periodisches System 6, 7, 133, 162, 326
Perlit 261
Permandur 262
Permeabilität 262
Peru 11
Pharmazeutische Industrie 310
Phosphate 12, 18, 20
Phosphatgesteine 18
Photometrische Verfahren 284, 285
Physikalische Eigenschaften s. Eigenschaften
Plasmabrenner 314
Platin 122, 155
— -Goldlegierungen 313
Plattierungen *122*, 326
Plutonium 312, 320
— -metallurgie 307
POISSONsche Zahl 142
Polarographie 285
Polieren *118*
Polypropylen 34
Preßdruck 83, 85
Preßeigenschaften 78
Pressen, hydraulische 83
Pressure Bonding 120
Pulver 74, 75
— -herstellung 189
Pyrochlor s. Nioberze

Quarz 230

Radiochemische Methoden 285
Raffination 132
Raketen-bau 114, 218, 314
— -steuerorgane 210
— -technik 119, 121, 190
Raum-bedarf 303
— -fahrzeuge 324

Raum-flugtechnik 121
— -schiffahrt 3, 161, 188, 190, 207, 292, 321
Reaktionsfähigkeit 90
Reaktionssintern 59, 74, 78
Reaktivität 162
Reaktor-bau 172, 200, 225, 228, 260
— -technik 175
Red Cake 20
Redoxtitration 284
Reduktion von Doppelfluorid mit Natrium 63
— von Nb_2O_5 und Ta_2O_5 mit Kohlenstoff 58
— von Nb_2O_5 und Ta_2O_5 mit Karbid 61
— von Nb(Ta)-Halogeniden *63*, 64, 66
— von VCl_3 mit Magnesium *52*
— von VCl_3 mit Wasserstoff *54*
— von V_2O_5 mit Kohlenstoff (Karbid) *46*, 57
Reduktionsbombe 307
Reduktionsverfahren *41*
— von Halogeniden 41, 43
— von Oxyden 41
Regulus 75
Reindarstellung, erste Versuche *10*
Reinigungsbad 313
Reinigungseffekt 101, 110
Reinmetalle, Herstellung der kompakten *74*
Reinnickel 113
Rekristallisationsglühung 141
Rekristallisationsverhalten 145, 156, 222
Rekristallisationsversprödung 223
Rest-strom 320
— -widerstand 132
Rhenium in binären Legierungen 173
Ringkathoden
Röntgenfluoreszenzspektroskopie 285
Röntgenröhren 294, 318
Rösten 18
Rohkarbid 27, 28, 47, 58, 73
Rohmetall 47, 63
Rohvanadin 55, 56
Rohrziehen 113
Rootspumpen 81
Roscoelit s. Vanadinerze
Rotationspumpen 81
Rückdiffusion 99, 116
Rückstandsanalyse 177
Rundhämmermaschine 115
Rutilstruktur 227

Sättigungsgrenzen 157
Säurerückgewinnungsanlagen 310
Salz-kuchen 71
— -säureabsorber 307
— -schmelzen 23
— -wasserbeständigkeit 326
Sammelrekristallisation 87
Sauerstoff und die Va-Metalle *155*
Scavenger Effect 176, 235
Schädelverschlußplatten 313
Schermodul 142
Schiedsverfahren 286
Schlag-biegezähigkeit 141
— -festigkeit 256, 267
Schlauchpressen 61, 83, 88
Schleifen *118*
Schleuderguß 108
Schliffherstellung 280
Schmelzaufschluß 28
Schmelzbad 99, 100
Schmelzbedingungen 141, 218
Schmelzflußelektrolyse s. Elektrolyse
Schmelzgeschwindigkeit 96
Schmelzpunkt 6, 7, 38, 42, 47, 90, 101, 107, 108, 116, 125, 133, 142, 164, 203, 222, 259, 260, 294
Schmelzpunktsminimum 198, 237
Schmelzsumpf 107
Schmelztantal 145
Schmelzverfahren 74, *90*
—, Hochvakuum- 88
—, Sonder- 75
—, verschiedene *105*
Schmiedbarkeit 165, 179, 183
Schmieden *113*, 114
Schmiedestücke 114
Schmiedetemperatur 114
Schmiedeverhalten ternärer V-Legierungen 181
Schneidhaltigkeit 276
Schneidleistung 276, 277
Schneidwinkel 124
Schnelle Reaktoren 175, 179
Schnelldrehstahl 8, 262
Schutz-gasatmosphäre 113
— -schichten 162
— -überzüge 228, 255
Schwamm 74, 75
Schwebeschmelzen 77, 105, *109*, 111, 156
Schwefel 48
Schwefelsäure 146

Schwefelsäure-aufschluß 18
— -kreislauf 34
Schweißbare Hochtemperaturwerkstoffe 190
Schweißbarkeit 120, 162, 226, 266, 294, 307, 314, 320
Schweißdrähte 269
Schweißelektroden 269
Schweißen *119*, 261
Schweißen im Elektronenstrahl 119
Schweißnaht 119
Schweißstäbe 318
Schweißverbindungen 324
Selbstdiffusion 166
Selbstheilung 256
Selbstreinigung 85, 86, 90, 143
Selbstreinigungseffekt 177
Selbstreinigungstemperatur 78
Seltene Erdmetalle 194, 306
Senderöhren 294, 318
Sendzimir-Walzwerk 115
Siedepunkt von Metallchloriden 38
Silikothermische Reduktion 269
Silimannitdeckschicht 230
Silizide s. Hartstoffe
Silizidphasen 231
Silizium und die Va-Metalle *256*
Sinter-daten 59
— -diagramm 59
— -eigenschaften 78
— -glocken (Einstab) 81, 82, 83
— -niob 134
— -stäbe 61, 87
— -tantal 145
— -temperatur 79, 84, 85, 90, 300
— -vanadin 75, 78
— -verfahren 74, *75*, 81
— -zeit 79, 86
Sintern 6, 74, 132, 209, 226
— von Niob und Tantal 80
Skull-Melting 77, 101, 105, *107*
Sollanalyse 218
Sonderhartstoffe 156
Sowjetunion 14
Spannungsstöße 295
Spektralphotometrische Verfahren 288
Sperrschicht 314
Speziallegierungen (Sonderlegierungen) 260, *261*
—, aluminothermische 269 (s. Aluminothermie)
Spezialvorlegierungen s. Aluminothermie

Sachverzeichnis

Spezifisches Gewicht 6, 125, 188, 266
Spinnbad 313
Spinndüsen *312*, 319
Spritzen 256
Sprungpunkt 324
Spurenanalyse 286
Stabkopfverlust 90
Stähle 260, *261*, 317
Stahl-guß 262
— -hemd 196
Stanzen *118*
Stickstoff und die Va-Metalle *155*, 256
Strahlbleche 297, 320
Stranggußprinzip 98, 99
Strangpressen 80, 113, 115, 116, 235
Strangpreßlinge 115
Streckgrenze 133, 134, 138, 190, 191, 196, 200, 201, 233
Streckgrenzenmaximum 201
Strom-ausbeute 69
— -durchgang, direkter 58, 75, 80, *81*, 88, 90, 307
Sublimationswärme 164
Substitutionselemente 166
Sundwiger-Walzwerk 115
Superlegierungen 185, 228, 260, 317
Supraleitende Niob-Zirkoniumlegierungen 198
— Verbindungen 156
— Werkstoffe 211
Supraleiter *324*
Suszeptoren 89, 111, 297
Synthetischer Carnotit 19

Tantal-anschlußstücke 297
— -auskleidungen 120, 310
— -bajonett 308
— -blech (Herstellung) 115
— -blöcke 75, 94
— -drähte 58
— -drahtgewebe 313
— -(Niob-)erze, Columbit 14
— —, Tantalit 5, 15, 27, 28 (s. Nioberze)
— -flachsinterstäbe 113
— -fluoridkomplexe 72
— -folien (Herstellung) 115
— -glühdrähte 294
— -heizkerzen 309
— -heizkörper 310
— in Nioblegierungen 201
— -kleinstäbe 85

Tantal-kühlrohre 310
— -legierungen 75, 103, 106, *232*
— -pentoxyd 58
— -pulver 86, 91
— -pumpen 310
— -ringe 106
— -rohrböden 310
— -rohre 116
— -rundblöcke 89, 113
— -schiffchen 307
— -schwamm 42
— -spinndüsen 159
— -stäbe 91, 94, 108
— -tiegel 306, 307
— -überzüge 122
— -unterlage 91
— -vierkantstäbe 113
Tantalit s. Tantalerze
Tauchen 256
Taucheranzüge 220
Tauchverfahren 230
Temperatur-abhängigkeit 132
— -koeffizient des Widerstandes 296
— -wechselbeständigkeit 231, 255, 256, 267
Tetrachlorkohlenstoff 119
Thermisches Ätzen 283
Thermokraft 243
Thorium 15
— -oxydtiegel 90
Tieftemperatur-magnete *324*
— -werkstoffe 162, *314*
— -zähigkeit 314
Tiefziehfähigkeit 145
Tiegelmaterialien 90, *306*
Titan 38, 55, 56, 106, 118, 122, 142, 152, 161
— in binären Legierungen 170
— -Industrie 85, 292
— in Nioblegierungen 192
— in Tantallegierungen 235
— -legierungen 4, 44, 260, *262*, 325
— -metallurgie 92
— -schwamm 52
— -tetrachlorid 52
Titanomagnetite s. Vanadinerze
Trägergasverfahren 290
Tränklegierungen 173, 211
Transformatoren 297
Trennungsverfahren *28*, 30
—, MARIGNAC-Verfahren 28, *29*, 189
Trinidad 11
T-Stücke 115

Übergangstemperatur spröd-duktil 137, 141, 190, 191, 248
Überhitzungsempfindlichkeit 261
UKW-Senderöhren 295
Umkristallisieren 31
Ummantelungsgraphit 316
Umschmelzen 94, 111
Umwandlungskinetik 261
Unmischbarkeit 164, 166, 177
Uran 4, 15, 19, 320
— in binären Legierungen 173
— in Nioblegierungen 210
— in Tantallegierungen 249
— -metallurgie 307
— -oxyd 320

Vakuum-entgasung 290
— -glühofen 117
— -induktionsöfen 99
— -lichtbogenschmelzen 74
— -metallurgie 6, 46
— -nachbehandlung 45
— -reduktion 61
— -röhrenbau 294
— -schmelzen 6, 42, 92
Vanadin-blechschnitzel 79
— -block 113
— -folien 53
— -halbzeug 78
— -hydridpulver 80
— in Nioblegierungen 237
— in Tantallegierungen 237
— -legierungen 103, 106, *174*
— -metall, technisch reines 44
— -pentoxyd 22, 50
— -ring 108
— -rohre 80, 116
— -rundblöcke 113
— -säure 18, 19, 20, 21
— -schlacken 21, 22
— -schrott 47
— -schwamm 52, 54
— -stäbe 108
— -trichlorid 52, 53, 66
Vanadinerze 11, 12, 18
—, Carnotit 11, 18, 19
—, Coulsonit 10
—, Descloizit 21
—, Hewetit 18
—, Patronit 5, 10, 11, 14, 18
—, Roscoelit 11, 18
—, Titanomagnetit 10, 18, 21
—, Vanadinit 18

Vanadis 8
VEGARDsche Gerade 193
Venezuela 11
Verarbeitbarkeit 196, 210, 232, 242
Verarbeitungslücke 206
Verbindungsbildung 164
Verbindungsstabilität 164
Verbundkörper 249
Verbundwerkstoffe 174
Verdampfungsanlagen 310
Verdampfungsverluste 218
Verfestigung 112
Verformbarkeit 156, 209, 224
Verformung, spangebende 118, *124*
—, spanlose 118
Verhüttung 1, *18*
Verlustfaktor 303
Versetzungen 280
Verstärkerröhren 294
Verteilerkranz 316
Verteilungskoeffizienten 33
Vicalloy 262
Viskose 312
Volumsbedingung 162, 171
Vorkommen *8*, 10

Wachszusatz 74
Walzen 106, *113*, 114
Walzgerüste 115
Walzrichtung 141
Warmarbeitsstähle 262
Warmbildsamkeit 142, 165, 192
Warmfeste Hartlegierungen 278
Warmfeste Sonderlegierungen 292
Warmfestigkeit 162, 183, 192, 193, 221, 236, 247, 289, 252, 262, 266, 314, 321
Warmhärte 145, 202, 209, 243, 245, 278
Warmschmiedbarkeit 235
Warmverarbeitung 115
Warmverformung 113
Wärme-austauscher 310
— -falle 316
— -leitfähigkeit s. Leitfähigkeit
Wärmebehandelbare Vanadinlegierungen 188
Wasserdampf 200
Wasserstoff 146, 162, 201, 205, 220
— -aufnahme 155
— -beständigkeit 319
— -löslichkeit 245
— und die Va-Metalle *152*
— -versprödung 122, 155
Wattbelastung 295

Weicheisenhemden 115
Weichglühen 112, 116
Weichlöten 121
Weiterverarbeitung der Va-Metalle *112*
Welterzeugung 1, 16, 17
Werkzeugstähle 262
Widerstand, spezifischer elektrischer 7, 202, 209, 318
Wirbelbett 43, 54, 66
Wolfram 4, 10, 98, 107, 122, 142, 252, 314
— -Blech-Heizleiter 89
— -draht 55
— -düsen 4, 68
— -fadenlampe 10
— -grobdrähte 88
— -heizleiter 86, 89
— -industrie 81
— in binären Legierungen 172
— in Nioblegierungen 208
— in Tantallegierungen 242
— -käfig(ofen) 87
— -legierungen 223, 228
— -lichtbogenofen 96, 176
— -ringe 89
— -Silber-Legierungen 314
— -tragplatten 88

Yttrium 178, 236
Yttrotantalit 9

Zähigkeit 138
Zähigkeitssteilabfall 210
Zeitstandfestigkeit 179, 185, 223, 248, 267
Zementationsverfahren 256
Zementieren 256
Zersetzung, thermische *41*, 43
— von Nb(Ta)-Halogeniden *66*
— von Vanadinjodiden *55*
Zimapan 8
Zink 10, 230

Zirkonium 4, 10
Zinn 4
— -vanadat 18
— in Nioblegierungen 211
— -schlacken 27, 28
Zirkonium 38, 55, 56, 94, 106, 122, 142, 152
— in binären Legierungen 170
— -industrie 96
— in Nioblegierungen 196
— in Tantallegierungen 236
— -metallurgie 91
— -schwamm 52
— -tetrachlorid 52
Zonenreinigen 111, 133
— -schmelzen 77, 98, 105, 108, 109, 132
ZTU-Schaubilder 261
Zugfestigkeit 133, 134, 138, 179, 188, 191, 195, 200, 201, 210, 233, 235, 237, 250
— bei tiefen Temperaturen 201
Zunderung 194
Zunder-beständigkeit 172, 173, 212
— -festigkeit 208, 224, *226*, 233, 236 238, 254, 260
— -schichten 203
— -verhalten 242, 244
Zustandsbilder 213
Zustandsdiagramme 154, 175, 260
—, binäre *166*
—, ternäre 249
Zweistoff-legierungen 169
— -systeme *161*
Zweitschmelze 94, 97, 103
Zwillingsbildung 141, 201
Zwischengitterplätze 152
Zwischenglühen 112, 218
Zwischenstufe 261
Zwischenverformung 87, 88
Zwischenwertigkeit 72
Zwischenzerkleinerung 106

721/5/63 -III/18/203

MIX
Papier aus verantwortungsvollen Quellen
Paper from responsible sources
FSC® C105338

If you have any concerns about our products,
you can contact us on
ProductSafety@springernature.com

In case Publisher is established outside the EU,
the EU authorized representative is:
**Springer Nature Customer Service Center GmbH
Europaplatz 3, 69115 Heidelberg, Germany**

Printed by Libri Plureos GmbH
in Hamburg, Germany